普通高等教育"十二五"规划教材
公共基础课精品系列

经济数学基础学习辅导之一

总主编 朱弘毅

微积分学习辅导

（第二版）

上海高校《经济数学基础学习辅导》编写组 编

立信会计出版社

LIXIN ACCOUNTING PUBLISHING HOUSE

图书在版编目(CIP)数据

微积分学习辅导 / 上海高校《经济数学基础学习辅导》编写组编. —2 版. —上海：立信会计出版社，2015.2

普通高等教育"十二五"规划教材. 公共基础课精品系列. 经济数学基础学习辅导之一

ISBN 978 - 7 - 5429 - 4406 - 1

Ⅰ. ①微… Ⅱ. ①上… Ⅲ. ①微积分—高等职业教育—教学参考资料 Ⅳ. ①O172

中国版本图书馆 CIP 数据核字(2015)第 034067 号

策划编辑　　蔡莉萍
责任编辑　　蔡莉萍
封面设计　　周崇文

微积分学习辅导(第二版)

出版发行	立信会计出版社		
地　　址	上海市中山西路 2230 号	邮政编码	200235
电　　话	(021)64411389	传　　真	(021)64411325
网　　址	www.lixinaph.com	电子邮箱	lxaph@sh163.net
网上书店	www.shlx.net	电　　话	(021)64411071
经　　销	各地新华书店		
印　　刷	常熟市梅李印刷有限公司		
开　　本	710 毫米×960 毫米	1/16	
印　　张	20.75		
字　　数	371 千字		
版　　次	2015 年 2 月第 2 版		
印　　次	2015 年 2 月第 1 次		
印　　数	1—3100		
书　　号	ISBN 978 - 7 - 5429 - 4406 - 1/O		
定　　价	33.00 元		

如有印订差错,请与本社联系调换

《经济数学基础学习辅导》编写组

总主编 朱弘毅（上海应用技术学院）

编　委 （按姓氏笔画排列）

王洁明　车荣强　付春红　庄海根

朱弘毅　朱建忠　李婷婷　张　峰

居环龙　赵斯泓　龚秀芳

第一册《微积分学习辅导》（第二版）

主　编 王洁明　朱建忠　付春红

副主编 庄海根　龚秀芳　居环龙

前　言

　　《经济数学基础学习辅导》丛书,是与上海高校《经济数学基础》编写组编的《经济数学基础》这套教材(立信会计出版社出版)配套的学习辅导书。丛书共三册:《微积分学习辅导》、《线性代数学习辅导》、《概率论与数理统计学习辅导》。

　　《经济数学基础学习辅导》丛书共分三册,编写体例一致,每册书的最后一章为模拟试题及其解答,其余各章与相应的教材同步。每章由内容提要、例题分析、习题选解、测试题及其解答四节组成。本丛书旨在帮助、指导读者理解重要的概念、掌握运算方法、解答疑难问题。因此,例题、习题、测试题都是精心选编的,题型基本而又典型。测试题及模拟试题均有解答,供读者自查。编者相信,读者认真阅读本辅导书,必有收获。

　　《经济数学基础学习辅导》丛书由朱弘毅任总主编,参加编写的有(按姓氏笔画排列)王洁明、车荣强、付春红、庄海根、朱弘毅、朱建忠、李婷婷、张峰、居环龙、赵斯泓、龚秀芳。本丛书的出版得到上海市教委高等教育办公室徐国良同志、立信会计出版社领导、蔡莉萍编辑的支持和帮助,在此一并表示衷心感谢。

　　限于编者的水平,书中不妥之处在所难免,恳请读者批评指正。

朱弘毅于香歌丽园

2015 年春

目　　录

第一章 函数、极限与连续

第一节 内 容 提 要

1. 区间与邻域

设 a、b 为实数，且 $a < b$。开区间 $(a, b) = \{x \mid a < x < b\}$；闭区间 $[a, b] = \{x \mid a \leqslant x \leqslant b\}$；半开区间 $(a, b] = \{x \mid a < x \leqslant b\}$，$[a, b) = \{x \mid a \leqslant x < b\}$。

设 a，δ 是两个实数，且 $\delta > 0$，开区间 $(a - \delta, a + \delta)$ 称为点 a 的 δ 邻域，记为 $\bigcup(a, \delta)$，即

$$\bigcup(a, \delta) = \{x \mid a - \delta < x < a + \delta\} = \{x \mid |x - a| < \delta\}$$

集合 $(a - \delta, a) \bigcup (a, a + \delta)$ 称为点 a 的去心 δ 邻域，记为 $\mathring{\bigcup}(a, \delta)$，即

$$\mathring{\bigcup}(a, \delta) = \{x \mid a - \delta < x < a \text{ 或 } a < x < a + \delta\} = \{x \mid 0 < |x - a| < \delta\}$$

2. 函数的概念

设 D 是一个给定的实数集，如果对于 D 中的每一个数 x，按照某种对应法则 f，存在唯一的数 y 与之对应，则称对应法则 f 是定义在数集 D 上的函数，记为 $y = f(x)$。D 被称为函数 f 的定义域。

【注 1】 函数的两个基本要素是：定义域 D；对应法则 f。

【注 2】 函数 $f(x)$ 和 $g(x)$ 的定义域相同（均为 D），且对应法则也相同，即对任意 $x \in D$，都有 $f(x) = g(x)$，此时才能称函数 $f(x)$ 与 $g(x)$ 相等，记为 $f(x) = g(x)$。

函数的几种简单性质是：函数的奇偶性、单调性、周期性、有界性。

3. 复合函数、初等函数与分段函数

设函数 $y = f(u)$ 是 u 的函数，而 $u = \varphi(x)$ 是 x 的函数。如果 $u = \varphi(x)$ 的值域与函数 $y = f(u)$ 的定义域的交集为非空集合，y 通过 u 的联系，也是 x 的函数，这个

函数称为由 $y = f(u)$ 和 $u = \varphi(x)$ 复合而成的复合函数，记为 $y = f[\varphi(x)]$，u 称为中间变量。

常数函数、幂函数、指数函数、对数函数、三角函数、反三角函数称为基本初等函数。

由基本初等函数经过有限次四则运算及有限次复合运算所构成，并能用一个解析式表示的函数称为初等函数。

对于其定义域内自变量 x 不同的值，不能用一个统一的初等函数表达式表示，而要用两个或两个以上的式子表示，这类函数称为分段函数。分段函数不是初等函数。分段函数表示的是一个函数，不能认为是几个函数。

4. 建立函数关系式

建立函数关系式是把实际问题转化为数学问题的首要步骤，然后利用数学工具解决这个实际问题。建立函数关系式的一般步骤是：

（1）根据实际问题，分清哪些是常量，哪些是变量，并根据问题的条件和要求，找出各变量之间的内在联系，然后利用有关的知识和公式，用数学式子把这些关系表达出来，化简后即得到函数关系式。

（2）根据问题的条件，确定自变量的变化范围，给出函数定义域。

5. 极限的概念

（1）数列 $\{f(n)\}$ 的极限。如果存在一个确定的常数 A，当 $n \to \infty$ 时，对应的值 $f(n)$ 无限接近于这个确定的常数 A，则称常数 A 为数列 $\{f(n)\}$ 当 $n \to \infty$ 时的极限。记为

$$\lim_{n \to \infty} f(n) = A \quad \text{或} \quad f(n) \to A (\text{当 } n \to \infty)$$

极限的定量描述定义：

设数列 $\{f(n)\}$，如果存在一个确定的常数 A，对于任意给定的正数 ε，总存在一个正整数 N，当 $n > N$ 时对应的 $f(n)$ 恒有 $|f_{(n)} - A| < \varepsilon$ 成立，则称常数 A 为数列 $\{f(n)\}$ 当 $n \to \infty$ 时的极限。

（2）$x \to \infty$ 时函数的极限。设函数 $f(x)$ 在 $|x| > a (a > 0)$ 有定义，如果存在一个确定的常数 A，当 $x \to \infty$ 时对应的函数值 $f(x)$ 无限接近这个确定的常数 A，则称常数 A 为函数 $f(x)$ 当 $x \to \infty$ 时的极限，记为

$$\lim_{x \to \infty} f(x) = A \quad \text{或} \quad f(x) \to A (\text{当 } x \to \infty)$$

极限的定量描述定义：

设函数 $f(x)$ 在 $|x|$ 大于某一正数时有定义。如果存在一个确定的常数 A,对于任意给定的正数 ε,总存在一个正数 M,使得当 $|x|>M$ 时所对应的函数值 $f(x)$ 恒有 $|f(x)-A|<\varepsilon$ 成立,则称常数 A 为函数 $f(x)$ 当 $x \to \infty$ 时的极限。

(3) $x \to x_0$ 时函数的极限。设 $f(x)$ 在 x_0 的某一去心邻域内有定义。如果存在一个确定的常数 A,对于当 $x \to x_0$ 时对应的函数值 $f(x)$ 无限接近这个确定常数 A,则称常数 A 为当 $x \to x_0$ 时函数 $f(x)$ 的极限。记为

$$\lim_{x \to x_0} f(x) = A \quad 或 \quad f(x) \to A(当 x \to x_0)$$

极限的定量描述定义

设函数 $f(x)$ 在 x_0 的某一去心邻域内有定义。如果存在一个确定的常数 A,对于任意给定的正数 ε,总存在一个整数 δ,使得当 $0<|x-x_0|<\delta$ 时所对应的函数值 $f(x)$ 恒有 $|f(x)-A|<\varepsilon$ 成立,则称常数 A 为当 $x \to x_0$ 时函数 $f(x)$ 的极限。

类似地,定义当 $x \to x_0^-$ 或 $x \to x_0^+$ 或 $x \to +\infty$ 或 $x \to -\infty$ 或 $x \to \infty$ 时,函数 $f(x)$ 的极限。

这里要掌握两个结论:

(1) $\lim\limits_{x \to x_0} f(x) = A$ 的充分必要条件是 $\lim\limits_{x \to x_0^-} f(x) = \lim\limits_{x \to x_0^+} f(x) = A$。

(2) $\lim\limits_{x \to \infty} f(x) = A$ 的充分必要条件是 $\lim\limits_{x \to -\infty} f(x) = \lim\limits_{x \to +\infty} f(x) = A$。

在计算分段函数在分界点处的极限时要应用第(1)个结论。

6. 极限的性质、极限存在准则

极限有如下性质:

(1) 保号性。如果 $\lim\limits_{x \to x_0} f(x) = A$,且 $A>0$(或 $A<0$),则存在一个正数 δ,当 $0<|x-x_0|<\delta$ 时对应的函数值 $f(x)>0$(或 $f(x)<0$)。

(2) 有界性。如果 $\lim\limits_{x \to x_0} f(x) = A$,则存在正常数 M,δ,使得当 $0<|x-x_0|<\delta$ 时所对应的函数值 $f(x)$ 有 $|f(x)|<M$。

(3) 如果 $\lim\limits_{x \to x_0} f(x) = A$,且 $f(x) \geqslant 0$(或 $f(x) \leqslant 0$),则 $A \geqslant 0$(或 $A \leqslant 0$)。

极限存在准则:

(1) 夹逼准则。如果 $f(x)$,$g(x)$,$h(x)$ 在 x_0 的某一去心邻域内满足

$$g(x) \leqslant f(x) \leqslant h(x), \quad \lim_{x \to x_0} g(x) = \lim_{x \to x_0} h(x) = A$$

则 $\lim\limits_{x \to x_0} f(x) = A$

(2) 单调有界准则。如果数列 $\{f(n)\}$ 单调有界,则极限 $\lim\limits_{n \to \infty} f(n)$ 存在。

7. 无穷小量与无穷大量

如果 $\lim\limits_{\substack{x \to x_0 \\ (x \to \infty)}} f(x) = 0$,则称函数 $f(x)$ 当 $x \to x_0$(或 $x \to \infty$)时为无穷小量。如果

当 $x \to x_0$(或 $x \to \infty$)时,对于任意给定的正数 E,总有那么一个正数 δ(或正数 M),使得当 $0 < |x - x_0| < \delta$(或 $|x| > M$)时一切 x 所对应的函数值 $f(x)$ 恒有 $|f(x)| > E$,则称函数 $f(x)$ 当 $x \to x_0$(或 $x \to \infty$)时为无穷大量,记为 $\lim\limits_{\substack{x \to x_0 \\ (x \to \infty)}} f(x)$

$= \infty$。

无穷小量与无穷大量的关系是:

如果 $f(x)$ 为无穷大量,则 $\dfrac{1}{f(x)}$ 为无穷小量。

如果 $f(x)$ 为无穷小量,$f(x) \neq 0$,则 $\dfrac{1}{f(x)}$ 为无穷大量。

8. 无穷小量的性质

(1) 有限个无穷小量的代数和是无穷小量。

(2) 有界函数与无穷小量的乘积是无穷小量。

(3) 有限个无穷小量的乘积是无穷小量。

(4) $\lim\limits_{\substack{x \to x_0 \\ (x \to \infty)}} f(x) = A$ 的充分必要条件是 $f(x) = A + \alpha(x)$,其中 $\alpha(x)$ 当 $x \to x_0$

$(x \to \infty)$ 时为无穷小量。

9. 无穷小量的比较

设 $\lim \alpha = 0$,$\lim \beta = 0$,且 $\lim \dfrac{\beta}{\alpha} = c$($c$ 为常数)。

当 $c = 0$,则称 β 是比 α 高阶的无穷小量,记为 $\beta = 0(\alpha)$。

当 $c \neq 0$,$c \neq 1$ 时,称 β 与 α 是同阶无穷小量。

当 $c = 1$ 时,则 β 与 α 是等价无穷小量,记为 $\alpha \sim \beta$。

10. 极限的计算方法

(1) 应用函数 $f(x)$ 在点 x_0 处的连续性。对于初等函数 $f(x)$ 来说,如果 x_0 属于函数 $f(x)$ 的定义区间,则

$$\lim\limits_{x \to x_0} f(x) = f(x_0)$$

（2）应用极限的四则运算法则。如果 $\lim f(x) = A$，$\lim g(x) = B$，则

$$\lim[f(x) \pm g(x)] = A \pm B = \lim f(x) \pm \lim g(x)$$

$$\lim[f(x) \cdot g(x)] = A \cdot B = [\lim f(x)] \cdot [\lim g(x)]$$

$$\lim \frac{f(x)}{g(x)} = \frac{A}{B} = \frac{\lim f(x)}{\lim g(x)} \quad (B \neq 0)$$

【特例】　$\lim[f(x)]^n = A^n = [\lim f(x)]^n$。

$\lim[f(x)]^{\frac{1}{n}} = [\lim f(x)]^{\frac{1}{n}}$。

$\lim\limits_{x \to x_0} P_n(x) = P_n(x_0)$，$P_n(x)$ 为 x 的 n 次多项式。

$\lim\limits_{x \to x_0} \dfrac{P_n(x)}{Q_m(x)} = \dfrac{P_n(x_0)}{Q_m(x_0)}$，$Q_m(x)$ 为 x 的 m 次多项式，$Q_m(x_0) \neq 0$。

$$\lim_{x \to \infty} \frac{P_n(x)}{Q_m(x)} = \begin{cases} \dfrac{a}{b} & n = m \\ 0 & n < m \\ \infty & n > m \end{cases}$$

其中，$P_n(x)$、$Q_m(x)$ 的最高次项的系数分别为 a、b。

（3）应用两个重要极限。

$$\lim_{u \to 0} \frac{\sin u}{u} = 1$$

$$\lim_{u \to \infty} \left(1 + \frac{1}{u}\right)^u = e \quad 或 \quad \lim_{u \to 0}(1 + u)^{\frac{1}{u}} = e$$

其中，$u = \varphi(x)$。

【特例】　$\lim\limits_{x \to 0} \dfrac{\sin x}{x} = 1$。

$$\lim_{x \to \infty} \left(1 + \frac{1}{x}\right)^x = e \ 或 \lim_{x \to 0}(1 + x)^{\frac{1}{x}} = e。$$

（4）对 $\dfrac{0}{0}$，$\dfrac{\infty}{\infty}$ 型的分子、分母，进行因式分解消去零因式（极限为零的因式），或对分子、分母进行有理化法。

（5）应用"有界函数与无穷小量乘积为无穷小量"这个结论。

（6）等价无穷小量代换。

若 $\alpha \sim \alpha'$，$\beta \sim \beta'$，且 $\lim \dfrac{\alpha'}{\beta'}$ 存在，则 $\lim \dfrac{\alpha}{\beta} = \lim \dfrac{\alpha'}{\beta'}$。

常用等价无穷小量有：

当 $x \to 0$ 时，$\sin x \sim x$，$\tan x \sim x$，$1 - \cos x \sim \dfrac{1}{2}x^2$，$\sqrt[n]{1+x} - 1 \sim \dfrac{x}{n}$，$e^x - 1 \sim x$，$\ln(1+x) \sim x$，$\arcsin x \sim x$，$\arctan x \sim x$。

11. 函数 $f(x)$ 在点 x_0 处连续的定义

如果函数 $y = f(x)$ 在点 x_0 处的某个领域内有定义，当自变量的改变量 Δx 趋近于零时，相应的函数改变量 Δy 也趋近于零，即

$$\lim_{\Delta x \to 0} \Delta y = \lim_{\Delta x \to 0} [f(x_0 + \Delta x) - f(x_0)] = 0$$

则称函数 $f(x)$ 在点 x_0 处连续。并称点 x_0 是函数 $f(x)$ 的连续点。如果函数 $y = f(x)$ 在点 x_0 处不连续，则称点 x_0 是函数 $y = f(x)$ 的间断点。

函数连续的另一种定义：如果函数 $y = f(x)$ 在点 x_0 的某个邻域内有定义，且在点 x_0 处的极限值等于其函数值，即 $\lim\limits_{x \to x_0} f(x) = f(x_0)$，则称函数 $y = f(x)$ 在点 x_0 处连续。

如果 $\lim\limits_{x \to x_0^-} f(x) = f(x_0)$，则称函数 $y = f(x)$ 在点 x_0 处左连续；如果 $\lim\limits_{x \to x_0^+} f(x) = f(x_0)$，则称函数 $y = f(x)$ 在点 x_0 处右连续。

函数 $f(x)$ 在点 $x = x_0$ 处连续的充分必要条件是：函数 $f(x)$ 在该点处是左、右连续。

根据函数连续的定义可知，函数 $f(x)$ 在点 $x = x_0$ 处连续，必须同时满足以下三个条件：

(1) 函数 $y = f(x)$ 在点 x_0 的某个邻域内（包括点 x_0）有定义。

(2) 函数 $y = f(x)$ 在点 x_0 处有极限存在，即 $\lim\limits_{x \to x_0} f(x) = A$。

(3) 函数 $y = f(x)$ 在点 x_0 处的极限值等于函数值，即 $\lim\limits_{x \to x_0} f(x) = f(x_0)$。

如果函数 $f(x)$ 上述三个条件中至少有一个不被满足，则点 x_0 就是函数的间断点。

12. 间断点的类型

(1) 如果 $x \to x_0$ 时函数 $f(x)$ 的极限存在，$\lim\limits_{x \to x_0} f(x) = A$，但是函数 $f(x)$ 在点 x_0 处没有定义，或函数 $f(x)$ 在点 x_0 处有定义，而 $f(x_0) \neq A$，则称点 x_0 为函数

$f(x)$ 的可去间断点。

对于可去间断点,可以补充函数 $f(x)$ 在点 x_0 处定义或修改定义。令 $f(x_0) = A$,于是函数 $f(x)$ 在点 x_0 处连续。

(2) 如果 $x \to x_0$ 时函数 $f(x)$ 的左、右极限存在,但不相等,则称点 x_0 为函数 $f(x)$ 的跳跃间断点。

可去间断点和跳跃间断点统称为第一类间断点。

(3) 如果 $x \to x_0$ 时函数 $f(x)$ 的左、右极限中至少有一个不存在,则称点 x_0 为函数 $f(x)$ 的第二类间断点。

13. 闭区间上连续函数的性质

(1) 如果函数 $y = f(x)$ 在闭区间 $[a, b]$ 上连续,则函数 $y = f(x)$ 在闭区间 $[a, b]$ 上有界。

(2) 如果函数 $y = f(x)$ 在闭区间 $[a, b]$ 上连续,则函数 $y = f(x)$ 在闭区间 $[a, b]$ 上必有最大值与最小值存在。

(3) 设函数 $y = f(x)$ 在闭区间 $[a, b]$ 上连续,如果 M、m 分别是 $y = f(x)$ 在区间 $[a, b]$ 上的最大值和最小值,则对于任意 $c \in [m, M]$,存在 $x_0 \in [a, b]$,使 $f(x_0) = c$。

(4) 如果函数 $y = f(x)$ 在 $[a, b]$ 上连续,且 $f(a) \cdot f(b) < 0$,则在开区间 (a, b) 内至少存在一点 x_0,使 $f(x_0) = 0$ 成立,或方程 $f(x) = 0$ 在 (a, b) 内至少存在一个实根 x_0。

7

第二节　例　题　分　析

【例 1】　确定下列函数的定义域。

(1) $y = \dfrac{4}{1 - x^2}$

(2) $y = \sqrt{3x + 2}$

(3) $y = \lg(1 - 5x)$

(4) $y = \arcsin \dfrac{x - 1}{3}$

(5) $y = 5\sqrt{3x + 2} - 2\arcsin \dfrac{x - 1}{3}$

分析　对于用解析式来表示的函数,其定义域就是指使这个式子有意义的所有实数的集合。对于实际问题,函数定义域还要考虑实际问题的意义。

解 (1) 由于分母不能为零,其定义域为 $1-x^2 \neq 0$,即 $x \neq \pm 1$,所以 $y = \dfrac{4}{1-x^2}$ 的定义域为 $(-\infty, -1) \bigcup (-1, 1) \bigcup (1, +\infty)$。

(2) 由于被开方数不能为负数,其定义域为 $3x+2 \geqslant 0$,即 $x \geqslant -\dfrac{2}{3}$,所以 $y = \sqrt{3x+2}$ 的定义域为 $\left[-\dfrac{2}{3}, +\infty\right)$。

(3) 由于对数函数的真数必须大于零,其定义域为 $1-5x > 0$,即 $x < \dfrac{1}{5}$,所以 $y = \lg(1-5x)$ 的定义域为 $\left(-\infty, \dfrac{1}{5}\right)$。

(4) 由反正弦函数的定义域知,$-1 \leqslant \dfrac{x-1}{3} \leqslant 1$,即 $-2 \leqslant x \leqslant 4$,所以 $y = \arcsin\dfrac{x-1}{3}$ 的定义域为 $[-2, 4]$。

(5) $y = 5\sqrt{3x+2} - 2\arcsin\dfrac{x-1}{3}$ 的定义域为上述第(2)、第(4)题定义域的交集:$\begin{cases} 3x+2 \geqslant 0 \\ -1 \leqslant \dfrac{x-1}{3} \leqslant 1 \end{cases}$,即 $\left[-\dfrac{2}{3}, 4\right]$。

【例2】 设 $f(x)$ 的定义域是 $[0, 1]$,试问:(1) $f(x^2)$,(2) $f(\sin x)$ 的定义域各是什么?

分析 当已知 $f(x)$ 的定义域,要求 $f[\varphi(x)]$ 的定义域时,只要将 $\varphi(x)$ 代替 $f(x)$ 表达式中的 x 的变化范围,从中解出 x 的变化范围即可。

解 已知 $f(x)$ 的定义域是 $[0, 1]$,即 $0 \leqslant x \leqslant 1$,则

(1) 对于 $f(x^2)$,有 $0 \leqslant x^2 \leqslant 1$,即 $-1 \leqslant x \leqslant 1$,所以 $f(x^2)$ 的定义域为 $[-1, 1]$。

(2) 对于 $f(\sin x)$,有 $0 \leqslant \sin x \leqslant 1$,即 $2k\pi \leqslant x \leqslant (2k+1)\pi (k=0, \pm 1, \pm 2, \cdots)$,所以 $f(\sin x)$ 的定义域为 $[2k\pi, (2k+1)\pi](k=0, \pm 1, \pm 2, \cdots)$。

【例3】 指出下列各对函数是否相等,并说明理由。

(1) $f(x) = \dfrac{x}{x}$,$g(x) = 1$

(2) $f(x) = \lg a^x$,$g(x) = x\lg a$,$a > 0$

分析　定义域和对应法则是函数的两个要素,因此,判断两个函数是否相等,只要看它们是否具有相同的定义域和对应法则。

解　(1) 不相等。因为 $f(x)$ 的定义域为 $x \neq 0$,而 $g(x)$ 的定义域为 $(-\infty, +\infty)$,所以这两个函数不相等。

(2) 相等。因为 $f(x)$ 与 $g(x)$ 的定义域与对应法则均相同,所以它们是相同的函数。

【例 4】　判断 $f(x) = \log_a(x + \sqrt{x^2 + 1})(a > 0, a \neq 1)$ 的奇偶性。

解　$f(x) = \log_a(x + \sqrt{x^2 + 1})$ 的定义域为 $(-\infty, +\infty)$,对于任意一个 $x \in (-\infty, +\infty)$,有

$$
\begin{aligned}
f(-x) &= \log_a(-x + \sqrt{(-x)^2 + 1}) \\
&= \log_a(-x + \sqrt{x^2 + 1}) \\
&= \log_a \frac{(-x + \sqrt{x^2 + 1})(x + \sqrt{x^2 + 1})}{x + \sqrt{x^2 + 1}} \\
&= \log_a \frac{1}{x + \sqrt{x^2 + 1}} = \log_a(x + \sqrt{x^2 + 1})^{-1} \\
&= -\log_a(x + \sqrt{x^2 + 1}) = -f(x)
\end{aligned}
$$

所以 $f(x) = \log_a(x + \sqrt{x^2 + 1})(a > 0, a \neq 1)$ 为奇函数。

用类似的方法可以证明:

(1) 两个偶函数之和(或差)是偶函数,两个奇函数之和(或差)是奇函数。

(2) 两个偶函数或两个奇函数之积或商(分母不为零)是偶函数。

(3) 一个奇函数与一个偶函数之积或商(分母不为零)是奇函数。

【例 5】　判断函数 $f(x) = \left(\dfrac{1}{2}\right)^x$ 的单调性。

分析　要判断函数 $f(x)$ 的单调性,我们用函数单调性的定义来判断,即对任意 x_1,x_2(设 $x_1 < x_2$),确定 $f(x_2) - f(x_1) > 0$ 还是 $f(x_2) - f(x_1) < 0$;或确定 $\dfrac{f(x_2)}{f(x_1)} > 1$ 还是 $\dfrac{f(x_2)}{f(x_1)} < 1$,由此确定 $f(x)$ 在定义域上是单调的,或在定义域的某一部分是单调的。

9

解 $f(x) = \left(\dfrac{1}{2}\right)^x$ 的定义域为 $(-\infty, +\infty)$。

任取 $x_1, x_2 \in (-\infty, +\infty)$，不妨设 $x_1 < x_2$，则

$$f(x_1) - f(x_2) = \left(\frac{1}{2}\right)^{x_1} - \left(\frac{1}{2}\right)^{x_2} = \frac{2^{x_2} - 2^{x_1}}{2^{x_1} \cdot 2^{x_2}} = \frac{2^{x_2} - 2^{x_1}}{2^{x_1 + x_2}}$$

因为 $2^{x_1 + x_2} > 0$，$2^{x_2} > 2^{x_1}$，即 $2^{x_2} - 2^{x_1} > 0$

所以 $f(x_1) - f(x_2) > 0$，即 $f(x_1) > f(x_2)$，故 $f(x) = \left(\dfrac{1}{2}\right)^x$ 在 $(-\infty, +\infty)$ 上是单调减少的。

【例 6】 下列函数能否构成复合函数，为什么？

(1) $y = \arcsin u,\ u = 1 + 2^x$　　(2) $y = \lg u,\ u = 1 - x^2$

解 (1) 不能。因为 $u = 1 + 2^x$ 的值域 $(1, +\infty)$ 与 $y = \arcsin u$ 的定义域 $[-1, 1]$ 的交集为 Φ，所以不能构成复合函数。

(2) 能。因为 $u = 1 - x^2$ 的值域 $(-\infty, 1]$ 与 $y = \lg u$ 的定义域 $(0, +\infty)$ 的交集非空，所以能构成复合函数，且该复合函数 $y = \lg(1 - x^2)$ 的定义域为 $(-1, 1)$。

【例 7】 指出下列函数由哪些简单函数复合而成？

(1) $y = \lg \cos x^2$　　　　　　　　(2) $y = (\arcsin x)^5$

(3) $y = 3^{\sin^2 x}$　　　　　　　　　(4) $y = \sin^2(\cos 3x)$

分析 在讨论复合函数是由哪些简单函数复合而成的问题中，我们从最后一步的函数出发，一层一层往里分析，不要颠倒秩序。

解 (1) $y = \lg \cos x^2$ 是由 $y = \lg u,\ u = \cos v,\ v = x^2$ 复合而成。

(2) $y = (\arcsin x)^5$ 是由 $y = u^5,\ u = \arcsin x$ 复合而成。

(3) $y = 3^{\sin^2 x}$ 是由 $y = 3^u,\ u = v^2,\ v = \sin x$ 复合而成。

(4) $y = \sin^2(\cos 3x)$ 是由 $y = u^2,\ u = \sin v,\ v = \cos w,\ w = 3x$ 复合而成。

【例 8】 某工厂生产某产品，年产量为 Q 台，每台售价为 100 元，当年产量超过 800 台时，超过的部分若能打 9 折出售，这样又可售出 200 台，如果再多生产，本年内就销售不出去了，试写出本年的收益函数。

解 设收益函数为 $R = R(Q)$，据题意，分三种情况讨论：

(1) 当 $0 \leqslant Q \leqslant 800$ 时，有 $R(Q) = 100Q$。

(2) 当 $800 < Q \leqslant 1\,000$ 时，有 $R(Q) = 100 \times 800 + 100 \times 0.9(Q - 800) = 8\,000 + 90Q$。

(3) 当 $Q > 1\,000$ 时,有 $R(Q) = 100 \times 800 + 100 \times 0.9(1\,000 - 800) = 98\,000$。

综合上述三种情况,得

$$R(Q) = \begin{cases} 100Q & 0 \leqslant Q \leqslant 800 \\ 8\,000 + 90Q & 800 < Q \leqslant 1\,000 \\ 98\,000 & Q > 1\,000 \end{cases}$$

其定义域为 $[0, +\infty)$。

【例9】 试分析下列数列当 $n \to \infty$ 时的变化趋势。

(1) $\left\{ \dfrac{(-1)^n}{n} \right\}$ (2) $\{n - (-1)^n\}$

解 (1) 数列 $\left\{ \dfrac{(-1)^n}{n} \right\}$ 即为

$$-1, \frac{1}{2}, -\frac{1}{3}, \frac{1}{4}, -\frac{1}{5}, \frac{1}{6}, -\frac{1}{7}, \frac{1}{8} \cdots\cdots$$

可见,当 $n \to \infty$ 时,数列 $\left\{ \dfrac{(-1)^n}{n} \right\}$ 的变化趋势为:无限接近于零。

(2) 数列 $\{n - (-1)^n\}$ 即为:

$$2, 1, 4, 3, 6, 5, 8, 7 \cdots\cdots$$

可见,当 $n \to \infty$ 时,数列 $\{n - (-1)^n\}$ 随着项数 n 的无限增加而无限增大。即:
当 $n \to \infty$ 时,$f(n) \to \infty$。

【例10】 利用定量描述定义证明 $\lim\limits_{n \to \infty} \dfrac{3 - 2n}{n} = -2$。

证明 设 $f(n) = \dfrac{3 - 2n}{n}$,对于任意给定的正数 ε,要使

$$|f(n) - (-2)| = \left| \frac{3 - 2n}{n} - (-2) \right| = \frac{3}{n} < \varepsilon$$

只要取 $n > \dfrac{3}{\varepsilon}$ 就可以了。因此,对于任意给定的正数 ε,取正整数 $N = \left[\dfrac{3}{\varepsilon} \right] +$
1,则当 $n > N$ 时,对应的 $f(n)$ 恒有 $|f(n) - (-2)| = \dfrac{3}{n} < \dfrac{3}{N} < \varepsilon$,所以 $\lim\limits_{n \to \infty} \dfrac{3 - 2n}{n}$
$= -2$。

11

【例 11】 利用定量描述定义证明 $\lim\limits_{x\to 3}(4x-3)=9$。

证明 设函数 $f(x)=4x-3$，对于任意给定的正数 ε，要使

$$|f(x)-9|=|(4x-3)-9|=|4x-12|=4|x-3|<\varepsilon$$

只要取 $|x-3|<\dfrac{\varepsilon}{4}$ 就可以了。因此，对于任意给定的正数 ε，取 $\delta=\dfrac{\varepsilon}{4}$，当 $0<|x-3|<\delta$ 时，一切 x 所对应的函数值 $f(x)$，恒有 $|f(x)-9|=4|x-3|<\varepsilon$ 成立，所以 $\lim\limits_{x\to 3}(4x-3)=9$。

【例 12】 讨论函数 $f(x)=\begin{cases} x-1 & x<0 \\ x+1 & 0\leqslant x<1 \\ 4 & x=1 \\ 3x-1 & x>1 \end{cases}$

当 $x\to 0$ 和 $x\to 1$ 时是否存在极限。

分析 考察分段函数在分界点是否有极限，主要是看其左、右极限是否存在且相等。左、右极限存在且相等，则极限存在，否则极限不存在。

解 因为

$$\lim\limits_{x\to 0^-}f(x)=\lim\limits_{x\to 0^-}(x-1)=-1$$

$$\lim\limits_{x\to 0^+}f(x)=\lim\limits_{x\to 0^+}(x+1)=1$$

$\lim\limits_{x\to 0^-}f(x)\neq\lim\limits_{x\to 0^+}f(x)$，所以，$\lim\limits_{x\to 0}f(x)$ 不存在。

又因为

$$\lim\limits_{x\to 1^-}f(x)=\lim\limits_{x\to 1^-}(x+1)=2$$

$$\lim\limits_{x\to 1^+}f(x)=\lim\limits_{x\to 1^+}(3x-1)=2$$

所以 $\lim\limits_{x\to 1}f(x)=2$。

【例 13】 当 $x\to 0$ 时，下列函数中哪些是无穷小量？哪些是无穷大量？哪些既不是无穷小量也不是无穷大量？

(1) $y=x^2-2x$ (2) $y=2x^2+3$ (3) $y=\dfrac{1}{x}$

分析 应用定义来判定。

解 (1) 因为 $\lim\limits_{x\to 0}(x^2-2x)=0$，所以 $x\to 0$ 时 $y=x^2-2x$ 是无穷小量。

(2) 因为 $\lim\limits_{x\to 0}(2x^2+3)=3$，所以 $x\to 0$ 时 $y=2x^2+3$ 既不是无穷小量也不是

无穷大量。

（3）作出 $y = \dfrac{1}{x}$ 的图形如图 1.1 所示。由图 1.1

可见，当 $x \to 0$ 时，$\dfrac{1}{|x|}$ 的值越来越大，所以 $y = \dfrac{1}{x}$ 为无

穷大量。

或，对于任意给定的正数 E，要使 $\left| \dfrac{1}{x} \right| = \dfrac{1}{|x|} > $

E，只要 $|x| < \dfrac{1}{E}$。因此，对于任意给定的正数 E，总存

在一个正数 $\delta = \dfrac{1}{E}$，当 $|x| < \delta$ 时，一切 x 所对应的函

数值，恒有 $\left| \dfrac{1}{x} \right| > E$，所以 $\lim\limits_{x \to 0} \dfrac{1}{x} = \infty$。

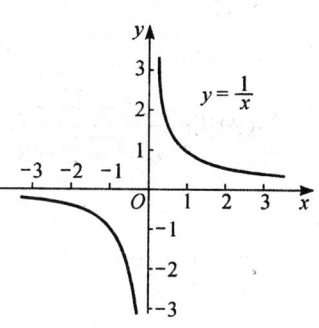

图 1.1　$y = \dfrac{1}{x}$ 的图形

【例 14】 求极限 $\lim\limits_{x \to 3} \dfrac{x^2 - 7x + 12}{x - 3}$。

分析 应用极限运算法则，分子、分母的极限均为 0，用分子、分母进行因式分解办法来解。

解 $\lim\limits_{x \to 3} \dfrac{x^2 - 7x + 12}{x - 3} = \lim\limits_{x \to 3} \dfrac{(x-4)(x-3)}{x-3}$ ［约去零因式 $(x-3)$］

$\qquad\qquad\qquad\qquad = \lim\limits_{x \to 3}(x - 4) = -1$

【例 15】 求下列极限。

(1) $\lim\limits_{n \to \infty}[\sqrt{n(n+5)} - n]$

(2) $\lim\limits_{x \to 0} \dfrac{\sqrt{x^2 + 16} - 4}{\sqrt{x^2 + 9} - 3}$

分析 (1)是 $\infty - \infty$ 未定式，(2)是 $\dfrac{0}{0}$ 未定式，这两个例题，都可以采用有理化办法来解。

解 (1) $\lim\limits_{n \to \infty}[\sqrt{n(n+5)} - n] = \lim\limits_{n \to \infty} \dfrac{[\sqrt{n(n+5)} - n][\sqrt{n(n+5)} + n]}{\sqrt{n(n+5)} + n}$

$\qquad\qquad\qquad\qquad = \lim\limits_{n \to \infty} \dfrac{n^2 + 5n - n^2}{\sqrt{n^2 + 5n} + n}$

$\qquad\qquad\qquad\qquad = \lim\limits_{n \to \infty} \dfrac{5n}{\sqrt{n^2 + 5n} + n}$　（分子、分母同除以 n）

$$= \lim_{n \to \infty} \frac{5}{\sqrt{1 + \dfrac{5}{n}} + 1} = \frac{5}{1+1} = \frac{5}{2}$$

(2) $\displaystyle \lim_{x \to 0} \frac{\sqrt{x^2+16}-4}{\sqrt{x^2+9}-3} = \lim_{x \to 0} \frac{(\sqrt{x^2+16}-4)(\sqrt{x^2+16}+4)(\sqrt{x^2+9}+3)}{(\sqrt{x^2+9}-3)(\sqrt{x^2+9}+3)(\sqrt{x^2+16}+4)}$

$$= \lim_{x \to 0} \frac{(x^2+16-16)(\sqrt{x^2+9}+3)}{(x^2+9-9)(\sqrt{x^2+16}+4)}$$

$$= \lim_{x \to 0} \frac{\sqrt{x^2+9}+3}{\sqrt{x^2+16}+4} = \frac{3+3}{4+4} = \frac{3}{4}$$

【例 16】 求下列极限。

(1) $\displaystyle \lim_{x \to \infty} \frac{x^3+x-1}{x^4+x^3-x^2}$ 　　　　　 (2) $\displaystyle \lim_{x \to +\infty} \frac{2x\sqrt{x^2-6x+1}}{x^2+x+4}$

分析　这两个例子,都可以应用 $x \to \infty$ 时有理函数极限的公式求极限。

解　(1) $\displaystyle \lim_{x \to \infty} \frac{x^3+x-1}{x^4+x^3-x^2}$

因为分母为 4 次多项式,分子为 3 次多项式,所以

$$\lim_{x \to \infty} \frac{x^3+x-1}{x^4+x^3-x^2} = 0$$

(2) $\displaystyle \lim_{x \to +\infty} \frac{2x\sqrt{x^2-6x+1}}{x^2+x+4} = \sqrt{\lim_{x \to +\infty} \frac{4x^2(x^2-6x+1)}{(x^2+x+4)^2}} = 4$

【例 17】 求下列极限。

(1) $\displaystyle \lim_{x \to 4} \frac{x^2+5}{x-4}$ 　　　　　 (2) $\displaystyle \lim_{x \to 0} x \sin \frac{1}{x}$

解　(1) 因为 $\displaystyle \lim_{x \to 4}(x^2+5) = 21$, $\displaystyle \lim_{x \to 4}(x-4) = 0$,所以

$$\lim_{x \to 4} \frac{x-4}{x^2+5} = \frac{0}{21} = 0$$

于是,由无穷小量与无穷大量的关系,得

$$\lim_{x \to 4} \frac{x^2+5}{x-4} = \infty$$

(2) 当 $x \to 0$ 时，x 为无穷小量；而当 $x \to 0$ 时，$\left| \sin \dfrac{1}{x} \right| \leqslant 1$，即为有界函数。因此在 $x \to 0$ 时，$x \cdot \sin \dfrac{1}{x}$ 是无穷小量与有界函数之积，所以

$$\lim_{x \to 0} x \sin \frac{1}{x} = 0$$

【例 18】 求下列极限。

(1) $\displaystyle\lim_{x \to 0} \frac{\sin 3x}{3x^2 - 5x}$ $\qquad\qquad$ (2) $\displaystyle\lim_{x \to \infty} x \cdot \sin \frac{1}{x}$

(3) $\displaystyle\lim_{x \to 0} \frac{x - \sin x}{x + \sin x}$ $\qquad\qquad$ (4) $\displaystyle\lim_{x \to 0} \sin 5x \cdot \cot 2x$

分析 以上各题都可以应用重要极限 $\displaystyle\lim_{u \to 0} \frac{\sin u}{u} = 1$ 来解。

解 (1) $\displaystyle\lim_{x \to 0} \frac{\sin 3x}{3x^2 - 5x} = \lim_{x \to 0} \frac{\sin 3x}{x(3x - 5)}$

$$= \lim_{x \to 0} \frac{\sin 3x}{3x} \cdot \lim_{x \to 0} \frac{3}{3x - 5} = -\frac{3}{5}$$

(2) $\displaystyle\lim_{x \to \infty} x \cdot \sin \frac{1}{x} = \lim_{x \to \infty} \frac{\sin \dfrac{1}{x}}{\dfrac{1}{x}} = 1$

(3) $\displaystyle\lim_{x \to 0} \frac{x - \sin x}{x + \sin x} = \lim_{x \to 0} \frac{1 - \dfrac{\sin x}{x}}{1 + \dfrac{\sin x}{x}}$ （分子、分母同时除以 x）

$$= \frac{1 - \displaystyle\lim_{x \to 0} \frac{\sin x}{x}}{1 + \displaystyle\lim_{x \to 0} \frac{\sin x}{x}} = 0$$

(4) $\displaystyle\lim_{x \to 0} \sin 5x \cdot \cot 2x = \lim_{x \to 0} \sin 5x \cdot \frac{\cos 2x}{\sin 2x}$

$$= \lim_{x \to 0} \frac{\sin 5x}{5x} \cdot \frac{5x}{2x} \cdot \frac{\cos 2x}{\dfrac{\sin 2x}{2x}}$$

$$= \frac{5}{2} \lim_{x \to 0} \frac{\sin 5x}{5x} \cdot \frac{\lim_{x \to 0} \cos 2x}{\lim_{x \to 0} \frac{\sin 2x}{2x}} = \frac{5}{2}$$

【例 19】 求下列极限。

(1) $\lim_{x \to 0}(1 + 2x)^{\frac{4}{x}}$ (2) $\lim_{x \to \infty}\left(1 - \frac{3}{4x}\right)^x$

分析 以上各题均可采用重要极限 $\lim_{u \to \infty}\left(1 + \frac{1}{u}\right)^u = e$ 或 $\lim_{u \to 0}(1 + u)^{\frac{1}{u}} = e$ 来解。

解 (1) $\lim_{x \to 0}(1 + 2x)^{\frac{4}{x}} = \lim_{x \to 0}(1 + 2x)^{\frac{1}{2x} \cdot 8}$

$$= \left[\lim_{2x \to 0}(1 + 2x)^{\frac{1}{2x}}\right]^8 = e^8$$

(2) $\lim_{x \to \infty}\left(1 - \frac{3}{4x}\right)^x = \lim_{x \to \infty}\left(1 - \frac{3}{4x}\right)^{-\frac{4}{3}x \cdot \left(-\frac{3}{4}\right)}$

$$= \left[\lim_{-\frac{4}{3}x \to \infty}\left(1 + \frac{1}{-\frac{4}{3}x}\right)^{-\frac{4}{3}x}\right]^{-\frac{3}{4}} = e^{-\frac{3}{4}}$$

【例 20】 求极限 $\lim_{x \to \infty}\left(\frac{x + 1}{x - 1}\right)^x$。

分析 如果我们将 $\left(\frac{x+1}{x-1}\right)^x$ 化为 $\left(\frac{1 + \frac{1}{x}}{1 - \frac{1}{x}}\right)^x = \frac{\left(1 + \frac{1}{x}\right)^x}{\left(1 - \frac{1}{x}\right)^x}$，则可应用重要极限

$\lim_{x \to \infty}\left(1 + \frac{1}{x}\right)^x = e$ 来解。

解 原式 $= \lim_{x \to \infty}\left(\frac{1 + \frac{1}{x}}{1 - \frac{1}{x}}\right)^x = \frac{\lim_{x \to \infty}\left(1 + \frac{1}{x}\right)^x}{\lim_{x \to \infty}\left(1 - \frac{1}{x}\right)^x} = \frac{\lim_{x \to \infty}\left(1 + \frac{1}{x}\right)^x}{\left[\lim_{-x \to \infty}\left(1 - \frac{1}{-x}\right)^{-x}\right]^{(-1)}} = e^2$

【例 21】 求下列极限。

(1) $\lim_{x \to -1}\left(\frac{1}{x + 1} - \frac{3}{x^3 + 1}\right)$ (2) $\lim_{x \to 0}\frac{1}{x}\ln(1 + 2x)$

分析 这两题属于 $\infty - \infty$，$0 \cdot \infty$ 型未定式。第(1)题可以应用通分来解，第(2)题可以应用重要极限 $\lim_{x \to 0}(1 + x)^{\frac{1}{x}} = e$ 及函数的连续性来解。

解 (1) $\lim\limits_{x \to -1}\left(\dfrac{1}{x+1} - \dfrac{3}{x^3+1}\right) = \lim\limits_{x \to -1}\dfrac{x^2 - x + 1 - 3}{x^3 + 1}$

$\qquad\qquad = \lim\limits_{x \to -1}\dfrac{(x-2)(x+1)}{(x+1)(x^2-x+1)}\left[\begin{array}{c}约去零因式\\(x+1)\end{array}\right]$

$\qquad\qquad = \lim\limits_{x \to -1}\dfrac{x-2}{x^2-x+1} = -1$

(2) $\lim\limits_{x \to 0}\dfrac{1}{x}\ln(1+2x) = \lim\limits_{x \to 0}\ln(1+2x)^{\frac{1}{x}}$

$\qquad\qquad = \ln[\lim\limits_{x \to 0}(1+2x)^{\frac{1}{2x}}]^2 = \ln e^2 = 2$

第(2)题也可应用等价无穷小量代换来解。$x \to 0$ 时，$\ln(1+2x) \sim 2x$，所以

$\lim\limits_{x \to 0}\dfrac{\ln(1+2x)}{x} = \lim\limits_{x \to 0}\dfrac{2x}{x} = 2$

【例 22】 用等价无穷小量代换求下列极限。

(1) $\lim\limits_{x \to 0}\dfrac{\sin 5x}{\sqrt{1-\cos^2 x}}$ 　　　　(2) $\lim\limits_{x \to 0}\dfrac{(\sqrt{1+3x}-1)\sin x}{\ln(1+2x^2)}$

解 (1) 当 $x \to 0$ 时，$\sin 5x \sim 5x$，$(1-\cos^2 x) = \sin^2 x \sim x^2$，所以

$$\lim\limits_{x \to 0}\dfrac{\sin 5x}{\sqrt{1-\cos^2 x}} = \lim\limits_{x \to 0}\dfrac{5x}{\sqrt{x^2}} = \lim\limits_{x \to 0}\dfrac{5x}{x} = 5$$

(2) 当 $x \to 0$ 时，$\sqrt{1+3x}-1 \sim \dfrac{3x}{2}$，$\sin x \sim x$，$\ln(1+2x^2) \sim 2x^2$，所以

$$\lim\limits_{x \to 0}\dfrac{(\sqrt{1+3x}-1)\sin x}{\ln(1+2x^2)} = \lim\limits_{x \to 0}\dfrac{\dfrac{3x}{2} \cdot x}{2x^2} = \dfrac{3}{4}$$

【例 23】 试证：当 $x \to 0$ 时，$x \sim \ln(1+x)$。

分析 可根据等价无穷小量的定义来进行证明。

证明 因为 $\lim\limits_{x \to 0}\dfrac{\ln(1+x)}{x} = \lim\limits_{x \to 0}\ln(1+x)^{\frac{1}{x}} = \ln[\lim\limits_{x \to 0}(1+x)^{\frac{1}{x}}]$

$\qquad\qquad = \ln e = 1$

所以 $x \sim \ln(1+x)$。

【注】 在[例 23]的解答中，我们还应用了复合函数的连续性，即 $u = \varphi(x)$ 在 x_0 处连续，$y = f(u)$ 在对应点 $u_0[u_0 = \varphi(x_0)]$ 处连续，则 $f[\varphi(x)]$ 在 x_0 处连续，也就是

17

$$\lim_{x \to x_0} f[\varphi(x)] = f[\lim_{x \to x_0} \varphi(x_0)]$$

【例 24】 设函数 $f(x) = \begin{cases} \dfrac{\sin 3x}{5x}, & x < 0 \\ 4x^3 - 3x + k, & x \geqslant 0 \end{cases}$ （k 为常数）

试问 k 为何值时，函数 $f(x)$ 在其定义域内连续？为什么？

分析　$f(x) = \dfrac{\sin 3x}{5x}$ 在 $(-\infty, 0)$ 上连续，$f(x) = 4x^3 - 3x + k$ 在 $(0, +\infty)$ 上连续。于是仅需确定 k 的值，使 $f(x)$ 在 $x = 0$ 处连续，从而 $f(x)$ 在 $(-\infty, +\infty)$ 上连续。

解　$\lim\limits_{x \to 0^-} f(x) = \lim\limits_{x \to 0^-} \dfrac{\sin 3x}{5x} = \dfrac{3}{5}$，$\lim\limits_{x \to 0^+} f(x) = \lim\limits_{x \to 0^+}(4x^3 - 3x + k) = k$

如果 $\lim\limits_{x \to 0^-} f(x) = \lim\limits_{x \to 0^+} f(x)$，从而 $k = \dfrac{3}{5}$

所以 $k = \dfrac{3}{5}$ 时，$\lim\limits_{x \to 0} f(x) = \dfrac{3}{5} = f(0)$，于是 $f(x)$ 在 $x = 0$ 处连续。

又 $f(x) = \dfrac{\sin 3x}{5x}$ 为初等函数在 $(-\infty, 0)$ 上连续，$f(x) = 4x^3 - 3x + \dfrac{3}{5}$ 为初等函数在 $(0, +\infty)$ 上连续，故 $k = \dfrac{3}{5}$ 时 $f(x)$ 在 $(-\infty, +\infty)$ 上连续。

【例 25】 求下列函数的间断点，并判断其类型。

(1) $y = \dfrac{x^2 - 3x + 2}{x^2 + 2x - 3}$ 　　　　(2) $y = \begin{cases} 4x, & x < 1 \\ 2x + 1, & 1 \leqslant x < 2 \\ 1 + x^2, & x \geqslant 2 \end{cases}$

分析　(1)函数 y 是初等函数，所以使 $x^2 + 2x - 3 = 0$ 的点是间断点，然后按间断点的类型来判断。(2)函数是分段函数，分界点可能是间断点，然后判断。

解　(1) 令 $x^2 + 2x - 3 = 0$，得 $x = 1$，$x = -3$ 是间断点。又

$$\lim_{x \to 1} \frac{x^2 - 3x + 2}{x^2 + 2x - 3} = \lim_{x \to 1} \frac{(x-1)(x-2)}{(x-1)(x+3)} = \lim_{x \to 1} \frac{x-2}{x+3} = -\frac{1}{4}$$

$$\lim_{x \to -3} \frac{x^2 - 3x + 2}{x^2 + 2x - 3} = \infty$$

所以 $x = 1$ 是函数的可去间断点，$x = -3$ 是函数的第二类间断点。

(2) $\lim\limits_{x \to 1^-} f(x) = \lim\limits_{x \to 1^-} 4x = 4$，$\lim\limits_{x \to 1^+} f(x) = \lim\limits_{x \to 1^+} (2x+3) = 3$，所以，$x = 1$ 是函数的跳跃间断点。

$$\lim\limits_{x \to 2^-} f(x) = \lim\limits_{x \to 2^-} (2x+1) = 5, \quad \lim\limits_{x \to 2^+} f(x) = \lim\limits_{x \to 2^+} (1+x^2) = 5$$

所以，$\lim\limits_{x \to 2} f(x) = 5 = f(2)$，$x = 2$ 是函数的连续点。而函数在 $x < 1$ 或 $x > 2$ 均连续，从而 $x = 1$ 是函数唯一的间断点。

【例 26】 证明方程 $x^3 - 2x^2 = 4 - x$ 在 1 与 3 之间至少存在一个实根。

解 设函数 $f(x) = x^3 - 2x^2 + x - 4$，取定义域为 $[1, 3]$。

因为函数 $f(x)$ 在闭区间 $[1, 3]$ 上连续，又

$$f(1) = -4, \quad f(3) = 8,$$

所以 $\qquad\qquad\qquad f(1) \cdot f(3) < 0$

据零点定理知道，至少存在一点 $x_0 \in (1, 3)$ 使 $f(x_0) = 0$，即

$$x_0^3 - 2x_0^2 + x_0 - 4 = 0$$

因此，方程 $x^3 - 2x^2 = 4 - x$ 在 1 与 3 之间至少存在一个实根。

第三节 习 题 选 解

习 题 1-1

2. 求下列函数的定义域。

(3) $y = \dfrac{\ln(1+x)}{x^2 - 2x + 1}$ $\qquad\qquad$ (4) $y = \dfrac{\sqrt{4-x}}{x^2 - x - 2}$

解 (3) 解不等式组 $\begin{cases} 1+x > 0 \\ x^2 - 2x + 1 \neq 0 \end{cases}$，得定义域为 $D = \{x \mid -1 < x < 1$ 或 $x > 1\} = (-1, 1) \bigcup (1, +\infty)$

(4) 解不等式组 $\begin{cases} 4-x \geqslant 0 \\ x^2 - x - 2 \neq 0 \end{cases}$，得定义域为

$$D = \{x \mid -\infty < x < -1 \text{ 或 } -1 < x < 2 \text{ 或 } 2 < x \leqslant 4\}$$
$$= (-\infty, -1) \bigcup (-1, 2) \bigcup (2, 4]$$

5. 设函数 $g(t) = t^2 + 1$，求 $g\left(\dfrac{1}{t}\right)$，$g(t+1)$。

解 $g\left(\dfrac{1}{t}\right) = \left(\dfrac{1}{t}\right)^2 + 1 = \dfrac{1}{t^2} + 1$

$\qquad g(t+1) = (t+1)^2 + 1 = t^2 + 2t + 2$

10. 某市的出租汽车的收费标准为：乘车不超过 3 公里，收费 a 元。若超过 3 公里，不超过 10 公里，超出里程加收 b 元/公里；若超过 10 公里，超出里程在原收费标准(b 元/公里)上增加 50% 收费。试写出乘车费用与乘车里程 x 的函数关系。

解 乘车里程 x 不超过 3 公里，即 $x \leqslant 3$ 时，乘车费用 $y = a$；乘车里程 x 超过 3 公里，不超过 10 公里，即 $3 < x \leqslant 10$ 时，乘车费用 $y = a + b(x-3)$；$x > 10$ 时，乘车费用 $y = a + 7b + 1.5b(x-10)$ 得 y 与 x 的函数关系为

$$y = \begin{cases} a, & 0 \leqslant x \leqslant 3 \\ bx + a - 3b, & 3 < x \leqslant 10 \\ 1.5bx + a - 8b, & 10 < x \end{cases}$$

12. 如图 1.2 所示，有一窗框，其形状是长方形上加一个半圆形。如果窗子的采光面积为 A 定值，试建立窗子的周长 L 与底宽 x 的函数关系(单位:cm)。

解 设窗框长方形部分的高为 h，则

$$L = \frac{1}{2}\pi x + 2h + x$$

又 $A = \dfrac{1}{2}\pi\left(\dfrac{x}{2}\right)^2 + hx$，得

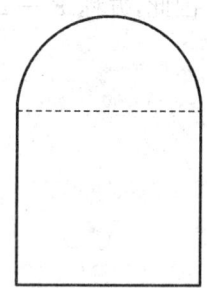

图 1.2 窗框

$$h = \frac{A}{x} - \frac{\pi}{8}x$$

其中，$x > 0$，$h > 0$，得 $0 < x < \dfrac{2}{\pi}\sqrt{2\pi A}$。

故所求函数 $L = \left(\dfrac{\pi}{4} + 1\right)x + \dfrac{2A}{x}$，定义域为 $\left(0, \dfrac{2}{\pi}\sqrt{2\pi A}\right)$。

习 题 1-2

1. 设函数 $y = f(x)$ 的定义域为 $[0,1]$,求下列函数的定义域。

(2) $y = f(x+3)$

解 $y = f(x+3)$ 满足

$0 \leqslant x+3 \leqslant 1$,即

$-3 \leqslant x \leqslant -2$

故 $y = f(x+3)$ 的定义域为 $[-3, -2]$。

2. 下列各组函数能否构成以中间变量 u 或 v 的复合函数?如果能构成复合函数,写成 $y = f[\varphi(x)]$ 或 $y = f\{\varphi[v(x)]\}$ 的形式。

(2) $y = \sqrt{u}$, $u = \sin x - 2$ (3) $y = \ln u$, $u = x^2 - 2$

(6) $y = \cos u$, $u = v^2$, $v = 4\ln x - 1$

解 (2) $u = \sin x - 2$ 的值域 W 为 $[-3, -1]$,$y = \sqrt{u}$ 的定义域 D 为 $[0, +\infty)$,于是 $W \bigcap D = \varnothing$,故 $y = \sqrt{u}$, $u = \sin x - 2$ 不能构成复合函数。

(3) 能构成复合函数,$y = \ln(x^2 - 2)$。

(6) 能构成复合函数,$y = \cos(4\ln x - 1)^2$。

3. 指出下列函数是由哪些简单函数复合而成的。

(4) $y = \cos(2 - 4x)$ (5) $y = 4 - \cos e^x$

(8) $y = [\ln(x^2 + x)]^2$

解 (4) $y = \cos u$, $u = 2 - 4x$

(5) $y = 4 - \cos u$, $u = e^x$

(8) $y = u^2$, $u = \ln v$, $v = x^2 + x$

4. 某种型号的电冰箱,当每台价格为 2 000 元时,日需求量为 20 台;如果每台冰箱打 9 折促销,即降价到 1 800 元时,则日需求量为 30 台。若需求量与价格之间是线性关系,求电冰箱的日需求量 Q 与价格 P 的函数关系。

解 设 $Q = aP + b$,由于

$$a \times 2\,000 + b = 20, \quad a \times 1\,800 + b = 30$$

所以 $a = -\dfrac{1}{20}$,$b = 120$。得函数关系 $Q = -\dfrac{1}{20}P + 120$,$0 < P < 2\,400$。

5. 某工厂生产某产品,每日最多生产 100 单位,它的日固定成本为 130 元,生产

一个单位产品的可变成本为 6 元,求该厂日成本函数。

解 设产量为 Q 单位,则该厂的成本函数为

$$C(Q) = 130 + 6Q \quad (0 \leqslant Q \leqslant 100)$$

7. 某厂每批生产 Q 吨某商品的成本为 $C(Q) = Q^2 + 4Q + 10$(万元),每吨售价为 P 万元,且需求函数为 $Q = \frac{1}{5}(28 - P)$,试将每批商品销售后获得的利润 L(万元)表示为产量 Q(吨)的函数。

解 从需求函数 $Q = \frac{1}{5}(28 - P)$ 中解出 $P = 28 - 5Q$,它表示单价 P 为产量 Q 的函数。

生产 x 吨商品,以单价 P 万元销售,获得的收入为

$$R(Q) = QP = Q(28 - 5Q) = -5Q^2 + 28Q(\text{万元})$$

所以,利润

$$L(Q) = R(Q) - C(Q) = (-5Q^2 + 28Q) - (Q^2 + 4Q + 10)$$
$$= -6Q^2 + 24Q - 10(\text{万元})$$

由于产量 $Q > 0$,又由于价格 $P > 0$,即 $28 - 5Q > 0$,得 $Q < \frac{28}{5}$,因而函数定义域为 $\left(0, \frac{28}{5}\right)$。

习 题 1-3

1. 数列 $\{f(n)\}$ 的一般项如下,试问哪些数列收敛?哪些数列发散?若数列收敛,则写出其极限。

(1) $f(n) = \dfrac{(-1)^n}{n}$ (6) $f(n) = 4 + (-1)^n$

解 (1) 由一般项 $f(n) = \dfrac{(-1)^n}{n}$ 得

$$-1, \frac{1}{2}, -\frac{1}{3}, \frac{1}{4}, -\frac{1}{5}\cdots\cdots$$

可见，当 $n \to \infty$ 时，有

$$\lim_{n \to \infty} f(n) = \lim_{n \to \infty} \frac{(-1)^n}{n} = 0$$

（6）由一般项 $f(n) = 4 + (-1)^n$ 得

$$3, 5, 3, 5, 3, 5, \cdots\cdots$$

可见数列发散。

2. 观察下列函数变化趋势，并求其极限。

（2）$\lim\limits_{x \to -\infty} 4^x$ （3）$\lim\limits_{x \to 4} \dfrac{x^2 - 16}{x - 4}$

解 （2）作出函数 $y = 4^x$ 的图形，如图 1.3 所示；计算 $x \to -\infty$ 时对应的函数值，如表 1.1 所示。如此可见，当 $x \to -\infty$ 时对应的函数值无限接近常数 0，所以 $\lim\limits_{x \to -\infty} 4^x = 0$。

表 1.1   函数值表

x	-5	-6	-8	-10	$\cdots$	$\to -\infty$
$y = 4^x$	0.000 977	0.000 244	0.000 015	0.000 000 95	$\cdots$	$\to 0$

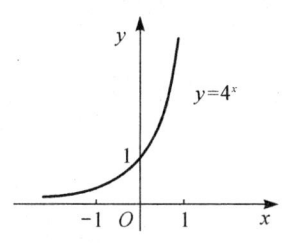

图 1.3 $y = 4^x$ 的图形

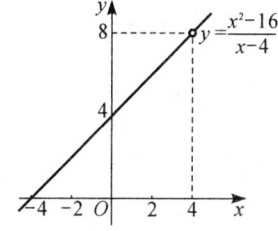

图 1.4 $y = \dfrac{x^2 - 16}{x - 4}$ 的图形

（3）作出函数 $y = \dfrac{x^2 - 16}{x - 4}$ 的图形，如图 1.4 所示。计算 $x = 4$ 近旁的函数值，如表 1.2 所示。

表 1.2   函数值表

x	$\cdots$	3.99	3.999	3.999 9	$\cdots$	$\to 4 \leftarrow$	$\cdots$	4.000 01	4.000 1	4.001	$\cdots$
y	$\cdots$	7.99	7.999	7.999 9	$\cdots$	$\to 8 \leftarrow$	$\cdots$	8.000 01	8.000 1	8.001	$\cdots$

如此可见,当 $x \to 4$ 时,对应的函数值无限接近常数 8,

所以 $\lim\limits_{x \to 4} \dfrac{x^2 - 16}{x - 4} = 8$。

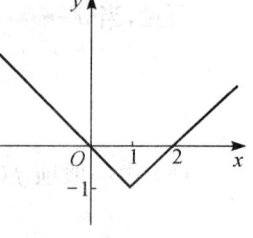

3. 设函数 $f(x) = \begin{cases} x - 2, & x < 1 \\ -x, & x \geqslant 1 \end{cases}$,作出 $f(x)$ 的图形,

并求 $\lim\limits_{x \to 1^-} f(x)$,$\lim\limits_{x \to 1^+} f(x)$。试问 $\lim\limits_{x \to 1} f(x)$ 是否存在?

图 1.5 函数 $f(x)$ 图形

解 函数 $f(x)$ 的图形如图 1.5 所示。

$\lim\limits_{x \to 1^-} f(x) = \lim\limits_{x \to 1^-} (x - 2) = -1$,$\lim\limits_{x \to 1^+} f(x) = \lim\limits_{x \to 1^+} (-x) = -1$

所以 $\lim\limits_{x \to 1} f(x) = -1$。

5. 设函数

$$f(x) = \begin{cases} 3x + 2 & x \leqslant 0 \\ x^2 + 1 & 0 < x \leqslant 1 \\ \dfrac{2}{x} & x > 1 \end{cases}$$

求 $\lim\limits_{x \to 0} f(x)$,$\lim\limits_{x \to 1} f(x)$。

解 因为 $\lim\limits_{x \to 0^-} f(x) = \lim\limits_{x \to 0^-} (3x + 2) = 2$,$\lim\limits_{x \to 0^+} f(x) = \lim\limits_{x \to 0^+} (x^2 + 1) = 1$

所以 $\lim\limits_{x \to 0} f(x)$ 不存在。

又因为 $\lim\limits_{x \to 1^-} f(x) = \lim\limits_{x \to 1^-} (x^2 + 1) = 2$,$\lim\limits_{x \to 1^+} f(x) = \lim\limits_{x \to 1^+} \dfrac{2}{x} = 2$

所以 $\lim\limits_{x \to 1} f(x) = 2$。

6. 设 $f(x) = \dfrac{x}{x}$,$\varphi(x) = \dfrac{|x|}{x}$,当 $x \to 0$ 时,求 $f(x)$、$\varphi(x)$ 的左、右极限。试

问 $\lim\limits_{x \to 0} f(x)$、$\lim\limits_{x \to 0} \varphi(x)$ 是否存在?

解 $\lim\limits_{x \to 0^-} f(x) = \lim\limits_{x \to 0^-} \dfrac{x}{x} = 1$,$\lim\limits_{x \to 0^+} f(x) = \lim\limits_{x \to 0^+} \dfrac{x}{x} = 1$

所以 $\lim\limits_{x \to 0} f(x) = 1$。

$\lim\limits_{x \to 0^-} f(x) = \lim\limits_{x \to 0^-} \dfrac{|x|}{x} = \lim\limits_{x \to 0^-} \dfrac{-x}{x} = -1$

$\lim\limits_{x \to 0^+} \varphi(x) = \lim\limits_{x \to 0^+} \dfrac{|x|}{x} = \lim\limits_{x \to 0^+} \dfrac{x}{x} = 1$

所以 $\lim\limits_{x\to 0}\varphi(x)$ 不存在。

7. 用极限的定量描述定义证明下列极限：

(1) $\lim\limits_{n\to\infty}\dfrac{3n-1}{n}=3$ (3) $\lim\limits_{x\to\infty}\dfrac{2x+5}{x}=2$ (5) $\lim\limits_{x\to 2}(2x-7)=-3$

解 （1）设 $f(n)=\dfrac{3n-1}{n}$，ε 是任意给定的正数，要使

$$|f(n)-3|=\left|\dfrac{3n-1}{n}-3\right|=\dfrac{1}{n}<\varepsilon$$

只要取 $n>\dfrac{1}{\varepsilon}$。

从而对于任意给定的正数 ε，存在正整数 $N=\left[\dfrac{1}{\varepsilon}\right]+1$，当 $n>N$ 时对应的 $f(n)$ 恒有 $|f(n)-3|<\varepsilon$ 成立，所以 $\lim\limits_{n\to\infty}\dfrac{3n-1}{n}=3$。

（3）设 $f(x)=\dfrac{2x+5}{x}$，ε 是任意给定的正数，要使

$$|f(x)-2|=\left|\dfrac{2x+5}{x}-2\right|=\dfrac{5}{|x|}<\varepsilon$$

只要取 $|x|>\dfrac{5}{\varepsilon}$。

从而对于任意给定的正数 ε，取 $M=\dfrac{5}{\varepsilon}$，当 $|x|>M$ 时，一切 x 所对应的函数值 $f(x)$ 恒有 $|f(x)-2|<\varepsilon$ 成立，所以 $\lim\limits_{x\to\infty}\dfrac{2x+5}{x}=2$。

（5）设 $f(x)=2x-7$，ε 是任意给定的正数，要使

$$|f(x)-(-3)|=|(2x-7)-(-3)|=2|x-2|<\varepsilon$$

只要取 $|x-2|<\dfrac{\varepsilon}{2}$。

从而对于任意给定的正数 ε，取 $\delta=\dfrac{\varepsilon}{2}$，当 $0<|x-2|<\delta$ 时，一切 x 所对应的函数值 $f(x)$ 恒有 $|f(x)-(-3)|<\varepsilon$，所以 $\lim\limits_{x\to 2}(2x-7)=-3$。

习 题 1-4

1. 下列函数对于给定的 x 趋向,哪些是无穷小量? 哪些是无穷大量? 哪些既不是无穷小量也不是无穷大量?

(2) $f(x) = 3\sin x$,当 $x \to 0$ 时。

(4) $f(x) = \dfrac{1+2x}{x-1}$,当 $x \to 1$ 时。

(7) $f(x) = \dfrac{x^2 - x}{x}$,当 $x \to 0$ 时。

解 (2) $\lim\limits_{x \to 0} 3\sin x = 0$,所以 $x \to 0$ 时,$f(x) = 3\sin x$ 是无穷小量。

(4) $\lim\limits_{x \to 1} \dfrac{x-1}{1+2x} = 0$,所以 $\lim\limits_{x \to 1} \dfrac{1+2x}{x-1} = \infty$。因此,$x \to 1$ 时,$f(x) = \dfrac{1+2x}{x-1}$ 是无穷大量。

(7) $\lim\limits_{x \to 0} \dfrac{x^2 - x}{x} = \lim\limits_{x \to 0}(x-1) = -1$,所以 $f(x) = \dfrac{x^2 - x}{x}$ 既不是无穷小量也不是无穷大量。

2. 下列函数 $f(x)$ 在 x 的何种趋向时是无穷小量? 在 x 的何种趋向时 $f(x)$ 是无穷大量?

(1) $f(x) = \dfrac{x+2}{x-1}$ 　　　　　　　(2) $f(x) = \lg x$

解 (1) 因为 $\lim\limits_{x \to 1} \dfrac{x+2}{x-1} = \infty$, $\lim\limits_{x \to -2} \dfrac{x+2}{x-1} = 0$

所以 $x \to 1$ 时,$\dfrac{x+2}{x-1}$ 为无穷大量。

$x \to -2$ 时,$\dfrac{x+2}{x-1}$ 为无穷小量。

(2) 因为 $\lim\limits_{x \to +\infty} \lg x = +\infty$, $\lim\limits_{x \to 1} \lg x = 0$, $\lim\limits_{x \to 0^+} \lg x = -\infty$

所以 $x \to +\infty$, $x \to 0^+$ 时,$\lg x$ 为无穷大量。

$x \to 1$ 时,$\lg x$ 为无穷小量。

3. 利用无穷小量的性质,求下列函数的极限。

(1) $\lim\limits_{x \to 0} x^2 \sin \dfrac{1}{x}$ 　　　(4) $\lim\limits_{x \to -1} \dfrac{1+x^2}{x+1}$

解 (1) 因为 $\lim\limits_{x \to 0} x^2 = 0$，$\left| \sin \dfrac{1}{x} \right| \leqslant 1$（在 $x = 0$ 的去心邻域内），所以

$\lim\limits_{x \to 0} x^2 \sin \dfrac{1}{x} = 0$。

(4) 因为 $\lim\limits_{x \to -1} \dfrac{x+1}{1+x^2} = 0$，所以 $\lim\limits_{x \to -1} \dfrac{1+x^2}{x+1} = \infty$。

习 题 1-5

2. 求下列极限。

(1) $\lim\limits_{x \to -3} \dfrac{x^2 + 5x + 6}{x^2 + 6x + 9}$

(2) $\lim\limits_{h \to 0} \dfrac{(x+h)^2 - x^2}{h}$

(5) $\lim\limits_{x \to 0} \dfrac{1 - \sqrt{1-x}}{x}$

(8) $\lim\limits_{x \to 4} \dfrac{\sqrt{2x+1} - 3}{\sqrt{x-2} - \sqrt{2}}$

解 (1) $\lim\limits_{x \to -3} \dfrac{x^2 + 5x + 6}{x^2 + 6x + 9} = \lim\limits_{x \to -3} \dfrac{(x+2)(x+3)}{(x+3)^2} = \lim\limits_{x \to -3} \dfrac{x+2}{x+3} = \infty$

(2) $\lim\limits_{h \to 0} \dfrac{(x+h)^2 - x^2}{h} = \lim\limits_{h \to 0} \dfrac{h^2 + 2xh}{h} = \lim\limits_{h \to 0} (h + 2x) = 2x$

(5) $\lim\limits_{x \to 0} \dfrac{1 - \sqrt{1-x}}{x} = \lim\limits_{x \to 0} \dfrac{(1 - \sqrt{1-x})(1 + \sqrt{1-x})}{x(1 + \sqrt{1-x})} = \lim\limits_{x \to 0} \dfrac{1}{1 + \sqrt{1-x}} = \dfrac{1}{2}$

(8) $\lim\limits_{x \to 4} \dfrac{\sqrt{2x+1} - 3}{\sqrt{x-2} - \sqrt{2}} = \lim\limits_{x \to 4} \dfrac{(\sqrt{2x+1} - 3)(\sqrt{2x+1} + 3)(\sqrt{x-2} + \sqrt{2})}{(\sqrt{x-2} - \sqrt{2})(\sqrt{2x+1} + 3)(\sqrt{x-2} + \sqrt{2})}$

$= \lim\limits_{x \to 4} \dfrac{2(\sqrt{x-2} + \sqrt{2})}{\sqrt{2x+1} + 3} = \dfrac{2\sqrt{2}}{3}$

3. 求下列极限。

(4) $\lim\limits_{x \to +\infty} \dfrac{\sqrt[4]{x^3 + x}}{x - 1}$

(5) $\lim\limits_{x \to \infty} \dfrac{(2x-1)^8 (3x-2)^2}{(2x+3)^{10}}$

解 (4) $\lim\limits_{x \to +\infty} \dfrac{\sqrt[4]{x^3 + x}}{x - 1} = \lim\limits_{x \to +\infty} \dfrac{\sqrt[4]{\dfrac{1}{x} + \dfrac{1}{x^3}}}{1 - \dfrac{1}{x}} = 0$

27

(5) $\lim\limits_{x\to\infty}\dfrac{(2x-1)^8(3x-2)^2}{(2x+3)^{10}}=\lim\limits_{x\to\infty}\dfrac{\left(2-\dfrac{1}{x}\right)^8\left(3-\dfrac{2}{x}\right)^2}{\left(2+\dfrac{3}{x}\right)^{10}}=\dfrac{2^8\times 3^2}{2^{10}}=\dfrac{9}{4}$

4. 求下列极限。

(1) $\lim\limits_{x\to1}\left(\dfrac{1}{1-x}-\dfrac{3}{1-x^3}\right)$ 　　　　(3) $\lim\limits_{x\to\infty}\left(\dfrac{1}{n^2}+\dfrac{2}{n^2}+\cdots+\dfrac{n}{n^2}\right)$

(4) $\lim\limits_{x\to+\infty}(\sqrt{x^2+x}-\sqrt{x^2+1})$

解 (1) $\lim\limits_{x\to1}\left(\dfrac{1}{1-x}-\dfrac{3}{1-x^3}\right)=\lim\limits_{x\to1}\dfrac{x^2+x-2}{1-x^3}=\lim\limits_{x\to1}\dfrac{-(x+2)(1-x)}{(1-x)(1+x+x^2)}$

$=\lim\limits_{x\to1}\dfrac{-(x+2)}{1+x+x^2}=-1$

(3) $\lim\limits_{x\to\infty}\left(\dfrac{1}{n^2}+\dfrac{2}{n^2}+\cdots+\dfrac{n}{n^2}\right)=\lim\limits_{n\to\infty}\dfrac{1+2+\cdots+n}{n^2}$

$=\lim\limits_{n\to\infty}\dfrac{\dfrac{n(n+1)}{2}}{n^2}=\lim\limits_{n\to\infty}\dfrac{n+1}{2n}=\dfrac{1}{2}$

(4) $\lim\limits_{x\to+\infty}(\sqrt{x^2+x}-\sqrt{x^2+1})=\lim\limits_{x\to+\infty}\dfrac{(\sqrt{x^2+x}-\sqrt{x^2+1})(\sqrt{x^2+x}+\sqrt{x^2+1})}{\sqrt{x^2+x}+\sqrt{x^2+1}}$

$=\lim\limits_{x\to+\infty}\dfrac{x-1}{\sqrt{x^2+x}+\sqrt{x^2+1}}$

$=\lim\limits_{x\to+\infty}\dfrac{1-\dfrac{1}{x}}{\sqrt{1+\dfrac{1}{x}}+\sqrt{1+\dfrac{1}{x}}}=\dfrac{1}{2}$

习 题 1-6

1. 求下列极限。

(3) $\lim\limits_{x\to0}\dfrac{\sin 3x}{\sin 7x}$ 　　　　(5) $\lim\limits_{x\to\infty}x\sin\dfrac{1}{x}$ 　　　　(7) $\lim\limits_{x\to0}x\cot 3x$

解 (3) $\lim\limits_{x\to0}\dfrac{\sin 3x}{\sin 7x}=\lim\limits_{x\to0}\dfrac{\sin 3x}{3x}\cdot\dfrac{3x}{7x}\cdot\dfrac{7x}{\sin 7x}=\dfrac{3}{7}$

(5) $\lim\limits_{x\to\infty} x \cdot \sin\dfrac{1}{x} = \lim\limits_{x\to\infty} \dfrac{\sin\dfrac{1}{x}}{\dfrac{1}{x}} = 1$

(7) $\lim\limits_{x\to 0} x\cot 3x = \lim\limits_{x\to 0} \dfrac{x}{\tan 3x} = \dfrac{1}{3}$

2. 求下列极限。

(2) $\lim\limits_{x\to\infty}\left(\dfrac{x+3}{x}\right)^x$ (5) $\lim\limits_{x\to 0}(1-2x)^{\frac{1}{x}}$ (6) $\lim\limits_{x\to\infty}\left(\dfrac{x-1}{x+1}\right)^x$

解 (2) $\lim\limits_{x\to\infty}\left(\dfrac{x+3}{x}\right)^x = \lim\limits_{x\to\infty}\left[\left(1+\dfrac{1}{\dfrac{x}{3}}\right)^{\frac{x}{3}}\right]^3 = e^3$

(5) $\lim\limits_{x\to 0}(1-2x)^{\frac{1}{x}} = \lim\limits_{x\to 0}\left\{\left[1+(-2x)\right]^{\frac{1}{-2x}}\right\}^{-2} = e^{-2}$

(6) $\lim\limits_{x\to\infty}\left(\dfrac{x-1}{x+1}\right)^x = \lim\limits_{x\to\infty}\dfrac{\left(\dfrac{x-1}{x}\right)^x}{\left(\dfrac{x+1}{x}\right)^x} = \dfrac{\lim\limits_{x\to\infty}\left[\left(1+\dfrac{1}{-x}\right)^{-x}\right]^{-1}}{\lim\limits_{x\to\infty}\left(1+\dfrac{1}{x}\right)^x} = \dfrac{e^{-1}}{e} = \dfrac{1}{e^2}$

3. 用等价无穷小量代换求下列极限。

(2) $\lim\limits_{x\to 0}\dfrac{\arcsin x}{\tan 2x}$ (4) $\lim\limits_{x\to 0}\dfrac{x\ln(1+4x)}{\tan(x^2)}$ (6) $\lim\limits_{x\to 0}\dfrac{\tan x - \sin x}{\sin^3 x}$

解 (2) $\lim\limits_{x\to 0}\dfrac{\arcsin x}{\tan 2x} = \lim\limits_{x\to 0}\dfrac{x}{2x} = \dfrac{1}{2}$

(4) $\lim\limits_{x\to 0}\dfrac{x\ln(1+4x)}{\tan x^2} = \lim\limits_{x\to 0}\dfrac{x \cdot 4x}{x^2} = 4$

(6) $\lim\limits_{x\to 0}\dfrac{\tan x - \sin x}{\sin^3 x} = \lim\limits_{x\to 0}\dfrac{\sin x(1-\cos x)}{\cos x\sin^3 x} = \lim\limits_{x\to 0}\dfrac{1-\cos x}{\cos x\sin^2 x}$

$= \lim\limits_{x\to 0}\dfrac{1}{\cos x} \cdot \lim\limits_{x\to 0}\dfrac{1-\cos x}{\sin^2 x} = \lim\limits_{x\to 0}\dfrac{\dfrac{x^2}{2}}{x^2} = \dfrac{1}{2}$

习 题 1-7

1. 利用函数连续定义,证明下列函数在$(-\infty, +\infty)$内连续。

(2) $y = x^3$

证明 (2) 在 $(-\infty, +\infty)$ 内任取一点 x, 当 x 有改变量 Δx 时, 对应的函数值改变量为

$$\Delta y = (x + \Delta x)^3 - x^3$$
$$= x^3 + 3x^2 \Delta x + 3x(\Delta x)^2 + (\Delta x)^3 - x^3$$
$$= \Delta x [3x^2 + 3x \cdot \Delta x + (\Delta x)^2]$$

$$\lim_{\Delta x \to 0} \Delta y = \lim_{\Delta x \to 0} \Delta x \cdot [3x^2 + 3x \cdot \Delta x + (\Delta x)^2] = 0$$

这就证明了函数 $y = x^3$ 对于任意 $x \in (-\infty, +\infty)$ 是连续的。

3. 设函数 $f(x) = \begin{cases} (1+x)^{\frac{1}{x}}, & x < 0 \\ k + 3e^x + x^2, & x \geqslant 0 \end{cases}$, 试问 k 为何值时, 函数 $f(x)$ 在点 $x = 0$ 处连续?

解 $\lim_{x \to 0^-} f(x) = \lim_{x \to 0^-} (1+x)^{\frac{1}{x}} = e$,

$\lim_{x \to 0^+} f(x) = \lim_{x \to 0^+} (k + 3e^x + x^2) = k + 3$

$f(0) = k + 3$

令 $\lim_{x \to 0^-} f(x) = \lim_{x \to 0^+} f(x)$, 得

$e = k + 3, k = e - 3$

于是 $k = e - 3$ 时, $\lim_{x \to 0} f(x) = f(0)$, 则 $f(x)$ 在 $x = 0$ 处连续。

4. 下列函数 $f(x)$ 在点 $x = 0$ 处是否连续(说明理由)?

(4) $f(x) = \begin{cases} e^x + e - 1, & x \leqslant 0 \\ \left(1 + \dfrac{1}{x}\right)^x, & x > 0 \end{cases}$

解 (4) 因为 $\lim_{x \to 0^-} f(x) = \lim_{x \to 0^-} (e^x + e - 1) = e$,

$$\lim_{x \to 0^+} f(x) = \lim_{x \to 0^+} \left(1 + \frac{1}{x}\right)^x = e$$

所以 $\lim_{x \to 0} f(x) = e = f(0)$

故函数 $f(x)$ 在点 $x = 0$ 处连续。

5. 求下列函数的间断点, 并判断其类型。

(2) $y = \dfrac{x^2 - 1}{x^2 - 3x + 2}$ (6) $y = \begin{cases} \dfrac{x+1}{3-x}, & x < 0 \\ 4 + 3x^2, & x \geqslant 0 \end{cases}$

解 （2）因为函数的定义域是 $(-\infty, 1) \bigcup (1, 2) \bigcup (2, +\infty)$，所以 $x = 1, x = 2$ 是函数的间断点。

又 $\lim\limits_{x \to 1} \dfrac{x^2 - 1}{x^2 - 3x + 2} = \lim\limits_{x \to 1} \dfrac{x + 1}{x - 2} = -2$

$\lim\limits_{x \to 2} \dfrac{x^2 - 1}{x^2 - 3x + 2} = \lim\limits_{x \to 2} \dfrac{x + 1}{x - 2} = \infty$

所以 $x = 1$ 是函数的可去间断点，$x = 2$ 是函数的第二类间断点。

（6）函数的定义域为 $(-\infty, +\infty)$，分界点可能是间断点，因为

$$\lim_{x \to 0^-} y = \lim_{x \to 0^-} \frac{x + 1}{3 - x} = \frac{1}{3}, \quad \lim_{x \to 0^+} y = \lim_{x \to 0^+} (4 + 3x^2) = 4$$

所以 $x = 0$ 是函数的跳跃间断点。

8. 证明曲线 $y = x^4 - 2x^3 + 8x - 1$ 与 x 轴至少有一个交点 x_0，且 $0 < x_0 < 1$。

证明 函数 $y = x^4 - 2x^3 + 3x - 1$ 在闭区间 $[0, 1]$ 上连续，且

$$y(0) = -1, \ y(1) = 6$$

根据零点定理，函数在开区间 $(0, 1)$ 内至少存在一点 x_0，使 $y(0) = 0$，从而曲线与 x 轴至少有一个交点 x_0，且 $0 < x_0 < 1$。

复 习 题 一

2. 填充题。

（1） $\lim\limits_{n \to \infty} (\sqrt{n^2 + n} - n) = \underline{\qquad}$。

（2） $\lim\limits_{x \to \infty} \left(1 + \dfrac{k}{x}\right)^x = \sqrt{e}$，则 $k = \underline{\qquad}$。

（5）设函数 $f(x) = \begin{cases} 5e^{2x}, & x < 0 \\ 3x + a, & x \geqslant 0, \end{cases}$ 如果 $f(x)$ 在点 $x = 0$ 处连续，则 $a = \underline{\qquad}$。

解 （1） $\lim\limits_{n \to \infty} (\sqrt{n^2 + n} - n) = \lim\limits_{n \to \infty} \dfrac{n}{\sqrt{n^2 + n} + n} = \lim\limits_{n \to \infty} \dfrac{1}{\sqrt{1 + \dfrac{1}{n}} + 1} = \dfrac{1}{2}$

（2） $\lim\limits_{x \to \infty} \left(1 + \dfrac{k}{x}\right)^x = \lim\limits_{x \to \infty} \left[\left(1 + \dfrac{1}{\dfrac{x}{k}}\right)^{\frac{x}{k}}\right]^k = e^k$

由 $e^k = \sqrt{e}$，得 $k = \dfrac{1}{2}$。

(5) $\lim\limits_{x \to 0^-} f(x) = \lim\limits_{x \to 0^-} (5e^{2x}) = 5$，$\lim\limits_{x \to 0^+} f(x) = \lim\limits_{x \to 0^+} (3x + a) = a$

因为 $f(x)$ 在点 $x = 0$ 处连续，所以 $\lim\limits_{x \to 0^-} f(x) = \lim\limits_{x \to 0^+} f(x)$，得 $a = 5$。

3. 求下列极限。

(4) $\lim\limits_{x \to 0} \dfrac{x^2}{1 - \sqrt{1 + x^2}}$ 　　　　　　　(5) $\lim\limits_{x \to \infty} \dfrac{(x+2)^2 - (x+1)^2}{5x + 2}$

解 (4) $\lim\limits_{x \to 0} \dfrac{x^2}{1 - \sqrt{1 + x^2}} = \lim\limits_{x \to 0} \dfrac{x^2(1 + \sqrt{1 + x^2})}{x^2} = \lim\limits_{x \to 0}(1 + \sqrt{1 + x^2}) = 2$

(5) $\lim\limits_{x \to \infty} \dfrac{(x+2)^2 - (x+1)^2}{5x + 2} = \lim\limits_{x \to \infty} \dfrac{2x + 3}{5x + 2} = \dfrac{2}{5}$

4. 求下列极限。

(1) $\lim\limits_{2x \to 0} \dfrac{2x - \sin x}{3x + \sin x}$ 　　　　　　　(6) $\lim\limits_{n \to \infty}\{n[\ln(n+2) - \ln n]\}$

解 (1) $\lim\limits_{x \to 0} \dfrac{2x - \sin x}{3x + \sin x} = \lim\limits_{x \to 0} \dfrac{2 - \dfrac{\sin x}{x}}{3 + \dfrac{\sin x}{x}} = \dfrac{1}{4}$

(6) $\lim\limits_{n \to \infty}\{n[\ln(x+2) - \ln n]\} = \lim\limits_{n \to \infty} \ln\left(\dfrac{n+2}{n}\right)^n = \lim\limits_{n \to \infty} \ln\left[\left(1 + \dfrac{1}{\frac{n}{2}}\right)^{\frac{n}{2}}\right]^2 = \ln e^2 = 2$

6. 利用等价无穷小量代换求下列极限。

(3) $\lim\limits_{x \to 0} \dfrac{1 - \cos x}{\sqrt{x^2 + 2}\ln(1 + 2x^2)}$ 　　　　　(4) $\lim\limits_{x \to 0} \dfrac{1 - e^{x^2}}{x \sin 3x}$

解 (3) 因为 $x \to 0$ 时，$1 - \cos x \sim \dfrac{1}{2}x^2$，$\ln(1 + 2x^2) \sim 2x^2$，所以

$$\lim\limits_{x \to 0} \dfrac{1 - \cos x}{\sqrt{x^2 + 2}\ln(1 + 2x^2)} = \lim\limits_{x \to 0} \dfrac{\dfrac{1}{2}x^2}{\sqrt{x^2 + 2} \cdot 2x^2} = \dfrac{1}{4\sqrt{2}}$$

(4) 因为 $x \to 0$ 时，$e^{x^2} - 1 \sim x^2$，$\sin 3x \sim 3x$，所以

$$\lim\limits_{x \to 0} \dfrac{1 - e^{x^2}}{x \sin 3x} = \lim\limits_{x \to 0} \dfrac{-x^2}{x \cdot 3x} = -\dfrac{1}{3}$$

8. 设函数 $f(x)=\begin{cases} x^2-1, & -\infty \leqslant x < 0 \\ x & 0 \leqslant x < 1 \\ 2-x & 1 < x < +\infty \end{cases}$

讨论在点 $x=0$，$x=1$ 处函数 $f(x)$ 的连续性。

解 因为 $\lim\limits_{x \to 0^-} f(x) = \lim\limits_{x \to 0^-}(x^2-1) = -1$，$\lim\limits_{x \to 0^+} f(x) = \lim\limits_{x \to 0^+} x = 0$。故函数 $f(x)$ 在点 $x=0$ 处不连续。

又因为 $\lim\limits_{x \to 1^-} f(x) = \lim\limits_{x \to 1^-} x = 1$，$\lim\limits_{x \to 1^+} f(x) = \lim\limits_{x \to 1^+}(2-x) = 1$，$f(1) = 1$，所以

$$\lim_{x \to 1} f(x) = f(1)$$

因此函数 $f(x)$ 在点 $x=1$ 处连续。

9. 证明题。

(2) 证明方程 $x^5 - 5x = 10$ 在 1 与 2 之间至少存在一个实根。

证明 设函数 $f(x) = x^5 - 5x - 10$，取定义域为 $[1,2]$，则函数 $f(x)$ 在闭区间 $[1,2]$ 上连续，且

$$f(1) \cdot f(2) = -14 \times 12 < 0$$

由零点定理，方程 $f(x) = 0$ 在 $(1,2)$ 内至少有一个实根 x_0，即方程 $x^5 - 5x = 10$ 在 1 与 2 之间至少存在一个实根 x_0。

10. 按供电部门规定，当每月用电量不超过 2 000 度时，每度电按 k_1 元收费；当每月用电量超过 2 000 度但不超过 4 000 度时，超过部分每度电按 k_2 元收费；当用电量超过 4 000 度时，超过部分每度按 k_3 元收费。这里 $k_1 < k_2 < k_3$。试建立每月电费 G 与用电量 W 之间的函数关系 $G = f(W)$，并写出函数的定义域。

解 每月电费 G 与用电量 W 之间的函数关系分下面三步：

(1) 当 $0 \leqslant W \leqslant 2\,000$ 时，
$$G = k_1 W$$

(2) 当 $2\,000 < W \leqslant 4\,000$ 时，
$$G = k_1 \times 2\,000 + k_2(W - 2\,000) = k_2 W + 2\,000(k_1 - k_2)$$

(3) 当 $W > 4\,000$ 时，
$$G = k_1 \times 2\,000 + k_2 \times 2\,000 + k_3(W - 4\,000)$$
$$= k_3 W + 2\,000(k_1 + k_2) - 4\,000 k_3$$

因此，$G = \begin{cases} k_1 W & 0 \leqslant W \leqslant 2\,000 \\ k_2 W + 2\,000(k_1 - k_2) & 2\,000 < W \leqslant 4\,000 \\ k_3 W + 2\,000(k_1 + k_2) - 4\,000 k_2 & 4\,000 < W \end{cases}$

其定义域为$[0，+\infty)$。

第四节　测试题及其解答

一、测　试　题

（一）A　卷

1. 单项选择题。

（1）若$f(\lg x)=x$，则$f(2)$的值等于（　　）。

A. 2^{10} 　　　　 B. 10^2 　　　　 C. $\lg 2$ 　　　　 D. $\log_2 10$

（2）函数$f(x)$在$x=x_0$处有定义，是$x\to x_0$时$f(x)$有极限的（　　）。

A. 必要条件 　　 B. 充分条件 　　 C. 充分必要条件 　 D. 无关条件

（3）$y=x^2$在$(-1,1)$内的最大值是（　　）。

A. 0

B. -1

C. 任何一个小于1的值

D. 不存在

（4）$\lim\limits_{x\to 0}(1-x)^{2-\frac{1}{x}}=$（　　）。

A. 1 　　　　 B. e 　　　　 C. e^{-1} 　　　　 D. e^2

（5）设$f(x)=|x|$，则$\lim\limits_{x\to 1}f(x)=$（　　）。

A. 0 　　　　 B. 1 　　　　 C. 2 　　　　 D. 不存在

（6）函数$f(x)=\dfrac{x^2-1}{x(x-1)}$在（　　）变化过程中为无穷大量。

A. $x\to 0$ 　　 B. $x\to 1$ 　　 C. $x\to +\infty$ 　　 D. $x\to -\infty$

2. 填空题。

（1）函数$y=\dfrac{1}{x}-\sqrt{1-x^2}$的定义域为_____。

（2）$\lim\limits_{x\to x_0}f(x)=A$，则$f(x)=\alpha(x)+$_____，其中，$\alpha(x)$当$x\to x_0$时为无穷小量。

（3）$\lim\limits_{n\to\infty}\dfrac{6n^2-2n-9}{3n^2-1}=$_____。

(4) $\lim\limits_{x \to 0} \dfrac{\sin 4x}{\tan 2x} = $ _____。

(5) 函数 $f(x) = \begin{cases} x-1 & 0 < x \leqslant 1 \\ 2-x & 1 < x \leqslant 3 \end{cases}$，在 $x = 1$ 处不连续是因为 _____。

(6) 方程 $x^4 + 2x^2 - x - 2 = 0$ 在 0 与 2 之间至少有 _____ 个实根。

3. 下列函数是由哪些简单函数复合而成？

(1) $y = a\sqrt[3]{x+1}$ \qquad\qquad (2) $y = \lg\lg\dfrac{x}{2}$

4. 某工厂生产某产品，固定成本为 140 元，每增加一吨，成本增加 8 元，且每日最多生产 100 吨，试将每日产品成本 C 表示为产量 Q 的函数。

5. 求下列极限。

(1) $\lim\limits_{x \to -1} \dfrac{(x^2 - 2x)\ln(2-x)}{\sqrt{x^2 + x + 1}}$ \qquad (2) $\lim\limits_{x \to 2}\left(\dfrac{1}{x-2} - \dfrac{4}{x^2 - 4}\right)$

(3) $\lim\limits_{x \to 0}(1 + 2x)^{\frac{2x-1}{x}}$ \qquad\qquad (4) $\lim\limits_{x \to 0} \dfrac{\arcsin 4x}{\tan 2x}$

(5) $\lim\limits_{x \to 1} \dfrac{x^3 - 1}{x^2 - 2x + 1}$ \qquad\qquad (6) $\lim\limits_{x \to 0} \dfrac{e^x(\sqrt[3]{1 + x^2} - 1)}{1 - \cos x}$

6. $\lim\limits_{x \to 3} \dfrac{x^2 - 2x + k}{x - 3} = A$，求 k，A 的值。

7. 证明：函数 $f(x) = \begin{cases} x^2 + 1 & x \geqslant 1 \\ 3x - 1 & x < 1 \end{cases}$ 在 $x = 1$ 处连续。

8. 求函数 $y = \dfrac{x^2 - 6x + 5}{x^2 - 3x + 2}$ 的间断点，并判断其类型。

（二）B 卷

1. 单项选择题。

(1) 设函数 $f(x)$ 的定义域为 $[1, 5]$，则函数 $f(1 + x^2)$ 的定义域为（ ）。

A. $[1, 5]$ \qquad B. $[0, 2]$ \qquad C. $[-2, 2]$ \qquad D. $[-2, 0]$

(2) 函数 $f(x)$ 在 $x = x_0$ 处有定义是 $f(x)$ 在 $x = x_0$ 处连续的（ ）。

A. 必要条件 \qquad\qquad B. 充分条件

C. 充分必要条件 \qquad\qquad D. 无关条件

(3) 函数 $f(x) = \dfrac{x+1}{x^2 - 2x - 3}$ 的间断点是（ ）。

A. $x = 3$ B. $x = -1$

C. $x = -1$ 和 $x = 3$ D. 不存在

(4) $\lim\limits_{x \to \infty} e^{\sin\frac{1}{1+x}} = ($ $)$。

A. 0   B. 1   C. e   D. 不存在

(5) $f(x) = \begin{cases} \dfrac{\sin x}{x} & x \neq 0 \\ a & x = 0 \end{cases}$, $f(x)$ 在 $x = 0$ 处连续，则 $a = ($ $)$。

A. 0   B. 1   C. 2   D. 不存在

(6) 下列函数在给定变化过程中为无穷小量的是(   )。

A. $2^{-x} + 1 (x \to 0)$ B. $\dfrac{\sin x}{x} (x \to 0)$

C. $\dfrac{x^2}{\sqrt{x^3 + 2x - 1}} (x \to +\infty)$ D. $\dfrac{x^2}{x+1}\left(3 - \sin\dfrac{1}{x}\right)(x \to 0)$

2. 填空题。

(1) 已知 $f(x)$ 是指数函数，且 $f\left(-\dfrac{2}{3}\right) = \sqrt[3]{4}$，则 $f\left(-\dfrac{1}{2}\right) =$ _____。

(2) 如果 $\lim\limits_{x \to x_0^+} f(x) = A$，$\lim\limits_{x \to x_0^-} f(x) = A$，则 $\lim\limits_{x \to x_0} f(x) =$ _____。

(3) $\lim\limits_{x \to 1} \dfrac{x^2 - 1}{x^2 + x - 2} =$ _____。

(4) $\lim\limits_{x \to \infty} x \sin\dfrac{1}{x} =$ _____。

(5) $\lim\limits_{x \to 0}(1 - 2x)^{\frac{1}{x}} =$ _____。

(6) 如果 $f(x)$ 在 $x \to x_0$ 时为无穷大量，则 $\lim\limits_{x \to x_0} \dfrac{1}{f(x)} =$ _____。

3. 下列函数是由哪些简单函数复合而成？

(1) $y = (1 + \lg 2x)^3$ (2) $y = \cos^2(3x + 1)$

4. 设某企业对某产品制订了如下的销售策略：购买 20 千克以下(包括 20 千克)部分，每千克 10 元；购买量小于等于 200 千克时，其中超过 20 千克的部分，每千克 7 元；购买超过 200 千克的部分，每千克 5 元，试写出购买量为 Q 千克的费用函数 $C(Q)$。

5. 求下列极限。

(1) $\lim\limits_{x \to 2} \dfrac{(x^2 + 2x)2^x}{\ln(1 + x)}$ (2) $\lim\limits_{x \to \infty}\left(\dfrac{x+4}{x-4}\right)^x$

$(3)\ \lim\limits_{x\to 0}\dfrac{\sqrt{1+x}-1}{\sin x}$

$(4)\ \lim\limits_{n\to\infty}(\sqrt{n+1}-\sqrt{n})$

$(5)\ \lim\limits_{x\to+\infty}\dfrac{\sqrt{x^2+1}}{10x}$

$(6)\ \lim\limits_{x\to 0}\dfrac{\ln(1+2x)}{(e^x-1)\cos x}$

6. $\lim\limits_{x\to 1}\dfrac{x^2+ax+b}{1-x}=15$，求 a,b 的值。

7. 问 $f(x)=\begin{cases}2e^x & x\geqslant 0\\[2mm]\dfrac{\sin 2x}{x} & x<0\end{cases}$ 在 $x=0$ 处是否连续？为什么？

8. 用定义证明 $\lim\limits_{x\to 2}\dfrac{2x^2-3x-2}{x-2}=5$。

二、测 试 题 解 答

（一）A 卷 解 答

1. 单项选择题。

(1)	(2)	(3)	(4)	(5)	(6)
B	D	D	B	B	A

解 (1) 因为 $f(\lg x)=x=10^{\lg x}$，即 $f(x)=10^x$，所以 $f(2)=10^2$。

(2) 当 $x\to x_0$ 时 $f(x)$ 的极限,仅要求 $f(x)$ 在 x_0 的某一个去心邻域内有定义,它与 $f(x)$ 在 x_0 处是否有定义无关。

(3) $y=x^2$ 在 $(-1,0)$ 上单调减少,在 $(0,1)$ 上单调增加,所以 $y=x^2$ 在 $(-1,1)$ 上无最大值。

(4) $\lim\limits_{x\to 0}(1-x)^{2-\frac{1}{x}}=\lim\limits_{x\to 0}(1-x)^2\cdot\lim\limits_{x\to 0}(1-x)^{-\frac{1}{x}}=e$

(5) $\lim\limits_{x\to 1}f(x)=\lim\limits_{x\to 1}|x|=\lim\limits_{x\to 1}x=1$

(6) $f(x)=\dfrac{(x-1)(x+1)}{x(x-1)}$

A. $\lim\limits_{x\to 0}f(x)=\lim\limits_{x\to 0}\dfrac{x+1}{x}=\infty$　　B. $\lim\limits_{x\to 1}f(x)=\lim\limits_{x\to 1}\dfrac{x+1}{x}=2$

C. $\lim\limits_{x\to+\infty}f(x)=1$　　D. $\lim\limits_{x\to-\infty}f(x)=1$

2. 填空题。

解 (1) 解不等式组 $\begin{cases} 1-x^2 \geq 0 \\ x \neq 0 \end{cases}$，得定义域为 $[-1, 0) \cup (0, 1]$。

(2) 有极限的函数与无穷小量的关系如下：

设函数 $y = f(x)$，则 $\lim\limits_{x \to x_0} f(x) = A$ 的充分必要条件是 $f(x) = A + \alpha(x)$，其中当 $x \to x_0$ 时，$\alpha(x)$ 为无穷小量。

(3) $\lim\limits_{n \to \infty} \dfrac{6n^2 - 2n - 9}{3n^2 - 1} = \dfrac{6}{3} = 2$

(4) $\lim\limits_{x \to 0} \dfrac{\sin 4x}{\tan 2x} = \lim\limits_{x \to 0} \dfrac{\sin 4x}{4x} \cdot \dfrac{4x}{2x} \cdot \dfrac{2x}{\tan 2x} = 2$

或利用等价无穷小量，使

$$\lim\limits_{x \to 0} \dfrac{\sin 4x}{\tan 2x} = \lim\limits_{x \to 0} \dfrac{4x}{2x} = 2$$

(5) 因为 $\lim\limits_{x \to 1^-} f(x) = \lim\limits_{x \to 1^-} (x - 1) = 0$

$\lim\limits_{x \to 1^+} f(x) = \lim\limits_{x \to 1^+} (2 - x) = 1$

所以 $f(x)$ 在 $x = 1$ 处不连续。

(6) 设 $f(x) = x^4 + 2x^2 - x - 2$，$f(x)$ 在 $[0, 2]$ 上连续，且有：

$$f(0) = 0^4 + 2 \times 0^2 - 0 - 2 = -2$$
$$f(2) = 2^4 + 2 \times 2^2 - 2 - 2 = 16 + 8 - 4 = 20$$

由零点定理得：在 $[0, 2]$ 内函数 $f(x)$ 至少有一个实根 x_0，使 $f(x_0) = 0$，即，使得 $x_0^4 + 2x_0^2 - x_0 - 2 = 0$。

3. **解** (1) $y = a\sqrt[3]{x+1}$ 是由 $y = a\sqrt[3]{u}$，$u = x + 1$ 复合而成。

(2) $y = \lg\lg \dfrac{x}{2}$ 是由 $y = \lg u$，$u = \lg v$，$v = \dfrac{x}{2}$ 复合而成。

4. **解** 根据题意，$C_0 = 140$ 元，$C_1 = 8Q$，则成本

$$C = C_0 + C_1 = 140 + 8Q$$

由于每日最多生产 100 吨，因而定义域为 $[0, 100]$。

5. **解** (1) $\lim\limits_{x \to -1} \dfrac{(x^2 - 2x)\ln(2 - x)}{\sqrt{x^2 + x + 1}} =$

$$\lim_{x\to-1}\frac{[(-1)^2-2\times(-1)]\ln[2-(-1)]}{\sqrt{(-1)^2+(-1)+1}}=3\ln 3$$

(2) 通分得:

$$\lim_{x\to2}\left(\frac{1}{x-2}-\frac{4}{x^2-4}\right)=\lim_{x\to2}\left(\frac{x+2-4}{x^2-4}\right)=\lim_{x\to2}\frac{x-2}{x^2-4}$$

$$=\lim_{x\to2}\frac{1}{x+2}=\frac{1}{4}$$

(3) $\displaystyle\lim_{x\to0}(1+2x)^{\frac{2x-1}{x}}=\lim_{x\to0}\frac{(1+2x)^2}{(1+2x)^{\frac{1}{x}}}=\lim_{x\to0}\frac{(1+2x)^2}{[(1+2x)^{\frac{1}{2x}}]^2}=\frac{1}{e^2}$

(4) $\displaystyle\lim_{x\to0}\frac{\arcsin 4x}{\tan 2x}=\lim_{x\to0}\frac{4x}{2x}=2$

(5) $\displaystyle\lim_{x\to1}\frac{x^3-1}{x^2-2x+1}=\lim_{x\to1}\frac{(x^2+x+1)(x-1)}{(x-1)^2}$

$$=\lim_{x\to1}\frac{x^2+x+1}{x-1}=\infty$$

(6) $\displaystyle\lim_{x\to0}\frac{e^x(\sqrt[3]{1+x^2}-1)}{1-\cos x}=\lim_{x\to0}e^x\cdot\lim_{x\to0}\frac{\sqrt[3]{1+x^2}-1}{1-\cos x}=e^0\cdot\lim_{x\to0}\frac{\frac{x^2}{3}}{\frac{x^2}{2}}=\frac{2}{3}$

6. **解**　因为 $\displaystyle\lim_{x\to3}(x-3)=0$, $\displaystyle\lim_{x\to3}\frac{x^2-2x+k}{x-3}=A$, 所以

$$\lim_{x\to3}(x^2-2x+k)=9-6+k=0$$

得 $k=-3$, 从而

$$\lim_{x\to3}\frac{x^2-2x+k}{x-3}=\lim_{x\to3}\frac{x^2-2x-3}{x-3}=\lim_{x\to3}\frac{(x-3)(x+1)}{x-3}=4$$

所以 $A=4$。

7. **证明**　因为　$f(1)=1^2+1=2$

又因为　$\displaystyle\lim_{x\to1^-}f(x)=\lim_{x\to1^-}(3x-1)=2$

$$\lim_{x\to1^+}f(x)=\lim_{x\to1^+}(x^2+1)=1+1=2$$

所以,由连续函数的定义知:原函数在 $x=1$ 处连续。

8. **解**　函数的间断点是 $x=1$, $x=2$, 又因为

$$\lim_{x \to 1} \frac{x^2 - 6x + 5}{x^2 - 3x + 2} = \lim_{x \to 1} \frac{(x-1)(x-3)}{(x-1)(x-2)} = 2$$

$$\lim_{x \to 2} \frac{x^2 - 6x + 5}{x^2 - 3x + 2} = \infty$$

所以，$x = 1$ 是函数的可去间断点，$x = 2$ 是函数的第二类间断点。

(二) B 卷 解 答

1. 单项选择题。

(1)	(2)	(3)	(4)	(5)	(6)
C	A	C	B	B	D

解 (1) 因为 $f(x)$ 的定义域为 $[1, 5]$，即 $1 \leqslant x \leqslant 5$

所以 $1 \leqslant 1 + x^2 \leqslant 5$，$0 \leqslant x^2 \leqslant 4$，$-2 \leqslant x \leqslant 2$

即 $f(1 + x^2)$ 的定义域为 $[-2, 2]$。

(2) 因为函数在某一点要连续的条件之一是在该点处必须有定义。所以函数 $f(x)$ 在 $x = x_0$ 处有定义是其在 $x = x_0$ 处连续的必要条件。

(3) $f(x) = \dfrac{x+1}{(x-3)(x+1)}$，$x = 3$，$x = -1$ 是间断点。

(4) 因为原式 $= \mathrm{e}^{\lim\limits_{x \to \infty} \sin \frac{1}{x+1}} = \mathrm{e}^{\sin \lim\limits_{x \to \infty} \frac{1}{x+1}} = \mathrm{e}^{\sin 0} = \mathrm{e}^0 = 1$

(5) $\lim\limits_{x \to 0} \dfrac{\sin x}{x} = 1$，而 $f(0) = a$，因为 $f(x)$ 在 $x = 0$ 处连续，所以 $f(0) = a = 1$

(6) $\lim\limits_{x \to 0}(2^{-x} + 1) = 2$，$\qquad \lim\limits_{x \to 0} \dfrac{\sin x}{x} = 1$

$$\lim_{x \to +\infty} \frac{x^2}{\sqrt{x^3 + 2x - 1}} = \infty, \quad \lim_{x \to 0} \frac{x^2}{x+1}\left(3 - \sin \frac{1}{x}\right) = 0$$

2. 填空题。

解 (1) 因为 $f(x)$ 为指数函数，$f\left(-\dfrac{2}{3}\right) = \sqrt[3]{4} = 2^{\frac{2}{3}} = \left(\dfrac{1}{2}\right)^{-\frac{2}{3}}$

所以 $f(x) = \left(\dfrac{1}{2}\right)^x = 2^{-x}$，因而 $f\left(-\dfrac{1}{2}\right) = 2^{\frac{1}{2}} = \sqrt{2}$

(2) 由极限存在的充要条件得

$$\lim_{x \to x_0^-} f(x) = \lim_{x \to x_0^+} f(x) = \lim_{x \to x_0} f(x) = A$$

(3) $\displaystyle\lim_{x \to 1} \frac{x^2 - 1}{x^2 + x - 2} = \lim_{x \to 1} \frac{(x-1)(x+1)}{(x-1)(x+2)} = \lim_{x \to 1} \frac{x+1}{x+2} = \frac{2}{3}$

(4) $\displaystyle\lim_{x \to \infty} x \cdot \sin \frac{1}{x} = \lim_{x \to \infty} \frac{\sin \dfrac{1}{x}}{\dfrac{1}{x}} = 1$

(5) $\displaystyle\lim_{x \to 0}(1 - 2x)^{\frac{1}{x}} = \lim_{x \to 0}[1 + (-2x)]^{\frac{1}{2x} \cdot (-2)} = \left\{ \lim_{-2x \to 0} [1 + (-2x)]^{\frac{1}{-2x}} \right\}^{-2}$
$$= e^{-2}$$

（6）由无穷大量与无穷小量的关系知

$$\lim_{x \to x_0} \frac{1}{f(x)} = 0$$

3. **解** (1) $y = (1 + \lg 2x)^3$ 是由 $y = u^3$，$u = 1 + \lg v$，$v = 2x$ 复合而成。

(2) $y = \cos^2(3x + 1)$ 是由 $y = u^2$，$u = \cos v$，$v = 3x + 1$ 复合而成。

4. **解** 费用 C 元与购买量 Q 千克的函数关系分以下三部分：

(1) 当 $0 \leqslant Q \leqslant 20$ 时，$C = 10Q$。

(2) 当 $20 < Q \leqslant 200$ 时，$C = 10 \times 20 + 7(Q - 20) = 60 + 7Q$。

(3) 当 $Q > 200$ 时，$C = 10 \times 20 + 7 \times 180 + 5(Q - 200) = 460 + 5Q$。

所以费用 C 与购买量 Q 的函数关系为

$$C = \begin{cases} 10Q & 0 \leqslant Q \leqslant 20 \\ 60 + 7Q & 20 < Q \leqslant 200 \\ 460 + 5Q & Q > 200 \end{cases}$$

其定义域为 $[0, +\infty)$。

5. **解** (1) $\displaystyle\lim_{x \to 2} \frac{(x^2 + 2x)2^x}{\ln(1+x)} = \frac{(2^2 + 2 \times 2) \times 2^2}{\ln(1+2)} = \frac{32}{\ln 3}$

(2) $\displaystyle\lim_{x \to \infty} \left(\frac{x+4}{x-4}\right)^x = \lim_{x \to \infty} \frac{\left(1 + \dfrac{4}{x}\right)^x}{\left(1 - \dfrac{4}{x}\right)^x} = \lim_{x \to \infty} \frac{\left[\left(1 + \dfrac{1}{x}\right)^{\frac{x}{4}}\right]^4}{\left[\left(1 + \dfrac{1}{-\dfrac{x}{4}}\right)^{-\frac{x}{4}}\right]^{-4}} = e^8$

41

(3) $\lim\limits_{x \to 0} \dfrac{\sqrt{1+x}-1}{\sin x} = \lim\limits_{x \to 0} \dfrac{(\sqrt{1+x}-1)(\sqrt{1+x}+1)}{\sin x(\sqrt{1+x}+1)}$

$\qquad\qquad = \lim\limits_{x \to 0} \dfrac{x}{\sin x} \cdot \lim\limits_{x \to 0} \dfrac{1}{\sqrt{1+x}+1} = \dfrac{1}{2}$

(4) $\lim\limits_{n \to \infty}(\sqrt{n+1}-\sqrt{n}) = \lim\limits_{n \to \infty} \dfrac{(\sqrt{n+1}-\sqrt{n})(\sqrt{n+1}+\sqrt{n})}{(\sqrt{n+1}+\sqrt{n})}$

$\qquad\qquad\qquad = \lim\limits_{n \to \infty} \dfrac{1}{\sqrt{n+1}+\sqrt{n}} = 0$

(5) $\lim\limits_{x \to +\infty} \dfrac{\sqrt{x^2+1}}{10x} = \lim\limits_{x \to +\infty} \dfrac{\sqrt{1+\dfrac{1}{x^2}}}{10} = \dfrac{1}{10}$

(6) $\lim\limits_{x \to 0} \dfrac{\ln(1+2x)}{(e^x-1)\cos x} = \lim\limits_{x \to 0} \dfrac{1}{\cos x} \cdot \lim\limits_{x \to 0} \dfrac{\ln(1+2x)}{e^x-1}$

$\qquad\qquad\qquad = \lim\limits_{x \to 0} \dfrac{2x}{x} = 2$

6. 解　因为 $\lim\limits_{x \to 1}(1-x) = 0$,而极限存在,所以,必须$\lim\limits_{x \to 1}(x^2+ax+b) = 0$。

又　　　　　　　　　$\lim\limits_{x \to 1}(x^2+ax+b) = 1+a+b$

所以　　　　　　　　$1+a+b = 0$,得 $a = -b-1$

于是　　　　$\lim\limits_{x \to 1} \dfrac{x^2+ax+b}{1-x} = \lim\limits_{x \to 1} \dfrac{x^2+(-b-1)x+b}{1-x}$

$\qquad\qquad\qquad = \lim\limits_{x \to 1} \dfrac{(1-x)(b-x)}{1-x} = b-1$

由题意得 $b-1 = 15$,所以 $b = 16$,$a = -b-1 = -17$。

7. 解　因为 $f(0) = 2e^0 = 2$

又　$\lim\limits_{x \to 0^-} f(x) = \lim\limits_{x \to 0^-} \dfrac{\sin 2x}{x} = \lim\limits_{x \to 0^-} \dfrac{2\sin 2x}{2x} = 2$

$\qquad \lim\limits_{x \to 0^+} f(x) = \lim\limits_{x \to 0^+} 2e^x = 2$

得　$\lim\limits_{x \to 0} f(x) = 2 = f(0)$

所以 $f(x)$在 $x = 0$ 处连续。

8. 证明　设函数 $f(x) = \dfrac{2x^2-3x-2}{x-2}$,$\varepsilon$ 是任意给定的正数,要使

$$| f(x) - 3 | = \left| \frac{2x^2 - 3x - 2}{x - 2} - 5 \right| = 2 | x - 2 | < \varepsilon$$

只要取 $| x - 2 | < \dfrac{\varepsilon}{2}$。

从而，对于任意给定的正数 ε，取 $\delta = \dfrac{\varepsilon}{2}$，当 $0 < | x - 2 | < \delta$ 时，一切 x 所对应的函数值 $f(x)$ 恒有 $| f(x) - 5 | < \varepsilon$，所以 $\lim\limits_{x \to 2} \dfrac{2x^2 - 3x - 2}{x - 2} = 5$。

第二章 导数与微分

第一节 内容提要

1. 导数的概念

设函数 $y = f(x)$ 在 x_0 的某一邻域内有定义,如果极限

$$\lim_{\Delta x \to 0} \frac{f(x_0 + \Delta x) - f(x_0)}{\Delta x}$$

存在,则称此极限值为函数 $f(x)$ 在点 x_0 处的导数,记为 $f'(x_0)$ 或 $\left.\dfrac{\mathrm{d}f(x)}{\mathrm{d}x}\right|_{x=x_0}$ 或

$\left.\dfrac{\mathrm{d}y}{\mathrm{d}x}\right|_{x=x_0}$ 或 $\left.y'\right|_{x=x_0}$,即

$$f'(x_0) = \lim_{\Delta x \to 0} \frac{f(x_0 + \Delta x) - f(x_0)}{\Delta x}$$

令 $\Delta x = x - x_0$,则可得导数的另一种定义形式:

$$f'(x_0) = \lim_{x \to x_0} \frac{f(x) - f(x_0)}{x - x_0}$$

类似地,称

$$f'(x) = \lim_{\Delta x \to 0} \frac{f(x + \Delta x) - f(x)}{\Delta x}$$

为函数 $f(x)$ 的导函数(简称导数)。

$$f'_-(x_0) = \lim_{\Delta x \to 0^-} \frac{f(x_0 + \Delta x) - f(x_0)}{\Delta x}$$

称为 $f(x)$ 在 x_0 处的左导数；

$$f'_+(x_0) = \lim_{\Delta x \to 0^+} \frac{f(x_0 + \Delta x) - f(x_0)}{\Delta x}$$

称为 $f(x)$ 在 x_0 处的右导数。

关于 $f(x)$ 在 x_0 处导数有如下两个结论：

(1) $f'(x_0)$ 存在的充分必要条件是 $f'_-(x_0)$、$f'_+(x_0)$ 存在且相等。

(2) 可导与连续的关系是：如果函数 $f(x)$ 在 x_0 处可导，则 $f(x)$ 在 x_0 处必连续；反之，如果函数 $f(x)$ 在 x_0 处连续，$f(x)$ 在 x_0 未必可导。

导数的几何意义是：导数 $f'(x_0)$ 表示曲线 $y = f(x)$ 在点 $P_0(x_0, f(x_0))$ 处的切线斜率。

曲线 $y = f(x)$ 在点 $P_0(x_0, y_0)$ 处的切线方程为 $y - y_0 = f'(x_0)(x - x_0)$。法线方程为 $y - y_0 = -\dfrac{1}{f'(x_0)}(x - x_0)$。

2. 导数的运算法则

(1) 四则运算法则。设函数 $u(x)$，$v(x)$ 在 x 处可导，则在 x 处有

$$[u(x) \pm v(x)]' = u'(x) \pm v'(x)$$

$$[u(x) \cdot v(x)]' = u'(x)v(x) + u(x) \cdot v'(x)$$

$$\left(\frac{u(x)}{v(x)}\right)' = \frac{u'(x) \cdot v(x) - u(x) \cdot v'(x)}{v^2(x)} \quad (v(x) \neq 0)$$

(2) 复合函数求导法则。设 $u = \varphi(x)$ 在 x 处可导，而 $f(u)$ 在对应的 $u(u = \varphi(x))$ 处可导，则复合函数 $f[\varphi(x)]$ 在 x 处可导，且有

$$\{f[\varphi(x)]\}' = f'(u) \cdot \varphi'(x)$$

(3) 若单调函数 $x = \varphi(y)$ 有不等于 0 的导数，则它的反函数 $y = f(x)$ 在对应区间内也可导，且 $f'(x) = \dfrac{1}{\varphi'(y)}$，即 $\dfrac{\mathrm{d}y}{\mathrm{d}x} = \dfrac{1}{\dfrac{\mathrm{d}x}{\mathrm{d}y}}$。

(4) 隐函数求导法则。设由方程 $F(x, y) = 0$ 确定 y 是 x 的隐函数，为求 $\dfrac{\mathrm{d}y}{\mathrm{d}x}$，可在方程 $F(x, y) = 0$ 两边分别对 x 求导，然后解得 $\dfrac{\mathrm{d}y}{\mathrm{d}x}$。其中，要注意关于 y 的表达式对 x 求导时，y 作为中间变量，应用复合函数求导法则。

45

(5) 对数求导法则。如果函数 $y = f(x)$ 是由多个因式的积、商、乘方和开方而成的函数或幂指函数，可采用对数求导法则，即对 $y = f(x)$ 两端取对数，化成隐函数，再求导。

(6) 分段函数的求导法则。对于分段函数分界点 $x = x_0$ 处的导数，需先求出 $f(x)$ 在点 x_0 处的左、右导数 $f'_-(x_0)$ 与 $f'_+(x_0)$，然后确定 $f(x)$ 在点 x_0 处是否可导。

3. 高阶导数

如果函数 $f(x)$ 的导数 $f'(x)$ 在点 x 可导，则称 $f'(x)$ 在点 x 处的导数为函数 $f(x)$ 在点 x 处的二阶导数，记为

$$f''(x) \text{ 或 } y'' \text{ 或 } \frac{d^2 y}{d x^2} \text{ 或 } \frac{d^2 f(x)}{d x^2}$$

类似地，二阶导数的导数称为三阶导数，记为

$$f'''(x) \text{ 或 } y''' \text{ 或 } \frac{d^3 y}{d x^3} \text{ 或 } \frac{d^3 f(x)}{d x^3}$$

一般地，$f(x)$ 的 $n-1$ 阶导数的导数称为 $f(x)$ 的 n 阶导数，记为

$$f^{(n)} \text{ 或 } y^{(n)} \text{ 或 } \frac{d^n y}{d x^n} \text{ 或 } \frac{d^n f(x)}{d x^n}$$

二阶、二阶以上的导数，统称为高阶导数。

4. 微分

设函数 $y = f(x)$ 在 x 处的某邻域有定义，自变量在点 x 处取得改变量 $\Delta x(\Delta x \neq 0)$，对应的函数值改变量 Δy 可表示为

$$\Delta y = A \cdot \Delta x + o(\Delta x)$$

其中，A 与 Δx 无关，当 $\Delta x \to 0$ 时，$o(\Delta x)$ 是比 Δx 高阶的无穷小量，则称 $A\Delta x$ 为函数 $f(x)$ 在点 x 处的微分，记为 dy，即 $dy = A\Delta x$，并称 $f(x)$ 在 x 处可微。

(1) 函数 $y = f(x)$ 在 x 处可微的充要条件是函数 $f(x)$ 在 x 可导，且可微时，

$$dy = f'(x)dx$$

(2) 微分运算法则。因为 $dy = f'(x)dx$，所以由导数的四则运算法则直接得到微分的四则运算法则。对于复合函数的微分，有微分形式的不变性，即函数 $y = f(u)$，变量 u 不论是中间变量还是自变量，均有

$$d[f(u)] = f'(u)du$$

5. 利用微分作近似计算

当 $|\Delta x|$ 很小时，有

$$\Delta y = f(x_0 + \Delta x) - f(x_0) \approx \mathrm{d}y = f'(x_0)\Delta x$$

$$f(x_0 + \Delta x) \approx f(x_0) + f'(x_0)\Delta x$$

第二节　例　题　分　析

【例1】 利用导数定义求 $y = 2x^2 + 4$ 的导数。

解 $\Delta y = f(x + \Delta x) - f(x) = [2(x + \Delta x)^2 + 4] - (2x^2 + 4)$

$\qquad = 4x \cdot \Delta x + 2(\Delta x)^2$

$\qquad y' = \lim\limits_{\Delta x \to 0} \dfrac{\Delta y}{\Delta x} = \lim\limits_{\Delta x \to 0}(4x + 2\Delta x) = 4x$

【例2】 如果函数 $f(x)$ 在 $x = 2$ 的某邻域有定义，且 $f(2) = 0$，$f'(2) = 4$，求 $\lim\limits_{h \to 0} \dfrac{f(2 + 6h)}{h}$。

分析 因为 $f(x)$ 在 $x = 2$ 处可导，且 $f(2) = 0$，所以可以将 $\dfrac{f(2 + 6h)}{h}$ 化为 $\dfrac{f(x_0 + \Delta x) - f(x_0)}{\Delta x}$ 形式，应用导数的定义求此极限。

解 令 $\Delta x = 6h$

所以 $\quad \lim\limits_{h \to 0} \dfrac{f(2 + 6h)}{h} = 6 \cdot \lim\limits_{6h \to 0} \dfrac{f(2 + 6h)}{6h}$

$\qquad\qquad\qquad = 6 \cdot \lim\limits_{\Delta x \to 0} \dfrac{f(2 + \Delta x) - f(2)}{\Delta x}$

$\qquad\qquad\qquad = 6 \cdot f'(2) = 24$

【例3】 已知 $f(x) = \dfrac{1}{1 + x}$，$f(x_0) = 5$，求 $f[f'(x_0)]$。

分析 先求出 $f'(x_0)$，再计算。

解法一 $f(x_0) = \dfrac{1}{1 + x_0} = 5$，所以 $x_0 = -\dfrac{4}{5}$

47

$$f'(x) = -\frac{1}{(1+x)^2}, \text{所以 } f'(x_0) = -\frac{1}{\left(1-\frac{4}{5}\right)^2} = -25$$

$$f[f'(x_0)] = f(-25) = \frac{1}{1-25} = -\frac{1}{24}$$

解法二 $f'(x) = -\dfrac{1}{(1+x)^2}$

$$f'(x_0) = -\frac{1}{(1+x_0)^2} = -\left(\frac{1}{1+x_0}\right)^2 = -[f(x_0)]^2$$

$$= -5^2 = -25$$

$$f[f'(x_0)] = f(-25) = \frac{1}{1-25} = -\frac{1}{24}$$

【例 4】 讨论函数

$$f(x) = \begin{cases} x & x \leqslant 0 \\ 2x & 0 < x \leqslant 1 \\ x^2+1 & x > 1 \end{cases}$$

在点 $x=0$，$x=1$ 处的连续性与可导性。

分析 分析函数在分界点 x_0 连续的充要条件是：$f(x_0-0) = f(x_0+0) = f(x_0)$。在 x_0 处可导的充要条件是：$f'_-(x_0) = f'_+(x_0)$。由此解题。

解 当 $x=0$ 时，

$$\lim_{x \to 0^-} f(x) = \lim_{x \to 0^-} x = 0$$

$$\lim_{x \to 0^+} f(x) = \lim_{x \to 0^+} 2x = 0$$

由于 $\lim\limits_{x \to 0^-} f(x) = \lim\limits_{x \to 0^+} f(x) = 0 = f(0)$

所以 $f(x)$ 在 $x=0$ 处连续。

$$f'_-(x_0) = \lim_{x \to 0^-} \frac{f(x)-f(0)}{x-0} = \lim_{x \to 0^-} \frac{x}{x} = 1$$

$$f'_+(x_0) = \lim_{x \to 0^+} \frac{f(x)-f(0)}{x-0} = \lim_{x \to 0^+} \frac{2x}{x} = 2$$

由于 $f'_-(0) \neq f'_+(0)$，所以 $f(x)$ 在 $x=0$ 处不可导。

当 $x=1$ 时，

$$\lim_{x \to 1^-} f(x) = \lim_{x \to 1^-} 2x = 2$$

$$\lim_{x \to 1^+} f(x) = \lim_{x \to 1^+} (x^2 + 1) = 2$$

且 $f(1) = 2$

由于 $\lim_{x \to 1} f(x) = f(1)$

所以 $f(x)$在 $x = 1$ 处连续。

又由于 $f'_-(1) = \lim_{x \to 1^-} \dfrac{f(x) - f(1)}{x - 1} = \lim_{x \to 1^-} \dfrac{2x - 2}{x - 1} = 2$

$$f'_+(1) = \lim_{x \to 1^+} \frac{f(x) - f(1)}{x - 1} = \lim_{x \to 1^+} \frac{x^2 + 1 - 2}{x - 1} = \lim_{x \to 1^+}(x + 1) = 2$$

所以 $f(x)$在 $x = 1$ 处可导，且 $f'(1) = 2$。

【例 5】 求下列函数的导数。

(1) $y = \dfrac{x^5 + \sqrt{x} + \pi}{\sqrt[3]{x}}$ (2) $y = \dfrac{x^3}{1 - x}$

(3) $y = \sin x \ln(1 + x)$ (4) $y = \dfrac{\cos x}{e^x} + 3(1 + x^2)\arctan x$

解 (1) $y = x^{\frac{14}{3}} + x^{\frac{1}{6}} + \pi x^{-\frac{1}{3}}$

$$y' = \frac{14}{3}x^{\frac{11}{3}} + \frac{1}{6}x^{-\frac{5}{6}} - \frac{\pi}{3}x^{-\frac{4}{3}} = \frac{14}{3}x^3 \cdot \sqrt[3]{x^2} + \frac{1}{6\sqrt[6]{x^5}} - \frac{\pi}{3x\sqrt[3]{x}}$$

(2) $y' = \dfrac{3x^2(1 - x) - x^3 \cdot (-1)}{(1 - x)^2} = \dfrac{3x^2 - 3x^3 + x^3}{(1 - x)^2} = \dfrac{(3 - 2x)x^2}{(1 - x)^2}$

(3) $y' = \cos x \cdot \ln(1 + x) + \sin x \cdot \dfrac{1}{1 + x} = \cos x \cdot \ln(1 + x) + \dfrac{\sin x}{1 + x}$

(4) $y' = \dfrac{-\sin x \cdot e^x - \cos x \cdot e^x}{e^{2x}} + 3\left[2x\arctan x + (1 + x^2) \cdot \dfrac{1}{1 + x^2}\right]$

$$= -\frac{\sin x + \cos x}{e^x} + 6x\arctan x + 3$$

【例 6】 求下列函数的导数。

(1) $y = \ln(\sin x + 2)$ (2) $y = xe^{x^2 + x}$

(3) $y = \sin^n x + \cos x^n$

分析 对于复合函数求导，要掌握复合函数正确的分解情况，然后从外向里，层层求导。

49

解 (1) $y' = \dfrac{1}{\sin x + 2} \cdot (\sin x + 2)' = \dfrac{\cos x}{\sin x + 2}$

(2) $y' = e^{x^2 + x} + x e^{x^2 + x} \cdot (x^2 + x)' = e^{x^2 + x}(2x^2 + x + 1)$

(3) $y' = n\sin^{n-1}x \cdot (\sin x)' + (-\sin x^n)(x^n)$

$\qquad = n\sin^{n-1}x \cdot \cos x + (-\sin x^n) \cdot nx^{n-1}$

$\qquad = n(\cos x \cdot \sin^{n-1}x - x^{n-1}\sin x^n)$

【例 7】 求下列函数的微分。

(1) $y = \cos^2 2x$ \qquad\qquad (2) $y = \sqrt{1 + \ln^2 x}$

分析 求复合函数的微分,最好应用微分形式的不变性。

解 应用微分形式的不变性

(1) $\mathrm{d}y = 2\cos 2x\,\mathrm{d}(\cos 2x) = 2\cos 2x \cdot (-\sin 2x)\mathrm{d}(2x)$

$\qquad = 2\cos 2x \cdot (-\sin 2x) \cdot 2\mathrm{d}x = -2\sin 4x\,\mathrm{d}x$

(2) $\mathrm{d}y = \dfrac{1}{2\sqrt{1 + \ln^2 x}}\mathrm{d}(1 + \ln^2 x) = \dfrac{1}{2\sqrt{1 + \ln^2 x}} \cdot 2\ln x \cdot \mathrm{d}(\ln x)$

$\qquad = \dfrac{1}{2\sqrt{1 + \ln^2 x}} \cdot 2\ln x \cdot \dfrac{1}{x}\mathrm{d}x = \dfrac{\ln x}{x\sqrt{1 + \ln^2 x}}\mathrm{d}x$

【例 8】 下列方程确定 y 是 x 的函数,求导数 $\dfrac{\mathrm{d}y}{\mathrm{d}x}$。

(1) $x^3 + \ln y - x^2 e^y = 0$ \qquad\qquad (2) $y = 1 + xe^y$

解 (1) 两端对 x 求导,得

$$3x^2 + \frac{1}{y}\frac{\mathrm{d}y}{\mathrm{d}x} - 2xe^y - x^2 e^y \frac{\mathrm{d}y}{\mathrm{d}x} = 0$$

整理后,得

$$\frac{\mathrm{d}y}{\mathrm{d}x} = \frac{xy(3x - 2e^y)}{x^2 y e^y - 1}$$

另一解法:等式两边取微分,得

$$\mathrm{d}(x^3 + \ln y - x^2 e^y) = 0,$$

$$3x^2\,\mathrm{d}x + \frac{1}{y}\mathrm{d}y - 2xe^y\,\mathrm{d}x - x^2 e^y\,\mathrm{d}y = 0$$

于是
$$\frac{dy}{dx} = \frac{xy(3x - 2e^y)}{x^2 y e^y - 1}$$

(2) 两端对 x 求导,得

$$\frac{dy}{dx} = e^y + x e^y \frac{dy}{dx}$$

整理后,得

$$\frac{dy}{dx} = \frac{e^y}{2 - y}$$

本题也可以两端取微分计算。(从略)

【例 9】 求 $y = (\ln x)^x$ 的导数。

分析 对于幂指函数可应用对数求导法。

解 两端取对数,得隐函数

$$\ln y = x \ln(\ln x)$$

两端对 x 求导,得

$$\frac{1}{y} \frac{dy}{dx} = \ln(\ln x) + \frac{1}{\ln x}$$

所以 $\quad \dfrac{dy}{dx} = (\ln x)^x \left[\ln(\ln x) + \dfrac{1}{\ln x} \right]$

【例 10】 求 $y = \dfrac{x(x-5)^2}{(x^2+1)^3}$ 的导数。

解 两端取对数,得隐函数

$$\ln y = \ln x + 2\ln(x-5) - 3\ln(x^2+1)$$

两端对 x 求导,得

$$\frac{1}{y} \cdot \frac{dy}{dx} = \frac{1}{x} + \frac{2}{x-5} - \frac{6x}{x^2+1}$$

所以 $\quad \dfrac{dy}{dx} = \dfrac{x(x-5)^2}{(x^2+1)^3} \left[\dfrac{1}{x} + \dfrac{2}{x-5} - \dfrac{6x}{x^2+1} \right]$

【例 11】 求下列函数的二阶导数。

(1) $y = \sqrt{a^2 - x^2}$ \qquad\qquad\qquad (2) $y = x e^{x^2}$

51

解 (1) $y' = \dfrac{-x}{\sqrt{a^2 - x^2}}$

$$y'' = \frac{-\sqrt{a^2 - x^2} + x \cdot \dfrac{-2x}{2\sqrt{a^2 - x^2}}}{a^2 - x^2} = -\frac{a^2}{\sqrt{(a^2 - x^2)^3}}$$

(2) $y' = e^{x^2} + 2x^2 e^{x^2}$

$$y'' = 2xe^{x^2} + (4xe^{x^2} + 4x^3 e^{x^2}) = 2x(3 + 2x^2)e^{x^2}$$

【例 12】 设 $y = x\ln x$，求 $y^{(n)}$。

解 $y' = \ln x + x \cdot \dfrac{1}{x} = \ln x + 1$

$$y'' = \frac{1}{x} = x^{-1}, \quad y''' = -1 \cdot x^{-2}$$

$$y^{(4)} = (-1) \cdot (-2)x^{-3} = (-1)^2 2! x^{-3} = (-1)^4 2! x^{-3}$$

$$y^{(5)} = (-1)^4 \cdot 2! \cdot (-3) \cdot x^{-4} = (-1)^5 3! x^{-4}$$

$$\cdots\cdots$$

$$y^{(n)} = (-1)^n \cdot (n-2)! \frac{1}{x^{n-1}} \quad (n = 2, 3, \cdots, n)$$

【例 13】 问曲线 $y = \sqrt{x}$ 上哪一点处的切线平行于直线 $2x - 8y = 1$?

解 直线 $2x - 8y = 1$ 的斜率为 $\dfrac{1}{4}$，又 $(\sqrt{x})' = \dfrac{1}{2\sqrt{x}}$。

设曲线上所求点为 (x_0, y_0)，则 (x_0, y_0) 满足

$$\begin{cases} y_0 = \sqrt{x_0} \\ y'\big|_{x = x_0} = \dfrac{1}{2\sqrt{x_0}} = \dfrac{1}{4} \end{cases}$$

得 $x_0 = 4$，$y_0 = 2$，所求点为 $(4, 2)$。

【例 14】 求函数 $f(x) = \begin{cases} x\ln(1+x), & x \geqslant 0 \\ x\sin x, & x < 0 \end{cases}$ 的导数。

分析 对于分段函数的导数，首先求出不是分界点处的导数，然后讨论函数在分界点是否可导。

解 $x > 0$ 时，$f'(x) = [x\ln(1+x)]' = \ln(1+x) + \dfrac{x}{1+x}$

$x < 0$ 时，$f'(x) = (x\sin x)' = \sin x + x\cos x$

又 $f'_-(0)\ \lim\limits_{\Delta x \to 0^-} \dfrac{f(0+\Delta x)-f(0)}{\Delta x} = \lim\limits_{\Delta x \to 0^-} \dfrac{\Delta x\sin\Delta x}{\Delta x} = 0$

$f'_+(0)\ \lim\limits_{\Delta x \to 0^+} \dfrac{f(0+\Delta x)-f(0)}{\Delta x} = \lim\limits_{\Delta x \to 0^+} \dfrac{\Delta x\ln(1+\Delta x)}{\Delta x} = 0$

所以 $f'_-(0) = f'_+(0) = 0$，故 $f'(0) = 0$，从而

$$f'(x) = \begin{cases} \ln(1+x) + \dfrac{x}{1+x}, & x \geqslant 0 \\[2mm] \sin x + x\cos x, & x < 0 \end{cases}$$

【例 15】 求下列函数的导数 $\dfrac{\mathrm{d}y}{\mathrm{d}x}$。

(1) $y = f(1+2x) - f(1-2x)$，其中 $f(x)$ 可导

(2) 设 $y^2 f(x) + xf(y) = x^2$ 确定 y 是 x 的函数，其中 $f(x)$ 可导

分析 对于抽象复合函数求导要注意：对于中间变量求导后，它仍然是 x 的复合函数。

解 (1) 设 $u = 1+2x$，$v = 1-2x$，则 $y = f(u) - f(v)$

$$\frac{\mathrm{d}y}{\mathrm{d}x} = f'(u) \cdot \frac{\mathrm{d}u}{\mathrm{d}x} + f'(v)\frac{\mathrm{d}v}{\mathrm{d}x} = f'(u) \cdot 2 + f'(v) \cdot (-2)$$
$$= 2f'(u) - 2f'(v)$$

(2) 两端对 x 求导，得

$$2y \cdot \frac{\mathrm{d}y}{\mathrm{d}x}f(x) + y^2 f'(x) + f(y) + xf'(y) \cdot \frac{\mathrm{d}y}{\mathrm{d}x} = 2x$$

所以
$$\frac{\mathrm{d}y}{\mathrm{d}x} = \frac{2x - y^2 f'(x) - f(y)}{2yf(x) + xf'(x)}$$

【例 16】 设 $y = (x+1)(2x+1)^2(3x+1)^3$，求 $y^{(6)}$。

分析 这是一个多项式函数，最高次幂为 6，而求导为 6 阶，所以只要算出 x^6 的系数即可。

解 函数所含 x^6 的项为 $1 \times 2^2 \times 3^3 x^6 = 108x^3$

故 $y^{(6)} = 108 \times 6! = 777\,60$

【例 17】 求 $\arctan(xy) = \ln(x^2 + y^2)$ 的微分。

分析 求隐函数微分，两端微分，应用微分形式的不变性。

53

解 两端微分,得

$$\frac{\mathrm{d}(xy)}{1+(xy)^2} = \frac{\mathrm{d}(x^2+y^2)}{x^2+y^2}$$

$$\frac{x\mathrm{d}y+y\mathrm{d}x}{1+x^2y^2} = \frac{2x\mathrm{d}x+2y\mathrm{d}y}{x^2+y^2}$$

得

$$\mathrm{d}y = \frac{2x(1+x^2y^2)-y(x^2+y^2)}{x(x^2+y^2)-2y(1+x^2y^2)}\mathrm{d}x$$

【例 18】 已知函数 $f(x)$ 可导,$a \neq 0$,求极限

$$I = \lim_{x \to 0} \frac{f\left(t+\dfrac{x}{a}\right)-f\left(t-\dfrac{x}{a}\right)}{x}$$

分析 该极限是 $\lim\limits_{\Delta x \to 0} \dfrac{f(x_0+a\Delta x)-f(x_0-a\Delta x)}{\Delta x}$ 形式,可应用导数的定义来计算。

解 $I = \lim\limits_{x \to 0} \dfrac{1}{x}\left\{\left[f\left(t+\dfrac{x}{a}\right)-f(t)\right]-\left[f\left(t-\dfrac{x}{a}\right)-f(t)\right]\right\}$

$$= \lim_{x \to 0} \frac{f\left(t+\dfrac{x}{a}\right)-f(t)}{a \cdot \dfrac{x}{a}} + \lim_{x \to 0} \frac{f\left(t-\dfrac{x}{a}\right)-f(t)}{a \cdot \left(-\dfrac{x}{a}\right)}$$

$$= \frac{1}{a}f'(t) + \frac{1}{a}f'(t) = \frac{2}{a}f'(t)。$$

【例 19】 求与曲线 $y = 2x^3 - 3x^2$ 相切,且与直线 $x+12y+1=0$ 垂直的直线方程。

分析 一方面,所求直线与曲线 $y = 2x^3-3x^2$ 在点 (x_0, y_0) 处相切,那么直线的斜率 $k = (2x^3-3x^2)'\big|_{x=x_0}$。另一方面,所求直线与直线 $x+12y+1=0$ 垂直,于是 $k = 12$,从而可求出切点。

解 设所求直线的斜率为 k,与曲线 $y = 2x^3-3x^2$ 在点 (x_0, y_0) 处相切,所以

$$k = (2x^3-3x^2)'\big|_{x_0} \quad 即 \quad k = 6x_0^2 - 6x_0$$

又,所求直线与 $x+12y+1=0$ 垂直,所以 $k = 12$,即

$$6x_0^2 - 6x_0 = 12, 得$$

$x_0 = 2$、$x_0 = -1$

当 $x_0 = 2$ 时，$y_0 = 4$，$k = 12$，所求直线方程为

$$y - 4 = 12(x - 2)$$

当 $x_0 = -1$ 时，$y_0 = -5$，$k = 12$，直线方程为

$$y + 5 = 12(x + 1)$$

第三节 习 题 选 解

习 题 2-1

1. 设 $f'(x_0) = -2$，求下列各式的值。

(2) $\lim\limits_{\Delta x \to 0} \dfrac{f(x_0 - \Delta x) - f(x_0)}{3\Delta x}$ 　　(4) $\lim\limits_{\Delta x \to 0} \dfrac{f(x_0 + 3\Delta x) - f(x_0 - 2\Delta x)}{\Delta x}$

解 (2) $\lim\limits_{\Delta x \to 0} \dfrac{f(x_0 - \Delta x) - f(x_0)}{3 \cdot \Delta x} = -\dfrac{1}{3} \lim\limits_{\Delta x \to 0} \dfrac{f(x_0 - \Delta x) - f(x_0)}{(-\Delta x)}$

$$= -\frac{1}{3}f'(x_0) = \frac{2}{3}$$

(4) $\lim\limits_{\Delta x \to 0} \dfrac{f(x_0 + 3\Delta x) - f(x_0 - 2\Delta x)}{\Delta x}$

$$= \lim\limits_{\Delta x \to 0} \frac{[f(x_0 + 3\Delta x) - f(x_0)] - [f(x_0 - 2\Delta x) - f(x_0)]}{\Delta x}$$

$$= \frac{1}{3} \lim\limits_{\Delta x \to 0} \frac{f(x_0 + \Delta x) - f(x_0)}{3\Delta x} + 2 \lim\limits_{\Delta x \to 0} \frac{f(x_0 - 2\Delta x) - f(x_0)}{-2\Delta x}$$

$$= f'(x_0) + 2f'(x_0) = -6$$

2. 根据导数定义求下列函数的导数。

(2) $y = \sqrt[3]{x^2}$

解 $\Delta y = f(x + \Delta x) - f(x) = \sqrt[3]{(x + \Delta x)^2} - \sqrt[3]{x^2}$

$$y' = \lim_{\Delta x \to 0} \frac{\Delta y}{\Delta x} = \lim_{\Delta x \to 0} \frac{\sqrt[3]{(x+\Delta x)^2} - \sqrt[3]{x^2}}{\Delta x}$$

$$= \lim_{\Delta x \to 0} \frac{(x+\Delta x)^2 - x^2}{\Delta x [(x+\Delta x)^{\frac{4}{3}} + x^{\frac{2}{3}} \cdot (x+\Delta x)^{\frac{2}{3}} + x^{\frac{4}{3}}]}$$

$$= \lim_{\Delta x \to 0} \frac{2x + \Delta x}{(x+\Delta x)^{\frac{4}{3}} + x^{\frac{2}{3}}(x+\Delta x)^{\frac{2}{3}} + x^{\frac{4}{3}}}$$

$$= \frac{2x}{3x^{\frac{4}{3}}} = \frac{2}{3\sqrt[3]{x}}$$

5. 问 a、b 取何值时,才能使函数

$$f(x) = \begin{cases} x^2 & x \leqslant 2 \\ ax + b & x > 2 \end{cases}$$

在 $x = 2$ 处连续且可导?

解 (1) 在 $x = 2$ 处连续:

$f(2) = 2^2 = 4$

$\lim\limits_{x \to 2^-} f(x) = \lim\limits_{x \to 2^-} x^2 = 2^2 = 4$, $\lim\limits_{x \to 2^+} f(x) = \lim\limits_{x \to 2^+} (ax + b) = 2a + b$

得 $2a + b = 4$,于是 $b = 4 - 2a$

(2) 在 $x = 2$ 处可导:

$$f'_-(2) = \lim_{x \to 2^-} \frac{f(x) - f(2)}{x - 2} = \lim_{x \to 2^-} \frac{x^2 - 4}{x - 2} = \lim_{x \to 2^-} (x + 2) = 4$$

$$f'_+(2) = \lim_{x \to 2^+} \frac{f(x) - f(2)}{x - 2} = \lim_{x \to 2^+} \frac{ax + b - 4}{x - 2}$$

$$= \lim_{x \to 2^+} \frac{ax + 4 - 2a - 4}{x - 2} = a$$

所以 $a = 4$,$b = 4 - 2 \times 4 = -4$ 即:

当 $a = 4$、$b = -4$ 时,$f(x)$ 在 $x = 2$ 处连续且可导。

7. 设函数 $\varphi(x)$ 在 $x = 2$ 处连续,$f(x) = (x^2 - 4)\varphi(x)$,证明函数 $f(x)$ 在 $x = 2$ 处可导。

证明 因为 $\varphi(x)$ 在 $x = 2$ 处连续,所以 $\varphi(2)$ 存在且 $\lim\limits_{\Delta x \to 0} \varphi(2 + \Delta x) = \varphi(2)$,

$$\Delta y = f(2 + \Delta x) - f(2) = [4\Delta x + (\Delta x)^2]\varphi(2 + \Delta x)$$

$$\lim_{\Delta x \to 0} \frac{\Delta y}{\Delta x} = \lim_{\Delta x \to 0} (4 + \Delta x)\varphi(2 + \Delta x) = 4\varphi(2)$$

习 题 2-2

2. 求下列各函数的导数。

(3) $y = \dfrac{1 - \ln x}{1 + \ln x}$ 　　　　(8) $y = x \sin x \ln x$

解　(3) $y' = \dfrac{(1 - \ln x)'(1 + \ln x) - (1 - \ln x)(1 + \ln x)'}{(1 + \ln x)^2}$

$$= \dfrac{-\dfrac{1}{x}(1 + \ln x) - (1 - \ln x)\dfrac{1}{x}}{(1 + \ln x)^2} = \dfrac{-2}{x(1 + \ln x)^2}$$

(8) $y' = (x)' \cdot \sin x \cdot \ln x + x \cdot (\sin x)' \cdot \ln x + x \cdot \sin x \cdot (\ln x)'$

$$= \sin x \ln x + x \cos x \ln x + x \sin x \cdot \dfrac{1}{x}$$

$$= \sin x \ln x + x \cos x \ln x + \sin x$$

4. 在曲线 $y = \dfrac{1}{1 + x}$ 上求一点，使通过该点的切线平行直线 $y = -x + 1$。

解　由于过该点的切线平行于直线 $y = -x + 1$，则该切线斜率 k 等于 $y = -x + 1$ 的斜率，等于 -1，而

$$k = y' = -\dfrac{1}{(1 + x)^2} = -1$$

得 $x = 0$，$x = -2$。从而，$x = 0$ 时，$y = 1$；$x = -2$ 时，$y = -1$。所以点为 $(0, 1)$，$(-2, -1)$。

习 题 2-3

1. 求下列函数的导数。

(2) $y = \sqrt{x^4 - 1}$ 　　　　(8) $y = \log_2 (x^3 - x)$

(10) $y = (2 + 3x^2)\sqrt{1 + 5x^2}$ 　　(12) $y = \left(\dfrac{1 + x^2}{1 + x}\right)^5$

解　(2) $y' = \dfrac{1}{2\sqrt{x^4 + 1}} \cdot (x^4 + 1)' = \dfrac{2x^3}{\sqrt{x^4 + 1}}$

(8) $y' = \dfrac{1}{(x^3-x)\ln 2} \cdot (x^3-x)' = \dfrac{3x^2-1}{(x^3-x)\ln 2}$

(10) $y' = (2+3x^2)'\sqrt{1+5x^2} + (2+3x^2)(\sqrt{1+5x^2})'$

$\qquad = 6x\sqrt{1+5x^2} + (2+3x^2) \cdot \dfrac{10x}{2\sqrt{1+5x^2}}$

$\qquad = \dfrac{6x(1+5x^2)+5x(2+3x^2)}{\sqrt{1+5x^2}}$

$\qquad = \dfrac{16x+45x^3}{\sqrt{1+5x^2}}$

(12) $y' = 5 \cdot \left(\dfrac{1+x^2}{1+x}\right)^4 \cdot \dfrac{2x(1+x)-(1+x^2)}{(1+x)^2}$

$\qquad = \dfrac{5(1+x^2)^4(x^2+2x-1)}{(1+x)^6}$

2. 求下列各函数的导数。

(2) $y = \ln\dfrac{1+\sqrt{x}}{1-\sqrt{x}}$ $\qquad$ (4) $y = \sin^2(\cos x)$ $\qquad$ (6) $y = e^{x^2}\sin\dfrac{1}{x}$

分析 第(2)题,首先将函数化简成 $y = \ln(1+\sqrt{x}) - \ln(1-\sqrt{x})$,然后运用复合函数求导法则,这比不化简直接应用复合函数求导法则容易解题。第(6)题是两个复合函数 $\sin\dfrac{1}{x}$ 与 e^{x^2} 之积,所以应首先应用积的求导法则。

解 (2) $y = \ln(1+\sqrt{x}) - \ln(1-\sqrt{x})$

$\qquad y' = \dfrac{1}{1+\sqrt{x}}(\sqrt{x})' - \dfrac{1}{1-\sqrt{x}}(-\sqrt{x})'$

$\qquad\quad = \dfrac{1}{2\sqrt{x}(1+\sqrt{x})} + \dfrac{1}{2\sqrt{x}(1-\sqrt{x})}$

$\qquad\quad = \dfrac{1}{\sqrt{x}(1-x)}$

(4) $y' = 2\sin(\cos x) \cdot \cos(\cos x) \cdot (-\sin x)$

$\qquad = -\sin x \cdot \sin(2\cos x)$

(6) $y' = \cos\dfrac{1}{x} \cdot \left(-\dfrac{1}{x^2}\right)e^{x^2} + \sin\dfrac{1}{x} \cdot e^{x^2}(2x) = e^{x^2}\left(2x\sin\dfrac{1}{x} - \dfrac{\cos\dfrac{1}{x}}{x^2}\right)$

习 题 2-4

1. 求下列函数的导数。

(2) $y = \arctan \dfrac{1}{x}$ (4) $y = (1 + x^2)\arctan x$

解 (2) $y' = \dfrac{1}{1 + \left(\dfrac{1}{x}\right)^2} \cdot \left(-\dfrac{1}{x^2}\right) = -\dfrac{1}{x^2 + 1}$

(4) $y' = 2x\arctan x + (1 + x^2) \cdot \dfrac{1}{1 + x^2} = 2x\arctan x + 1$

2. 求下列隐函数的导数 $\dfrac{\mathrm{d}y}{\mathrm{d}x}$。

(3) $x^2 + y^2 - xy = 1$ (5) $xy + \ln y = 1$

(6) $y\sin x - \cos(x - y) = 0$

解 (3) 两端对 x 求导,得

$$2x + 2y \cdot \frac{\mathrm{d}y}{\mathrm{d}x} - y - x\frac{\mathrm{d}y}{\mathrm{d}x} = 0$$

整理后,得

$$\frac{\mathrm{d}y}{\mathrm{d}x} = \frac{y - 2x}{2y - x}$$

(5) 两端对 x 求导,得

$$y + x\frac{\mathrm{d}y}{\mathrm{d}x} + \frac{1}{y} \cdot \frac{\mathrm{d}y}{\mathrm{d}x} = 0$$

得 $\dfrac{\mathrm{d}y}{\mathrm{d}x} = -\dfrac{y^2}{xy + 1}$

(6) 两端对 x 求导,得

$$y\cos x + \sin x \cdot \frac{\mathrm{d}y}{\mathrm{d}x} + \sin(x - y)\left(1 - \frac{\mathrm{d}y}{\mathrm{d}x}\right) = 0$$

得 $\dfrac{\mathrm{d}y}{\mathrm{d}x} = \dfrac{y\cos x + \sin(x - y)}{\sin(x - y) - \sin x}$

59

3. 利用对数求导法求下列函数的导数。

(2) $y = x^2 \sqrt{\dfrac{2x-1}{x+1}}$ (4) $y = x^{\sin x}, (x > 0)$

(6) $(\cos y)^x = (\sin x)^y$

解 (2) 两端取对数,得

$$\ln y = 2\ln x + \frac{1}{2}\ln(2x-1) - \frac{1}{2}\ln(x+1)$$

两端对 x 求导,得

$$\frac{1}{y} \cdot y' = \frac{2}{x} + \frac{2}{2(2x-1)} - \frac{1}{2(x+1)}$$

所以 $y' = x^2 \sqrt{\dfrac{2x-1}{x+1}} \left[\dfrac{2}{x} + \dfrac{1}{2x-1} - \dfrac{1}{2(x+1)}\right]$

(4) 两端取对数,得

$$\ln y = \sin x \ln x$$

两端对 x 求导,得

$$\frac{1}{y} y' = \cos x \ln x + \sin x \cdot \frac{1}{x}$$

$$y' = x^{\sin x}\left(\cos x \ln x + \frac{\sin x}{x}\right)$$

(6) 两端取对数,得

$$x \ln \cos y = y \ln \sin x$$

两端对 x 求导,得

$$\ln \cos y - x \cdot \frac{\sin y}{\cos y} \cdot y' = \ln \sin x \cdot y' + y \cdot \frac{\cos x}{\sin x}$$

$$y' = \frac{\ln \cos y - y \cot x}{x \tan y + \ln \sin x}$$

习 题 2-5

1. 求下列函数的二阶导数。

(3) $y = \ln(1-x^2)$ (7) $y = \dfrac{x}{\sqrt{1+x^2}}$ (8) $y = \dfrac{x^2}{1-x^2}$

解 (3) $y' = \dfrac{(1-x^2)'}{1-x^2} = \dfrac{2x}{x^2-1}$

$$y'' = \dfrac{2(x^2-1) - 2x \cdot (2x)}{(x^2-1)^2} = \dfrac{-2(x^2+1)}{(x^2-1)^2}$$

(7) $y' = \dfrac{\sqrt{1+x^2} - x \cdot \left(\dfrac{2x}{2\sqrt{1+x^2}}\right)}{1+x^2} = \dfrac{1}{(1+x^2)\sqrt{1+x^2}}$

$$y'' = \left(\dfrac{1}{(1+x^2)\sqrt{1+x^2}}\right)' = \left[(1+x^2)^{-\frac{3}{2}}\right]' = -\dfrac{3}{2} \cdot (1+x^2)^{-\frac{5}{2}} \cdot (1+x^2)'$$

$$= -\dfrac{3x}{(1+x^2)^2 \cdot \sqrt{1+x^2}}$$

(8) $y' = \dfrac{2x(1-x^2) - x^2(-2x)}{(1-x^2)^2} = \dfrac{2x}{(1-x^2)^2}$

$$y'' = \dfrac{2(1-x^2)^2 - 2x(1-x^2) \cdot 2 \cdot (-2x)}{(1-x^2)^4}$$

$$= \dfrac{2 - 2x^2 + 8x^2}{(1-x^2)^3} = \dfrac{2+6x^2}{(1-x^2)^3}$$

4. 设函数 $y = e^{f(x)}$，且 $f''(x)$ 存在，求 $\dfrac{d^2 y}{dx^2}$。

解 $y' = e^{f(x)} \cdot f'(x)$

$$y'' = \left[e^{f(x)}\right]' \cdot f'(x) + e^{f(x)} \cdot \left[f'(x)\right]'$$

$$= e^{f(x)}\left[f'(x)\right]^2 + e^{f(x)} f''(x) = e^{f(x)}\{[f'(x)]^2 + f''(x)\}$$

6. 已知一质点作变速直线运动，其运动规律为 $s = e^t - e^{-t}$，求它的速度和加速度，并求 $s'(0)$，$s''(0)$。

解 $v = s'(t) = e^t + e^{-t}$ $\qquad s'(0) = 1+1 = 2$

$a = v' = e^t - e^{-t}$ $\qquad s''(0) = v'(0) = 0$

习 题 2-6

2. 求下列函数的微分。

61

(8) $y = \ln(1 + \sqrt[3]{x^2})$ (10) $y = e^x \sin^2 x$

分析 求函数 $f(x)$ 的微分,可以应用公式 $\mathrm{d}y = f'(x)\mathrm{d}x$,因此只要求出 $f'(x)$ 即可。但是,对于复合函数 $y = f[\varphi(x)]$ 来说,我们还可以应用一阶微分形式的不变性,即 $\mathrm{d}y = f'(u)\mathrm{d}u$。对于第(10)题,我们仅应用积的微分公式。

解 (8) $y = \ln(1 + \sqrt[3]{x^2})$ 是复合函数,应用一阶微分形式的不变性,

$$\mathrm{d}y = \frac{1}{1 + \sqrt[3]{x^2}} \mathrm{d}(1 + \sqrt[3]{x^2}) = \frac{1}{1 + \sqrt[3]{x^2}} \cdot \frac{2}{3} x^{-\frac{1}{3}} \mathrm{d}x$$

$$= \frac{2}{3(\sqrt[3]{x} + x)} \mathrm{d}x$$

如果应用 $\mathrm{d}y = f'(x)\mathrm{d}x$,则首先求出 y'

$$y' = \frac{2}{3(\sqrt[3]{x} + x)}$$

则 $$\mathrm{d}y = \frac{2}{3(\sqrt[3]{x} + x)} \mathrm{d}x$$

(10) $\mathrm{d}y = \sin^2 x \mathrm{d}(e^x) + e^x \mathrm{d}(\sin^2 x)$

$\qquad = e^x \sin^2 x \mathrm{d}x + 2\sin x \cos x e^x \mathrm{d}x$

$\qquad = e^x (\sin^2 x + \sin 2x) \mathrm{d}x$

3. 求由下列方程所确定的隐函数 $y = f(x)$ 的微分 $\mathrm{d}y$。

(3) $2y - x = (x - y)\ln(x - y)$

解 两端取微分 $\mathrm{d}(2y - x) = \mathrm{d}[(x - y)\ln(x - y)]$

$$2\mathrm{d}y - \mathrm{d}x = \ln(x - y) \cdot (\mathrm{d}x - \mathrm{d}y) + (x - y) \cdot \frac{1}{x - y}(\mathrm{d}x - \mathrm{d}y)$$

$$2\mathrm{d}y - \mathrm{d}x = \ln(x - y) \cdot (\mathrm{d}x - \mathrm{d}y) + \mathrm{d}x - \mathrm{d}y$$

得 $$\mathrm{d}y = \frac{2 + \ln(x - y)}{3 + \ln(x - y)} \mathrm{d}x$$

4. 利用微分,计算下列各式的近似值。

(2) $\ln 1.01$

解 设 $y = \ln x$, $x = 1$ 时,$\Delta x = 0.01$

$$\ln 1.01 = \ln(1+0.01) \approx \frac{1}{x}\Big|_{x=1} \cdot \Delta x + \ln 1$$
$$= 0.01 + 0 = 0.01$$

5. 一个球壳的外直径为 10 cm,其厚度为 $\frac{1}{16}$ cm,试计算该球壳体积的近似值。

解 设半径为 r 的球,体积为 V,则 $V = \frac{4}{3}\pi r^3$。取 $r_0 = 10$,$\Delta r = -\frac{1}{16}$

球壳体积即为 $|\Delta V|$。$\Delta V \approx dV\Big|_{r_0}$,$dV = 4\pi r^2 dr$,从而

$$\Delta V \approx dV\Big|_{r=5} = 4\pi \times 5^2 \times \left(-\frac{1}{16}\right) = -19.63$$

所求球壳体积的近似值为 19.63 cm³。

习 题 2-7

3. 某工厂生产某种产品,每天的收益 R(单位:元)与产量 Q(单位:吨)的函数关系为 $R(Q) = 250Q$,而成本函数 $C(Q) = 5Q^2$,求当每天生产 20 吨、25 吨、30 吨时的边际利润,并说明其经济意义。

解 $L(Q) = R(Q) - C(Q) = 250Q - 5Q^2$
$\qquad L'(Q) = 250 - 10Q$
$\qquad L'(20) = 250 - 10 \times 20 = 50(元)$
$\qquad L'(25) = 250 - 10 \times 25 = 0(元)$
$\qquad L'(30) = 250 - 10 \times 30 = -50(元)$

说明每天生产到 20 吨时,若增加(或减少)1 吨,则利润也增加(或减少)50 元;而每天生产到 25 吨时,若产量增加(或减少)1 吨,利润不变;当每天生产到 30 吨时,若产量增加(或减少)1 吨,则利润减少(或增加)50 元。

4. 设某商品需求量 Q 与价格 P 的函数关系为

$$Q = f(P) = 1\,600\left(\frac{1}{4}\right)^P$$

求需求量 Q 对于价格 P 的弹性函数 $\eta(Q)$。

解 $Q' = f'(P) = 1\,600\left(\frac{1}{4}\right)^P \cdot \ln\frac{1}{4} = -1\,600\left(\frac{1}{4}\right)^P \cdot \ln 4$

$$\eta(Q) = -f'(P) \cdot \frac{P}{f(P)} = 1\,600\left(\frac{1}{4}\right)^P \cdot \ln 4 \cdot \frac{P}{1\,600\left(\frac{1}{4}\right)^P}$$

$$= P \cdot \ln 4$$

5. 设某商品的供给函数 $Q = 2 + 3P$，求供给弹性函数及 $P = 3$ 时的供给弹性。

解 $Q'(P) = 3$

$$\varepsilon(P) = Q'(P) \cdot \frac{P}{Q} = 3 \times \frac{P}{2+3P} = \frac{3P}{2+3P}$$

$$\varepsilon(3) = \frac{3 \times 3}{2 + 3 \times 3} = \frac{9}{11} \approx 0.82$$

复 习 题 二

5. 在曲线 $y = x^3$ 上哪一点处的切线平行于直线 $y = 3x - 1$?

解 $y' = 3x^2$，所求点切线斜率为3，从而

$3x^2 = 3$，得 $x = 1, -1$

相应地，有 $y = 1, -1$

故曲线上点 $(1, 1)$ 及 $(-1, -1)$ 处的切线平行于直线 $y = 3x - 1$。

6. 讨论函数

$$f(x) = \begin{cases} 2x - 3 & x \leqslant 1 \\ x^2 - 2x & x > 1 \end{cases}$$

在 $x = 1$ 处的连续性和可导性。

解 连续性：

$$\lim_{x \to 1^-} f(x) = \lim_{x \to 1^-}(2x - 3) = -1$$

$$\lim_{x \to 1^+} f(x) = \lim_{x \to 1^+}(x^2 - 2x) = -1$$

$$\lim_{x \to 1^-} f(x) = \lim_{x \to 1^+} f(x) = f(1)$$

故 $f(x)$ 在 $x = 1$ 处连续。

可导性：

$$\lim_{\Delta x \to 0^-} \frac{f(1+\Delta x)-f(1)}{\Delta x} = \lim_{\Delta x \to 0^-} \frac{2(1+\Delta x)-3-(-1)}{\Delta x} = 2$$

$$\lim_{\Delta x \to 0^+} \frac{f(1+\Delta x)-f(1)}{\Delta x} = \lim_{\Delta x \to 0^+} \frac{(1+\Delta x)^2-2(1+\Delta x)-(-1)}{\Delta x} = 0$$

所以　$f(x)$ 在 $x = 0$ 处不可导。

7. 如果 $f(x)$ 为偶函数，且 $f'(0)$ 存在，证明 $f'(0) = 0$。

分析　应用导数定义来证。

证法一　令 $x = -u$，则当 $x \to 0$ 时，$u \to 0$

因为 $f(x)$ 是偶函数，所以 $f(-u) = f(u)$

$$f'(0) = \lim_{x \to 0} \frac{f(x)-f(0)}{x} = \lim_{u \to 0} \frac{f(-u)-f(0)}{-u}$$

$$= \lim_{u \to 0} \frac{f(u)-f(0)}{-u} = -\lim_{u \to 0} \frac{f(u)-f(0)}{u} = -f'(0)$$

所以　$f'(0) = 0$

证法二　因为 $f'(0)$ 存在，所以

$$\lim_{\Delta x \to 0^+} \frac{f(\Delta x)-f(0)}{\Delta x} = f'(0)$$

$$\lim_{\Delta x \to 0^+} \frac{f(-\Delta x)-f(0)}{-\Delta x} = f'(0)$$

将以上两式相加，得

$$2f'(0) = \lim_{\Delta x \to 0^+} \frac{f(\Delta x)-f(-\Delta x)}{\Delta x}$$

$f(x)$ 是偶函数，所以 $f(\Delta x) = f(-\Delta x)$

由上式得：

$$2f'(0) = 0$$

所以　$f'(0) = 0$

8. 设 $y = (1+x^3)\left(5-\dfrac{1}{x^2}\right)$，试求 $y'(1)$。

解　$y' = 3x^2\left(5-\dfrac{1}{x^2}\right) + (1+x^3)\dfrac{2}{x^3} = \dfrac{1}{x^3}(15x^5-x^3+2)$

故 $y'(1) = 16$

9. 求下列函数的导数。

(3) $y = \dfrac{e^x}{x^2+x}$

(5) $y = \sin(\ln x)$

(6) $y = \ln^2\cos x$

(7) $y = (\ln x)^x, (x > 1)$

解 (3) $y' = \dfrac{(e^x)'(x^2+x) - e^x(x^2+x)'}{(x^2+x)^2}$

$\qquad\quad = \dfrac{e^x(x^2-x-1)}{(x^2+x)^2}$

(5) $y' = \cos(\ln x) \cdot (\ln x)' = \dfrac{1}{x}\cos(\ln x)$

(6) $y' = 2\ln\cos x \cdot (\ln\cos x)' = \dfrac{2\ln\cos x}{\cos x} \cdot (\cos x)'$

$\qquad = -2\tan x\ln\cos x$

如果复合函数的复合过程已经十分清楚,我们可以从外层开始,逐步到里层,写出复合函数求导结论,第(6)题的解法就是按此进行的。

(7) 两边取对数

$$\ln y = x\ln(\ln x)$$

两边对 x 求导

$$\frac{1}{y}y' = \ln(\ln x) + x \cdot \frac{1}{\ln x} \cdot \frac{1}{x} = \ln(\ln x) + \frac{1}{\ln x}$$

$$y' = (\ln x)^x\left[\ln(\ln x) + \frac{1}{\ln x}\right]$$

10. 求下列隐函数的导数 $\dfrac{dy}{dx}\Big|_{\substack{x=0 \\ y=1}}$。

(2) $e^y + xy - e = 0$

解 两端对 x 求导

$$e^y \cdot \frac{dy}{dx} + y + x \cdot \frac{dy}{dx} = 0$$

整理后得

$$\frac{\mathrm{d}y}{\mathrm{d}x} = \frac{-y}{\mathrm{e}^y + x}, \text{从而} \frac{\mathrm{d}y}{\mathrm{d}x}\bigg|_{\substack{x=0 \\ y=1}} = -\frac{1}{\mathrm{e}}$$

11. 求下列函数的二阶导数。

(1) $y = x\mathrm{e}^{x^2}$

解 先求一阶导数：

$$y' = \mathrm{e}^{x^2} + x \cdot \mathrm{e}^{x^2} \cdot 2x = \mathrm{e}^{x^2} + 2x^2 \mathrm{e}^{x^2}$$

再求二阶导数：

$$y'' = \mathrm{e}^{x^2} \cdot 2x + 2(2x\mathrm{e}^{x^2} + x^2 \cdot \mathrm{e}^{x^2} \cdot 2x)$$

$$= (6x + 4x^3)\mathrm{e}^{x^2} = 2x(3 + 2x^2)\mathrm{e}^{x^2}$$

12. 求下列函数的微分 $\mathrm{d}y$。

(1) $y = x\sqrt{a^2 - x^2}$

解 $y' = \sqrt{a^2 - x^2} + x \cdot \dfrac{1}{2\sqrt{a^2 - x^2}}(-2x) = \dfrac{a^2 - 2x^2}{\sqrt{a^2 - x^2}}$

所以 $\mathrm{d}y = \dfrac{a^2 - 2x^2}{\sqrt{a^2 - x^2}}\mathrm{d}x$

13. 求下列隐函数的微分 $\mathrm{d}y$。

(1) $x + y = \mathrm{e}^{xy}$

解法一 $1 + y' = \mathrm{e}^{xy}(y + xy')$

所以 $y' = -\dfrac{1 - y\mathrm{e}^{xy}}{1 - x\mathrm{e}^{xy}}$,

$\mathrm{d}y = -\dfrac{1 - y\mathrm{e}^{xy}}{1 - x\mathrm{e}^{xy}}\mathrm{d}x$

解法二 两边取微分, 得

$$\mathrm{d}x + \mathrm{d}y = \mathrm{e}^{xy}(y\mathrm{d}x + x\mathrm{d}y)$$

所以 $\mathrm{d}y = -\dfrac{1 - y\mathrm{e}^{xy}}{1 - x\mathrm{e}^{xy}}\mathrm{d}x$

14. 设某产品的售价为 200 元/件, 成本函数为

67

$$C(Q) = 5\,000 - 60Q + \frac{1}{20}Q^2$$

求:(1)边际成本   (2)利润函数   (3)边际利润

解 (1) $C'(Q) = -60 + \frac{1}{10}Q$

(2) $L(Q) = R(Q) - C(Q)$

$$= 200Q - \left(5\,000 - 60Q + \frac{1}{20}Q^2\right)$$

$$= -5\,000 + 260Q - \frac{1}{20}Q^2$$

(3) $L'(Q) = 260 - \frac{1}{10}Q$

15. 设某商品需求函数为 $Q = \mathrm{e}^{-\frac{P}{4}}$,求需求弹性函数及 $P = 3$,$P = 4$,$P = 5$ 时的需求弹性。

解 $Q' = -\frac{1}{4}\mathrm{e}^{-\frac{P}{4}}$

$$\eta(Q) = \frac{1}{4}\mathrm{e}^{-\frac{P}{4}} \cdot \frac{P}{\mathrm{e}^{-\frac{P}{4}}} = \frac{P}{4}$$

$$\eta(3) = \frac{3}{4}$$

$$\eta(4) = \frac{4}{4} = 1$$

$$\eta(5) = \frac{5}{4}$$

16. 某商品需求函数为

$$Q(P) = 75 - P^2$$

(1) 求 $P = 4$ 时的边际需求,并说明其经济意义。

(2) 求 $P = 4$ 时的需求弹性,并说明其经济意义。

(3) 当 $P = 4$ 时,若价格上涨 1%,收益将变化百分之几?是增加还是减少?

(4) 当 $P = 6$ 时,若价格上涨 1%,收益将变化百分之几?是增加还是减少?

解 (1) $Q'(P) = -2P$

$$Q'(4) = -2 \times 4 = -8$$

说明在价格为 4 时,当价格上升(或减少)1 个单位,则需求下降(或增加)为 8 个单位。

(2) $Q(4) = 75 - 4^2 = 59$

$$\eta(P) = -Q'(P) \cdot \frac{P}{Q(P)}$$

所以 $\eta(4) = 8 \cdot \frac{4}{59} = \frac{32}{59} \approx 0.54$

说明当 $P = 4$ 时,价格上涨 1%,需求只减少 0.54%。

(3) $R(P) = P \cdot Q(P) = 75P - P^3$

$R'(P) = 75 - 3P^2$

$$E(P) = R'(P) \cdot \frac{P}{R(P)} = (75 - 3P^2) \cdot \frac{P}{75P - P^3} = \frac{75 - 3P^2}{75 - P^2}$$

$$E(4) = \frac{75 - 3 \times 4^2}{75 - 4^2} = \frac{27}{59} \approx 0.46$$

所以当 $P = 4$ 时,价格上涨 1%,收益将增加 0.46%。

(4) $E(6) = \frac{75 - 3 \times 6^2}{75 - 6^2} = -\frac{33}{39} = -\frac{11}{13} \approx -0.85$

所以当 $P = 6$ 时,价格上涨 1%,收益减少 0.85%。

第四节　测试题及其解答

一、测　试　题

(一) A　　卷

1. 单项选择题。

(1) 设 $f(x)$ 在 x_0 处可导,则 $\lim\limits_{\Delta x \to 0} \dfrac{f(x_0 - \Delta x) - f(x_0)}{\Delta x} = ($ 　　 $)$。

A. $-f'(x_0)$ 　　　　 B. $f'(-x_0)$ 　　　　 C. $f'(x_0)$ 　　　　 D. $2f'(x_0)$

(2) 若 $f'(x_0) = -3$,则 $\lim\limits_{\Delta x \to 0} \dfrac{f(x_0 + \Delta x) - f(x_0 - 3\Delta x)}{\Delta x} = ($ 　　 $)$。

A. -3 　　　　　　 B. -6 　　　　　　 C. -9 　　　　　　 D. -12

(3) 设函数 $y = f(x)$ 在点 $x = x_0$ 处可微，$\Delta y = f(x_0 + \Delta x) - f(x_0)$，则当 $\Delta x \to 0$ 时，必有（　　）。

A. $\mathrm{d}y$ 是比 Δx 高阶的无穷小量　　　　B. $\mathrm{d}y$ 是比 Δx 低阶的无穷小量

C. $\Delta y - \mathrm{d}y$ 是比 Δx 高阶无穷小量　　D. $\Delta y - \mathrm{d}y$ 是与 Δx 同阶的无穷小量

(4) 如果函数 $f(x)$ 可导，且 $y = f(\mathrm{e}^x)$，$u = \mathrm{e}^x$ 则有 $\mathrm{d}y = $（　　）。

A. $f'(u)\mathrm{d}x$　　　　　　　　　　　B. $f'(u)\mathrm{d}(\mathrm{e}^x)$

C. $[f(\mathrm{e}^x)]'\mathrm{d}(\mathrm{e}^x)$　　　　　　　D. $[f(\mathrm{e}^x)]'\mathrm{e}^x\mathrm{d}x$

2. 填空题。

(1) d _____ $= \dfrac{1}{1+x}\mathrm{d}x$。

(2) 曲线 $y = x^3 - 3x$ 上切线平行于 x 轴的点是 _____。

(3) 设函数 $y = f(\sin x - \cos x)$，$f(x)$ 有二阶导数，则 $y'' = $ _____。

3. 求下列函数的导数或微分。

(1) $y = 3^x + \tan\dfrac{x}{2} + 6$，求 y'。

(2) $y = (1 + x^3)^x$，求 y'。

(3) $y = \dfrac{x}{2}\sqrt{x^2 - a^2}$，求 y'。

(4) 隐函数：$\dfrac{x^2}{a^2} - \dfrac{y^2}{b^2} = 1$，求 $\dfrac{\mathrm{d}y}{\mathrm{d}x}$。

(5) $y = \dfrac{x^m}{1-x}$，求 $\mathrm{d}y$。

(6) $y = (x^2 + 4x + 1)(x^2 - \sqrt{x})$，求 $\mathrm{d}y$。

(7) $y = \dfrac{\mathrm{e}^x}{1+x}$（$a$ 为常数），求 $\dfrac{\mathrm{d}^2 y}{\mathrm{d}x^2}$。

4. 用定义求 $y = \sqrt[3]{x}$ 的导数。

5. 讨论函数

$$f(x) = \begin{cases} x^2 \cdot \sin\dfrac{1}{x} & x \neq 0 \\ 0 & x = 0 \end{cases}$$

在 $x = 0$ 处的连续性和可导性。

6. 设 $f(x) = |x - 3|$，求 $f'(3)$。

(二) B 卷

1. 单项选择题。

(1) $y = |x-1|$ 在 $x = 1$ ( ) 成立。

A. 连续　　　　　　　　　　　B. 不连续

C. 可导　　　　　　　　　　　D. 可能可导,可能不可导

(2) 已知 $y = x\ln x$,则 $y^{(3)} = ($)。

A. $-\dfrac{1}{x}$　　　　B. $\dfrac{1}{x^2}$　　　　C. $-\dfrac{1}{x^2}$　　　　D. $\dfrac{1}{x}$

(3) 函数 $f(x)$ 在点 $x = x_0$ 处可微是函数 $f(x)$ 在点 $x = x_0$ 处连续的( )。

A. 充分必要条件　　　　　　　B. 必要非充分条件

C. 充分非必要条件　　　　　　D. 既非充分也非必要条件

(4) 函数 $y = f(x)$ 在某点 x_0 处可微,自变量 x 在 x_0 有改变量 $\Delta x = 0.2$,对应的函数改变量的线性主部等于 0.8,则 $f'(x_0) = ($)。

A. 0.4　　　　　B. 0.16　　　　　C. 4　　　　　D. 1.6

2. 填空题。

(1) d _____ $= \mathrm{e}^{-2x}\mathrm{d}x$。

(2) 设函数 $y = f(\sin x)$,$f(x)$ 有二阶导数,则 $y'' = $ _____。

(3) 曲线 $y = x^2 + x - 1$ 上切线斜率为 3 的点是 _____。

3. 求下列函数的导数或微分。

(1) $y = \ln\dfrac{x+\sqrt{x^2+1}}{x+1}$,求 y'。　　　　(2) $y = \sec^2\dfrac{x}{2} + \csc^2\dfrac{x}{2}$,求 y'。

(3) $y = \sqrt{\arcsin 2x}$,求 y'。　　　　(4) $y = (\tan x)^x$,求 y'。

(5) 已知隐函数 $y = x + \ln y$,求 $\dfrac{\mathrm{d}y}{\mathrm{d}x}$。　　　　(6) $y = \dfrac{x^3-1}{x^3+1}$,求 $\mathrm{d}y$。

(7) $y = \mathrm{e}^{-\cos x}$,求 $\dfrac{\mathrm{d}^2 y}{\mathrm{d}x^2}$。

4. 用定义求 $y = x^2 + 1$ 的导数。

5. 讨论

$$f(x) = \begin{cases} 2-x & x \geqslant 1 \\ x^2 & x < 1 \end{cases}$$

71

在点 $x=1$ 处的连续性和可导性。

6. 已知函数 $f(x)$ 具有任意阶导数,且 $f'(x)=[f(x)]^2$,求 $f^{(n)}(x)$。

二、测 试 题 解 答

(一) A 卷 解 答

1. 单项选择题。

(1)	(2)	(3)	(4)
A	D	C	B

解 (1) 略。

(2) $\lim\limits_{\Delta x \to 0} \dfrac{f(x_0 + \Delta x) - f(x_0 - 3\Delta x)}{\Delta x}$

$\quad = \lim\limits_{\Delta x \to 0} \left[\dfrac{f(x_0 + \Delta x) - f(x_0)}{\Delta x} - \dfrac{f(x - 3\Delta x) - f(x_0)}{\Delta x} \right]$

$\quad = f'(x_0) + 3 \lim\limits_{-3\Delta x \to 0} \dfrac{f(x_0 - 3\Delta x) - f(x_0)}{-3\Delta x}$

$\quad = f'(x_0) + 3f'(x_0) = -12$。

(3) 略。

(4) 略。

2. 填空题。

解 (1) 因为 $\left[\ln(1+x)\right]' = \dfrac{1}{1+x}$,故得 $\mathrm{d}[\ln(1+x) + C] = \dfrac{1}{1+x}\mathrm{d}x$。

(2) $y' = 3x^2 - 3$,因为切线平行于 x 轴,所以

$$3x^2 - 3 = 0$$

得 $x_1 = 1$,$x_2 = -1$,从而 $y_1 = -2$,$y_2 = 2$。因此,曲线上点 $(1, -2)$、$(-1, 2)$ 处的切线平行于 x 轴。

(3) 令 $u = \sin x - \cos x$,则 $y = f(u)$,所以

$y' = f'(u)(\sin x - \cos x)' = (\cos x + \sin x)f'(u)$

$y'' = (\cos x + \sin x)'f'(u) + (\cos x + \sin x)f''(u) \cdot (\sin x - \cos x)'$

$\quad = (\cos x - \sin x)f'(u) + (\cos x + \sin x)^2 f''(u)$

3. 解 (1) $y' = 3^x \ln 3 + \dfrac{1}{2} \sec^2 \dfrac{x}{2}$

(2) 两边取对数

$$\ln y = x \ln(1 + x^3)$$

对 x 求导,得

$$\frac{1}{y} y' = \ln(1 + x^3) + x \cdot \frac{3x^2}{1 + x^3}$$

所以 $y' = (1 + x^3)^x \left[\ln(1 + x^3) + \dfrac{3x^3}{1 + x^3} \right]$

(3) $y' = \dfrac{1}{2} \sqrt{x^2 - a^2} + \dfrac{x}{2} \cdot \dfrac{2x}{2\sqrt{x^2 - a^2}} = \dfrac{2x^2 - a^2}{2\sqrt{x^2 - a^2}}$

(4) 两边对 x 求导,得 $\dfrac{2x}{a^2} - \dfrac{2yy'}{b^2} = 0$,所以 $\dfrac{dy}{dx} = \dfrac{b^2 x}{a^2 y}$。

(5) $dy = d\left(\dfrac{x^m}{1 - x} \right) = \dfrac{mx^{m-1}(1 - x) + x^m}{(1 - x)^2} dx$

$$= \frac{x^{m-1}[m - (m-1)x]}{(1 - x)^2} dx$$

(6) $dy = d[(x^2 + 4x + 1)(x^2 - \sqrt{x})]$

$$= \left[(2x + 4)(x^2 - \sqrt{x}) + (x^2 + 4x + 1)\left(2x - \frac{1}{2\sqrt{x}} \right) \right] dx$$

$$= \left[2(x + 2)(x^2 - \sqrt{x}) + (x^2 + 4x + 1)\left(2x - \frac{1}{2\sqrt{x}} \right) \right] dx$$

(7) $y' = \dfrac{xe^x \cdot}{(1 + x)^2}$

$$y'' = \frac{(xe^x)'(1 + x)^2 - xe^x[(1 + x)^2]'}{(1 + x)^4} = \frac{e^x(1 + x^2)}{(1 + x)^3}$$

4. 解 $\Delta y = \sqrt[3]{x + \Delta x} - \sqrt[3]{x}$

所以 $y' = \lim\limits_{\Delta x \to 0} \dfrac{\Delta y}{\Delta x} = \lim\limits_{\Delta x \to 0} \dfrac{\sqrt[3]{x + \Delta x} - \sqrt[3]{x}}{\Delta x}$

$$= \lim_{\Delta x \to 0} \frac{(x + \Delta x) - x}{\Delta x \left(\sqrt[3]{(x + \Delta x)^2} + \sqrt[3]{(x + \Delta x)x} + \sqrt[3]{x^2} \right)}$$

73

$$= \lim_{\Delta x \to 0} \frac{1}{\sqrt[3]{(x+\Delta x)^2} + \sqrt[3]{x(x+\Delta x)} + \sqrt[3]{x^2}} = \frac{1}{3\sqrt[3]{x^2}}$$

5. 解 因为

$$\lim_{x \to 0} \frac{f(x) - f(0)}{x} = \lim_{x \to 0} \frac{x^2 \sin \frac{1}{x}}{x} = \lim_{x \to 0} x \sin \frac{1}{x} = 0$$

即 $f'(0)$ 存在且等于 0。

而可导必连续，所以，$f(x)$ 在 $x = 0$ 处连续且可导。

6. 解 $f(x) = \begin{cases} x - 3 & x \geqslant 3 \\ 3 - x & x < 3 \end{cases}$

$$f'_-(3) = \lim_{x \to 3^-} \frac{f(x) - f(3)}{x - 3} = \lim_{x \to 3^-} \frac{3 - x}{x - 3} = -1$$

$$f'_+(3) = \lim_{x \to 3^+} \frac{f(x) - f(3)}{x - 3} = \lim_{x \to 3^+} \frac{x - 3}{x - 3} = 1$$

由于 $f'_-(3) \neq f'_+(3)$，所以 $f'(3)$ 不存在。

(二) B 卷 解 答

1. 单项选择题。

(1)	(2)	(3)	(4)
A .	C	C	C

解 (1) 因为 $\lim\limits_{x \to 1^-} f(x) = \lim\limits_{x \to 1^-} (1 - x) = 0$

$\lim\limits_{x \to 1^+} f(x) = \lim\limits_{x \to 1^+} (1 - x) = 0$，$f(0) = 0$

所以连续。

(2) $y' = \ln x + x \cdot \frac{1}{x} = \ln x + 1$，$y'' = \frac{1}{x} = x^{-1}$，$y''' = -1 \cdot x^{-2}$

$y^{(4)} = (-1) \times (-2)x^{-3} = 2! x^{-3}$，$y^{(5)} = -3! \cdot x^{-4}$

......

所以 $y^{(10)} = 8! x^{-9}$

(3) 略。

(4) 据题意 $f'(x_0) \cdot \Delta x = 0.8$，所以 $f'(x_0) = \frac{0.8}{\Delta x} = \frac{0.8}{0.2} = 4$

2. 填空题。

解 (1) $\left(-\dfrac{1}{2}\mathrm{e}^{-2x}\right)' = -\dfrac{1}{2}(\mathrm{e}^{-2x})' = -\dfrac{1}{2}\mathrm{e}^{-2x}\cdot(-2) = \mathrm{e}^{-2x}$

所以 $\quad \mathrm{d}\left(-\dfrac{1}{2}\mathrm{e}^{-2x}+C\right) = \mathrm{e}^{-2x}\mathrm{d}x$

(2) 令 $u = \sin x$，$y = f(u)$，则 $y' = f'(u)(\sin x)' - f'(u)\cos x$

$$y'' = \frac{\mathrm{d}(f'(u))}{\mathrm{d}x}\cos x + f'(u)\frac{\mathrm{d}(\cos x)}{\mathrm{d}x} = f''(u)\cos^2 x - f'(u)\sin x$$

(3) $y' = 2x+1$，切线斜率为 3，所以 $2x+1 = 3$，得 $x = 1$，从而 $y = 1$，因此在点 $(1,1)$ 处曲线切线的斜率为 3。

3. **解** (1) $y = \ln(x+\sqrt{x^2+1}) - \ln(x+1)$

所以 $\quad y' = \dfrac{1+\dfrac{2x}{2\sqrt{x^2+1}}}{x+\sqrt{x^2+1}} - \dfrac{1}{x+1} = \dfrac{1}{\sqrt{x^2+1}}\cdot - \dfrac{1}{x+1}$

(2) $y' = 2\sec\dfrac{x}{2}\cdot\sec\dfrac{x}{2}\cdot\tan\dfrac{x}{2}\cdot\dfrac{1}{2} + 2\csc\dfrac{x}{2}\left(-\csc\dfrac{x}{2}\cot\dfrac{x}{2}\right)\cdot\dfrac{1}{2}$

$\qquad = \sec^2\dfrac{x}{2}\cdot\tan\dfrac{x}{2} - \csc^2\dfrac{x}{2}\cdot\cot\dfrac{x}{2}$

(3) $y' = \dfrac{1}{2\sqrt{\arcsin 2x}}\cdot\dfrac{1}{\sqrt{1-(2x)^2}}\cdot 2 = \dfrac{1}{\sqrt{(1-4x^2)\arcsin 2x}}$

(4) 两端取对数，得

$$\ln y = x\ln\tan x$$

两端对 x 求导，得

$$\frac{1}{y}y' = \ln\tan x + x\cdot\frac{1}{\tan x}\cdot\sec^2 x$$

所以 $\quad y' = (\tan x)^x(\ln\tan x + 2x\csc 2x)$

(5) 两端对 x 求导，得 $y' = 1 + \dfrac{1}{y}\cdot y'$，所以 $y' = \dfrac{y}{y-1}$。

(6) $\mathrm{d}y = \mathrm{d}\left(1-\dfrac{2}{x^3+1}\right) = \dfrac{2(x^3+1)'}{(x^3+1)^2}\mathrm{d}x = \dfrac{6x^2}{(x^3+1)^2}\mathrm{d}x$

(7) $y' = \mathrm{e}^{-\cos x}\cdot(-\cos x)' = \mathrm{e}^{-\cos x}\cdot\sin x$

所以　$y'' = \mathrm{e}^{-\cos x} \cdot \sin^2 x + \mathrm{e}^{-\cos x} \cdot \cos x = \mathrm{e}^{-\cos x}(\sin^2 x + \cos x)$

4. 解　$\Delta y = \left[(x + \Delta x)^2 + 1\right] - (x^2 + 1) = 2x \cdot \Delta x + (\Delta x)^2$

所以　$y' = \lim\limits_{\Delta x \to 0} \dfrac{2x \cdot \Delta x + (\Delta x)^2}{\Delta x} = \lim\limits_{\Delta x \to 0} (2x + \Delta x) = 2x$

5. 解　连续性：

$\lim\limits_{x \to 1^-} f(x) = \lim\limits_{x \to 1^-} x^2 = 1,\ \lim\limits_{x \to 1^+} f(x) = \lim\limits_{x \to 1^+} (2 - x) = 1$

于是有 $\lim\limits_{x \to 1} f(x) = 1 = f(1)$，所以 $f(x)$ 在点 $x = 1$ 处连续。

可导性：

$f'_-(1) = \lim\limits_{x \to 1^-} \dfrac{f(x) - f(1)}{x - 1} = \lim\limits_{x \to 1^-} \dfrac{x^2 - 1}{x - 1} = \lim\limits_{x \to 1^-} (x + 1) = 2$

$f'_+(1) = \lim\limits_{x \to 1^+} \dfrac{f(x) - f(1)}{x - 1} = \lim\limits_{x \to 1^+} \dfrac{2 - x - 1}{x - 1} = -1$

于是有 $f'_-(1) \neq f'_+(1)$，所以 $f(x)$ 在点 $x = 1$ 处不可导。

6. 解　$f'(x) = \left[f(x)\right]^2,\ f''(x) = 2f(x) \cdot f'(x) = 2\left[f(x)\right]^3$

$f'''(x) = 2 \cdot 3f(x)^2 \cdot f'(x) = 3!\left[f(x)\right]^4$

$f^{(4)}(x) = 4!\left[f(x)\right]^3 f'(x) = 4!\left[f(x)\right]^5$

所以　$f^{(n)} = n!\left[f(x)\right]^{n+1}$

第三章　微分中值定理与导数的应用

第一节　内　容　提　要

1. 微分中值定理

微分中值定理如表 3.1 所示。

表 3.1　　　　　　　　　　三个中值定理

中值定理名称	条　　件	结　　论
罗尔定理	函数 $f(x)$ 在闭区间 $[a, b]$ 上连续,在开区间 (a, b) 内可导,且 $f(a) = f(b)$。	在开区间 (a, b) 内至少存在一点 ξ,使得 $f'(\xi) = 0$。
拉格朗日中值定理	函数 $f(x)$ 在闭区间 $[a, b]$ 上连续,在开区间 (a, b) 内可导。	在开区间 (a, b) 内至少存在一点 ξ,使得 $f'(\xi) = \dfrac{f(b) - f(a)}{b - a}$。
柯西中值定理	函数 $f(x)$、$g(x)$ 在闭区间 $[a, b]$ 上连续,在开区间 (a, b) 内可导,在 (a, b) 内任一点 x 处 $g'(x) \neq 0$。	在开区间 (a, b) 内至少存在一点 ξ,使得 $\dfrac{f'(\xi)}{g'(\xi)} = \dfrac{f(b) - f(a)}{g(b) - g(a)}$。

对微分中值定理要注意如下几点:

(1) 罗尔定理是拉格朗日中值定理的特例,而柯西中值定理是拉格朗日中值定理的推广。

(2) 上述三个定理中的条件是缺一不可的,其结论都只肯定了 ξ 的存在,但是没有说出 ξ 的值是多少,也没有给出求 ξ 的方法。

2. 洛必达法则

(1) 求 $\dfrac{0}{0}$ 型未定式的极限——洛必达法则(Ⅰ)。

如果函数 $f(x)$ 与 $g(x)$ 满足下列条件:

① $\lim\limits_{x \to x_0} f(x) = 0$，$\lim\limits_{x \to x_0} g(x) = 0$。

② 在点 x_0 的某个去心邻域内可导，且 $g'(x) \neq 0$。

③ $\lim\limits_{x \to x_0} \dfrac{f'(x)}{g'(x)} = A$（或 ∞）。

则 $\lim\limits_{x \to x_0} \dfrac{f(x)}{g(x)} = \lim\limits_{x \to x_0} \dfrac{f'(x)}{g'(x)} = A$（或 ∞）

(2) 求 $\dfrac{\infty}{\infty}$ 型未定式的极限——洛必达法则（Ⅱ）。

如果函数 $f(x)$ 与 $g(x)$ 满足下列条件：

① $\lim\limits_{x \to x_0} f(x) = \infty$，$\lim\limits_{x \to x_0} g(x) = \infty$。

② 在点 x_0 的某个去心邻域内，$f'(x)$，$g'(x)$ 都存在，且 $g'(x) \neq 0$。

③ $\lim\limits_{x \to x_0} \dfrac{f'(x)}{g'(x)} = A$（或 ∞）。

则 $\lim\limits_{x \to x_0} \dfrac{f(x)}{g(x)} = \lim\limits_{x \to x_0} \dfrac{f'(x)}{g'(x)} = A$（或 ∞）

【注】 当 $x \to \infty$ 时的未定式 $\dfrac{0}{0}$，或未定式 $\dfrac{\infty}{\infty}$，也有相应的洛必达法则。

对于其他未定式的极限，可以通过代数方法化为 $\dfrac{0}{0}$ 型或 $\dfrac{\infty}{\infty}$ 型，再改用洛必达法则求值。

例如，$0 \cdot \infty$ 型 $\lim f(x) \cdot g(x)$，可化为 $\dfrac{0}{0}$ 型 $\lim \dfrac{f(x)}{\dfrac{1}{g(x)}}$ 或化为 $\dfrac{\infty}{\infty}$ 型 $\lim \dfrac{g(x)}{\dfrac{1}{f(x)}}$。

3. 函数单调增减性的判别

设函数 $y = f(x)$ 在区间 (a, b) 内可导，

(1) 若 $f'(x) > 0$，$x \in (a, b)$，则 $f(x)$ 在 (a, b) 内单调增加。

(2) 若 $f'(x) < 0$，$x \in (a, b)$，则 $f(x)$ 在 (a, b) 内单调减少。

如果在 (a, b) 内 $f'(x) \geqslant 0$（或 $f'(x) \leqslant 0$），但等号只在个别孤立点成立，则函数在 (a, b) 内仍是单调增加（或单调减少）。

4. 函数极值的概念与极值存在的必要条件

如果函数 $y = f(x)$ 在点 x_0 的某个邻域内有定义，且对该邻域内异于 x_0 的任何点 x 恒有 $f(x) < f(x_0)$（或 $f(x) > f(x_0)$），则称 $f(x_0)$ 为 $f(x)$ 的一个极大值（或极

小值),而点 x_0 称为 $f(x)$ 的极大值点(或极小值点)。极大值与极小值统称为极值,极大值点与极小值点统称为极值点。极值是个局部概念,满足 $f'(x) = 0$ 的点称为函数 $f(x)$ 的驻点。驻点及导数不存在的点统称可疑点。

极值存在的必要条件是:如果 $f(x)$ 在点 x_0 处可导,且在点 x_0 处取得极值,则 $f'(x_0) = 0$。

要注意的是,如果函数 $f(x)$ 在 $x = x_0$ 处 $f'(x_0) = 0$,满足必要条件,但不能判定 $f(x_0)$ 为极值。

5. 极值存在的充分条件

极值存在的第一充分条件是:设函数 $f(x)$ 在点 x_0 的一个邻域 $(x_0 - \delta, x_0 + \delta)$ 内连续,且在此邻域内($f'(x_0)$ 可以不存在)可导,则

(1) 如果当 $x_0 - \delta < x < x_0$ 时,$f'(x) > 0$,而 $x_0 < x < x_0 + \delta$ 时,$f'(x) < 0$,则 $f(x)$ 在 x_0 取得极大值。

(2) 如果当 $x_0 - \delta < x < x_0$ 时,$f'(x) < 0$,而 $x_0 < x < x_0 + \delta$ 时,$f'(x) > 0$,则 $f(x)$ 在 x_0 取得极小值。

(3) 如果当 $x \neq x_0$ 时,$f'(x) < 0$ 或 $f'(x) > 0$,则 x_0 不是 $f(x)$ 的极值点。

极值存在的第二充分条件是:设函数 $f(x)$ 在点 x_0 处具有一阶导数及二阶导数,且 $f'(x_0) = 0$,$f''(x_0) \neq 0$,

(1) 如果 $f''(x_0) < 0$,则 $f(x)$ 在 x_0 处取得极大值。

(2) 如果 $f''(x_0) > 0$,则 $f(x)$ 在 x_0 处取得极小值。

利用极值存在的第一充分条件求连续函数 $f(x)$ 极值的步骤如下:

(1) 确定函数 $f(x)$ 的定义域。

(2) 求导数 $f'(x)$。

(3) 求出函数 $f(x)$ 的极值可疑点,即求出所有使 $f'(x)$ 等于零的点及导数不存在的点。

(4) 列表讨论。用极值可疑点将定义域分成若干小区间,确定 $f'(x)$ 在每个小区间上的符号,然后判定 $f(x)$ 的极值可疑点是否取得极值,是极大值还是极小值。

6. 关于最大值与最小值问题

在实际问题中常常遇到这样一种特殊情况,若函数在区间 $[a, b]$ 上连续,且在区间 (a, b) 内有且仅有一个极大值,而没有极小值,则此极大值就是函数在 $[a, b]$ 上的最大值;若函数在区间 (a, b) 内有且仅有一个极小值,而没有极大值,则此极小值也就是函数在区间 $[a, b]$ 上的最小值。

7. 曲线的凹向与拐点的判别

(1) 上凹(下凹)与拐点的定义。曲线弧在开区间(a, b)内各点处都有切线。如果曲线弧位于其任意一点处切线的上方(下方),则称此曲线弧在(a, b)上的图形是上凹(下凹)。

设函数$y = f(x)$在区间(a, b)内连续,所对应的曲线$y = f(x)$上每一点都有切线,$x_0 \in (a, b)$,点$(x_0, f(x_0))$是曲线$y = f(x)$的上凹与下凹的分界点,则称点$(x_0, f(x_0))$为曲线$y = f(x)$的拐点。

由于在拐点处左、右两侧的二阶导数异号,所以在拐点处必有二阶导数等于零或二阶导数不存在。

(2) 曲线凹向的判别法。设函数$f(x)$在区间(a, b)内具有二阶导数

① 如果$x \in (a, b)$时,恒有$f''(x) > 0$,则曲线$y = f(x)$在(a, b)上是上凹的。

② 如果$x \in (a, b)$时,恒有$f''(x) < 0$,则曲线$y = f(x)$在(a, b)上是下凹的。

8. 曲线的渐近线

如果曲线上点沿该曲线移向无穷远时,该点与某条定直线l的距离趋向于0,则称直线l为该曲线的一条渐近线。渐近线有以下三种情况:

(1) 如果曲线$y = f(x)$的定义域是无限区间,且有

$$\lim_{x \to -\infty} f(x) = C \quad 或 \quad \lim_{x \to +\infty} f(x) = C$$

则直线$y = C$称为曲线$y = f(x)$的水平渐近线。

(2) 如果曲线$y = f(x)$在点a处间断,且有

$$\lim_{x \to a^-} f(x) = \infty \quad 或 \quad \lim_{x \to a^+} f(x) = \infty$$

则直线$x = a$称为曲线$y = f(x)$的铅垂渐近线(或称垂直渐近线)。

(3) 对于函数$y = f(x)$,如果$\lim_{x \to \infty}[f(x) - (ax + b)] = 0$则称直线$y = ax + b$为曲线$y = f(x)$的一条斜渐近线。其中:

$$a = \lim_{x \to \infty} \frac{f(x)}{x} \neq 0, b = \lim_{x \to \infty}[f(x) - ax]。$$

9. 作函数$y = f(x)$图形的步骤

(1) 确定函数$f(x)$的定义域;讨论函数$f(x)$的奇偶性及周期性。

(2) 求$f'(x)$与$f''(x)$。

(3) 求出使$f'(x) = 0$,$f''(x) = 0$及$f'(x)$,$f''(x)$不存在的全部x值。

(4) 用第(3)步所得的 x 将定义域划分成小区间,列表讨论函数 $f(x)$ 的单调性、极值、凹向与拐点。

(5) 讨论曲线 $f(x)$ 的渐近线。

(6) 求出若干个具有代表性的曲线上的点的坐标,作出 $f(x)$ 的图形。

10. 导数在经济分析中的应用

(1) 边际成本。设总成本函数 $C(x)$,x 为产量,则生产 x 个单位产品时平均每单位产品的成本为 $\bar{C}(x) = \dfrac{C(x)}{x}$,称为平均成本。

$C'(x)$ 表示产量为 x 时的边际成本,它近似等于生产 x 个单位产品前最后增加的那个单位产量所需的成本,或生产 x 个单位后增加的那个单位产量所需的成本。

(2) 边际收益。设总收益函数 $R(x)$,x 为销售量,则销售 x 个单位产品时平均每单位产品的收益为 $\bar{R}(x) = \dfrac{R(x)}{x}$,称为平均收益。

$R'(x)$ 表示销售量为 x 时的边际收益,它近似等于销售 x 个单位时,多销售一个单位产品或少销售一个单位产品使其增加或减少的收益,其他如边际利润等也作类似的处理。

设 $L(x)$ 表示销售 x 个单位产品的总利润,则 $L(x) = R(x) - C(x)$。

(3) 弹性分析。如果函数 $y = f(x)$ 在 x 点可导,$\Delta y = f(x + \Delta x) - f(x)$,则称

$\dfrac{\frac{\Delta y}{y}}{\frac{\Delta x}{x}}$ 为函数 $f(x)$ 从 x 到 $x + \Delta x$ 两点间的弹性。当 $\Delta x \to 0$,$\dfrac{\frac{\Delta y}{y}}{\frac{\Delta x}{x}}$ 的极限称为 $f(x)$ 在 x 点的弹性,记作 $\dfrac{Ey}{Ex}$,即

$$\frac{Ey}{Ex} = \lim_{\Delta x \to 0} \frac{\frac{\Delta y}{y}}{\frac{\Delta x}{x}} = \lim_{\Delta x \to 0} \frac{\Delta y}{\Delta x} \cdot \frac{x}{y} = f'(x) \cdot \frac{x}{f(x)}$$

其经济意义是表示自变量 x 增加 1% 时,函数 $f(x)$ 增加 $\dfrac{Ey}{Ex}\%$。

需求弹性:设需求函数为 $Q = f(p)$,其中 p 表示商品的价格,Q 表示市场需求量,那么

$$\eta = -\frac{p}{f(p)} f'(p)$$

称为需求对价格的弹性。

第二节 例 题 分 析

【例1】 在罗尔定理的三个条件中,如有一条不成立时,定理结论是否成立? 举例说明。

分析 对函数 $y = f(x)$,运用罗尔定理时,必须验证 $y = f(x)$ 是否满足罗尔定理的三个条件,缺一不可。当然这三个条件是充分条件,对某些函数,虽然在给定的区间上不满足罗尔定理的条件,仍有可能使定理的结论成立。

解 在罗尔定理的三个条件中,如有一条不成立时,定理结论就不一定成立。分别举例如下:

(1) 若 $f(x)$ 在 (a, b) 内可导,且 $f(a) = f(b)$,但在 $x = b$ 处不连续,则可能不存在 ξ,使得 $f'(\xi) = 0$。

例如,$y = f(x) = \begin{cases} x, & 0 \leqslant x < 1 \\ 0, & x = 1 \end{cases}$

在 $[0, 1]$ 上,其图形如图 3.1 所示。显然在 $(0, 1)$ 内,对应的曲线没有水平切线,即不存在 ξ,使得 $f'(\xi) = 0$。

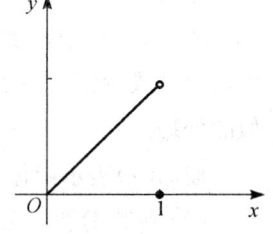

图 3.1 $y = f(x)$图形

(2) 若 $f(x)$ 在 $[a, b]$ 上连续,且 $f(a) = f(b)$,但在 (a, b) 内有不可导点,则可能不存在 ξ,使得 $f'(\xi) = 0$。

例如,$y = |x|$ 在 $[-1, 1]$ 上,其图形如图 3.2 所示。显然在 $(-1, 1)$ 内不存在 ξ,使得 $f'(\xi) = 0$。

(3) 若 $f(x)$ 在 $[a, b]$ 上连续,在 (a, b) 内可导,但 $f(a) \neq f(b)$,则可能不存在 ξ,使得 $f'(\xi) = 0$。

例如,$y = \ln x$ 在 $[1, 2]$ 上,其图形如图 3.3 所示。显然在 $(1, 2)$ 内不存在 ξ,使得 $f'(\xi) = 0$。

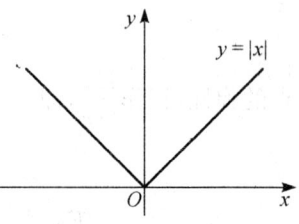

图 3.2 $y = |x|$图形

【例2】 对于函数 $f(x) = x^3 - 2x^2 + 3x - 2$,在区间 $[0, 1]$ 上验证拉格朗日中值定理的正确性。

分析 对于给定的函数 $f(x)$,要验证定理的正确性,首先要验证 $f(x)$ 满足定理的条件,然后找到满足拉格朗日中值定理的 ξ。

解 $f(x) = x^3 - 2x^2 + 3x - 2$ 是定义在 $(-\infty, +\infty)$ 内的初等函数,所以它在 $(-\infty, +\infty)$ 内连续,从而在 $[0, 1]$ 上连续。由于 $f'(x) = 3x^2 - 4x + 3$ 在 $(0, 1)$ 内有定义,故 $f(x)$ 在 $(0, 1)$ 内可导,因此函数 $f(x)$ 在区间 $[0, 1]$ 上满足拉格朗日中值定理的条件,所以存在 $\xi \in (0, 1)$,使得

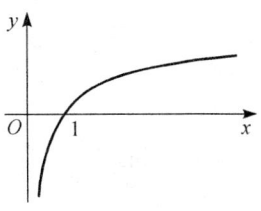

图 3.3　$y = \ln x$ 图形

$$f'(\xi) = \frac{f(1) - f(0)}{1 - 0}$$

即 $3\xi^2 - 4\xi + 3 = 2$,解得

$$\xi = \frac{1}{3} \in (0, 1)$$

满足等式 $f'(\xi) = \dfrac{f(1) - f(0)}{1 - 0}$ 的另一个根为 1,不在开区间 $(0, 1)$ 内,舍去。

【例3】　已知 $f(x) = (x-1)(x-2)(x-3)(x-4)$,不求 $f(x)$ 的导数,说明 $f'(x) = 0$ 有几个实根,并指出它们所在的区间。

分析　$f(x)$ 是一个 4 次多项式,在以它的任何两个相邻 0 值点 $(f(x) = 0$ 的根) 为端点的区间上,满足罗尔定理的条件,故在这个区间内至少有一点 ξ,使得 $f'(\xi) = 0$,即至少存在 $f'(x) = 0$ 的一个根,由此本题得解。

解　$f(x)$ 为多项式函数,所以 $f(x)$ 在 $[1, 2]$,$[2, 3]$,$[3, 4]$ 上连续,在 $(1, 2)$,$(2, 3)$,$(3, 4)$ 内可导,且 $f(1) = f(2) = f(3) = f(4)$,从而 $f(x)$ 在这三个区间上满足罗尔定理的条件。由罗尔定理得,在 $(1, 2)$,$(2, 3)$,$(3, 4)$ 内分别至少存在 ξ_1,ξ_2,ξ_3,使得 $f'(\xi_1) = 0$,$f'(\xi_2) = 0$,$f'(\xi_3) = 0$,即 ξ_1,ξ_2 和 ξ_3 是方程 $f'(x) = 0$ 的三个实根。

又因为 $f'(x)$ 是 3 次多项式,方程 $f'(x) = 0$ 至多只能有三个实根。所以 $f'(x) = 0$ 恰有三个实根分别在区间 $(1, 2)$,$(2, 3)$ 和 $(3, 4)$ 内。

【例4】　求下列极限。

(1) $\displaystyle\lim_{x \to 0} \frac{1 - \cos^2 x}{(1 - e^x)}$ (2) $\displaystyle\lim_{x \to 0^+} \frac{\ln \cot x}{\ln x}$

分析　第(1)题是 $\dfrac{0}{0}$ 型,第(2)题是 $\dfrac{\infty}{\infty}$ 型,可用洛必达法则计算。

解　(1) $\displaystyle\lim_{x \to 0} \frac{1 - \cos^2 x}{x(1 - e^x)} \overset{\frac{0}{0}}{=} \lim_{x \to 0} \frac{-2\cos x(-\sin x)}{1 - e^x + x(-e^x)} = \lim_{x \to 0} \frac{\sin 2x}{1 - e^x - xe^x}$

83

$$= \lim_{x \to 0} \frac{2\cos 2x}{-e^x - e^x - xe^x} \overset{\frac{0}{0}}{=} -1$$

(2) $$\lim_{x \to 0^+} \frac{\ln \cot x}{\ln x} \overset{\frac{\infty}{\infty}}{=} \lim_{x \to 0^+} \frac{\frac{1}{\cot x}(-\csc^2 x)}{\frac{1}{x}} = \lim_{x \to 0^+} \frac{-x}{\sin x \cos x}$$

$$= \lim_{x \to 0^+} \left(\frac{x}{\sin x} \right) \cdot \lim_{x \to 0^+} \frac{-1}{\cos x} = -1$$

当函数 $\frac{f(x)}{g(x)}$ 的极限属 $\frac{0}{0}$ 型或 $\frac{\infty}{\infty}$ 型的情况时,通常可直接运用洛必达法则,如 $\frac{f'(x)}{g'(x)}$ 的极限仍属 $\frac{0}{0}$ 型或 $\frac{\infty}{\infty}$ 型,则可继续使用洛必达法则。另外,我们在求未定式极限过程中要验证所求极限是否为 $\frac{0}{0}$ 型或 $\frac{\infty}{\infty}$ 型,可将未定式表示在等号上,以督促实施验证。

【例 5】 求下列极限。

(1) $$\lim_{x \to 0} x^2 e^{\frac{1}{x^2}}$$ (2) $$\lim_{x \to 1} \left(\frac{1}{x-1} - \frac{1}{\ln x} \right)$$

分析 所求极限是 $0 \cdot \infty$ 型,$\infty - \infty$ 型。可经过适当变换,将其化为 $\frac{0}{0}$ 型或 $\frac{\infty}{\infty}$ 型,再用洛必达法则计算。

解 (1) $$\lim_{x \to 0} x^2 e^{\frac{1}{x^2}} \overset{0 \cdot \infty}{=\!=\!=} \lim_{x \to 0} \frac{e^{\frac{1}{x^2}}}{\frac{1}{x^2}} \overset{\frac{\infty}{\infty}}{=} \lim_{x \to 0} \frac{e^{\frac{1}{x^2}} \left(-\frac{2}{x^3} \right)}{-\frac{2}{x^3}}$$

$$= \lim_{x \to 0} e^{\frac{1}{x^2}} = \infty$$

(2) $$\lim_{x \to 1} \left(\frac{1}{x-1} - \frac{1}{\ln x} \right) \overset{\infty - \infty}{=\!=\!=} \lim_{x \to 1} \frac{\ln x - x + 1}{(x-1)\ln x} \overset{\frac{0}{0}}{=} \lim_{x \to 1} \frac{\frac{1}{x} - 1}{\ln x + \frac{x-1}{x}}$$

$$= \lim_{x \to 1} \frac{1-x}{x \ln x + x - 1} \overset{\frac{0}{0}}{=} \lim_{x \to 1} \frac{-1}{\ln x + 1 + 1} = -\frac{1}{2}$$

【例 6】 求下列极限。

(1) $\lim\limits_{x \to 0}(e^x + x)^{\frac{1}{x}}$ (2) $\lim\limits_{x \to 0^+} x^{\sin x}$

分析 所求极限是 1^{∞} 型，0^0 型。应用 $f(x)^{g(x)} = e^{g(x)\ln x}$，然后将 $g(x)\ln f(x)$ 的极限化为 $\dfrac{0}{0}$ 型或 $\dfrac{\infty}{\infty}$ 型。

解 (1) $(e^x + x)^{\frac{1}{x}} = \left[e^{\ln(e^x + x)} \right]^{\frac{1}{x}} = e^{\frac{1}{x}\ln(e^x + x)}$

因为 $$\lim\limits_{x \to 0} \frac{\ln(e^x + x)}{x} \overset{\frac{0}{0}}{=\!=} \lim\limits_{x \to 0} \frac{e^x + 1}{e^x + x} = 2$$

所以 $$\lim\limits_{x \to 0}(e^x + x)^{\frac{1}{x}} = e^2$$

(2) $x^{\sin x} = (e^{\ln x})^{\sin x} = e^{\sin x \ln x}$

因为 $$\lim\limits_{x \to 0^+} \sin x \cdot \ln x \overset{0 \cdot \infty}{=\!=\!=} \lim\limits_{x \to 0^+} \frac{\ln x}{\csc x}$$

$$\overset{\frac{\infty}{\infty}}{=\!=} \lim\limits_{x \to 0^+} \frac{\frac{1}{x}}{-\csc x \cdot \cot x} = \lim\limits_{x \to 0^+} \frac{-\tan x \cdot \sin x}{x}$$

$$= -\lim\limits_{x \to 0^+} \text{tg}\, x \cdot \lim\limits_{x \to 0^+} \frac{\sin x}{x} = 0$$

所以 $$\lim\limits_{x \to 0^+} x^{\sin x} = e^0 = 1$$

【注】

(1) 应用洛必达法则，必须分子、分母分别求导数，而不是整个分式求导数。

(2) 当 $\lim\limits_{x \to x_0} \dfrac{f'(x)}{g'(x)}$ 不存在时，原极限 $\lim\limits_{x \to x_0} \dfrac{f(x)}{g(x)}$ 不一定不存在；也可能出现循环，回到原来所求极限，这仅说明不能用洛必达法则，必须用其他方法求极限。

例如，$\lim\limits_{x \to \infty} \dfrac{(x - \sin x)'}{(x + \sin x)'} = \lim\limits_{x \to \infty} \dfrac{1 - \cos x}{1 + \cos x} = \lim\limits_{x \to \infty} \cot^2 \dfrac{x}{2}$，极限不存在，但是

$\lim\limits_{x \to \infty} \dfrac{x - \sin x}{x + \sin x} = \lim\limits_{x \to \infty} \dfrac{1 - \dfrac{\sin x}{x}}{1 + \dfrac{\sin x}{x}} = \dfrac{1 - 0}{1 + 0} = 1 \Big($因为 $\lim\limits_{x \to \infty} \dfrac{1}{x} = 0$，$|\sin x| \leqslant 1$，有界变量

与无穷小量的乘积仍是无穷小量，所以 $\lim\limits_{x \to \infty} \dfrac{\sin x}{x} = 0 \Big)$。

85

又如，$\lim\limits_{x \to +\infty} \dfrac{e^x - e^{-x}}{e^x + e^{-x}} \xlongequal{\frac{\infty}{\infty}} \lim\limits_{x \to +\infty} \dfrac{e^x + e^{-x}}{e^x - e^{-x}} \xlongequal{\frac{\infty}{\infty}} \lim\limits_{x \to +\infty} \dfrac{e^x - e^{-x}}{e^x + e^{-x}}$ 出现循环，用一般求极限的方法得

$$\lim_{x \to +\infty} \frac{e^x - e^{-x}}{e^x + e^{-x}} \xlongequal{\text{同除以 } e^x} \lim_{x \to +\infty} \frac{1 - e^{-2x}}{1 + e^{-2x}} = 1$$

（3）应用洛必达法则求极限时，可以将其他求极限的方法，交替使用，如下例。

【例 7】 求极限 $\lim\limits_{x \to 0} \dfrac{3x - \sin 3x}{(1 - \cos x)\ln(1 + 2x)}$。

分析 极限是 $\dfrac{0}{0}$ 型，如果直接应用洛必达法则，分母求导较复杂，我们可以首先应用等价无穷小量代换以简化。

解 $x \to 0$ 时，$1 - \cos x \sim \dfrac{x^2}{2}$，$\ln(1 + 2x) \sim 2x$，所以

$$\lim_{x \to 0} \frac{3x - \sin 3x}{(1 - \cos x)\ln(1 + 2x)} = \lim_{x \to 0} \frac{3x - \sin 3x}{x^3} \xlongequal{\frac{0}{0}} \lim_{x \to 0} \frac{3 - 3\cos 3x}{3x^2}$$

$$= \lim_{x \to 0} \frac{3 \cdot \frac{1}{2}(3x)^2}{3x^2} = \frac{9}{2}$$

【例 8】 确定下列函数的单调区间和极限。

（1）$y = x^3 + x$ （2）$y = \dfrac{x^2}{1 - x}$ （3）$y = (x - 3)^2 \sqrt[3]{(x + 1)^2}$

分析 可通过求函数 $f(x)$ 的单调性、极值步骤来解题。

解 （1）$y = x^3 + x$ 的定义域为 $(-\infty, +\infty)$

$$y' = 3x^2 + 1 > 0, \ x \in (-\infty, +\infty)$$

所以，函数 $y = x^3 + x$ 在 $(-\infty, +\infty)$ 内单调增加，没有极值。

（2）$y = \dfrac{x^2}{1 - x}$ 的定义域为 $(-\infty, 1) \bigcup (1, +\infty)$

$$y' = \frac{2x(1 - x) - x^2(-1)}{(1 - x)^2} = \frac{x(2 - x)}{(1 - x)^2}$$

令 $y' = 0$，得驻点 $x = 0, 2$

列表讨论。见表 3.2。

表 3.2 　　　　　　　　判定函数单调性表

x	$(-\infty, 0)$	0	$(0, 1)$	$(1, 2)$	2	$(2, +\infty)$
y'	$-$	0	$+$	$+$	0	$-$
y	↘	极小值	↗	↗	极大值	↘

据表 3.2 所知,函数在 $(-\infty, 0)$, $(2, +\infty)$ 内单调减少;在 $(0, 1)$, $(1, 2)$ 内单调增加。当 $x = 0$ 时,函数取得极小值 $y\big|_{x=0} = 0$;当 $x = 2$ 时,函数取得极大值 $y\big|_{x=2} = -4$。

(3) $y = (x-3)^2 \sqrt[3]{(x+1)^2}$ 的定义域为 $(-\infty, +\infty)$

$$y' = 2(x-3)\sqrt[3]{(x+1)^2} + (x-3)^2 \frac{2}{3\sqrt[3]{x+1}} = \frac{8x(x-3)}{3\sqrt[3]{x+1}}$$

令 $y' = 0$,得驻点 $x = 0, 3$

使 y' 不存在的点:$x = -1$

列表讨论。见表 3.3。

表 3.3 　　　　　　　　判定函数单调性表

x	$(-\infty, -1)$	-1	$(-1, 0)$	0	$(0, 3)$	3	$(3, +\infty)$
y'	$-$	不存在	$+$	0	$-$	0	$+$
y	↘	极小值	↗	极大值	↘	极小值	↗

据表 3.3 所知,函数在 $(-\infty, -1)$, $(0, 3)$ 内单调减少;在 $(-1, 0)$, $(3, +\infty)$ 内单调增加。当 $x = -1$ 时,函数取得极小值 $y\big|_{x=-1} = 0$;当 $x = 0$ 时,函数取得极大值 $y\big|_{x=0} = 9$;当 $x = 3$ 时,函数取得极小值 $y\big|_{x=3} = 0$。

【例 9】　证明下列不等式。

(1) 当 $0 < x < \dfrac{\pi}{2}$ 时,有 $x < \tan x < \dfrac{x}{\cos^2 x}$

(2) 当 $0 < x < \dfrac{\pi}{2}$ 时,有 $\sin x > \dfrac{2}{\pi} x$

分析　证明不等式,可以应用拉格朗日中值定理,也可以应用函数的单调性和极值来证明。

解 （1）已知 $0 < x < \dfrac{\pi}{2}$，设函数 $f(x) = \tan x$，取区间 $[0, x]$，则 $f(x)$ 在 $[0, x]$ 上满足拉格朗日中值定理的条件，从而存在 $\xi \in (0, x)$，使

$$\frac{\tan x - \tan 0}{x - 0} = f'(\xi)，即 \quad \frac{\tan x}{x} = \sec^2 \xi$$

得

$$\tan x = \frac{x}{\cos^2 \xi}$$

$\cos x$ 在 $\left(0, \dfrac{\pi}{2}\right)$ 单调减少，且 $\cos x > 0$，所以 $\dfrac{1}{\cos^2 x}$ 在 $\left(0, \dfrac{\pi}{2}\right)$ 上单调增加，得

$$1 = \frac{1}{\cos^2 0} < \frac{1}{\cos^2 \xi} < \frac{1}{\cos^2 x}$$

上式两边乘 x，得 $\quad x < \tan x < \dfrac{x}{\cos^2 x}$。

（2）设 $f(x) = \dfrac{\sin x}{x}, 0 < x < \dfrac{\pi}{2}$，则

$$f'(x) = \frac{\cos x (x - \tan x)}{x}$$

在 $\left(0, \dfrac{\pi}{2}\right)$ 内 $f'(x) < 0$，故 $f(x)$ 单调减少，得

$$f(x) > f\left(\frac{\pi}{2}\right) = \frac{2}{\pi}，即 \quad \sin x > \frac{2}{\pi} x$$

【例 10】 求下列曲线的凹向与拐点。

（1）$y = \ln(1 + x^2)$ 　　　　　　（2）$y = (x - 1)\sqrt[3]{x^2}$

分析 可通过求函数 $f(x)$ 的凹向、拐点的步骤来解题。

解 （1）$y = \ln(1 + x^2)$ 的定义域是 $(-\infty, +\infty)$

$$y' = \frac{2x}{1 + x^2}$$

$$y'' = \frac{2(1 + x^2) - 2x \cdot 2x}{(1 + x^2)^2} = \frac{2(1 - x)(1 + x)}{(1 + x^2)^2}$$

令 $y'' = 0$，得 $x = -1, 1$

列表讨论。见表 3.4。

表 3.4　　　　　　　　　　　判定曲线凹向表

x	$(-\infty, -1)$	-1	$(-1, 1)$	1	$(1, +\infty)$
y''	$-$	0	$+$	0	$-$
y	$\cap$	拐点	$\cup$	拐点	$\cap$

据表 3.4 所知,曲线在 $(-\infty, -1)$,$(1, +\infty)$ 上是下凹的,在 $(-1, 1)$ 上是上凹的,曲线的拐点为 $(-1, \ln 2)$ 与 $(1, \ln 2)$。

(2) $y = (x-1)\sqrt[3]{x^2}$ 的定义域为 $(-\infty, +\infty)$

$$y' = (x^{\frac{5}{3}} - x^{\frac{2}{3}})' = \frac{5}{3}x^{\frac{2}{3}} - \frac{2}{3}x^{-\frac{1}{3}}$$

$$y'' = \frac{10}{9}x^{-\frac{1}{3}} + \frac{2}{9}x^{-\frac{4}{3}} = \frac{2(5x+1)}{9x\sqrt[3]{x}}$$

令 $y'' = 0$,得 $x = -\frac{1}{5}$

使 y'' 不存在的点:$x = 0$

列表讨论。见表 3.5。

表 3.5　　　　　　　　　　　判定曲线凹向表

x	$\left(-\infty, -\dfrac{1}{5}\right)$	$-\dfrac{1}{5}$	$\left(-\dfrac{1}{5}, 0\right)$	0	$(0, +\infty)$
y''	$-$	0	$+$	不存在	$+$
y	$\cap$	拐点	$\cup$	无拐点	$\cup$

据表 3.5 所知,曲线在 $\left(-\infty, -\dfrac{1}{5}\right)$ 内是上凸的,在 $\left(-\dfrac{1}{5}, +\infty\right)$ 内是下凸的;

曲线的拐点为 $\left(-\dfrac{1}{5}, -\dfrac{6}{5}\sqrt[3]{\dfrac{1}{25}}\right)$。

【例 11】　求曲线 $y = \dfrac{x^2 + x - 6}{x - 1}$ 的渐近线。

解　函数的定义域是 $(-\infty, 1) \bigcup (1, +\infty)$,因为

$$\lim_{x \to 1} \frac{x^2 + x - 6}{x - 1} = \infty$$

所以 $x=1$ 是曲线的垂直渐近线,又因为

$$\lim_{x \to \infty} \frac{f(x)}{x} = \lim_{x \to \infty} \frac{x^2+x-6}{x(x-1)} = 1$$

$$\lim_{x \to \infty} \left(\frac{x^2+x-6}{x-1} - x\right) = \lim_{x \to \infty} \frac{2x-6}{x-1} = 2$$

所以 $y=x+2$ 是曲线的一条斜渐近线。

【例 12】 作出函数 $y = \dfrac{1-2x}{x^2}+1$ 的图形。

解 (1) 函数的定义域为 $(-\infty, 0) \bigcup (0, +\infty)$

(2) $y' = \dfrac{2(x-1)}{x^3}$, $y'' = \dfrac{2(3-2x)}{x^3}$

(3) 令 $y'=0$,解得驻点 $x=1$

令 $y''=0$,解得 $x=\dfrac{3}{2}$

(4) 列表讨论函数的单调性、极值、凹向与拐点,见表 3.6。

表 3.6　　　　　　　　　　　函数性态判定表

x	$(-\infty, 0)$	$(0, 1)$	1	$\left(1, \dfrac{3}{2}\right)$	$\dfrac{3}{2}$	$\left(\dfrac{3}{2}, +\infty\right)$
y'	+	−	0	+	+	+
y''	+	+	+	+	0	−
y	↑	↘	极小值	↗	拐点	↷

据表 3.6 所知,当 $x=1$ 时,函数取得极小值 $y\big|_{x=1}=0$;当 $x=\dfrac{3}{2}$ 时,曲线上有拐点 $\left(\dfrac{3}{2}, \dfrac{1}{9}\right)$。

(5) 求渐近线:

$$\lim_{x \to 0}\left(\frac{1-2x}{x^2}+1\right) = +\infty$$

所以,$x=0$ 是铅垂渐近线。

$$\lim_{x \to \infty}\left(\frac{1-2x}{x^2}+1\right) = 1$$

所以，$y = 1$ 是水平渐近线

（6）补充点 $\left(-2, \dfrac{9}{4}\right)$，$(-1, 4)$，$\left(\dfrac{1}{2}, 1\right)$，

$\left(2, \dfrac{1}{4}\right)$。

作出函数的图形如图 3.4 所示。

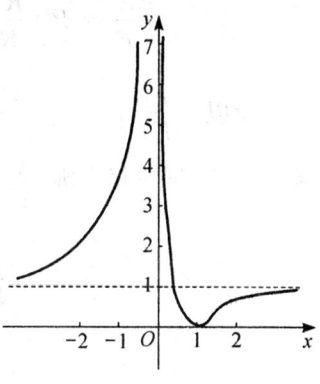

图 3.4 $y = \dfrac{1-2x}{x^2} + 1$ 图形

【例 13】 设某产品的价格函数为 $P = 60 - \dfrac{Q}{1\,000}$，其中 Q 是产品的销售量（件），P 是价格（元）；又设生产这种产品的固定成本为 60 000 元，变动成本每件为 20 元，假设产销平衡。

（1）问产量为多少时利润最大？最大利润是多少？

（2）$P = 20$ 时价格上涨 1%，问收益（增加还是减少）变化百分之几？

分析 利用成本、产量、利润这三者之间的相互关系，建立函数关系，然后求出最大值。

价格 P 上涨 1%，求收益变化的百分比，实际上是求收益对价格的弹性。

解 （1）产品的总成本函数为 $C(Q) = 60\,000 + 20Q$

总收益函数为 $R(Q) = QP = Q\left(60 - \dfrac{Q}{1\,000}\right) = 60Q - \dfrac{1}{1\,000}Q^2$

则总利润函数 $L(Q) = R(Q) - C(Q) = -\dfrac{1}{1\,000}Q^2 + 40Q - 60\,000$

$L'(Q) = -\dfrac{1}{500}Q + 40$

令 $L'(Q) = 0$，得驻点 $Q = 20\,000$（件）

$L''(20\,000) = -\dfrac{1}{500} < 0$

所以生产 20 000（件）产品时利润最大，最大利润为

$$L(20\,000) = -\dfrac{1}{1\,000} \times 20\,000^2 + 40 \times 20\,000 - 60\,000 = 340\,000（元）$$

（2）因为 $P = 60 - \dfrac{1}{1\,000}Q$，所以 $Q = 60\,000 - 1\,000P$

$$R(P) = QP = (60\,000 - 1\,000P)P = 1\,000P(60 - P)$$

$$\frac{ER}{EP} = P \cdot \frac{R'(P)}{R(P)} = P \cdot \frac{1\,000(60 - 2P)}{1\,000P(60 - P)} = \frac{60 - 2P}{60 - P}$$

所以 $\left. \dfrac{ER}{EP} \right|_{P=20} = \dfrac{60 - 2 \times 20}{60 - 20} \times 100\% = 0.5$

即 $P = 20$ 时价格上涨 1%，收益增加 0.5%

第三节 习 题 选 解

习 题 3-1

1. 下列函数在给定的区间上是否满足罗尔定理的条件？如果满足，求出定理中的 ξ 值。

(3) $f(x) = x\sqrt{3-x}$ $[0, 3]$

解 $f(x) = x\sqrt{3-x}$ 是定义在 $(-\infty, 3]$ 上的初等函数，所以它在 $[0, 3]$ 上连续，由于

$$f'(x) = \sqrt{3-x} - \frac{x}{2\sqrt{3-x}} = \frac{3(2-x)}{2\sqrt{3-x}}$$

在 $(0, 3)$ 内有定义，故 $f(x)$ 在 $(0, 3)$ 内可导，且 $f(0) = f(3) = 0$，则 $f(x)$ 在 $[0, 3]$ 上满足罗尔定理的条件。

令 $f'(x) = \dfrac{3(2-x)}{2\sqrt{3-x}} = 0$，得 $x = 2$

取 $\xi = 2 \in (0, 3)$，它满足 $f'(\xi) = 0$。

2. 下列函数在给定区间上是否满足拉格朗日中值定理的条件？如果满足，就求出定理中的 ξ 值。

(2) $f(x) = \sqrt{x}$ $[1, 4]$

解 $f(x) = \sqrt{x}$ 在 $[0, +\infty)$ 上连续，从而在 $[1, 4]$ 上连续，

$$f'(x) = \frac{1}{2\sqrt{x}}$$

于是 $f(x)$ 在 $(1,4)$ 内可导,则 $f(x)$ 在 $[1,4]$ 上满足拉格朗日中值定理的条件,所以存在 $\xi \in (1,4)$,使得

$$\frac{f(4)-f(1)}{4-1} = f'(\xi), \quad 即 \quad \frac{1}{3} = \frac{1}{2\sqrt{\xi}},$$

得

$$\xi = \frac{9}{4} \in (1,4)$$

4. 设 $f(x)$ 在 $[0,1]$ 上连续,在 $(0,1)$ 内可导,且 $f(1)=0$,求证:存在 $\xi \in (0,1)$,使 $f'(\xi) = -\dfrac{f(\xi)}{\xi}$。

证明 设 $F(x) = xf(x)$,取闭区间 $[0,1]$。由于 $f(x)$ 在 $[0,1]$ 上连续,在 $(0,1)$ 内可导,因此 $F(x)$ 在 $[0,1]$ 上连续,在 $(0,1)$ 内可导,且 $F(0) = F(1) = 0$。于是函数 $F(x)$ 在 $[0,1]$ 上满足罗尔定理条件,则存在 $\xi \in (0,1)$ 使

$$F'(\xi) = 0$$

又 $F'(x) = f(x) + xf'(x)$

所以 $f(\xi) + \xi f'(\xi) = 0$,即 $f'(\xi) = -\dfrac{f(\xi)}{\xi}$

5. 证明下列不等式。

(2) $\dfrac{x}{1+x} < \ln(1+x) < x \quad (x > 0)$

证明:设函数 $f(x) = \ln x$,取区间 $[1, 1+x]$,$x > 0$,则 $f(x)$ 在区间 $[1, 1+x]$ 上连续,在 $(1, 1+x)$ 内可导,从而 $f(x)$ 在 $[1, 1+x]$ 上满足拉格朗日中值定理条件。

于是存在 $\xi \in (1, 1+x)$,使得

$$f'(\xi) = \frac{f(1+x) - f(x)}{(1+x) - 1}, \quad 即$$

$$\frac{1}{\xi} = \frac{\ln(1+x)}{x}$$

因为 $1 < \xi < 1+x$,所以 $\dfrac{1}{1+x} < \dfrac{1}{\xi} < 1$,从而 $\dfrac{1}{1+x} < \dfrac{\ln(1+x)}{x} < 1$

即 $\dfrac{x}{1+x} < \ln(1+x) < x \quad (x > 0)$

习 题 3-2

1. 利用洛必达法则求极限。

(3) $\lim\limits_{x \to 0} \dfrac{\tan x - x}{x - \sin x}$

(7) $\lim\limits_{x \to \frac{\pi}{2}^+} \dfrac{\ln\left(x - \dfrac{\pi}{2}\right)}{\tan x}$

解 (3) $\lim\limits_{x \to 0} \dfrac{\tan x - x}{x - \sin x} \overset{\frac{0}{0}}{=} \lim\limits_{x \to 0} \dfrac{\sec^2 x - 1}{1 - \cos x} = \lim\limits_{x \to 0} \dfrac{1 - \cos^2 x}{\cos^2 x (1 - \cos x)} = \lim\limits_{x \to 0} \dfrac{1 + \cos x}{\cos^2 x}$

$= 2$

(7) $\lim\limits_{x \to \frac{\pi}{2}^+} \dfrac{\ln\left(x - \dfrac{\pi}{2}\right)}{\operatorname{tg} x} \overset{\frac{\infty}{\infty}}{=} \lim\limits_{x \to \frac{\pi}{2}^+} \dfrac{\dfrac{1}{x - \dfrac{\pi}{2}}}{\sec^2 x} = \lim\limits_{x \to \frac{\pi}{2}^+} \dfrac{\cos^2 x}{x - \dfrac{\pi}{2}}$

$\overset{\frac{0}{0}}{=} \lim\limits_{x \to \frac{\pi}{2}^+} 2\cos x(-\sin x) = 0$

2. 利用洛必达法则求下列极限

(1) $\lim\limits_{x \to 0^+} \sin x \cdot \ln x$

(5) $\lim\limits_{x \to 0}\left(\dfrac{1}{x} - \dfrac{1}{e^x - 1}\right)$

(8) $\lim\limits_{x \to 1} x^{\frac{1}{1-x}}$

(10) $\lim\limits_{x \to +\infty} (x + \sqrt{1 + x^2})^{\frac{1}{x}}$

解 (1) $\lim\limits_{x \to 0^+} \sin x \cdot \ln x \overset{0 \cdot \infty}{=\!=\!=} \lim\limits_{x \to 0^+} \dfrac{\ln x}{\csc x} \overset{\frac{\infty}{\infty}}{=} \lim\limits_{x \to 0^+} \dfrac{\dfrac{1}{x}}{-\csc x \cdot \cot x}$

$= -\lim\limits_{x \to 0^+} \dfrac{\tan x \cdot \sin x}{x}$

$= -\lim\limits_{x \to 0^+} \tan x \cdot \lim\limits_{x \to 0^+} \dfrac{\sin x}{x} = 0$

(5) $\lim\limits_{x \to 0}\left(\dfrac{1}{x} - \dfrac{1}{e^x - 1}\right) \overset{\infty - \infty}{=\!=\!=} \lim\limits_{x \to 0} \dfrac{e^x - 1 - x}{x(e^x - 1)} \overset{\frac{0}{0}}{=} \lim\limits_{x \to 0} \dfrac{e^x - 1}{xe^x + e^x - 1}$

$\overset{\frac{0}{0}}{=} \lim\limits_{x \to 0} \dfrac{e^x}{xe^x + e^x + e^x} = \dfrac{1}{2}$

(8) $x^{\frac{1}{1-x}} = (e^{\ln x})^{\frac{1}{1-x}} = e^{\frac{\ln x}{1-x}}$

由于 $\quad \lim\limits_{x\to 1}\dfrac{\ln x}{1-x} \overset{\frac{0}{0}}{=} \lim\limits_{x\to 1}\dfrac{\frac{1}{x}}{-1} = -1$

得 $\quad \lim\limits_{x\to 1} x^{\frac{1}{1-x}} = e^{-1}$

(10) $(x+\sqrt{1+x^2})^{\frac{1}{x}} = e^{\frac{\ln(x+\sqrt{1+x^2})}{x}}$

由于 $\quad \lim\limits_{x\to +\infty}\dfrac{\ln(x+\sqrt{1+x^2})}{x} \overset{\frac{\infty}{\infty}}{=} \lim\limits_{x\to +\infty}\dfrac{1+\frac{x}{\sqrt{1+x^2}}}{x+\sqrt{1+x^2}} = \lim\limits_{x\to +\infty}\dfrac{1}{\sqrt{1+x^2}} = 0$

得 $\quad \lim\limits_{x\to +\infty}(x+\sqrt{1+x^2})^{\frac{1}{x}} = e^0 = 1$

习 题 3-3

1. 求下列函数的单调区间。

(3) $y = 2x^2 - \ln x$ (5) $y = \sqrt{2x-x^2}$

解 (3) 定义域为 $(0, +\infty)$。

$$y' = 4x - \frac{1}{x} = \frac{4x^2-1}{x}$$

令 $y' = 0$,得驻点 $x_1 = -\dfrac{1}{2}$(舍去),$x_2 = \dfrac{1}{2}$

列表讨论。见表 3.7。

表 3.7 　　　　　　判定函数单调性表

x	$\left(0, \frac{1}{2}\right)$	$\frac{1}{2}$	$\left(\frac{1}{2}, +\infty\right)$
y'	$-$	0	$+$
y	↘		↗

据表 3.7 所知,函数在 $\left(0, \dfrac{1}{2}\right)$ 上单调减少,在 $\left(\dfrac{1}{2}, +\infty\right)$ 上单调增加。

(5) $y = \sqrt{2x-x^2}$ 的定义域为 $[0, 2]$

$$y' = \frac{2-2x}{2\sqrt{2x-x^2}} = \frac{1-x}{\sqrt{2x-x^2}}$$

令 $y' = 0$，得驻点 $x = 1$

使 y' 不存在的点：$x = 0, 2$

列表讨论。见表 3.8。

表 3.8　　　　　　　　　　　判定函数单调性表

x	$(0, 1)$	1	$(1, 2)$
y'	$+$	不存在	$-$
y	↗		↘

据表 3.8 所知，函数在 $[0, 1)$ 上单调增加，在 $(1, 2]$ 上单调减少。

6. 利用函数的单调性证明下列不等式。

(2) 当 $x > 1$ 时，$2\sqrt{x} > 3 - \dfrac{1}{x}$

证明　设 $f(x) = 2\sqrt{x} + \dfrac{1}{x} - 3$，取区间 $[1, +\infty)$，$f(x)$ 在 $[1, +\infty)$ 上连续。

$$f'(x) = \frac{1}{\sqrt{x}} - \frac{1}{x^2} = \frac{x^{\frac{3}{2}} - 1}{x^2}$$

因为 $x > 1$，所以 $x^{\frac{3}{2}} - 1 > 0$，于是 $f'(x) > 0$，从而 $f(x)$ 在 $(1, +\infty)$ 上单调增加。

当 $x > 1$ 时，$f(x) > f(1) = 0$，所以 $2\sqrt{x} + \dfrac{1}{x} - 3 > 0$，即 $2\sqrt{x} > 3 - \dfrac{1}{x}$

2. 求下列函数的极值。

(4) $y = (x-1)\sqrt[3]{x^2}$　　　　(5) $y = 2x - \ln(4x)^2$

(6) $y = 2e^x + e^{-x}$　　　　　　(8) $y = \dfrac{x^3}{(x-1)^2}$

解　(4) $y = (x-1)\sqrt[3]{x^2}$ 的定义域为 $(-\infty, +\infty)$。

$$y' = \sqrt[3]{x^2} + \frac{2(x-1)}{3\sqrt[3]{x}} = \frac{5x-2}{3\sqrt[3]{x}}$$

令 $y' = 0$，得驻点 $x = \dfrac{2}{5}$

使 y' 不存在的点, $x = 0$

列表讨论。见表 3.9。

表 3.9　　　　　　　　　　　　判定函数单调性表

x	$(-\infty, 0)$	0	$\left(0, \dfrac{2}{5}\right)$	$\dfrac{2}{5}$	$\left(\dfrac{2}{5}, +\infty\right)$
y'	$+$	不存在	$-$	0	$+$
y	↗	极大值	↘	极小值	↗

据表 3.9 所知,当 $x = 0$ 时,函数有极大值 $y\big|_{x=0} = 0$。

　　当 $x = \dfrac{2}{5}$ 时,函数有极小值 $y\big|_{x=\frac{2}{5}} = -\dfrac{3}{25} \cdot \sqrt[3]{20}$。

(5) $y = 2x - \ln(4x)^2$ 的定义域为 $(-\infty, 0) \bigcup (0, +\infty)$。

　　$y' = 2 - \dfrac{2}{x} = \dfrac{2(x-1)}{x}$, $y'' = \dfrac{2}{x^2}$

　　令 $y' = 0$,得驻点 $x = 1$

因为 $y''\big|_{x=1} = 2 > 0$,所以当 $x = 1$ 时,函数取得极小值 $y\big|_{x=1} = 2 - 4\ln 2$。

(6) $y' = 2e^x - e^{-x}$

　　令 $y' = 0$,得驻点 $x = \dfrac{1}{2}\ln\dfrac{1}{2}$

　　$y'' = 2e^x + e^{-x}$

因为 $y''\big|_{x=\frac{1}{2}\ln\frac{1}{2}} > 0$,所以当 $x = \dfrac{1}{2}\ln\dfrac{1}{2}$ 时,函数取得极小值 $y\big|_{x=\frac{1}{2}\ln\frac{1}{2}} = 2\sqrt{2}$。

(8) $y = \dfrac{x}{(x-1)^2}$ 的定义域为 $(-\infty, 1) \bigcup (1, +\infty)$

　　$y' = \dfrac{3x^2(x-1)^2 - x^3 \cdot 2(x-1)}{(x-1)^4} = \dfrac{x^2(x-3)}{(x-1)^3}$

　　令 $y' = 0$,得驻点 $x = 0, 3$

　　使 y' 不存在的点: $x = 1$

列表讨论。见表 3.10。

表 3.10　　　　　　　　　　判定函数单调性表

x	$(-\infty, 0)$	0	$(0, 1)$	$(1, 3)$	3	$(3, +\infty)$
y'	$+$	0	$+$	$-$	0	$+$
y	↗	无极值	↗	↘	极小值	↗

据表 3.10 所知：当 $x=3$ 时，函数有极小值，为 $y\big|_{x=3}=\dfrac{27}{4}$。

3. 设函数 $f(x)=a\ln x+bx^2+x$ 在 $x=1$，$x=2$ 处取得极值，试求出 a，b 的值，并说明 $f(1)$，$f(2)$ 是极大值还是极小值。

解　$y'=\dfrac{a}{x}+2bx+1$

因为 $x=1$，$x=2$ 是极值点

所以 $\begin{cases} y'\big|_{x=1}=a+2b+1=0 \\[2mm] y'\big|_{x=2}=\dfrac{a}{2}+4b+1=0 \end{cases}$

解得　$a=-\dfrac{2}{3}$，$b=-\dfrac{1}{6}$

于是　$y'=-\dfrac{2}{3x}-\dfrac{1}{3}x$，$y''=\dfrac{2}{3x^2}-\dfrac{1}{3}$

当 $x=1$ 时，$y''\big|_{x=1}=\dfrac{1}{3}>0$，所以当 $x=1$ 时，函数取得极小值。

当 $x=2$ 时，$y''\big|_{x=2}=-\dfrac{1}{6}<0$，所以当 $x=2$ 时，函数取得极大值。

4. 求下列函数在给定区间上的最大值与最小值。

(1) $y=x^4-2x^2+5$　$[-2, 2]$

解　$y'=4x^3-4x=4x(x+1)(x-1)$

令 $y'=0$，得驻点 $x=-1, 0, 1$。

求函数值

$y\big|_{x=-1}=4$　　$y\big|_{x=0}=5$　　$y\big|_{x=1}=4$

$y\big|_{x=-2}=13$　　$y\big|_{x=2}=13$

因此,函数在区间$[-2,2]$上的最小值为$y\Big|_{x=-1}=y\Big|_{x=1}=4$,最大值为$y\Big|_{x=-2}$

$=y\Big|_{x=2}=13$。

习　题　3-4

4. 设某产品的需求函数为$P=10-0.01Q$,生产该产品的固定成本为200元,每生产一个单位产品,成本增加5元。问产量为多少时,该产品的利润最大?并求最大利润。

解　根据题意,成本函数为

$$C(Q)=200+5Q$$

收益函数为

$$R(Q)=Q\cdot P=Q(10-0.01Q)=10Q-0.01Q^2$$

从而利润函数为

$$L(Q)=R(Q)-C(Q)=-0.01Q^2+5Q-200$$
$$L'(Q)=-0.02Q+5$$

令$L'(Q)=0$,得$Q=250$。

因为$L''(250)<0$,所以,当$Q=250$时利润最大,最大值为$L(250)=425$。

5. 某厂生产某种产品,固定成本为20 000元,可变成本为每单位产品100元。已知产品收益R是年产量Q的函数

$$R=R(Q)=\begin{cases}400Q-\dfrac{1}{2}Q^2 & 0\leqslant Q\leqslant 400\\[2mm] 80\,000 & Q>400\end{cases}$$

问每年生产多少个单位产品时,该厂所获利润最大?

解　根据题意,总成本函数为

$$C(Q)=20\,000+100Q$$

从而可得利润函数为

$$L(Q) = R(Q) - C(Q) = \begin{cases} -\dfrac{1}{2}Q^2 + 300Q - 20\,000 & 0 \leqslant Q \leqslant 400 \\ -100Q + 60\,000 & Q > 400 \end{cases}$$

$$L'(Q) = \begin{cases} -Q + 300 & 0 < Q \leqslant 400 \\ -100 & Q > 400 \end{cases}$$

令 $L'(Q) = 0$，得驻点 $Q = 300$。

因为 $L''(300) < 0$，所以 $Q = 300$ 时利润最大。即当年产量为 300 个单位时，利润为最大。

6. 设某商品的需求函数为 $Q = 75 - p^2$

（1）求 $p = 4$ 时的边际需求，并说明其经济意义。

（2）求 $p = 4$ 时的需求弹性，并说明其经济意义。

（3）当 p 为多少时，该商品的收益最大？

解 （1）$Q' = -2p$

当 $p = 4$ 时，$Q'(4) = -8$

所以 $p = 4$ 时的边际需求为 -8，说明当 $p = 4$ 时，价格每上涨（下跌）1 个单位，需求量减少（增加）8 个单位。

（2）$\eta = -p\dfrac{Q'}{Q} = -p\dfrac{-2p}{75 - p^2} = \dfrac{2p^2}{75 - p^2}$

当 $p = 4$ 时，$\eta(4) = \dfrac{2 \times 4^2}{75 - 4^2} = \dfrac{32}{59} \approx 0.542$

所以 $p = 4$ 时的需求弹性为 0.542，说明当 $p = 4$ 时，价格每上涨（下跌）1%，需求量将减少（增加）0.542%。

（3）总收益函数 $R(p) = pQ = p(75 - p^2)$

$R'(p) = 75 - 3p^2$

令 $R'(p) = 0$，得驻点 $p = 5$，因为 $R''(5) < 0$，所以当 $p = 5$ 时，商品的收益最大。

习 题 3-5

1. 求下列曲线的凹向与拐点。

（2）$y = x + x^{\frac{5}{3}}$ 　　　　　　　　（6）$y = \dfrac{1}{1 + x^2}$

解 （2）$y = x + x^{\frac{5}{3}}$ 的定义域为 $(-\infty, +\infty)$。

$$y' = 1 + \frac{5}{3}x^{\frac{2}{3}}, \quad y'' = \frac{10}{9\sqrt[3]{x}}$$

$x = 0$ 时 y'' 不存在。

列表讨论。见表 3.11。

表 3.11 判定函数凹向表

x	$(-\infty, 0)$	0	$(0, +\infty)$
y''	$-$	不存在	$+$
y	$\cap$	0	$\cup$

根据表 3.11，曲线在区间 $(-\infty, 0)$ 内下凹，在区间 $(0, +\infty)$ 内上凹，曲线的拐点为 $(0, 0)$。

（6）$y = \dfrac{1}{1+x^2}$ 的定义域为 $(-\infty, +\infty)$。

$$y' = -\frac{2x}{1+x^2}, \quad y'' = -\frac{2 - 2x^2}{1+x^2} = \frac{2x^2 - 2}{1+x^2}$$

令 $y'' = 0$，得 $x = -1, x = 1$

列表讨论。见表 3.12。

表 3.12 判定函数凹向表

x	$(-\infty, -1)$	-1	$(-1, 1)$	1	$(1, +\infty)$
y''	$+$	0	$-$	0	$+$
y	$\cup$	$\dfrac{1}{2}$	$\cap$	$\dfrac{1}{2}$	$\cup$

根据表 3.12，曲线在区间 $(-\infty, -1)$，$(1, +\infty)$ 内上凹，在区间 $(-1, 1)$ 内下凹，拐点为 $\left(-1, \dfrac{1}{2}\right)$ 和 $\left(1, \dfrac{1}{2}\right)$。

2. 试确定 a, b, c 的值，使曲线 $y = ax^3 + bx^2 + cx$ 有一拐点 $(1, 2)$，且在该点处的切线斜率为 -1。

解 因为拐点是曲线上的点，所以

$$y\Big|_{x=1} = a + b + c = 2 \tag{1}$$

函数有一阶导数 $y' = 3ax^2 + 2bx + c$，曲线在点 $(1, 2)$ 处的切线斜率为 -1，所以

$$y'\Big|_{x=1} = 3a + 2b + c = -1 \qquad (2)$$

函数具有二阶导数 $y'' = 6ax + 2b$，$(1, 2)$ 是曲线的拐点，所以

$$y''\Big|_{x=1} = 6a + 2b = 0 \qquad (3)$$

由(1)式、(2)式、(3)式可解得 $a = 3$，$b = -9$，$c = 8$。

3. 求下列曲线的渐近线。

(3) $y = \dfrac{e^x}{1+x}$ 　　　　　　(4) $y = x + \ln x$

解 （3）因为

$$\lim_{x \to -\infty} y = \lim_{x \to -\infty} \frac{e^x}{1+x} = 0$$

所以，直线 $y = 0$ 是曲线的水平渐近线。

又因为

$$\lim_{x \to -1} y = \lim_{x \to -1} \frac{e^x}{1+x} = \infty$$

所以，直线 $x = -1$ 是曲线的垂直渐近线。

（4）因为

$$\lim_{x \to 0^+} y = \lim_{x \to 0^+} (x + \ln x) = -\infty$$

所以，直线 $x = 0$ 是曲线的垂直渐近线。

4. 作下列函数的图形。

(2) $y = \dfrac{1-2x}{x^2} + 1$，$(x > 0)$ 　　　　(4) $y = xe^{-x}$

解 （2）函数的定义域为 $(0, +\infty)$。

$$y' = \frac{2(x-1)}{x^3}, \ y'' = \frac{2(3-2x)}{x^4}$$

令 $y' = 0$，得 $x = 1$

令 $y'' = 0$，得 $x = \dfrac{3}{2}$

列表讨论。见表 3.13。

表 3.13　　　　　　　　　　函数性态判定表

x	$(0, 1)$	1	$\left(1, \dfrac{3}{2}\right)$	$\dfrac{3}{2}$	$\left(\dfrac{3}{2}, +\infty\right)$
y'	$-$	0	$+$	$+$	$+$
y''	$+$	$+$	$+$	0	$-$
$f(x)$	↘	0 极小值	↗	$\dfrac{1}{9}$	↗

$\left(\dfrac{3}{2}, \dfrac{1}{9}\right)$ 是拐点，$y(1) = 0$ 是极小值。

因为 $\lim\limits_{x \to 0^+}\left(\dfrac{1-2x}{x^2} + 1\right) = +\infty$，所以 $x = 0$ 是曲线的垂直渐近线；又因为 $\lim\limits_{x \to +\infty}\left(\dfrac{1-2x}{x^2} + 1\right) = 1$，所以 $y = 1$ 是曲线的水平渐近线。

作图如图 3.5 所示。

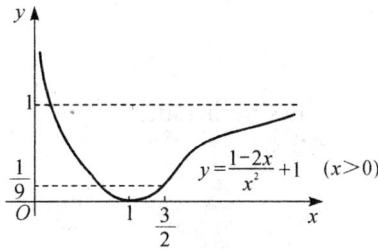

图 3.5　$y = \dfrac{1-2x}{x^2} + 1$ $(x > 0)$ 函数

复习题三

3. 求下列极限。

(2) $\lim\limits_{x \to 0} \dfrac{\tan x - \sin x}{x^2 \sin x}$

(4) $\lim\limits_{x \to 0^+} \dfrac{\ln \sin 3x}{\ln \sin x}$

(6) $\lim\limits_{x \to 0^+} (\tan x)^{\sin x}$

(8) $\lim\limits_{x \to \infty} \left(\cos \dfrac{1}{x}\right)^x$

解　(2) $\lim\limits_{x \to 0} \dfrac{\tan x - \sin x}{x^2 \sin x} = \lim\limits_{x \to 0} \dfrac{\tan x - \sin x}{x^3}$

$\overset{\frac{0}{0}}{=} \lim\limits_{x \to 0} \dfrac{\sec^2 x - \cos x}{3x^2} = \lim\limits_{x \to 0} \dfrac{1 - \cos^3 x}{3x^2 \cos^2 x}$

$$= \lim_{x \to 0} \frac{1}{\cos^2 x} \cdot \frac{1-\cos^3 x}{3x^2} = \lim_{x \to 0} \frac{1-\cos^3 x}{3x^2}$$

$$\overset{\frac{0}{0}}{=} \lim_{x \to 0} \frac{3\cos^2 x \cdot \sin x}{6x} = \lim_{x \to 0} \frac{\cos^2 x}{2} \cdot \frac{\sin x}{x} = \frac{1}{2}$$

最简解法：$\displaystyle \lim_{x \to 0} \frac{\tan x - \sin x}{x^2 \sin x} = \lim_{x \to 0} \frac{\dfrac{\sin x}{\cos x} - \sin x}{x^2 \sin x} = \lim_{x \to 0} \frac{1-\cos x}{x^2} = \frac{1}{2}$

(4) $\displaystyle \lim_{x \to 0^+} \frac{\ln \sin 3x}{\ln \sin x} \overset{\frac{\infty}{\infty}}{=} \lim_{x \to 0^+} \frac{3\cos 3x \sin x}{\sin 3x \cos x} = \lim_{x \to 0^+} \frac{3\cos 3x}{\cos x} \cdot \frac{\sin x}{\sin 3x}$

$$= 3 \cdot \lim_{x \to 0^+} \frac{x}{3x} = 1$$

(6) $(\tan x)^{\sin x} = e^{\sin x \ln \tan x}$

$$\lim_{x \to 0^+} \sin x \ln \tan x = \lim_{x \to 0^+} \frac{\ln \tan x}{\csc x} \overset{\frac{\infty}{\infty}}{=} \lim_{x \to 0^+} \frac{\dfrac{\sec^2 x}{\tan x}}{-\csc x \cdot \cot x}$$

$$= \lim_{x \to 0^+} \frac{\sec^2 x}{-\csc x \cdot \tan x \cdot \cot x} = 0$$

得 $\displaystyle \lim_{x \to 0^+} (\tan x)^{\sin x} = e^0 = 1$

(8) $\left(\cos \dfrac{1}{x}\right)^x = e^{x \ln \cos \frac{1}{x}}$

$$\lim_{x \to \infty} x \ln \cos \frac{1}{x} \overset{u=\frac{1}{x}}{=\!=\!=\!=} \lim_{u \to 0} \frac{\ln \cos u}{u} \overset{\frac{0}{0}}{=} \lim_{u \to 0} \frac{-\sin u}{\cos u} = 0$$

得 $\displaystyle \lim_{x \to \infty} \left(\cos \frac{1}{x}\right)^x = e^0 = 1$

4. 证明下列不等式。

(1) 当 $x > 0$ 时，$1 + x \ln(x + \sqrt{1+x^2}) > \sqrt{1+x^2}$

证明：设 $f(x) = 1 + x \ln(x + \sqrt{1+x^2}) - \sqrt{1+x^2}$, $x > 0$

$$f'(x) = \ln(x + \sqrt{1+x^2}) > 0 \quad (因为 \ x + \sqrt{1+x^2} > 1)$$

所以 $f(x)$ 在 $(0, +\infty)$ 单调增加，得

$x > 0$ 时，$f(x) > f(0) = 0$，即

$$1 + x \ln(x + \sqrt{1+x^2}) > \sqrt{1+x^2}$$

6. a 取何值时,函数 $f(x) = a\sin x + \dfrac{1}{3}\sin 3x$ 在 $x = \dfrac{\pi}{3}$ 处有极值,并确定它是极大值还是极小值。

解 $f'(x) = a\cos x + \cos 3x$,$x = \dfrac{\pi}{3}$ 为极值点,所以 $f'\left(\dfrac{\pi}{3}\right) = 0$,即

$$a\cos\dfrac{\pi}{3} + \cos\pi = 0$$

即
$$\dfrac{a}{2} - 1 = 0$$

得 $a = 2$,又

$$f''(x) = -2\sin x - 3\sin 3x$$

$$f''\left(\dfrac{\pi}{3}\right) = -\sqrt{3} < 0$$

于是,$f(x)$ 在 $\dfrac{\pi}{3}$ 处取得极大值。

7. 求曲线 $y = 3x^4 - 4x^3 + 1$ 的凹向和拐点。

解 定义域为 $(-\infty, +\infty)$。

$$y' = 12x^3 - 12x^2, \quad y'' = 36x^2 - 24x$$

令 $y'' = 0$,得 $x_1 = 0$,$x_2 = \dfrac{2}{3}$。

列表讨论。见表 3.14。

表 3.14　　　　　　　　　判定函数的凹向

x	$(-\infty, 0)$	0	$\left(0, \dfrac{2}{3}\right)$	$\dfrac{2}{3}$	$\left(\dfrac{2}{3}, +\infty\right)$
y''	$+$	0	$-$	0	$+$
y	$\cup$	1	$\cap$	$\dfrac{11}{27}$	$\cup$

曲线在区间 $(-\infty, 0)$,$\left(\dfrac{2}{3}, +\infty\right)$ 内上凹,在区间 $\left(0, \dfrac{2}{3}\right)$ 内下凹,点 $(0, 1)$,

$\left(\dfrac{2}{3}, \dfrac{11}{27}\right)$ 为拐点。

8. 要做一个容积为 $300(\mathrm{m}^3)$ 的无盖圆柱形蓄水池,已知柱底单位造价是圆柱周围单位造价的 2 倍,问蓄水池的尺寸应为多少时才能使总造价最低?

解 设圆柱形蓄水池底半径为 r,高为 h,池底单位造价为 $2k(\mathrm{元}/\mathrm{m}^2)$,侧面单位造价为 $k(\mathrm{元}/\mathrm{m}^2)$,则总造价 y 为

$$y = 2k\pi r^2 + 2k\pi rh$$

由 $\pi r^2 h = 300$,得 $h = \dfrac{300}{\pi r^2}$,于是

$$y = 2k\pi r^2 + \frac{600k\pi}{r}, \quad r > 0$$

$$y' = 4k\pi r - \frac{600k}{r^2}.$$

令 $y' = 0$,得 $r = \sqrt[3]{\dfrac{150}{\pi}}$,从而 $h = 2\sqrt[3]{\dfrac{150}{\pi}}$

因为该问题有最小值,且只有一个驻点,所以 $r = \sqrt[3]{\dfrac{150}{\pi}}$, $h = 2\sqrt[3]{\dfrac{150}{\pi}}$ 时造价最低。

9. 某商品的需求量 Q 为价格 P 的函数 $Q = 150 - 2P^2$,求

(1) 当 $P = 6$ 时的边际需求。

(2) 当 $P = 6$ 时的需求弹性。

(3) 当 $P = 6$ 时,若价格下降 2%,总收益将变化百分之几?是增加还是减少?

解 (1) $Q'(P) = -4P$

$$Q'(6) = -24$$

所以,当 $P = 6$ 时的边际需求为 -24。

(2) 需求弹性 $\eta(P) = -\dfrac{P}{Q(P)} \cdot Q'(P) = -\dfrac{P}{150 - 2P^2} \cdot (-4P) = \dfrac{4P^2}{150 - 2P^2}$

$$\eta(6) = \frac{24}{13}$$

所以, $P = 6$ 的需求弹性为 $\dfrac{24}{13}$。

(3) 收益函数 $R(P) = Q \cdot P = (150 - 2P^2) \cdot P = 150P - 2P^3$

$$E(P) = \frac{P}{R(P)} \cdot R'(P) = \frac{P}{150P - 2P^3} \cdot (150 - 6P^2) = \frac{150 - 6P^2}{150 - 2P^2}$$

$$E(6) = -\frac{11}{13} \approx -0.85$$

所以，当 $P = 6$ 时，若价格下降 2%，则收益减少 1.7%。

第四节　测试题及其解答

一、测　试　题

（一）A　卷

1. 单项选择题。

(1) 设函数 $f(x) = (x-1)(x-2)(x-3)$，则方程 $f'(x) = 0$ 有（　　）。

A. 一个实根 　　　　　　　　B. 两个实根

C. 三个实根 　　　　　　　　D. 无实根

(2) 下列极限中能使用洛必达法则的有（　　）。

A. $\lim\limits_{x \to 0} \dfrac{x^2 \sin \frac{1}{x}}{\sin x}$ 　　　　　　B. $\lim\limits_{x \to +\infty} x\left(\dfrac{\pi}{2} - \arctan x\right)$

C. $\lim\limits_{x \to \infty} \dfrac{x - \sin x}{x + \sin x}$ 　　　　　　D. $\lim\limits_{x \to +\infty} \dfrac{e^x + e^{-x}}{e^x - e^{-x}}$

(3) 函数 $y = 1 + x^2$ 在区间 $(-1, 1)$ 内的最大值是（　　）。

A. 0 　　　　　　　　　　　B. 1

C. 2 　　　　　　　　　　　D. 不存在

(4) 曲线 $y = e^{-x^2}$（　　）。

A. 没有拐点 　　　　　　　　B. 有一个拐点

C. 有两个拐点 　　　　　　　D. 有三个拐点

(5) 如果函数 $f(x)$ 的导数 $f'(x)$ 连续，且 $\lim\limits_{x \to 0} f'(x) = 1$，则 $f(0)$（　　）。

A. 一定是 $f(x)$ 的极大值 　　B. 一定是 $f(x)$ 的极小值

C. 一定不是 $f(x)$ 的极值　　　D. 是否为 $f(x)$ 的极值,未定

2. 填空题。

(1) $y = \dfrac{x^2}{x^3 - 1}$ 的图形有垂直渐近线_____,有水平渐近线_____。

(2) 已知 $x = 3$ 是 $f(x) = ax^3 - 27x$ 的极值点,则 $a =$ _____。

(3) 设 $x \in (a, b)$ 且恒有 $f''(x) < 0$,则曲线 $y = f(x)$ 在 (a, b) 上的凹向是_____。

(4) 如果在 (a, b) 内恒有 $f'(x) = g'(x)$,则在 (a, b) 内恒有 $f(x) = g(x)$ _____。

3. 求下列极限。

(1) $\lim\limits_{x \to 0} \dfrac{\ln(1 + 2x)}{e^x + \sin x - 1}$　　　　(2) $\lim\limits_{x \to 0} \dfrac{x(e^x + 1) - 2(e^x - 1)}{x^3}$

(3) $\lim\limits_{x \to 1} \left(\dfrac{\sin x}{x - 1} - \dfrac{1}{\ln x} \right)$　　　　(4) $\lim\limits_{x \to 0} (1 + \sin x)^{\frac{2}{x}}$

4. 求函数 $y = \dfrac{1}{x^2 - 2x + 4}$ 的极值及对应曲线的拐点。

5. 证明:当 $x > 1$ 时, $\ln x > \dfrac{x - 1}{x^2}$。

6. 某厂计划全年需要某种原料 100 万吨,并且其消耗是均匀的。已知该原料分期分批进货,每次进货手续费为 1 000 元,而每吨原料全年库存费为 0.05 元,试求使总费用最省的经济批量和相应的订货次数。

7. 某厂生产的某种产品,固定成本为 400 万元,多生产一个单位产品,成本增加 10 万元。设产品产销平衡且产品的需求函数为 $Q = 1\,000 - 50P$(Q 为产量,P 为价格)。问该厂生产多少单位产品时,所获利润最大? 最大利润是多少?

(二) B　卷

1. 单项选择题。

(1) 设 $a \neq 0$, $f(x) = ax^2 + bx + c$, 则 $f\left(-\dfrac{b}{2a} \right)$(　　)。

A. 是 $f(x)$ 的极大值　　　　B. 是 $f(x)$ 的极小值

C. 不是 $f(x)$ 的极值　　　　D. 可能是极大值,也可能是极小值

(2) 设函数 $f(x)$ 在区间 $(0, a)$ 上二阶可导,且 $xf''(x) - f'(x) > 0$,则 $\dfrac{f'(x)}{x}$ 在

区间$(0, a)$内是( )。

   A. 不单调增加   B. 不单调减少

   C. 单调增加   D. 单调减少

(3) $f'(x_0) = 0$,$f''(x_0) > 0$ 是函数 $y = f(x)$ 在点 $x = x_0$ 处有极值( )。

   A. 必要条件   B. 充分条件   C. 充要条件   D. 无关条件

(4) 曲线 $y = \dfrac{4}{x^2 + 2x - 3}$ 的垂直渐近线方程( )。

   A. 仅为 $x = -3$ B. 仅为 $x = 1$

   C. 为 $x = -3$ 和 $x = 1$ D. 不存在

(5) 函数 $f(x)$ 的连续但不可导的点( )。

   A. 一定不是极值点   B. 一定是极值点

   C. 一定不是拐点   D. 一定不是驻点

2. 填空题。

(1) $\lim\limits_{x \to x_0} \dfrac{f'(x)}{g'(x)} = A$(或 ∞) 是使用洛必达法则计算未定式 $\lim\limits_{x \to x_0} \dfrac{f(x)}{g(x)}$ 的_____条件。

(2) 设 $x \in (a, b)$,$f'(x) < 0$,则曲线 $y = f(x)$ 在 (a, b) 内是单调_____。

(3) 曲线 $y = ax^2 + b$ 在区间 $(0, +\infty)$ 内单调增加,则 a, b 应满足_____。

(4) 已知函数 $f(x) = 2x^3 - 6x^2 + m$(m 是常数)在 $[-2, 2]$ 上有最大值 3,那么该函数在 $[-2, 2]$ 上的最小值是_____。

3. 计算下列极限。

(1) $\lim\limits_{x \to 1} \dfrac{x^2 - 1}{\ln x}$ (2) $\lim\limits_{x \to 0} \dfrac{\tan x - \sin x}{x - \sin x}$

(3) $\lim\limits_{x \to 0} \left(\dfrac{1}{x} - \dfrac{1}{e^x - 1} \right)$ (4) $\lim\limits_{x \to 0} (1 + x)^{\cot x}$

4. 求出函数 $f(x) = 3 - x - \dfrac{4}{(x + 2)^2}$ 在区间 $[-1, 2]$ 上的最小值与最大值。

5. 证明:当 $x > 1$ 时,$\ln x > \dfrac{2(x - 1)}{x + 1}$。

6. 作函数 $y = x^4 - 4x + 10$ 的图形。

7. 设某厂生产某种产品的固定成本为 200(百元),每生产一个单位的产品,成本增加 5(百元),且已知其需求函数为 $Q = 100 - 2P$,其中 P 为价格,Q 为产量。又知这种产品在市场上是畅销的。

(1) 试分别列出产品的总成本函数 $C(P)$ 和总收益函数 $R(P)$。

(2) 求出使该产品的总利润最大的产量。

(3) 求最大利润。

二、测试题解答

(一) A 卷解答

1. 单项选择题。

(1)	(2)	(3)	(4)	(5)
B	B	D	C	C

解 (1) 因为 $f(x)$ 在 $[1,2]$, $[2,3]$ 上满足罗尔定理的条件,所以存在 $\xi_1 \in (1, 2)$, $\xi_2 \in (2,3)$,使 $f'(\xi_1) = 0$, $f'(\xi_2) = 0$。又因为 $f'(x)$ 为 x 的二次多项式,所以 $f'(x) = 0$ 最多只有两个实根。现在 $f'(\xi_1) = 0$, $f'(\xi_2) = 0$,因此 $f'(x) = 0$ 有两个实根。

(2) $\lim\limits_{x \to 0} \dfrac{x^2 \sin \dfrac{1}{x}}{\sin x} \overset{\frac{0}{0}}{=} \lim\limits_{x \to 0} \dfrac{2x \sin \dfrac{1}{x} - \cos \dfrac{1}{x}}{\cos x}$ (不存在)

$\lim\limits_{x \to +\infty} x\left(\dfrac{\pi}{2} - \arctan x\right) \overset{\infty \cdot 0}{=\!=\!=\!=} \lim\limits_{x \to +\infty} \dfrac{\dfrac{\pi}{2} - \arctan x}{\dfrac{1}{x}} \overset{\frac{0}{0}}{=} \lim\limits_{x \to +\infty} \dfrac{-\dfrac{1}{1+x^2}}{-\dfrac{1}{x^2}} = 1$

$\lim\limits_{x \to \infty} \dfrac{x - \sin x}{x + \sin x} \overset{\frac{\infty}{\infty}}{=} \lim\limits_{x \to \infty} \dfrac{1 - \cos x}{1 + \cos x}$ (不存在)

$\lim\limits_{x \to +\infty} \dfrac{e^x + e^{-x}}{e^x - e^{-x}} \overset{\frac{\infty}{\infty}}{=} \lim\limits_{x \to +\infty} \dfrac{e^x - e^{-x}}{e^x + e^{-x}} \overset{\frac{\infty}{\infty}}{=} \lim\limits_{x \to +\infty} \dfrac{e^x + e^{-x}}{e^x - e^{-x}}$ (循环)

所以只有 B 能用洛必达法则。

(3) $y' = 2x$,令 $y' = 0$,得 $x = 0$,但 $y(0)$ 为极小值。又因为在 $(-1, 1)$ 内无其他驻点,所以该函数在 $(-1, 1)$ 内无最大值。

(4) $y' = -2x e^{-x^2}$, $y'' = (4x^2 - 2) e^{-x^2}$

令 $y'' = 0$,得 $x = \pm\sqrt{2}$

列表讨论。见表 3.15。

表 3.15   判定函数凹向表

x	$(-\infty, -\sqrt{2})$	$\sqrt{2}$	$(-\sqrt{2}, \sqrt{2})$	$\sqrt{2}$	$(\sqrt{2}, +\infty)$
y''	$+$	0	$-$	0	$+$
y	$\cup$	拐点	$\cap$	拐点	$\cup$

据表 3.15 所知,$(-\sqrt{2}, e^{-2})$,$(\sqrt{2}, e^{-2})$ 为拐点。所以有两个拐点。

(5) 因为可导、连续,在 $x = 0$ 处取得极值的必要条件是 $f'(0) = 0$,而 $\lim\limits_{x \to 0} f'(x) = 1$,$f'(x)$ 连续,于是 $f'(0) = 1$。所以 $f(0)$ 不是极值。

2. 填空题。

解 (1) 因为 $\lim\limits_{x \to 1} \dfrac{x^2}{x^3 - 1} = \infty$,$\lim\limits_{x \to \infty} \dfrac{x^2}{x^3 - 1} = 0$,所以 $x = 1$ 是垂直渐近线,$y = 0$ 是水平渐近线。

(2) $f'(x) = 3ax^2 - 27$。因为 $x = 3$ 是 $f(x)$ 的极值点,所以

$$f'(3) = 27a - 27 = 0$$

所以 $a = 1$。

(3) 是下凹。

(4) $f(x) = g(x) + c$

3. **解** (1) $\lim\limits_{x \to 0} \dfrac{\ln(1 + 2x)}{e^x + \sin x - 1} \overset{\frac{0}{0}}{=} \lim\limits_{x \to 0} \dfrac{\dfrac{2}{1 + 2x}}{e^x + \cos x} = 1$

(2) $\lim\limits_{x \to 0} \dfrac{x(e^x + 1) - 2(e^x - 1)}{x^3} \overset{\frac{0}{0}}{=} \lim\limits_{x \to 0} \dfrac{xe^x + 1 - e^x}{3x^2} \overset{\frac{0}{0}}{=} \lim\limits_{x \to 0} \dfrac{xe^x + e^x - e^x}{6x} = \lim\limits_{x \to 0} \dfrac{e^x}{6}$

$$= \frac{1}{6}$$

(3) $\lim\limits_{x \to 1} \left(\dfrac{\sin x}{x - 1} - \dfrac{1}{\ln x} \right) = \lim\limits_{x \to 1} \dfrac{\sin x \ln x - x + 1}{(x - 1)\ln x}$

$$\overset{\frac{0}{0}}{=} \lim\limits_{x \to 1} \dfrac{\cos x \ln x + \dfrac{\sin x}{x} - 1}{\ln x + 1 - \dfrac{1}{x}} = \infty$$

111

(4) 设 $y = (1+\sin x)^{\frac{2}{x}}$，$\ln y = \dfrac{2}{x}\ln(1+\sin x)$

$$\lim_{x\to 0}\ln y = \lim_{x\to 0}\frac{2\ln(1+\sin x)}{x}\overset{\frac{0}{0}}{=}\lim_{x\to 0}\frac{2\cos x}{1+\sin x} = 2，所以$$

$$\lim_{x\to 0}(1+\sin x)^{\frac{2}{x}} = \mathrm{e}^2$$

4. 解 函数定义域为 $(-\infty, +\infty)$。

$$y' = -\frac{2(x-1)}{(x^2-2x+4)^2}，令 \ y'=0，得驻点 \ x=1$$

$$y'' = \frac{6x(x-2)}{(x^2-2x+4)^3}，令 \ y''=0，得 \ x=0，\ x=2$$

列表讨论。见表 3.16。

表 3.16 判定函数极值表

x	$(-\infty, 0)$	0	$(0, 1)$	1	$(1, 2)$	2	$(2, +\infty)$
y'	$+$	$+$	$+$	0	$-$	$-$	$-$
y''	$+$	0	$-$	$-$	$-$	0	$+$
y	↗	$\dfrac{1}{4}$	↘	极大值	↓	$\dfrac{1}{4}$	↗

据表 3.16 所知，当 $x=1$ 时有极大值 $y\Big|_{x=1} = \dfrac{1}{3}$，拐点为 $\left(0, \dfrac{1}{4}\right)$，$\left(2, \dfrac{1}{4}\right)$。

5. 证明 设 $f(x) = x^2\ln x$，取区间 $[1, x]$。

$f(x)$ 在 $[1, x]$ 上满足拉格朗日中值定理的条件，且 $\quad f'(x) = 2x\ln x + x$

则存在 $\xi \in (1, x)$，使得 $\quad \dfrac{f(x)-f(1)}{x-1} = f'(\xi)$，即

$$\frac{x^2\ln x}{x-1} = 2\xi\ln\xi + \xi > 1$$

所以 $\quad \ln x > \dfrac{x-1}{x^2}$

另一证明法：设 $f(x) = \ln x - \dfrac{x-1}{x^2}$，$x > 1$。$f'(x) = \dfrac{x^2+x}{x^3} > 0$

所以 $f(x)$ 在 $(1, +\infty)$ 上单调增加，得

$x > 1$ 时，$f(x) > f(1) = 0$，即

$$\ln x > \frac{x-1}{x^2}$$

6. **解** 设订货次数为 x,总费用为 y,则批量为 $\dfrac{1\,000\,000}{x}$。

于是 $y = 1\,000x + 0.05\dfrac{1\,000\,000}{2x}$, $y' = 1\,000 - \dfrac{25\,000}{x^2}$

令 $y' = 0$,得驻点 $x = 5$(次)

$$y'' = \frac{50\,000}{x^3}, \quad y''(5) = 400 > 0$$

所以当 $x = 5$(次)时,总费用最省。此时批量为 $200\,000$ 吨 $\left(\dfrac{1\,000\,000}{5}\right)$。

7. **解** 成本函数 $C(Q) = 400 + 10Q$

收益函数 $R(Q) = QP = Q\left(20 - \dfrac{Q}{50}\right)$

利润函数 $L(x) = R(Q) - C(Q) = -\dfrac{1}{50}Q^2 + 10Q - 400$

$L'(Q) = -\dfrac{1}{25}Q + 10$

令 $L'(Q) = 0$,得唯一驻点 $Q = 250$(单位)。

$L''(250) = -\dfrac{1}{25} < 0$,所以生产 250 个单位时利润最大。

最大利润为 $L(250) = -\dfrac{1}{50} \times 250^2 + 10 \times 250 - 400 = 850$(万元)

(二) B 卷 解 答

1. 单项选择题。

(1)	(2)	(3)	(4)	(5)
D	C	B	C	D

解 (1) $f'(x) = 2ax + b$

令 $f'(x) = 0$,得 $x = -\dfrac{b}{2a}$

$$f''(x) = 2a, \quad f''\left(-\frac{b}{2a}\right) = 2a$$

所以,$a > 0$ 时,$f''\left(-\frac{b}{2a}\right) > 0$,所以 $f\left(-\frac{b}{2a}\right)$ 为极小值。

$a < 0$ 时,$f''\left(-\frac{b}{2a}\right) < 0$,所以 $f\left(-\frac{b}{2a}\right)$ 为极大值。

(2) 设 $y = \dfrac{f'(x)}{x}$,$y' = \dfrac{xf''(x) - f'(x)}{x^2}$,又

由条件 $xf''(x) - f'(x) > 0$

所以 $y' > 0$,因此 $\dfrac{f'(x)}{x}$ 在 $(0, a)$ 内是单调增加。

(3) 略。

(4) 因为 $y = \dfrac{4}{(x+3)(x-1)}$

$$\lim_{x \to 1} \frac{4}{x^2 + 2x - 3} = \infty,$$

$$\lim_{x \to -3} \frac{4}{x^2 + 2x - 3} = \infty$$

所以 $x = -3$,$x = 1$ 是垂直渐近线。

(5) 因为函数 $f(x)$ 连续但不可导的点,可能是极值点,如 $y = |x|$,$x = 0$ 是极值点,但是 $y = |x|$ 在 $x = 0$ 处不可导。又如 $y = \sqrt[3]{x}$,$x = 0$ 是不可导点,且 $y = \sqrt[3]{x}$ 在 $x = 0$ 处不取极值,并且 $(0, 0)$ 是拐点。所以本题选 D。

2. 填空题。

解 (1) 是充分条件。

(2) 根据函数单调性判别法可得,$y = f(x)$ 在 (a, b) 内是单调减少。

(3) $y' = 2ax$,因为 $x > 0$ 时,函数单调增加,所以 $y' > 0$,即 $2ax > 0$,得 $a > 0$,b 可取任意实数。

(4) $f'(x) = 6x^2 - 12x = 6x(x-2)$

令 $f'(x) = 0$,得 $x = 0$,$x = 2$

$f(0) = m$,$f(2) = m - 8$,$f(-2) = m - 40$

所以 $f(x)$ 在 $[-2, 2]$ 上最大值为 m,最小值为 $m - 40$。

因为已知最大值为 3,即 $m = 3$,所以最小值为 $m - 40 = -37$。

3. **解** (1) 原式 $\overset{\frac{0}{0}}{=} \lim\limits_{x\to 1}\dfrac{2x}{\dfrac{1}{x}} = \lim\limits_{x\to 1} 2x^2 = 2$

(2) 原式 $\overset{\frac{0}{0}}{=} \lim\limits_{x\to 0}\dfrac{\sec^2 x - \cos x}{1-\cos x} \overset{\frac{0}{0}}{=} \lim\limits_{x\to 0}\dfrac{2\sec^2 x\tan x + \sin x}{\sin x} = \lim\limits_{x\to 0}\left(\dfrac{2}{\cos^3 x}+1\right) = 3$

(3) 原式 $= \lim\limits_{x\to 0}\dfrac{\mathrm{e}^x - 1 - x}{x(\mathrm{e}^x - 1)} \overset{\frac{0}{0}}{=} \lim\limits_{x\to 0}\dfrac{\mathrm{e}^x - 1}{\mathrm{e}^x - 1 + x\mathrm{e}^x}$

$\overset{\frac{0}{0}}{=} \lim\limits_{x\to 0}\dfrac{\mathrm{e}^x}{\mathrm{e}^x + \mathrm{e}^x + x\mathrm{e}^x} = \lim\limits_{x\to 0}\dfrac{1}{2+x} = \dfrac{1}{2}$

(4) 设 $y = (1+x)^{\cot x}$，则 $\ln y = \cot x\ln(1+x)$

$\lim\limits_{x\to 0}\ln y = \lim\limits_{x\to 0}\cot x\ln(1+x) = \lim\limits_{x\to 0}\dfrac{\ln(1+x)}{\tan x} \overset{\frac{0}{0}}{=} \lim\limits_{x\to 0}\dfrac{\dfrac{1}{1+x}}{\sec^2 x} = 1$，所以

$\lim\limits_{x\to 0}(1+x)^{\cot x} = \mathrm{e}$

4. **解** $f'(x) = -1 + \dfrac{8}{(x+2)^3}$

令 $f'(x) = 0$，得驻点 $x = 0$。

$f'(x)$ 不存在的点为 $x = -2$，但 $x = -2\,\overline{\in}\,[-1, 2]$。

求得 $f(0) = 2$，$f(-1) = 0$，$f(2) = \dfrac{3}{4}$。

所以 $f(x)$ 在 $[-1, 2]$ 上的最小值为 0，最大值为 2。

5. **解** 设函数 $f(x) = (x+1)\ln x$，区间为 $[1, x]$，则函数在闭区间 $[1, x]$ 上满足拉格朗日中值定理的条件，则存在 $\xi \in (1, x)$，使得

$$\dfrac{f(x) - f(1)}{x-1} = f'(\xi), \quad f'(x) = \ln x + \dfrac{1}{x} + 1，从而$$

$$\dfrac{(x+1)\ln x}{x-1} = \ln \xi + \dfrac{1}{\xi} + 1$$

设 $F(x) = \ln x + \dfrac{1}{x}$，$x > 1$，且 $F'(x) = \dfrac{x-1}{x^2} > 0$，$F(x)$ 在 $x > 1$ 时单调增

加。当 $x > 1$ 时，$F(x) > F(1)$，得 $\ln x + \dfrac{1}{x} > 1$。从而

$$\ln \xi + \frac{1}{\xi} + 1 > 2$$

故 $\dfrac{(x+1)\ln x}{x-1} > 2$，即 $\ln x > \dfrac{2(x-1)}{x+1}$

6. 作函数 $y = x^4 - 4x^3 + 10$ 的图形。

解 定义域为 $(-\infty, +\infty)$。

$$y' = 4x^3 - 12x^2, \quad y'' = 12x^2 - 24x$$

令 $y' = 0$，得驻点为 $x = 0$，$x = 3$

令 $y'' = 0$，得 $x = 0$，$x = 2$

列表讨论。见表 3.8。

表 3.8 　　　　　　　　　　函数性态判定表

x	$(-\infty, 0)$	0	$(0, 2)$	2	$(2, 3)$	3	$(3, +\infty)$
y'	$-$	0	$-$		$-$	0	$+$
y''	$+$	0	$-$	0	$+$		$+$
y	↘	拐点	↓	拐点	↘	极小值	↗

$y(0) = 10$，$y(2) = -6$，$y(3) = -17$

$(0, 0)$、$(2, -6)$ 是拐点，$y(3) = -17$ 是极小值。

图形如图 3.6 所示。

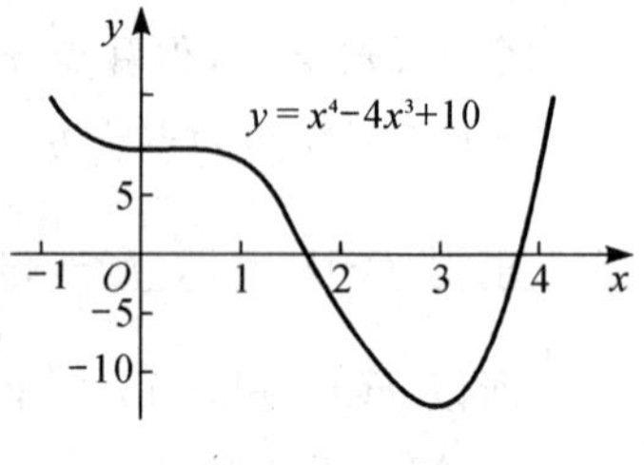

7. **解** (1) 总成本函数 $C(P) = 200 + 5Q$
$$= 200 + 5(100 - 2P)$$
$$= 700 - 10P$$

总收益函数 $R(P) = P \cdot Q = P(100 - 2P)$
$$= 100P - 2P^2$$

图 3.6 函数图形

(2) 总利润函数 $L(P) = R(P) - C(P) = -2P^2 + 110P - 700$

$L'(P) = -4P + 110$

令 $L'(P) = 0$ 得 $P = 27.5$

此时 $Q \big|_{P=27.5} = 100 - 2 \times 27.5 = 45$（单位）

$L''(27.5) < 0$

所以当产量 $Q = 45$ 个单位时，总利润最大。

(3) 最大利润 $L(27.5) = -2 \times 27.5^2 + 110 \times 27.5 - 700 = 812.5$（百元）

第四章　不定积分

第一节　内容提要

1. 原函数的概念

设 $f(x)$ 是定义在区间 I 上的一个函数,如果存在一个函数 $F(x)$,对于该区间上的任一点都满足 $F'(x) = f(x)$,或 $\mathrm{d}F(x) = f(x)\mathrm{d}x$,则称 $F(x)$ 为函数 $f(x)$ 在区间 I 上的原函数。

如果函数 $f(x)$ 在区间 I 上有一个原函数 $F(x)$,则对于任意常数 C,$F(x)+C$ 也是 $f(x)$ 的原函数,且 $f(x)$ 在区间 I 上任意一个原函数都可以表示成 $F(x)+C$ 的形式。

由此可知,$f(x)$ 的原函数有无穷多个,且任意两个原函数之间只相差一个常数。

2. 不定积分的概念

如果 $F(x)$ 是 $f(x)$ 的一个原函数,则称 $f(x)$ 的所有原函数 $F(x)+C$(C 为任意常数)为 $f(x)$ 的不定积分,记作 $\int f(x)\mathrm{d}x$,即 $\int f(x)\mathrm{d}x = F(x) + C$。其中"$\int$"称为积分符号,$f(x)$ 称为被积函数,x 称为积分变量,$f(x)\mathrm{d}x$ 称为被积表达式,C 称为积分常数。

3. 不定积分性质

(1) $\left[\int f(x)\mathrm{d}x\right]' = f(x)$ 或 $\mathrm{d}\int f(x)\mathrm{d}x = f(x)\mathrm{d}x$

(2) $\int f'(x)\mathrm{d}x = f(x) + C$ 或 $\int \mathrm{d}f(x) = f(x) + C$

(3) $\int [f(x) \pm g(x)]\mathrm{d}x = \int f(x)\mathrm{d}x \pm \int g(x)\mathrm{d}x$

(4) $\int kf(x)\mathrm{d}x = k\int f(x)\mathrm{d}x$($k$ 为非零常数)

117

由性质(1)、(2)可知,求不定积分与求导数的运算互为逆运算。

4. 基本积分公式

$$\int 0 \mathrm{d}x = C \qquad\qquad \int \mathrm{d}x = x + C$$

$$\int x^a \mathrm{d}x = \frac{1}{a+1}x^{a+1} + C(a \neq -1) \qquad\qquad \int \frac{1}{x}\mathrm{d}x = \ln|x| + C$$

$$\int a^x \mathrm{d}x = \frac{a^x}{\ln a} + C \qquad\qquad \int \mathrm{e}^x \mathrm{d}x = \mathrm{e}^x + C$$

$$\int \sin x \mathrm{d}x = -\cos x + C \qquad\qquad \int \cos x \mathrm{d}x = \sin x + C$$

$$\int \sec^2 x \mathrm{d}x = \tan x + C \qquad\qquad \int \csc^2 x \mathrm{d}x = -\cot x + C$$

$$\int \sec x \tan x \mathrm{d}x = \sec x + C \qquad\qquad \int \csc x \cot x \mathrm{d}x = -\csc x + C$$

$$\int \frac{1}{\sqrt{1-x^2}} \mathrm{d}x = \arcsin x + C = -\arccos x + C$$

$$\int \frac{1}{1+x^2} \mathrm{d}x = \arctan x + C = -\operatorname{arccot} x + C$$

$$\int \tan x \mathrm{d}x = -\ln|\cos x| + C \qquad\qquad \int \cot x \mathrm{d}x = \ln|\sin x| + C$$

$$\int \sec x \mathrm{d}x = \ln|\sec x + \tan x| + C \qquad\qquad \int \csc x \mathrm{d}x = \ln|\csc x - \cot x| + C$$

$$\int \frac{\mathrm{d}x}{x^2 + a^2} = \frac{1}{a}\arctan\frac{x}{a} + C \qquad\qquad \int \frac{\mathrm{d}x}{x^2 - a^2} = \frac{1}{2a}\ln\left|\frac{x-a}{x+a}\right| + C$$

$$\int \frac{\mathrm{d}x}{a^2 - x^2} = \frac{1}{2a}\ln\left|\frac{x+a}{x-a}\right| + C \qquad\qquad \int \frac{\mathrm{d}x}{\sqrt{a^2 - x^2}} = \arcsin\frac{x}{a} + C$$

$$\int \frac{\mathrm{d}x}{\sqrt{x^2 + a^2}} = \ln\left|x + \sqrt{x^2 + a^2}\right| + C \qquad\qquad \int \frac{\mathrm{d}x}{\sqrt{x^2 - a^2}} = \ln\left|x + \sqrt{x^2 - a^2}\right| + C$$

5. 不定积分的计算方法

在表述不定积分计算方法之前,先看如下一个不定积分的计算。

$$\int \sin x \cos x \mathrm{d}x = \int \sin x \mathrm{d}(\sin x) = \frac{1}{2}\sin^2 x + C$$

$$\int \sin x \cos x \mathrm{d}x = -\int \cos x \mathrm{d}(\cos x) = -\frac{1}{2}\cos^2 x + C$$

$$\int \sin x \cos x \mathrm{d}x = \frac{1}{2}\int \sin 2x \mathrm{d}x = -\frac{1}{4}\cos 2x + C$$

以上三个结果,形式虽然不同,本质是相同的,即都表示被积函数 $\sin x\cos x$ 的全部原函数,而且经过变换可以统一起来。因此,不定积分的结果在形式上可以具有多样性。

(1) 直接积分法。对被积函数只通过简单的恒等变形,直接运用不定积分定义、性质及基本积分公式求出结果,这种积分方法称为直接积分法。

(2) 换元积分法。分两种情况进行讨论。

第一类换元积分法(亦称凑微分法)。

如果 $\int f(u)\mathrm{d}u - F(u)+C$, $u=\varphi(x)$ 可导,则

$$\int f[\varphi(x)]\varphi'(x)\mathrm{d}x = \int f[\varphi(x)]\mathrm{d}\varphi(x) = F[\varphi(x)]+C$$

凑微分法是求不定积分的一种最常用的方法,熟练掌握以下几种常用的凑微分形式,对求不定积分是非常有益的。

设 $F'(u)=f(u)$,则

① $\displaystyle\int f(ax+b)\mathrm{d}x = \frac{1}{a}\int f(ax+b)\mathrm{d}(ax+b) = \frac{1}{a}F(ax+b)+C$

② $\displaystyle\int xf(ax^2+b)\mathrm{d}x = \frac{1}{2a}\int f(ax^2+b)\mathrm{d}(ax^2+b) = \frac{1}{2a}F(ax^2+b)+C$

③ $\displaystyle\int x^{k-1}f(ax^k+b)\mathrm{d}x = \frac{1}{ak}\int f(ax^k+b)\mathrm{d}(ax^k+b)$

$$= \frac{1}{ak}F(ax^k+b)+C \quad (k\neq 0)$$

④ $\displaystyle\int \frac{1}{x}f(a\ln x+b)\mathrm{d}x = \frac{1}{a}\int f(a\ln x+b)\mathrm{d}(a\ln x+b)$

$$= \frac{1}{a}F(a\ln x+b)+C$$

⑤ $\displaystyle\int \mathrm{e}^x f(\mathrm{e}^x)\mathrm{d}x = -\int f(\mathrm{e}^x)\mathrm{d}(\mathrm{e}^x) = F(\mathrm{e}^x)+C$

⑥ $\displaystyle\int \sin x f(\cos x)\mathrm{d}x = -\int f(\cos x)\mathrm{d}(\cos x) = -F(\cos x)+C$

⑦ $\displaystyle\int \cos x f(\sin x)\mathrm{d}x = \int f(\sin x)\mathrm{d}(\sin x) = F(\sin x)+C$

119

⑧ $\int \sec^2 x f(\tan x)\mathrm{d}x = \int f(\tan x)\mathrm{d}(\tan x) = F(\tan x) + C$

⑨ $\int \csc^2 x f(\cot x)\mathrm{d}x = -\int f(\cot x)\mathrm{d}(\cot x) = -F(\cot x) + C$

⑩ $\int \dfrac{1}{\sqrt{1-x^2}} f(\arcsin x)\mathrm{d}x = \int f(\arcsin x)\mathrm{d}(\arcsin x) = F(\arcsin x) + C$

⑪ $\int \dfrac{1}{1+x^2} f(\arctan x)\mathrm{d}x = \int f(\arctan x)\mathrm{d}(\arctan x) = F(\arctan x) + C$

⑫ $\int \dfrac{k g'(x)}{g(x)}\mathrm{d}x = k\ln|g(x)| + C$

第二类换元积分法。

设函数 $x = \varphi(u)$ 可导，且 $\varphi'(u) \neq 0$，如果 $\int f[\varphi(u)]\varphi'(u)\mathrm{d}u = \Phi(u) + C$，则 $\int f(x)\mathrm{d}x = \Phi[\varphi^{-1}(x)] + C$，其中 $u = \varphi^{-1}(x)$ 为 $x = \varphi(u)$ 的反函数。

在运用第二类换元积分法计算不定积分时，应注意被积函数的形式。一般情况下，被积函数中含有如下形式时，可作相应的变量代换求不定积分。

① $\sqrt[n]{ax+b}\,(a \neq 0)$，可令 $\sqrt[n]{ax+b} = u$。

② $\sqrt{a^2-x^2}\,(a > 0)$，可令 $x = a\sin u$（或 $x = a\cos u$）。

③ $\sqrt{x^2-a^2}\,(a > 0)$，可令 $x = a\sec u$（或 $x = a\csc u$）。

④ $\sqrt{x^2+a^2}\,(a > 0)$，可令 $x = a\tan u$（或 $x = a\cot u$）。

注意：在以上变换 $x = \varphi(u)$ 中，必须保证反函数 $u = \varphi^{-1}(x)$ 的存在。另外，有时被积函数确实含有以上形式，但并非一定要用变量代换法求解。例如，求 $\int x\sqrt{x^2-1}\mathrm{d}x$，完全可以用凑微分法求出结果：

$$\int x\sqrt{x^2-1}\mathrm{d}x = \frac{1}{2}\int (x^2-1)^{\frac{1}{2}}\mathrm{d}(x^2-1)$$

$$= \frac{1}{3}(x^2-1)^{\frac{3}{2}} + C$$

因此，求不定积分时，需灵活应用以上两种换元积分法，并注意两者的结合使用。

（3）分部积分法。如果 $u = u(x)$，$v = v(x)$ 的导函数连续，则有

$$\int u(x)v'(x)\mathrm{d}x = u(x) \cdot v(x) - \int v(x) \cdot u'(x)\mathrm{d}x$$

或
$$\int u \mathrm{d}v = uv - \int v \mathrm{d}u$$

应用分部积分法的关键是,如何适当选择函数 $u(x)$ 及微分 $\mathrm{d}v(x)$,把积分化为 $\int u \mathrm{d}v$ 的形式。一般情况下选择 u 的顺序为:反三角函数、对数函数、幂函数、三角函数、指数函数。这种顺序可简记为:"反对幂三指"。

利用分部积分法求解的几类常见被积函数形式有:

① $x^k \sin ax$,$x^k \cos ax$,$x^k \mathrm{e}^{ax}$。其中 k 为自然数,a 为常数。可令 $u = x^k$,三角函数或指数函数乘以 $\mathrm{d}x$ 为 $\mathrm{d}v$,每经过一次分部积分,幂函数次数就降低一次。

② $x^k \ln x$,$x^k \arcsin x$,$x^k \arctan x$。其中,k 为自然数。可令 u 为反三角函数或对数函数,$x^k \mathrm{d}x = \mathrm{d}v$。

③ $\mathrm{e}^{ax} \sin bx$,$\mathrm{e}^{ax} \cos bx$。其中,a,b 为常数。令 u 为三角函数或指数函数即可。连续应用两次分部积分,会出现与所求积分 $\int u \mathrm{d}v$ 相同的积分,再通过移项即可求出原不定积分。

第二节　例　题　分　析

【例 1】 求下列不定积分。

(1) $\displaystyle\int \left(5^x + 3\cos x + \frac{1}{\sqrt{x}} - \frac{1}{\sqrt{1-x^2}} \right) \mathrm{d}x$　　　　(2) $\displaystyle\int \frac{1 - \sin x}{1 + \cos 2x} \mathrm{d}x$

(3) $\displaystyle\int \frac{x^4 - 1}{(x^2 + 1)^2} \mathrm{d}x$　　　　(4) $\displaystyle\int \frac{1 + 2x^2}{x^2(1 + x^2)} \mathrm{d}x$

分析　以上各题可用直接积分法求解。只需对被积函数作适当的代数或三角恒等变形,直接运用不定积分的性质及基本积分公式就可求出不定积分。

解　(1)　$\displaystyle\int \left(5^x + 3\cos x + \frac{1}{\sqrt{x}} - \frac{1}{\sqrt{1-x^2}} \right) \mathrm{d}x$

$$= \int 5^x \mathrm{d}x + \int 3\cos x \mathrm{d}x + \int \frac{1}{\sqrt{x}} \mathrm{d}x - \int \frac{1}{\sqrt{1-x^2}} \mathrm{d}x$$

$$= \frac{5^x}{\ln 5} + 3\sin x + 2\sqrt{x} - \arcsin x + C$$

$(2) \displaystyle\int \frac{1-\sin x}{1+\cos 2x} dx = \int \frac{1-\sin x}{2\cos^2 x} dx$

$\qquad\qquad = \dfrac{1}{2}\displaystyle\int \frac{1}{\cos^2 x} dx - \dfrac{1}{2}\int \frac{\sin x}{\cos^2 x} dx$

$\qquad\qquad = \dfrac{1}{2}\displaystyle\int \sec^2 x dx - \dfrac{1}{2}\int \tan x \cdot \sec x dx$

$\qquad\qquad = \dfrac{1}{2}\tan x - \dfrac{1}{2}\sec x + C$

$(3) \displaystyle\int \frac{x^4-1}{(x^2+1)^2} dx = \int \frac{(x^2-1)(x^2+1)}{(x^2+1)^2} dx$

$\qquad\qquad = \displaystyle\int \frac{x^2-1}{x^2+1} dx = \int \frac{x^2+1-2}{x^2+1} dx$

$\qquad\qquad = \displaystyle\int \left(1 - \frac{2}{x^2+1}\right) dx = \int dx - 2\int \frac{1}{x^2+1} dx$

$\qquad\qquad = x - 2\arctan x + C$

$(4) \displaystyle\int \frac{1+2x^2}{x^2(1+x^2)} dx = \int \frac{1+x^2+x^2}{x^2(1+x^2)} dx$

$\qquad\qquad = \displaystyle\int \left(\frac{1}{x^2} + \frac{1}{1+x^2}\right) dx = \int \frac{1}{x^2} dx + \int \frac{1}{1+x^2} dx$

$\qquad\qquad = -\dfrac{1}{x} + \arctan x + C$

说明：上述解法中用的分项、拆项方法以及第(3)题中的加、减同一项的方法是计算不定积分的常用方法。

【例 2】 设曲线 $y=f(x)$ 上点 (x, y) 处的切线斜率为 $3x^2+x+1$，且 $x=2$ 时，$y=8$，求曲线 $y=f(x)$ 的方程。

分析 曲线 $y=f(x)$ 在点 $(x, f(x))$ 的斜率即为 $f'(x)$。由题意知，$f'(x) = 3x^2+x+1$，则 $f(x)$ 即为 $f'(x)$ 的某一原函数。利用不定积分求出 $f'(x)$ 的全体原函数。由曲线经过点 $(2, 8)$，确定积分常数 C，从而得到曲线方程 $y=f(x)$。

解 $y = \displaystyle\int (3x^2+x+1) dx = 3\int x^2 dx + \int x dx + \int dx$

$\qquad = x^3 + \dfrac{1}{2}x^2 + x + C$

当 $x=2$ 时，$y=8$，所以 $\qquad 8=2^3+\dfrac{1}{2}\times 2^2+2+C$

从而解得 $\qquad\qquad\qquad\qquad C=-4$

故而所求曲线方程为 $\qquad\qquad y=x^3+\dfrac{1}{2}x^2+x-4$

【例3】 计算下列不定积分。

(1) $\displaystyle\int\frac{\mathrm{d}x}{x^2+x-2}$ $\qquad\qquad$ (2) $\displaystyle\int\frac{\mathrm{d}x}{x^2-x+1}$

分析 被积函数的分母是一个二次多项式，对 x 配完全平方，把它化为两数平方和或两数平方差的形式。而

$$x^2+x-2=\left(x+\frac{1}{2}\right)^2-\left(\frac{3}{2}\right)^2$$

因此，可令 $u=x+\dfrac{1}{2}$，并把 $\mathrm{d}x$ 凑成 $\mathrm{d}\left(x+\dfrac{1}{2}\right)$，此时，原不定积分为 $\displaystyle\int\frac{1}{u^2-\left(\frac{3}{2}\right)^2}\mathrm{d}u$。利用基本积分公式 $\displaystyle\int\frac{\mathrm{d}u}{u^2-a^2}$，即可得不定积分的结果。最后，把变量回代。类似地对第(2)题进行分析计算。

(1) **解** $\displaystyle\int\frac{\mathrm{d}x}{x^2+x-2}=\int\frac{1}{\left(x+\frac{1}{2}\right)^2-\left(\frac{3}{2}\right)^2}\mathrm{d}\left(x+\frac{1}{2}\right)$

$$\xlongequal{\,\diamondsuit\,u=x+\frac{1}{2}\,}\int\frac{1}{u^2-\left(\frac{3}{2}\right)^2}\mathrm{d}u=\frac{1}{2\times\frac{3}{2}}\ln\left|\frac{u-\frac{3}{2}}{u+\frac{3}{2}}\right|+C$$

$$\xlongequal{\,u=x+\frac{1}{2}\text{回代}\,}\frac{1}{3}\ln\left|\frac{x+\frac{1}{2}-\frac{3}{2}}{x+\frac{1}{2}+\frac{3}{2}}\right|+C$$

$$=\frac{1}{3}\ln\left|\frac{x-1}{x+2}\right|+C$$

因为 $\dfrac{1}{x^2+x-2}=\dfrac{1}{(x-1)(x+2)}=\dfrac{1}{3}\left(\dfrac{1}{x-1}-\dfrac{1}{x+2}\right)$，所以此题还有如下解法

$$\int \frac{1}{x^2+x-2}dx = \frac{1}{3}\int \frac{1}{x-1}dx - \frac{1}{3}\int \frac{1}{x+2}dx$$

$$= \frac{1}{3}\int \frac{1}{x-1}d(x-1) - \frac{1}{3}\int \frac{1}{x+2}d(x+2)$$

$$= \frac{1}{3}\ln|x-1| - \frac{1}{3}\ln|x+2| + C$$

$$= \frac{1}{3}\ln\left|\frac{x-1}{x+2}\right| + C$$

【注】 在用凑微分法解题时,中间变量 u 可以不写出来,如[例3]的第二种解法,这样可省却变量回代的过程。

(2) **解** $\int \frac{dx}{x^2-x+1} = \int \frac{1}{\left(x-\frac{1}{2}\right)^2+\frac{3}{4}}d\left(x-\frac{1}{2}\right)$

$$= \frac{2}{\sqrt{3}}\arctan \frac{x-\frac{1}{2}}{\frac{\sqrt{3}}{2}} + C$$

$$= \frac{2}{\sqrt{3}}\arctan \frac{2x-1}{\sqrt{3}} + C$$

【例4】 计算下列不定积分。

(1) $\int \frac{x+3}{x^2-5x+6}dx$ (2) $\int \frac{1}{(1+x)(1+x^2)}dx$

(3) $\int \frac{x}{x^2+x+1}dx$

分析 这几道题都是有理函数的积分,且分子所含 x 的最高次数都小于分母所含 x 的最高次数,即是真分式。因为分母是 x 的二次多项式。我们可以采用两种方法。

第一种方法:当分子为 x 的一次多项式时,将有理函数化为 $\dfrac{k(ax^2+bx+c)+d}{ax^2+bx+c}$,

对于 $\int \frac{d}{ax^2+bx+c}dx$ 仅需将分母化为 $(ax\pm e)^2\pm f^2$ 即可用公式求解。其中,ax^2+bx+c 不能分解。

第二种方法:将有理函数分解。

例如：
$$\frac{x+3}{x^2-5x+6} = \frac{x+3}{(x-2)(x-3)} = \frac{A}{x-2} + \frac{B}{x-3}$$

其中，A，B 是待定的常数，两端消去分母得

$$x+3 = A(x-3) + B(x-2)$$
$$x+3 = (A+B)x - (3A+2B)$$

从而

$$A+B = 1, -(3A+2B) = 3$$

得 $A=-5$，$B=6$，则

$$\frac{x+3}{x^2-5x+6} = \frac{-5}{x-2} + \frac{6}{x-3}$$

又例如，
$$\frac{1}{(1+x)(1+x^2)} = \frac{A}{1+x} + \frac{Bx+D}{1+x^2}$$

其中，A，B，D 是待定常数，两端消去分母得

$$1 = A(1+x^2) + (1+x)(Bx+D)$$
$$1 = (A+B)x + (B+D)x + A+D$$

得
$$A+B = 0, B+D = 0, A+D = 1$$

解为
$$A = B = \frac{1}{2}, D = -\frac{1}{2}, 则$$

$$\frac{1}{(1+x)(1+x^2)} = \frac{\frac{1}{2}}{1+x} + \frac{\frac{1}{2}x - \frac{1}{2}}{1+x^2}$$

解 (1) $\displaystyle\int \frac{x+3}{x^2-5x+6} dx = \int \left(\frac{-5}{x-2} + \frac{6}{x-3} \right) dx$

$$= -5\int \frac{1}{x-2}d(x-2) + 6\int \frac{1}{x-3}d(x-3)$$

$$= -5\ln|x-2| + 6\ln|x-3| + C$$

(2) $\displaystyle\int \frac{1}{(1+x)(1+x^2)} dx = \frac{1}{2}\int \left(\frac{1}{1+x} + \frac{x-1}{1+x^2} \right) dx$

$$= \frac{1}{2}\int \frac{1}{1+x}d(x+1) + \frac{1}{4}\int \frac{1}{1+x^2}d(1+x^2)$$

$$-\frac{1}{2}\int\frac{1}{1+x^2}dx$$

$$=\frac{1}{2}\ln|1+x|+\frac{1}{4}\ln|1+x^2|-\frac{1}{2}\arctan x+C$$

(3) $\displaystyle\int\frac{x}{x^2+x+1}dx=\frac{1}{2}\int\frac{2x+1-1}{x^2+x+1}dx=\frac{1}{2}\int\frac{1}{x^2+x+1}d(x^2+x+1)$

$$-\frac{1}{2}\int\frac{1}{\left(x+\frac{1}{2}\right)^2+\frac{3}{4}}d\left(x+\frac{1}{2}\right)$$

$$=\frac{1}{2}\ln|x^2+x+1|-\frac{\sqrt{3}}{3}\arctan\frac{2x+1}{\sqrt{3}}+C$$

【例 5】 计算下列不定积分。

(1) $\displaystyle\int xe^{x^2+2}dx$ \qquad\qquad (2) $\displaystyle\int\frac{dx}{x\sqrt{3+2\ln x}}$

分析 观察被积函数,第(1)题它是由 x 与 x^2 的函数乘积构成,因此,此题属于常用凑微分形式,将 $x dx$ 凑成 $\frac{1}{2}d(x^2+2)$。第(2)题可考虑把 $\frac{1}{x}dx$ 凑成 $d(\ln x)$。

解 (1) $\displaystyle\int xe^{x^2+2}dx=\int e^{x^2+2}d\left(\frac{1}{2}x^2\right)=\frac{1}{2}\int e^{x^2+2}d(x^2+2)=\frac{1}{2}e^{x^2+2}+C$

(2) $\displaystyle\int\frac{dx}{x\sqrt{3+2\ln x}}=\int\frac{1}{\sqrt{3+2\ln x}}d(\ln x)=\frac{1}{2}\int\frac{1}{\sqrt{3+2\ln x}}d(3+2\ln x)$

$$=\frac{1}{2}\cdot\frac{(3+2\ln x)^{-\frac{1}{2}+1}}{-\frac{1}{2}+1}+C=(3+2\ln x)^{\frac{1}{2}}+C$$

【例 6】 计算下列不定积分。

(1) $\displaystyle\int\sec^6 x dx$ \qquad\qquad (2) $\displaystyle\int\frac{dx}{(\arcsin x)^2\sqrt{1-x^2}}$

分析 第(1)题被积函数 $\sec^6 x$ 可化为 $\sec^2 x\cdot\sec^4 x=\sec^2 x\cdot(1+\tan^2 x)^2$,因此,把 $\sec^2 x dx$ 凑成 $d(\tan x)$。第(2)题可考虑把 $\frac{1}{\sqrt{1-x^2}}dx$ 凑成 $d(\arcsin x)$,然后结合幂函数求积公式求出不定积分。

解 (1) $\displaystyle\int\sec^6 x dx=\int\sec^2 x\sec^4 x dx=\int\sec^2 x\cdot(1+\tan^2 x)^2 dx$

$$=\int(1+\tan^2 x)^2 d(\tan x)=\int(1+2\tan^2 x+\tan^4 x)d(\tan x)$$

$$= \int \mathrm{d}(\tan x) + 2\int \tan^2 x \mathrm{d}(\tan x) + \int \tan^4 x \mathrm{d}(\tan x)$$

$$= \tan x + \frac{2}{3}\tan^3 x + \frac{1}{5}\tan^5 x + C$$

(2) $\displaystyle \int \frac{\mathrm{d}x}{(\arcsin x)^2 \cdot \sqrt{1-x^2}} = \int \frac{1}{(\arcsin x)^2}\mathrm{d}(\arcsin x)$

$$= \frac{1}{-2+1}(\arcsin x)^{-2+1} + C = -(\arcsin x)^{-1} + C$$

说明: 以上几题全部采用第一类换元积分法。这种方法的关键是适当地换元,把以 x 作为积分变量的积分换成以 $u = \varphi(x)$ 为积分变量的积分,即把 $f[\varphi(x)]\varphi'(x)\mathrm{d}x$ 化为 $f[\varphi(x)]\mathrm{d}\varphi(x)$ 形式,从而求得积分。我们应该熟练掌握第一节所列 12 种常用凑微分形式,以便能迅速找到 $\varphi(x)$。

【例 7】 求下列不定积分。

(1) $\displaystyle \int x\sqrt[3]{1-x}\,\mathrm{d}x$ (2) $\displaystyle \int \frac{\mathrm{d}x}{(1-x^2)^{\frac{3}{2}}}$

(3) $\displaystyle \int \frac{\sqrt{x^2+a^2}}{x^2}\mathrm{d}x$ (4) $\displaystyle \int \frac{\mathrm{d}x}{x\sqrt{x^2-a^2}}$

分析 第(1)题被积函数含有根式 $\sqrt[3]{1-x}$,可令 $u=\sqrt[3]{1-x}$,然后求出关于积分变量 u 的不定积分,最后把变量回代。第(2)、第(3)、第(4)题可利用三角公式消去根号,最后借助直角三角形再把变量回代。

解 (1) 令 $u=\sqrt[3]{1-x}$,则 $x=1-u^3$, $\mathrm{d}x=-3u^2\mathrm{d}u$,于是

$$\int x\sqrt[3]{1-x}\,\mathrm{d}x = \int (1-u^3) \cdot u \cdot (-3u^2)\mathrm{d}u$$

$$= -3\int u^3\mathrm{d}u + 3\int u^6\mathrm{d}u = -\frac{3}{4}u^4 + \frac{3}{7}u^7 + C$$

$$\xlongequal{u=\sqrt[3]{1-x}\text{回代}} -\frac{3}{4}(1-x)^{\frac{4}{3}} + \frac{3}{7}(1-x)^{\frac{7}{3}} + C$$

(2) 令 $x=\sin u$, $\sqrt{1-x^2}=\sqrt{1-\sin^2 u}=\cos u$, $\mathrm{d}x=\cos u\mathrm{d}u$,于是

$$\int \frac{\mathrm{d}x}{(1-x^2)^{\frac{3}{2}}} = \int \frac{\cos u\mathrm{d}u}{\cos^3 u} = \int \frac{1}{\cos^2 u}\mathrm{d}u$$

$$= \int \sec^2 u\mathrm{d}u = \tan u + C = \frac{x}{\sqrt{1-x^2}} + C$$

127

如图 4.1 所示。

(3) 令 $x=a\tan u$，$\sqrt{a^2+x^2}=a\sec u$，$\mathrm{d}x=a\sec^2 u\mathrm{d}u$，于是

$$\int \frac{\sqrt{x^2+a^2}}{x^2}\mathrm{d}x=\int \frac{a\sec u}{a^2\tan^2 u}\cdot a\sec^2 u\mathrm{d}u=\int \frac{\sec u(1+\tan^2 u)}{\tan^2 u}\mathrm{d}u$$

$$=\int \frac{\sec u}{\tan^2 u}\mathrm{d}u+\int \sec u\mathrm{d}u$$

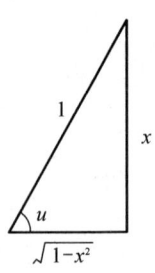

图 4.1 $\quad x=\sin u$

三角形

由于 $\quad\displaystyle\int \frac{\sec u}{\tan^2 u}\mathrm{d}u=\int \frac{1}{\cos u}\cdot \frac{\cos^2 u}{\sin^2 u}\mathrm{d}u=\int \frac{\cos u}{\sin^2 u}\mathrm{d}u$

$$=\int \frac{\mathrm{d}(\sin u)}{\sin^2 u}=-\frac{1}{\sin u}+C_1$$

而 $\quad\displaystyle\int \sec u\mathrm{d}u=\ln|\sec u+\tan u|+C_2$

所以 $\quad\displaystyle\int \frac{\sqrt{x^2+a^2}}{x^2}\mathrm{d}x=-\frac{1}{\sin u}+\ln|\sec u+\tan u|+C_3$

$$=-\frac{\sqrt{x^2+a^2}}{x}+\ln\left|x+\sqrt{x^2+a^2}\right|+C$$

如图 4.2 所示。

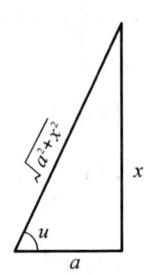

图 4.2 $\quad x=a\tan u$

三角形

(4) 令 $x=a\sec u$，$\sqrt{x^2-a^2}=a\tan u$，$\mathrm{d}x=a\sec u\cdot \tan u\mathrm{d}u$，于是

$$\int \frac{\mathrm{d}x}{x\sqrt{x^2-a^2}}=\frac{1}{a}\int \mathrm{d}u=\frac{1}{a}u+C=\frac{1}{a}\arccos \frac{a}{x}+C$$

【例 8】 求下列不定积分。

(1) $\displaystyle\int x\cos x\mathrm{d}x$ $\qquad$ (2) $\displaystyle\int (2x-1)\ln x\mathrm{d}x$

(3) $\displaystyle\int 2x\mathrm{arccot}\,x\mathrm{d}x$ $\qquad$ (4) $\displaystyle\int \cos(\ln x)\mathrm{d}x$

(1) **分析** 观察被积函数，属于 $x^k\cos ax$ 形式。可令 $u=x$，$\cos x\mathrm{d}x=\mathrm{d}\sin x=\mathrm{d}v$，然后利用分部积分公式求出不定积分，中间变量 u 及 v 可不必写出。

解 $\displaystyle\int x\cos x\mathrm{d}x=\int x\mathrm{d}(\sin x)=x\sin x-\int \sin x\mathrm{d}x=x\sin x+\cos x+C$

(2) **分析** 观察被积函数，$(2x-1)\ln x$ 可拆成 $2x\ln x-\ln x$。因此，原积分可分成两个积分。被积函数类型都属于 $x^k\ln x$ 形式（$k=1$ 和 $k=0$），可令 $u=\ln x$，然

后分别用分部积分法求出结果。

解法一　$\int (2x-1)\ln x \mathrm{d}x = \int \ln x \mathrm{d}(x^2) - \int \ln x \mathrm{d}x$

$$= x^2 \ln x - \int x^2 \cdot \frac{1}{x} \mathrm{d}x - x \cdot \ln x + \int x \cdot \frac{1}{x} \mathrm{d}x$$

$$= x^2 \ln x - \frac{1}{2} x^2 - x \ln x + x + C$$

$$= (x^2 - x)\ln x - \frac{1}{2} x^2 + x + C$$

解法二　可直接令 $u = \ln x, (2x-1)\mathrm{d}x = \mathrm{d}(x^2 - x) = \mathrm{d}v$,于是

$$\int (2x-1)\ln x \mathrm{d}x = \int \ln x \mathrm{d}(x^2 - x)$$

$$= (x^2 - x)\ln x - \int (x^2 - x) \cdot \frac{1}{x} \mathrm{d}x$$

$$= (x^2 - x)\ln x - \int x \mathrm{d}x + \int \mathrm{d}x$$

$$= (x^2 - x)\ln x - \frac{1}{2} x^2 + x + C$$

（3）**分析**　观察被积函数,属于 $x^k \operatorname{arccot} x$ 形式。可令 $u = \operatorname{arccot} x, 2x \mathrm{d}x = \mathrm{d}(x^2) = \mathrm{d}v$,然后利用分部积分公式求出结果。

解　$\int 2x \operatorname{arccot} x \mathrm{d}x = \int \operatorname{arccot} x \mathrm{d}(x^2)$

$$= x^2 \operatorname{arccot} x - \int x^2 \cdot \left(-\frac{1}{1+x^2} \right) \mathrm{d}x$$

$$= x^2 \operatorname{arccot} x + \int \frac{x^2 + 1 - 1}{1 + x^2} \mathrm{d}x$$

$$= x^2 \operatorname{arccot} x + \int \mathrm{d}x - \int \frac{1}{1+x^2} \mathrm{d}x$$

$$= x^2 \operatorname{arccot} x + x - \arctan x + C$$

（4）**分析**　结合使用换元法和分部积分法求不定积分。

解　令 $\ln x = u$, $x = \mathrm{e}^u$, $\mathrm{d}x = \mathrm{e}^u \mathrm{d}u$,于是

$$\int \cos(\ln x)dx = \int \cos u \cdot e^u du = \int \cos u de^u$$

$$= e^u \cdot \cos u - \int e^u \cdot (-\sin u)du = e^u \cos u + \int \sin u de^u$$

$$= e^u \cos u + e^u \sin u - \int e^u \cos u du$$

所以
$$2\int e^u \cos u du = e^u \cos u + e^u \sin u + C_1$$

$$\int e^u \cos u du = \frac{1}{2}e^u \cos u + \frac{1}{2}e^u \sin u + C$$

用 $u = \ln x$ 回代,即得

$$\int \cos(\ln x)dx = \frac{1}{2}x\cos(\ln x) + \frac{1}{2}x\sin(\ln x) + C$$

说明:解题时如果要两次使用分部积分法,则两次选取的 u 和 v 必须是同类函数,否则经过两次分部积分后就会出现恒等式 $\int udv = \int udv$。另外,两次分部积分后,等式右边出现了原来的不定积分,这时可将它移至左边,同时需注意在右边加上一个任意常数。

【例 9】 已知 $\int f(x)dx = \sqrt{1-x^2} + C$,求

(1) $\int e^{-x}f(e^{-x})dx$ \qquad (2) $\int \sin x f(\cos x)dx$

(3) $\int \frac{f'(\ln x)}{x}dx$

分析 由已知得 $f(x)$ 的一个原函数为 $F(x) = \sqrt{1-x^2}$,因此,可利用不定积分的定义、性质以及凑微分法求解以上各题。

解 设 $f(x)$ 的一个原函数为 $F(x)$,则 $F(x) = \sqrt{1-x^2}$。

(1) $\int e^{-x}f(e^{-x})dx = -\int f(e^{-x})d(e^{-x}) = -F(e^{-x}) + C = -\sqrt{1-e^{-2x}} + C$

(2) $\int \sin x f(\cos x)dx = -\int f(\cos x)d(\cos x) = -F(\cos x) + C$

$$= -\sqrt{1-\cos^2 x} + C = -|\sin x| + C$$

(3) $\int \frac{f'(\ln x)}{x}dx = \int f'(\ln x)d(\ln x) = \int df(\ln x) = f(\ln x) + C$

因为 $f(x) = F'(x) = (\sqrt{1-x^2})' = -\dfrac{x}{\sqrt{1-x^2}}$，所以

$$\int \frac{f'(\ln x)}{x}\mathrm{d}x = -\frac{\ln x}{\sqrt{1-\ln^2 x}} + C$$

说明：积分法比微分法要难，它不像微分法有一套固定的运算公式和法则。积分法在很大程度上依赖于经验和技巧，因此，只有在牢记积分公式、熟悉微分运算的基础上，通过较多的练习，才能积累解题经验，逐步掌握积分技巧。

第三节   习 题 选 解

习   题   4-1

2. 计算下列不定积分。

(4) $\displaystyle\int (5\mathrm{e})^x \mathrm{d}x$　　　　　　(6) $\displaystyle\int \dfrac{\sin x}{\cos^2 x}\mathrm{d}x$

解　(4) $\displaystyle\int (5\mathrm{e})^x \mathrm{d}x = \dfrac{(5\mathrm{e})^x}{\ln 5\mathrm{e}} + C = \dfrac{(5\mathrm{e})^x}{\ln 5 + 1} + C$

(6) $\displaystyle\int \dfrac{\sin x}{\cos^2 x}\mathrm{d}x = \int \sec x \cdot \tan x \mathrm{d}x = \sec x + C$

3. 根据不定积分定义，验证下列等式。

(4) $\displaystyle\int \left(\csc^2 x + 2\sec^2 x + \dfrac{1}{1+x^2}\right)\mathrm{d}x = -\cot x + 2\tan x + \arctan x + C$

解　只需证明右端对 x 的导数等于左端的被积函数即可。

因为　$(-\cot x + 2\tan x + \arctan x)' = (-\cot x)' + (2\tan x)' + (\arctan x)'$

$$= \csc^2 x + 2\sec^2 x + \frac{1}{1+x^2}$$

所以　$\displaystyle\int \left(\csc^2 x + 2\sec^2 x + \dfrac{1}{1+x^2}\right)\mathrm{d}x = -\cot x + 2\tan x + \arctan x + C$

习   题   4-2

2. 计算下列不定积分。

(5) $\int x(\sqrt{x}-1)\mathrm{d}x$ (7) $\int \dfrac{\sqrt{x}-\sqrt[3]{x^2}+3}{\sqrt[4]{x}}\mathrm{d}x$

(9) $\int \dfrac{x^2+3}{x^2+1}\mathrm{d}x$ (13) $\int \cos^2\dfrac{x}{2}\mathrm{d}x$

(15) $\int \dfrac{\cos^2 x-\sin^2 x}{\sin x+\cos x}\mathrm{d}x$ (18) $\int \dfrac{x}{x^2(1+x^2)}\mathrm{d}x$

分析 以上各题用直接积分法计算。第(5)、第(7)题中,把被积函数展开,然后分项积分;第(9)、第(18)题中,分子分别化为$(x^2+1)+2$、$(1+x^2)-x^2$,然后拆项积分;第(13)、第(15)题,只作简单的恒等变形,然后分项积分。

解 (5) $\displaystyle\int x(\sqrt{x}-1)\mathrm{d}x=\int (x^{\frac{3}{2}}-x)\mathrm{d}x=\int x^{\frac{3}{2}}\mathrm{d}x-\int x\mathrm{d}x$

$$=\frac{2}{5}x^{\frac{5}{2}}-\frac{1}{2}x^2+C$$

(7) $\displaystyle\int \dfrac{\sqrt{x}-\sqrt[3]{x^2}+3}{\sqrt[4]{x}}\mathrm{d}x=\int (\sqrt[4]{x}-\sqrt[12]{x^5}+3x^{-\frac{1}{4}})\mathrm{d}x$

$$=\int x^{\frac{1}{4}}\mathrm{d}x-\int x^{\frac{5}{12}}\mathrm{d}x+3\int x^{-\frac{1}{4}}\mathrm{d}x$$

$$=\frac{4}{5}x^{\frac{5}{4}}-\frac{12}{17}x^{\frac{17}{12}}+4x^{\frac{3}{4}}+C$$

(9) $\displaystyle\int \dfrac{x^2+3}{x^2+1}\mathrm{d}x=\int \dfrac{x^2+1-1+3}{x^2+1}\mathrm{d}x=\int \mathrm{d}x+\int \dfrac{2}{x^2+1}\mathrm{d}x$

$$=x+2\arctan x+C$$

(13) $\displaystyle\int \cos^2\dfrac{x}{2}\mathrm{d}x=\int \dfrac{\cos x+1}{2}\mathrm{d}x=\dfrac{1}{2}\int \cos x\mathrm{d}x+\dfrac{1}{2}\int \mathrm{d}x$

$$=\frac{1}{2}\sin x+\frac{1}{2}x+C$$

(15) $\displaystyle\int \dfrac{\cos^2 x-\sin^2 x}{\sin x+\cos x}\mathrm{d}x=\int (\cos x-\sin x)\mathrm{d}x=\int \cos x\mathrm{d}x-\int \sin x\mathrm{d}x$

$$=\sin x+\cos x+C$$

(18) $\displaystyle\int \dfrac{1}{x^2(1+x^2)}\mathrm{d}x=\int \dfrac{(1+x^2)-x^2}{x^2(1+x^2)}\mathrm{d}x=\int \left(\dfrac{1}{x^2}-\dfrac{1}{1+x^2}\right)\mathrm{d}x$

$$=-\frac{1}{x}-\arctan x+C$$

3. 已知边际收益为 $R'(Q)=100-0.01Q$,其中 Q 为产量,求收益函数($Q=0$

时,收益 $R(0)=0$)。

解   收益函数 $R(Q) = \int R'(Q)\mathrm{d}Q = \int (100 - 0.01Q)\mathrm{d}Q$

$$= \int 100\mathrm{d}Q - \int 0.01Q\mathrm{d}Q = 100Q - 0.01 \times \frac{Q^2}{2} + C$$

$$= 100Q - 0.005Q^2 + C$$

因为当 $Q = 0$ 时,$R(Q) = 0$,所以 $C = 0$。

故收益函数为

$$R(Q) = 100Q - 0.005Q^2$$

4. 设曲线上任点 x 处的切线斜率为 $3x^2 - \dfrac{1}{x}$,且曲线过点 $(1,1)$,求该曲线的方程。

解   设该曲线的方程为 $y = f(x)$,则

$$y' = 3x^2 - \frac{1}{x}, \ y(1) = 1$$

$$y = \int \left(3x^2 - \frac{1}{x}\right)\mathrm{d}x = x^3 - \ln|x| + C$$

因为 $y(1) = 1$,所以 $1 = 1^3 - \ln 1 + C$

得 $C = 0$,故可求曲线的方程为

$$y = x^3 - \ln|x|$$

习 题 4-3

2. 计算下列不定积分。

(3) $\displaystyle\int \frac{1}{\sqrt{2-5x}}\mathrm{d}x$

(4) $\displaystyle\int \cos(5-3x)\mathrm{d}x$

(9) $\displaystyle\int \frac{x-1}{x^2+4}\mathrm{d}x$

(10) $\displaystyle\int \frac{1-x}{\sqrt{9-4x^2}}\mathrm{d}x$

分析   第(3)、第(4)题是 $\int f(ax+b)\mathrm{d}x$ 类型;第(9)、第(10)题,首先进行等式运算,再化为 $\int xf(ax^2+b)\mathrm{d}x$ 类型。

解 (3) $\int \dfrac{1}{\sqrt{2-5x}} dx = -\dfrac{1}{5}\int (2-5x)^{-\frac{1}{2}} d(2-5x) = -\dfrac{2}{5}\sqrt{2-5x} + C$

(4) $\int \cos(5-3x)dx = -\dfrac{1}{3}\int \cos(5-3x)d(5-3x) = -\dfrac{1}{3}\sin(5-3x) + C$

(9) $\int \dfrac{x-1}{x^2+4} dx = \dfrac{1}{2}\int \dfrac{1}{x^2+4} d(x^2+4) - \int \dfrac{1}{x^2+4} dx$

$$= \dfrac{1}{2}\ln|x^2+4| - \dfrac{1}{2}\arctan\dfrac{x}{2} + C$$

(10) $\int \dfrac{1-x}{\sqrt{9-4x^2}} dx = \int \dfrac{1}{\sqrt{9-4x^2}} dx - \int \dfrac{x}{\sqrt{9-4x^2}} dx$

$$= \dfrac{1}{2}\int \dfrac{1}{\sqrt{9-(2x)^2}} d(2x) + \dfrac{1}{8}\int (9-4x^2)^{-\frac{1}{2}} d(9-4x^2)$$

$$= \dfrac{1}{2}\arcsin\dfrac{2x}{3} + \dfrac{1}{4}\sqrt{9-4x^2} + C$$

3. 计算下列不定积分。

(2) $\int \dfrac{e^x}{\sqrt{3+2e^x}} dx$ (4) $\int \dfrac{1}{e^x+e^{-x}} dx$

(6) $\int \dfrac{10^{2\arccos x}}{\sqrt{1-x^2}} dx$ (9) $\int \tan^3 x\sec x\, dx$

分析 第(2)、第(4)题是 $\int e^x f(ae^x+b)dx$ 类型。第(4)题被积函数恒等化为

$\dfrac{1}{e^x+e^{-x}} = \dfrac{e^x}{(e^x)^2+1}$；第(6)题是 $\int \dfrac{1}{\sqrt{1-x^2}} f(\arccos x)dx$ 类型；第(9)题被积表达式

可化为 $\tan^3 x\sec x\, dx = \tan^2 x \cdot \tan x\sec x\, dx = (\sec^2 x - 1)d(\sec x)$

解 (2) $\int \dfrac{e^x}{\sqrt{3+2e^x}} dx = \dfrac{1}{2}\int (3+2e^x)^{-\frac{1}{2}} d(3+2e^x) = \sqrt{3+2e^x} + C$

(4) $\int \dfrac{1}{e^x+e^{-x}} dx = \int \dfrac{e^x}{(e^x)^2+1} dx = \int \dfrac{1}{(e^x)^2+1} d(e^x) = \arctan e^x + C$

(6) $\int \dfrac{10^{2\arccos x}}{\sqrt{1-x^2}} dx = -\dfrac{1}{2}\int 10^{2\arccos x} d(2\arccos x) = -\dfrac{1}{2\ln 10} 10^{2\arccos x} + C$

(9) $\int \tan^3 x\sec x\, dx = \int \tan^2 x \cdot \tan x\sec x\, dx = \int (\sec^2 x - 1)d(\sec x)$

$$= \dfrac{1}{3}\sec^2 x - \sec x + C$$

4. 计算下列不定积分。

$(1) \int \dfrac{\sqrt{\ln x}}{x} \mathrm{d}x$ $\qquad$ $(4) \int \dfrac{1}{x^2} \tan \dfrac{1}{x} \mathrm{d}x$

$(5) \int \dfrac{1+\ln x}{(x\ln x)^2} \mathrm{d}x$ $\qquad$ $(8) \int \dfrac{x^3}{\sqrt[3]{3x^4+1}} \mathrm{d}x$

$(10) \int \dfrac{1}{(x-1)(x+3)} \mathrm{d}x$ $\qquad$ $(12) \int \dfrac{2x}{x^2+6x+12} \mathrm{d}x$

分析 第(1)题是 $\int \dfrac{1}{x} f(\ln x) \mathrm{d}x$ 类型;第(4)题是 $\int \dfrac{1}{x^2} f\left(\dfrac{1}{x}\right) \mathrm{d}x$ 类型;第(5)题,

由于 $1+\ln x = (x\ln x)'$,可选 $u = x\ln x$;第(8)题是 $\int x^{k-1} f(x^k) \mathrm{d}x$ 类型;第(10)、第

(12)题分别为 $\dfrac{1}{(x-1)(x+3)} = \dfrac{1}{(x+1)^2-4}$, $\dfrac{2x}{x^2+6x+12} = \dfrac{2x+6}{x^2+6x+12} -$

$\dfrac{6}{(x+3)^2+3}$,而 $\dfrac{x+6}{x^2+6x+12} = \dfrac{(x^2+6x+12)}{x^2+6x+12}$。

解 $(1) \int \dfrac{\sqrt{\ln x}}{x} \mathrm{d}x = \int \sqrt{\ln x}\, \mathrm{d}(\ln x) = \dfrac{2}{3}(\ln x)^{\frac{3}{2}} + C$

$(4) \int \dfrac{1}{x^2} \tan \dfrac{1}{x} \mathrm{d}x = -\int \tan \dfrac{1}{x}\, \mathrm{d}\left(\dfrac{1}{x}\right) = \ln\left|\cos \dfrac{1}{x}\right| + C$

$(5) \int \dfrac{1+\ln x}{(x\ln x)^2} \mathrm{d}x = \int \dfrac{(x\ln x)'}{(x\ln x)^2} \mathrm{d}x = \int \dfrac{1}{(x\ln x)^2} \mathrm{d}(x\ln x) = -\dfrac{1}{x\ln x} + C$

$(8) \int \dfrac{x^3}{\sqrt[3]{3x^4+1}} \mathrm{d}x = \dfrac{1}{12}\int (3x^4+1)^{-\frac{1}{3}} \mathrm{d}(3x^4+1) = \dfrac{1}{8}\sqrt[3]{(3x^4+1)^2} + C$

$(10) \int \dfrac{1}{(x-1)(x+3)} \mathrm{d}x = \int \dfrac{1}{(x+1)^2-4} \mathrm{d}(x+1) = \dfrac{1}{4}\ln\left|\dfrac{x+1-2}{x+1+2}\right| + C$

$\qquad\qquad = \dfrac{1}{4}\ln\left|\dfrac{x-1}{x+3}\right| + C$

另一解 $\int \dfrac{1}{(x-1)(x+3)} \mathrm{d}x = \dfrac{1}{4}\int \left(\dfrac{1}{x-1} - \dfrac{1}{x+3}\right) \mathrm{d}x$

$\qquad\qquad\qquad = \dfrac{1}{4}(\ln|x-1| - \ln|x+3|) + C$

$(12) \int \dfrac{2x}{x^2+6x+12} \mathrm{d}x = \int \left[\dfrac{2x+6}{x^2+6x+12} - \dfrac{6}{(x+3)^2+3}\right] \mathrm{d}x$

$\qquad\qquad = \int \dfrac{1}{x^2+6x+12} \mathrm{d}(x^2+6x+12) - 6\int \dfrac{1}{(x+3)^2+3} \mathrm{d}(x+3)$

$\qquad\qquad = \ln|x^2+6x+12| - \dfrac{6}{\sqrt{3}} \arctan \dfrac{x+3}{\sqrt{3}} + C$

5. 计算下列不定积分。

(2) $\displaystyle\int x\sqrt{x+1}\,dx$
(5) $\displaystyle\int \frac{1}{\sqrt{x}+\sqrt[3]{x}}\,dx$

(6) $\displaystyle\int \frac{1}{\sqrt{e^x+1}}\,dx$
(8) $\displaystyle\int \frac{1}{x^2\sqrt{x^2-4}}\,dx$

分析 上述几题均可采用第二类换元积分法计算。第(2)题与第(6)题用直接代换,即直接令根式为一新变量;第(5)题中,由于有两个根式,因此可令 $u=\sqrt[6]{x}$,这样可同时消除两个根号;第(8)题可用三角代换消除根号,也可用倒代,即令 $x=\dfrac{1}{u}$。需注意的是,在用第二类换元积分法求出不定积分后,一定要把原变量回代。

解 (2) 令 $u=\sqrt{x+1}$,则 $x=u^2-1$,$dx=2u\,du$,于是

$$\int x\sqrt{x+1}\,dx=\int (u^2-1)\cdot u\cdot 2u\,du$$

$$=2\int (u^4-u^2)\,du=2\int u^4\,du-2\int u^2\,du$$

$$=\frac{2}{5}u^5-\frac{2}{3}u^3+C$$

$$=\frac{2}{5}(x+1)^{\frac{5}{2}}-\frac{2}{3}(x+1)^{\frac{3}{2}}+C$$

$$=\sqrt{x+1}\left[\frac{2}{5}(x+1)^2-\frac{2}{3}(x+1)\right]+C$$

$$=\sqrt{x+1}\left(\frac{2}{5}x^2+\frac{2}{15}x-\frac{4}{15}\right)+C$$

(5) 令 $u=\sqrt[6]{x}$,则 $x=u^6$,$dx=6u^5\,du$,于是

$$\int \frac{1}{\sqrt{x}+\sqrt[3]{x}}\,dx=\int \frac{1}{u^3+u^2}\cdot 6u^5\,du$$

$$=6\int \frac{u^3}{u+1}\,du=6\int \frac{u^3+1-1}{u+1}\,du$$

$$=6\int \frac{(u+1)(u^2-u+1)-1}{u+1}\,du$$

$$=6\int (u^2-u+1)\,du-6\int \frac{1}{u+1}\,du$$

$$= 2u^3 - 3u^2 + 6u - 6\ln(u+1) + C$$

$$= 2x^{\frac{1}{2}} - 3x^{\frac{1}{3}} + 6x^{\frac{1}{6}} - 6\ln(x^{\frac{1}{6}} + 1) + C$$

(6) 令 $u = \sqrt{e^x + 1}$, 则 $x = \ln(u^2 - 1)$, $dx = \dfrac{2u}{u^2 - 1}du$, 于是

$$\int \frac{1}{\sqrt{e^x + 1}}dx = \int \frac{1}{u} \cdot \frac{2u}{u^2 - 1}du = 2\int \frac{1}{u^2 - 1}du = \ln\left|\frac{u-1}{u+1}\right| + C$$

$$= \ln\left|\frac{\sqrt{e^x + 1} - 1}{\sqrt{e^x + 1} + 1}\right| + C = 2(\ln\sqrt{e^x + 1} - 1) - x + C$$

(8) 令 $x = 2\sec u$, $\sqrt{x^2 - 4} = 2\tan u$, $dx = 2\sec u \tan u \, du$, 则

$$\int \frac{dx}{x^2\sqrt{x^2 - 4}} = \int \frac{2\sec u \tan u \, du}{4\sec^2 u \cdot 2\tan u}$$

$$= \frac{1}{4}\int \frac{1}{\sec u}du = \frac{1}{4}\int \cos u \, du = \frac{1}{4}\sin u + C$$

$$= \frac{\sqrt{x^2 - 4}}{4x} + C$$

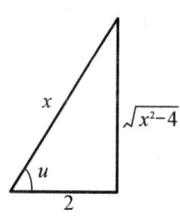

图 4.3　$x = 2\sec u$
三角形

如图 4.3 所示。

另一种解法：令 $x = \dfrac{1}{u}$, $dx = -\dfrac{1}{u^2}du$, 则

$$\int \frac{dx}{x^2\sqrt{x^2 - 4}} = -\int \frac{u}{\sqrt{1 - 4u^2}}du = \frac{1}{4}\sqrt{1 - 4u^2} + C = \frac{\sqrt{x^2 - 4}}{4x} + C$$

习 题 4－4

1. 计算下列不定积分。

(2) $\displaystyle\int \ln \frac{x}{2}dx$
　　　　　　　(3) $\displaystyle\int e^x \sin 2x \, dx$

(4) $\displaystyle\int x^2 e^{-x}dx$
　　　　　　　(5) $\displaystyle\int (x + 4)\sin 2x \, dx$

(7) $\displaystyle\int \arcsin x \, dx$
　　　　　　　(10) $\displaystyle\int \sqrt{x}\ln x \, dx$

解　(2) $\displaystyle\int \ln \frac{x}{2}dx = x \cdot \ln \frac{x}{2} - \int x \cdot \frac{2}{x} \cdot \frac{1}{2}dx$

$$= x\ln\frac{x}{2} - \int \mathrm{d}x = x\ln\frac{x}{2} - x + C$$

(3) $\displaystyle\int \mathrm{e}^x \sin 2x\,\mathrm{d}x = \int \sin 2x\,\mathrm{d}(\mathrm{e}^x) = \mathrm{e}^x \sin 2x - \int \mathrm{e}^x \mathrm{d}(\sin 2x)$

$$= \mathrm{e}^x \sin 2x - 2\int \mathrm{e}^x \cos 2x\,\mathrm{d}x = \mathrm{e}^x \sin 2x - 2\int \cos 2x\,\mathrm{d}(\mathrm{e}^x)$$

$$= \mathrm{e}^x \sin 2x - 2\mathrm{e}^x \cos 2x + 2\int \mathrm{e}^x \mathrm{d}(\cos 2x)$$

$$= \mathrm{e}^x \sin 2x - 2\mathrm{e}^x \cos 2x - 4\int \mathrm{e}^x \sin 2x\,\mathrm{d}x$$

所以　$\displaystyle\int \mathrm{e}^x \sin 2x\,\mathrm{d}x = \frac{1}{5}\mathrm{e}^x(\sin 2x - 2\cos 2x) + C$

(4) $\displaystyle\int x^2 \mathrm{e}^{-x}\,\mathrm{d}x = -\int x^2 \mathrm{d}(\mathrm{e}^{-x}) = -x^2 \mathrm{e}^{-x} + \int \mathrm{e}^{-x} \mathrm{d}(x^2)$

$$= -x^2 \mathrm{e}^{-x} + 2\int x\mathrm{e}^{-x}\,\mathrm{d}x = -x^2 \mathrm{e}^{-x} - 2\int x\mathrm{d}(\mathrm{e}^{-x})$$

$$= -x^2 \mathrm{e}^{-x} - 2x\mathrm{e}^{-x} + 2\int \mathrm{e}^{-x}\,\mathrm{d}x$$

$$= -x^2 \mathrm{e}^{-x} - 2x\mathrm{e}^{-x} - 2\mathrm{e}^{-x} + C = -\mathrm{e}^{-x}(x^2 + 2x + 2) + C$$

(5) $\displaystyle\int (x+4)\sin 2x\,\mathrm{d}x = \int x\sin 2x\,\mathrm{d}x + 4\int \sin 2x\,\mathrm{d}x$

$$= -\frac{1}{2}\int x\mathrm{d}\cos 2x + 2\int \sin 2x\,\mathrm{d}2x$$

$$= -\frac{1}{2}x\cos 2x + \frac{1}{2}\int \cos 2x\,\mathrm{d}x - 2\cos 2x$$

$$= -\frac{1}{2}x\cos 2x + \frac{1}{4}\sin 2x - 2\cos 2x + C$$

(7) $\displaystyle\int \arcsin x\,\mathrm{d}x = x\arcsin x - \int \frac{x}{\sqrt{1-x^2}}\,\mathrm{d}x$

$$= x\arcsin x + \frac{1}{2}\int (1-x^2)^{-\frac{1}{2}}\,\mathrm{d}(1-x^2)$$

$$= x\arcsin x + \sqrt{1-x^2} + C$$

(10) $\displaystyle\int \sqrt{x}\ln x\,\mathrm{d}x = \frac{2}{3}\int \ln x\,\mathrm{d}(x^{\frac{3}{2}}) = \frac{2}{3}\left(x^{\frac{3}{2}}\ln x - \int x^{\frac{1}{2}}\,\mathrm{d}x\right)$

$$= \frac{2}{3}\left(x^{\frac{3}{2}}\ln x - \frac{2}{3}x^{\frac{3}{2}}\right) + C$$

2. 计算下列不定积分。

$(1)\displaystyle\int \mathrm{e}^{\sqrt{x}}\mathrm{d}x$ $\qquad\qquad$ $(3)\displaystyle\int \mathrm{e}^{x}\arctan \mathrm{e}^{x}\mathrm{d}x$

分析 此题结合使用换元法与分部积分法求不定积分。第(1)题中,令 $u=\sqrt{x}$,使用换元法,然后再用分部积分法求解;第(3)题中,令 $u=\mathrm{e}^{x}$,使用换元法,然后再用分部积分法求解。注意:最后变量须回代。

解 (1)令 $u=\sqrt{x}$,则 $x=u^{2}$,$\mathrm{d}x=2u\mathrm{d}u$,于是

$$\int \mathrm{e}^{\sqrt{x}}\mathrm{d}x=\int \mathrm{e}^{u}\cdot 2u\mathrm{d}u=2\int u\mathrm{d}(\mathrm{e}^{u})$$

$$=2u\mathrm{e}^{u}-2\int \mathrm{e}^{u}\mathrm{d}u=2u\mathrm{e}^{u}-2\mathrm{e}^{u}+C$$

$$=2\sqrt{x}\mathrm{e}^{\sqrt{x}}-2\mathrm{e}^{\sqrt{x}}+C$$

(3)令 $u=\mathrm{e}^{x}$,则 $x=\ln u$,$\mathrm{d}x=\dfrac{1}{u}\mathrm{d}u$,于是

$$\int \mathrm{e}^{x}\arctan \mathrm{e}^{x}\mathrm{d}x=\int u\cdot \arctan u\cdot \frac{1}{u}\mathrm{d}u$$

$$=\int \arctan u\mathrm{d}u=u\arctan u-\int u\cdot \frac{1}{1+u^{2}}\mathrm{d}u$$

$$=u\arctan u-\frac{1}{2}\int \frac{1}{1+u^{2}}\mathrm{d}(1+u^{2})$$

$$=u\arctan u-\frac{1}{2}\ln(1+u^{2})+C$$

$$=\mathrm{e}^{x}\arctan \mathrm{e}^{x}-\frac{1}{2}\ln(1+\mathrm{e}^{2x})+C$$

在熟练的基础上,上述计算过程,也可以用如下简略的形式进行计算。

$$\int \mathrm{e}^{x}\arctan \mathrm{e}^{x}\mathrm{d}x=\int \arctan \mathrm{e}^{x}\mathrm{d}(\mathrm{e}^{x})$$

$$=\mathrm{e}^{x}\arctan \mathrm{e}^{x}-\int \mathrm{e}^{x}(\arctan \mathrm{e}^{x})'\mathrm{d}x$$

$$=\mathrm{e}^{x}\arctan \mathrm{e}^{x}-\int \frac{\mathrm{e}^{2x}}{1+\mathrm{e}^{2x}}\mathrm{d}x$$

$$=\mathrm{e}^{x}\arctan \mathrm{e}^{x}-\frac{1}{2}\int \frac{\mathrm{d}(\mathrm{e}^{2x})}{1+\mathrm{e}^{2x}}$$

$$= \mathrm{e}^x \arctan \mathrm{e}^x - \frac{1}{2}\ln(1+\mathrm{e}^{2x}) + C$$

复 习 题 四

1. 单项选择题。

(4) 若 $\int f(x)\mathrm{d}x = \frac{1}{2}x^2 + C$，则 $\int x^2 f(4x)\mathrm{d}x = $ (B)。

a. $-x^4 + C$　　　　　　　　b. $x^4 + C$

c. $\frac{1}{3}x^3 f(4x) + C$　　　　　　d. $\frac{1}{2}x^4 + C$

解　因为 $f(x) = \left(\frac{1}{2}x^2\right)' = x$，所以

$$\int x^2 f(4x)\mathrm{d}x = \int x^2 \cdot 4x\mathrm{d}x = x^4 + C$$

所以选 B。

(5) 设函数 $g(x)$ 在 $[1, 2]$ 上有一个原函数为 0，则在 $[1, 2]$ 上有 (D)。

A. $g(x)$ 的不定积分为 0

B. $g(x)$ 的所有原函数为 0

C. $g(x)$ 不恒为 0，但 $g'(x)$ 恒为 0

D. $g(x)$ 恒为 0

解　因为 $g(x)$ 的一个原函数为 0，所以 $g(x) = (0)' = 0$，故 C 错。而 $\int g(x)\mathrm{d}x = \int 0\mathrm{d}x = C$，所以 A 错。$g(x)$ 的所有原函数只差一个任意常数，不可能都等于 0，所以 B 错。因此选 D。

2. 填空题。

(4) 设 $f'(x) = 3$，且 $f(0) = 0$，则 $\int xf(x)\mathrm{d}x = \underline{\quad x^3 + C\quad}$。

解　因为 $f'(x) = 3$，所以 $f(x) = \int 3\mathrm{d}x = 3x + C$，由 $f(0) = 0$，可得 $C = 0$，所以 $f(x) = 3x$，于是

$$\int xf(x)\mathrm{d}x = \int x \cdot 3x\mathrm{d}x = 3\int x^2\mathrm{d}x = x^3 + C$$

(6) $\int \dfrac{3\sqrt{x}+5}{\sqrt{x}}\mathrm{d}x = \int \dfrac{2}{3}(3\sqrt{x}+5)\mathrm{d}(3\sqrt{x}+5) = \dfrac{1}{3}(3\sqrt{x}+5)^2 + C$

解 $\quad \int \dfrac{3\sqrt{x}+5}{\sqrt{x}}\mathrm{d}x = 2\int (3\sqrt{x}+5)\mathrm{d}\sqrt{x} = \int \dfrac{2}{3}(3\sqrt{x}+5)\mathrm{d}(3\sqrt{x}+5)$

$$= \dfrac{1}{3}(3\sqrt{x}+5)^2 + C$$

3. 计算下列不定积分。

(1) $\displaystyle\int \dfrac{x^3}{x+3}\mathrm{d}x$ $\qquad\qquad$ (3) $\displaystyle\int \dfrac{1}{\sin x\cos x}\mathrm{d}x$

解 （1) $\displaystyle\int \dfrac{x^3}{x+3}\mathrm{d}x = \int \dfrac{x^3+27-27}{x+3}\mathrm{d}x = \int \dfrac{(x+3)(x^2-3x+9)-27}{x+3}\mathrm{d}x$

$$= \int (x^2-3x+9)\mathrm{d}x - 27\int \dfrac{1}{x+3}\mathrm{d}(x+3)$$

$$= \dfrac{1}{3}x^3 - \dfrac{3}{2}x^2 + 9x - 27\ln|x+3| + C$$

(3) **解法一** $\quad \displaystyle\int \dfrac{1}{\sin x\cos x}\mathrm{d}x = \int \dfrac{\cos x}{\sin x\cos^2 x}\mathrm{d}x = \int \dfrac{\sec^2 x}{\tan x}\mathrm{d}x$

$$= \int \dfrac{1}{\tan x}\mathrm{d}(\tan x) = \ln|\tan x| + C$$

解法二 $\quad \displaystyle\int \dfrac{1}{\sin x\cos x}\mathrm{d}x = \int \dfrac{1}{\sin 2x}\mathrm{d}(2x) = \ln|\cos 2x - \cot 2x| + C$

141

4. 计算下列不定积分。

(1) $\displaystyle\int \dfrac{1}{\sqrt{2-5x}}\mathrm{d}x$ $\qquad\qquad$ (3) $\displaystyle\int x\mathrm{e}^{-x^2}\mathrm{d}x$

(5) $\displaystyle\int \dfrac{x^2}{\sqrt{2-x}}\mathrm{d}x$ $\qquad\qquad$ (7) $\displaystyle\int \dfrac{1}{x^2\sqrt{1-x^2}}\mathrm{d}x$

解 （1) $\displaystyle\int \dfrac{1}{\sqrt{2-5x}}\mathrm{d}x = -\dfrac{1}{5}\int (2-5x)^{-\frac{1}{2}}\mathrm{d}(2-5x) = -\dfrac{2}{5}\sqrt{2-5x} + C$

(3) $\displaystyle\int x\mathrm{e}^{-x^2}\mathrm{d}x = -\dfrac{1}{2}\int \mathrm{e}^{-x^2}\mathrm{d}(-x^2) = -\dfrac{1}{2}\mathrm{e}^{-x^2} + C$

(5) 令 $u = \sqrt{2-x}$，则 $x = 2-u^2$，$\mathrm{d}x = -2u\mathrm{d}u$，于是

$$\int \dfrac{x^2}{\sqrt{2-x}}\mathrm{d}x = -2\int (2-u^2)^2\mathrm{d}u = -2\int (4-4u^2+u^4)\mathrm{d}u$$

$$=-8u+\frac{8}{3}u^3-\frac{2}{5}u^5+C$$

$$=-8\sqrt{2-x}+\frac{8}{3}(2-x)\sqrt{2-x}$$

$$-\frac{2}{5}(2-x)^2\sqrt{2-x}+C$$

(7) 解法一 　令 $x=\sin u$,则 $\mathrm{d}x=\cos u\mathrm{d}u$,于是

$$\int\frac{1}{x^2\sqrt{1-x^2}}\mathrm{d}x=\int\frac{1}{\sin^2 u}\mathrm{d}u=-\cot u+C=-\frac{\sqrt{1-x^2}}{x}+C$$

如图 4.4 所示。

解法二 　令 $x=\dfrac{1}{u}$,则 $\mathrm{d}x=-\dfrac{1}{u^2}\mathrm{d}u$,

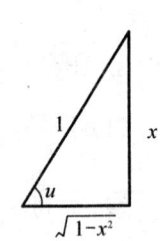

图 4.4　$x=\sin u$
三角形

$$\int\frac{1}{x^2\sqrt{1-x^2}}\mathrm{d}x=-\int\frac{u}{\sqrt{u^2-1}}\mathrm{d}u=-\frac{1}{2}\int\frac{1}{\sqrt{u^2-1}}\mathrm{d}(u^2-1)$$

$$=-\sqrt{u^2-1}+C=-\frac{\sqrt{1-x^2}}{x}+C$$

5. 计算下列不定积分。

(3) $\displaystyle\int x^2\ln x\mathrm{d}x$ 　　　　　　　　(4) $\displaystyle\int\arccos x\mathrm{d}x$

(6) $\displaystyle\int \mathrm{e}^x\sin 2x\mathrm{d}x$ 　　　　　　　　(8) $\displaystyle\int\ln(x-\sqrt{1+x^2})\mathrm{d}x$

解 　(3) $\displaystyle\int x^2\ln x\mathrm{d}x=\frac{1}{3}\int\ln x\mathrm{d}(x^3)=\frac{1}{3}\left(x^3\ln x-\int x^2\mathrm{d}x\right)$

$$=\frac{1}{3}\left(x^3\ln x-\frac{1}{3}x^3\right)+C=\frac{1}{3}x^3\left(\ln x-\frac{1}{3}\right)+C$$

(4) $\displaystyle\int\arccos x\mathrm{d}x=x\arccos x+\int\frac{x}{\sqrt{1-x^2}}\mathrm{d}x$

$$=x\arccos x-\frac{1}{2}\int(1-x^2)^{-\frac{1}{2}}\mathrm{d}(1-x^2)$$

$$=x\arccos x-\sqrt{1-x^2}+C$$

(6) $\displaystyle\int \mathrm{e}^x\sin 2x\mathrm{d}x=\int\sin 2x\mathrm{d}(\mathrm{e}^x)=\mathrm{e}^x\sin 2x-2\int \mathrm{e}^x\cos 2x\mathrm{d}x$

$$=\mathrm{e}^x\sin 2x-2\int\cos 2x\mathrm{d}(\mathrm{e}^x)$$

$$= e^x \sin 2x - 2e^x \cos 2x - 4\int e^x \sin 2x \, dx$$

$$\int e^x \sin 2x \, dx = \frac{1}{5} e^x (\sin 2x - 2\cos 2x) + C$$

$$(8) \int \ln(x - \sqrt{1+x^2}) \, dx = x\ln(x - \sqrt{1+x^2}) - \int x \cdot \frac{1 - \dfrac{2x}{2\sqrt{1+x^2}}}{x - \sqrt{1+x^2}} \, dx,$$

$$= x\ln(x - \sqrt{1+x^2}) + \int \frac{x}{\sqrt{1+x^2}} \, dx$$

$$= x\ln(x - \sqrt{1+x^2}) + \frac{1}{2}\int (1+x^2)^{-\frac{1}{2}} \, d(1+x^2)$$

$$= x\ln(x - \sqrt{1+x^2}) + \sqrt{1+x^2} + C$$

第四节　　测试题及其解答

一、测　试　题

(一) A　　卷

1. 单项选择题。

(1) 如果函数 $f(x)$ 与 $g(x)$ 对区间上每一点都有 $f'(x) = g'(x)$,则在区间上必有( )。

A. $f(x) = g(x)$ 　　　　　　　B. $f(x) + g(x) = 0$

C. $f(x) + g(x) = 1$ 　　　　　　D. $f(x) = g(x) + C$

(2) $\dfrac{d}{dx}\int e^{-x^2} \, dx = ($ 　)。

A. e^{-x^2} 　　　　　　　　　B. $e^{-x^2} + C$

C. $-2xe^{-x^2}$ 　　　　　　　D. $-2xe^{-x^2} + C$

(3) 设函数 $f(x)$ 可积,则 $\int df(x) = ($ 　)。

A. $f(x) + C$ 　　　　　　　　B. $f(x)$

C. $f(x)dx + C$ 　　　　　　　D. $f(x)dx$

143

(4) $\displaystyle\int\left(1+\dfrac{1}{\cos^2 x}\right)\mathrm{d}\cos x = ($ 　　$)$。

A. $x + \tan x + C$ 　　　　　　　　B. $\cos x + \tan x + C$

C. $\cos x - \dfrac{1}{\cos x} + C$ 　　　　D. $\cos x + \dfrac{1}{\cos x} + C$

(5) 设 e^x 是 $f(x)$ 的一个原函数，则 $\displaystyle\int x f(x)\mathrm{d}x = ($ 　　$)$。

A. $\mathrm{e}^x(1+x) + C$ 　　　　　　B. $\mathrm{e}^x(1-x) + C$

C. $\mathrm{e}^x(x-1) + C$ 　　　　　　D. $-\mathrm{e}^x(x+1) + C$

2. 填空题。

(1) $\dfrac{1}{2x-1}\mathrm{d}x = $ ＿＿＿＿ $\dfrac{1}{2x-1}\mathrm{d}(2x-1)$，$\displaystyle\int\dfrac{1}{2x-1}\mathrm{d}x = $ ＿＿＿＿。

(2) $\displaystyle\int\cos^3 x\sin x\,\mathrm{d}x = \int\cos^3 x\,\mathrm{d}$ ＿＿＿＿ $= $ ＿＿＿＿。

(3) 若 $f(x)$ 的一个原函数为 $\ln(ax)(a\neq 0)$，则 $f(x) = $ ＿＿＿＿。

(4) 若 $\displaystyle\int f(x)\mathrm{d}x = 3\cos\dfrac{x}{3} + C$，则 $f(x) = $ ＿＿＿＿。

(5) 已知 $\displaystyle\int f(x)\mathrm{d}x = \dfrac{1}{2}x^2 + C$，则 $\displaystyle\int x^2 \cdot f\left(\dfrac{1}{x}\right)\mathrm{d}x = $ ＿＿＿＿。

3. 计算下列不定积分。

(1) $\displaystyle\int\left(x+\dfrac{1}{x}-\dfrac{1}{\sqrt{x}}-\dfrac{1}{x^2}\right)\mathrm{d}x$ 　　　(2) $\displaystyle\int(3^x+1)^2\mathrm{d}x$

(3) $\displaystyle\int(3x+2)^{10}\mathrm{d}x$ 　　　　　　(4) $\displaystyle\int\dfrac{1}{x^2}\mathrm{e}^{\frac{1}{x}}\mathrm{d}x$

(5) $\displaystyle\int\dfrac{1-\arctan x}{1+x^2}\mathrm{d}x$ 　　　　(6) $\displaystyle\int\dfrac{1}{\sqrt{x}+4}\mathrm{d}x$

(7) $\displaystyle\int\dfrac{1}{x^2\sqrt{a^2-x^2}}\mathrm{d}x\,(a>0)$ 　(8) $\displaystyle\int(x+2)\sin x\,\mathrm{d}x$

(9) $\displaystyle\int\arccos x\,\mathrm{d}x$ 　　　　　(10) $\displaystyle\int\sqrt{1-x^2}\arcsin x\,\mathrm{d}x$

4. 某产品的边际成本 $C'(Q) = 4Q - Q^2$，固定成本为 3 万元，边际收益 $R'(Q) = 6Q - 1$（单位：万元／台），求利润函数。

5. 设曲线方程 $y = f(x)$ 的切线的斜率为 $f'(x) = 2x$，求经过点 $(0, 6)$ 的曲线方程。

(二) B   卷

1. 单项选择题。

(1) 若 $f(x)$ 是 $g(x)$ 的一个原函数，则（   ）。

A. $\int f(x)\mathrm{d}x = g(x) + C$ B. $\int g(x)\mathrm{d}x = f(x) + C$

C. $\int g'(x)\mathrm{d}x = f(x) + C$ D. $\int f'(x)\mathrm{d}x = g(x) + C$

(2) $\dfrac{\mathrm{d}}{\mathrm{d}x}\int \sqrt{x^3+1}\,\mathrm{d}x = （   ）$。

A. $\sqrt{x^3+1}$ B. $\sqrt{x^3+1} + C$

C. $\dfrac{3}{2}x^2(x^3+1)^{-\frac{1}{2}}$ D. $\dfrac{3}{2}x^2(x^3+1)^{-\frac{1}{2}} + C$

(3) $\int \mathrm{d}(\arccos \sqrt{x}) = （   ）$。

A. $\arcsin \sqrt{x}$ B. $\arccos \sqrt{x}$

C. $\arcsin \sqrt{x} + C$ D. $\arccos \sqrt{x} + C$

(4) 若 $\int f(x)\mathrm{d}x = F(x) + C$，则 $\int \dfrac{1}{x^2}f\left(\dfrac{3}{x}\right)\mathrm{d}x = （   ）$。

A. $\dfrac{1}{3}F\left(\dfrac{3}{x}\right) + C$ B. $-\dfrac{1}{3}F\left(\dfrac{3}{x}\right) + C$

C. $F\left(\dfrac{3}{x}\right) + C$ D. $\dfrac{F\left(\dfrac{3}{x}\right)}{x} + C$

(5) $\int \dfrac{\mathrm{d}x}{\sqrt{1-16x^2}} = （   ）$。

A. $\dfrac{1}{4}\arcsin 4x + C$ B. $\arcsin 4x + C$

C. $\ln\left|4x + \sqrt{1-16x^2}\right| + C$ D. $\dfrac{1}{4}\ln\left|4x + \sqrt{1-16x^2}\right| + C$

2. 填空题。

(1) 若 $f(x)$ 的一个原函数为 $3e^{2x}$，则 $f(x) = $ _____ 。

(2) $xe^{x^2}\mathrm{d}x = e^{x^2}\mathrm{d}$ _____ ，$\int xe^{x^2}\mathrm{d}x = $ _____ 。

(3) $\dfrac{1}{(2x-3)^2}\mathrm{d}x = $ _____ $\dfrac{1}{(2x-3)^2}\mathrm{d}(2x-3)$，$\int \dfrac{\mathrm{d}x}{(2x-3)^2}$

$= $ _____ 。

(4) $\int (3^x + 5\cos x)'\mathrm{d}x = $ _____ 。

(5) 若 $\int f(x)\mathrm{d}x = x + C$，则 $\int \cos x f(\sin x)\mathrm{d}x = $ _____。

3. 计算下列不定积分。

(1) $\int \dfrac{2 - \sqrt{x^5} + x\sin x}{x}\mathrm{d}x$

(2) $\int \dfrac{\mathrm{d}x}{(x-3)(x-4)}$

(3) $\int 2^{\cos x}\sin x\,\mathrm{d}x$

(4) $\int \dfrac{1}{\sqrt{x}}\mathrm{e}^{-\sqrt{x}}\mathrm{d}x$

(5) $\int \dfrac{x-1}{1+x^2}\mathrm{d}x$

(6) $\int \dfrac{\mathrm{d}x}{\sqrt{x+2}+1}$

(7) $\int \dfrac{\sqrt{x^2-a^2}}{x}\mathrm{d}x \ (a > 0)$

(8) $\int x\csc^2 x\,\mathrm{d}x$

(9) $\int \ln(x+\sqrt{1+x^2})\mathrm{d}x$

(10) $\int \dfrac{1}{\sin^3 x\cos x}\mathrm{d}x$

4. 生产某产品 Q 个的边际收益 $R'(Q) = (Q+2)^{-2} + a (a > 0)$，求生产 Q 单位时的总收益函数。

5. 某产品的边际成本 $C'(Q)$ 为 $100\mathrm{e}^{\frac{1}{2}Q}$，且固定成本为 110，求总成本函数。

二、测 试 题 解 答

（一）A 卷 解 答

1. 单项选择题。

(1)	(2)	(3)	(4)	(5)
D	A	A	C	C

解 （1）因为 $f'(x) = g'(x)$，所以由拉格朗日中值定理的推论可知，$f(x) = g(x) + C$。

（2）略。

（3）略。

（4）$\int \left(1 + \dfrac{1}{\cos^2 x}\right)\mathrm{d}(\cos x) = \int \mathrm{d}(\cos x) + \int \dfrac{1}{\cos^2 x}\mathrm{d}(\cos x) = \cos x - \dfrac{1}{\cos x} + C$

（5）因为 e^x 是 $f(x)$ 的一个原函数，所以 $\int f(x)\mathrm{d}x = \mathrm{e}^x + C$，从而 $f(x) = (\mathrm{e}^x)'$ $= \mathrm{e}^x$，则

$$\int xf(x)\mathrm{d}x = \int x\mathrm{e}^x\mathrm{d}x = \int x\mathrm{d}(\mathrm{e}^x)$$

$$= x\mathrm{e}^x - \int \mathrm{e}^x \mathrm{d}x = x\mathrm{e}^x - \mathrm{e}^x + C = \mathrm{e}^x(x-1) + C$$

2. 填空题。

解 (1) $\dfrac{1}{2x-1}\mathrm{d}x = \dfrac{1}{2} \cdot \dfrac{1}{2x-1}\mathrm{d}(2x) = \dfrac{1}{2} \cdot \dfrac{1}{2x-1}\mathrm{d}(2x-1)$

$$\int \frac{1}{2x-1}\mathrm{d}x = \frac{1}{2}\int \frac{1}{2x-1}\mathrm{d}(2x-1) = \frac{1}{2}\ln|2x-1| + C$$

(2) $\int \cos^3 x \sin x \mathrm{d}x = \int \cos^3 x \mathrm{d}(-\cos x) = -\int \cos^3 x \mathrm{d}(\cos x)$

$$= -\frac{(\cos x)^{3+1}}{3+1} + C = -\frac{1}{4}\cos^4 x + C$$

(3) 因为 $\ln(ax)$ 为 $f(x)$ 的一个原函数，所以

$$f(x) = (\ln ax)' = \frac{1}{ax} \cdot a = \frac{1}{x}$$

(4) $f(x) = \left(3\cos \dfrac{x}{3}\right)' = 3 \cdot \left(-\sin \dfrac{x}{3}\right) \cdot \dfrac{1}{3} = -\sin \dfrac{x}{3}$

(5) 因为 $f(x) = \left(\dfrac{1}{2}x^2\right)' = \dfrac{1}{2} \cdot 2x = x$，所以

$$\int x^2 f\left(\frac{1}{x}\right)\mathrm{d}x = \int x^2 \cdot \frac{1}{x}\mathrm{d}x = \int x \mathrm{d}x = \frac{1}{2}x^2 + C$$

3. 解 (1) $\int\left(x + \dfrac{1}{x} - \dfrac{1}{\sqrt{x}} - \dfrac{1}{x^2}\right)\mathrm{d}x = \int x\mathrm{d}x + \int \dfrac{1}{x}\mathrm{d}x - \int \dfrac{1}{\sqrt{x}}\mathrm{d}x - \int \dfrac{1}{x^2}\mathrm{d}x$

$$= \frac{1}{2}x^2 + \ln|x| - 2\sqrt{x} + \frac{1}{x} + C$$

(2) $\int(3^x + 1)^2 \mathrm{d}x = \int(3^{2x} + 2 \cdot 3^x + 1)\mathrm{d}x = \int 9^x \mathrm{d}x + 2\int 3^x \mathrm{d}x + \int \mathrm{d}x$

$$= \frac{9^x}{\ln 9} + \frac{2 \cdot 3^x}{\ln 3} + x + C$$

(3) $\int(3x+2)^{10}\mathrm{d}x = \dfrac{1}{3}\int(3x+2)^{10}\mathrm{d}(3x+2) = \dfrac{1}{3} \cdot \dfrac{(3x+2)^{10+1}}{10+1} + C$

$$= \frac{1}{33}(3x+2)^{11} + C$$

(4) $\int \dfrac{1}{x^2}\mathrm{e}^{\frac{1}{x}}\mathrm{d}x = -\int \mathrm{e}^{\frac{1}{x}}\mathrm{d}\left(\dfrac{1}{x}\right) = -\mathrm{e}^{\frac{1}{x}} + C$

(5) $\int \dfrac{1 - \arctan x}{1 + x^2}\mathrm{d}x = \int \dfrac{1}{1+x^2}\mathrm{d}x - \int \dfrac{\arctan x}{1+x^2}\mathrm{d}x$

147

$$= \arctan x - \int \arctan x \mathrm{d}(\arctan x)$$

$$= \arctan x - \frac{1}{2}(\arctan x)^2 + C$$

(6) 令 $u = \sqrt{x}$,则 $x = u^2$, $\mathrm{d}x = 2u\mathrm{d}u$,于是

$$\int \frac{1}{\sqrt{x}+4}\mathrm{d}x = \int \frac{1}{u+4}2u\mathrm{d}u = 2\int \frac{u+4-4}{u+4}\mathrm{d}u = 2\int\left(1-\frac{4}{u+4}\right)\mathrm{d}u$$

$$= 2\int \mathrm{d}u - 8\int \frac{1}{u+4}\mathrm{d}u = 2u - 8\ln(u+4) + C$$

将 $u = \sqrt{x}$ 回代,则

$$\int \frac{1}{\sqrt{x}+4}\mathrm{d}x = 2\sqrt{x} - 8\ln(\sqrt{x}+4) + C$$

(7) 令 $x = a\sin u$,则 $\sqrt{a^2-x^2} = a\cos u$, $\mathrm{d}x = a\cos u\mathrm{d}u$,于是

$$\int \frac{1}{x^2\sqrt{a^2-x^2}}\mathrm{d}x = \int \frac{a\cos u}{a^2\sin^2 u \cdot a\cos u}\mathrm{d}u$$

$$= \frac{1}{a^2}\int \frac{1}{\sin^2 u}\mathrm{d}u = \frac{1}{a^2}\int \csc^2 u\mathrm{d}u$$

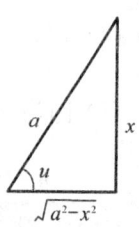

图 4.5 $x = a\sin u$ 三角形

$$= -\frac{1}{a^2}\cot u + C$$

$$= -\frac{1}{a^2} \cdot \frac{\sqrt{a^2-x^2}}{x} + C$$

如图 4.5 所示。

(8) $\int (x+2)\sin x\mathrm{d}x = -\int(x+2)\mathrm{d}(\cos x) = -(x+2)\cos x + \int \cos x\mathrm{d}x$

$$= -(x+2)\cos x + \sin x + C$$

(9) $\int \arccos x\mathrm{d}x = x\arccos x - \int x\mathrm{d}(\arccos x)$

$$= x\arccos x + \int \frac{x}{\sqrt{1-x^2}}\mathrm{d}x$$

$$= x\arccos x - \frac{1}{2}\int (1-x^2)^{-\frac{1}{2}}\mathrm{d}(1-x^2)$$

$$= x\arccos x - \frac{1}{2} \cdot \frac{(1-x^2)^{-\frac{1}{2}+1}}{-\frac{1}{2}+1} + C$$

$$= x\arccos x - (1-x^2)^{\frac{1}{2}} + C$$

$$(10) \int \sqrt{1-x^2}\arcsin x \xrightarrow{\diamondsuit\, x=\sin u} \int u\cos^2 u\,\mathrm{d}u = \frac{1}{2}\int u(1+2\cos 2u)\,\mathrm{d}u$$

$$= \frac{1}{4}\int u\,\mathrm{d}(2u+\sin 2u)$$

$$= \frac{1}{4}u(2u+\sin 2u) - \frac{1}{4}\int(2u+\sin 2u)\,\mathrm{d}u$$

$$= \frac{1}{4}u(2u+\sin 2u) - \frac{1}{4}u^2 + \frac{1}{8}\cos 2u + C$$

$$= \frac{1}{4}u(2u+\sin 2u) - \frac{1}{4}u^2 + \frac{1}{8}(1-2\sin^2 u) + C$$

$$= \frac{1}{4}u^2 + \frac{1}{4}u\sin 2u - \frac{1}{4}\sin^2 u + C$$

$$= \frac{1}{4}(\arcsin x)^2 + \frac{x}{2}\sqrt{1-x^2}\arcsin x - \frac{1}{4}x^2 + C$$

4. **解** $C(Q) = \int C'(Q)\,\mathrm{d}Q = \int(4Q-Q^2)\,\mathrm{d}Q$

$$= \int 4Q\,\mathrm{d}Q - \int Q^2\,\mathrm{d}Q = 2Q^2 - \frac{1}{3}Q^3 + C$$

因为固定成本为 3，即当 $Q=0$ 时，$C(Q)=3$，所以 $C=3$，于是

$$C(Q) = 2Q^2 - \frac{1}{3}Q^3 + 3$$

而 $$R(Q) = \int R'(Q)\,\mathrm{d}Q = \int(6Q-1)\,\mathrm{d}Q$$

$$\int 6Q\,\mathrm{d}Q - \int \mathrm{d}Q = 3Q^2 - Q + C$$

因为当 $Q=0$ 时，$R(Q)=0$，所以 $C=0$，于是

$$R(Q) = 3Q^2 - Q$$

所以 $$L(Q) = R(Q) - C(Q)$$

$$= 3Q^2 - Q - 2Q^2 + \frac{1}{3}Q^3 - 3$$

$$= \frac{1}{3}Q^3 + Q^2 - Q - 3$$

即利润函数为 $\qquad \frac{1}{3}Q^3 + Q^2 - Q - 3$

5. 解 $f(x) = \int f'(x)\mathrm{d}x = \int 2x\mathrm{d}x = x^2 + C$

因为 $y = f(x)$ 经过点 $(0, 6)$，所以 $C = 6$，于是，曲线方程为

$$y = x^2 + 6$$

(二) B 卷 解 答

1. 单项选择题。

(1)	(2)	(3)	(4)	(5)
B	A	D	B	A

解 (1) 若 $f(x)$ 是 $g(x)$ 的一个原函数，即 $f'(x) = g(x)$，则由不定积分定义可知 $\int g(x)\mathrm{d}x = f(x) + C$。

(2) 略。

(3) 略。

(4) $\int \frac{1}{x^2} f\left(\frac{3}{x}\right)\mathrm{d}x = -\int f\left(\frac{3}{x}\right)\mathrm{d}\left(\frac{1}{x}\right) = -\frac{1}{3}\int f\left(\frac{3}{x}\right)\mathrm{d}\left(\frac{3}{x}\right) = -\frac{1}{3}F\left(\frac{3}{x}\right) + C$

(5) $\int \frac{\mathrm{d}x}{\sqrt{1-16x^2}} = \frac{1}{4}\int \frac{\mathrm{d}(4x)}{\sqrt{1-(4x)^2}} = \frac{1}{4}\arcsin 4x + C$

2. 解 (1) $f(x) = (3\mathrm{e}^{2x})' = 3\mathrm{e}^{2x} \cdot 2 = 6\mathrm{e}^{2x}$

(2) $x\mathrm{e}^{x^2}\mathrm{d}x = \mathrm{e}^{x^2}\mathrm{d}\left(\frac{x^2}{2}\right)$

$$\int x\mathrm{e}^{x^2}\mathrm{d}x = \int \mathrm{e}^{x^2}\mathrm{d}\left(\frac{x^2}{2}\right) = \frac{1}{2}\int \mathrm{e}^{x^2}\mathrm{d}(x^2) = \frac{1}{2}\mathrm{e}^{x^2} + C$$

(3) $\frac{1}{(2x-3)^2}\mathrm{d}x = \frac{1}{2}\frac{1}{(2x-3)^2}\mathrm{d}(2x) = \frac{1}{2}\frac{1}{(2x-3)^2}\mathrm{d}(2x-3)$

$$\int \frac{\mathrm{d}x}{(2x-3)^2} = \frac{1}{2}\int \frac{1}{(2x-3)^2}\mathrm{d}(2x-3)$$

$$= \frac{1}{2}\frac{(2x-3)^{-2+1}}{-2+1} + C$$

$$=-\frac{1}{2}(2x-3)^{-1}+C$$

(4) 由不定积分性质 2 可知, $\int(3^x+5\cos x)'\mathrm{d}x=3^x+5\cos x+C$。

(5) $\int\cos xf(\sin x)\mathrm{d}x=\int f(\sin x)\mathrm{d}(\sin x)=\sin x+C$

3. 解 (1) $\displaystyle\int\frac{2-\sqrt{x^5}+x\sin x}{x}\mathrm{d}x=\int\frac{2}{x}\mathrm{d}x-\int\frac{\sqrt{x^5}}{x}\mathrm{d}x+\int\frac{x\sin x}{x}\mathrm{d}x$

$$=2\int\frac{1}{x}\mathrm{d}x-\int x^{\frac{3}{2}}\mathrm{d}x+\int\sin x\mathrm{d}x$$

$$=2\ln|x|-\frac{2}{5}x^{\frac{5}{2}}-\cos x+C$$

(2) $\displaystyle\int\frac{\mathrm{d}x}{(x-3)(x-4)}=\int\left(\frac{1}{x-4}-\frac{1}{x-3}\right)\mathrm{d}x$

$$=\int\frac{1}{x-4}\mathrm{d}(x-4)-\int\frac{1}{x-3}\mathrm{d}(x-3)$$

$$=\ln|x-4|-\ln|x-3|+C$$

(3) $\displaystyle\int 2^{\cos x}\sin x\mathrm{d}x=-\int 2^{\cos x}\mathrm{d}(\cos x)=-\frac{2^{\cos x}}{\ln 2}+C$

(4) $\displaystyle\int\frac{1}{\sqrt{x}}\mathrm{e}^{-\sqrt{x}}\mathrm{d}x=-2\int\mathrm{e}^{-\sqrt{x}}\mathrm{d}(-\sqrt{x})=-2\mathrm{e}^{-\sqrt{x}}+C$

(5) $\displaystyle\int\frac{x-1}{1+x^2}\mathrm{d}x=\int\frac{x}{1+x^2}\mathrm{d}x-\int\frac{1}{1+x^2}\mathrm{d}x$

$$=\frac{1}{2}\int\frac{1}{1+x^2}\mathrm{d}(1+x^2)-\arctan x$$

$$=\frac{1}{2}\ln(1+x^2)-\arctan x+C$$

(6) 令 $u=\sqrt{x+2}$, 则 $x=u^2-2$, $\mathrm{d}x=2u\mathrm{d}u$, 于是

$$\int\frac{\mathrm{d}x}{\sqrt{x+2}+1}=\int\frac{1}{u+1}\cdot 2u\mathrm{d}u=2\int\frac{u+1-1}{u+1}\mathrm{d}u$$

$$=2\int\mathrm{d}u-2\int\frac{1}{u+1}\mathrm{d}u=2u-2\ln(u+1)+C$$

将 $u=\sqrt{x+2}$ 回代, 则

151

$$\int \frac{\mathrm{d}x}{\sqrt{x+2}+1} = 2\sqrt{x+2} - 2\ln(\sqrt{x+2}+1) + C$$

(7) 令 $x = a\sec u$，则 $\sqrt{x^2 - a^2} = a\tan u$，$\mathrm{d}x = a\sec u \cdot \tan u \mathrm{d}u$

$$\int \frac{\sqrt{x^2 - a^2}}{x} \mathrm{d}x = \int \frac{a\tan u \cdot a\sec u \cdot \tan u}{a\sec u} \mathrm{d}u$$

$$= \int a\tan^2 u \mathrm{d}u = a\int (\sec^2 u - 1)\mathrm{d}u$$

$$= a\int \sec^2 u \mathrm{d}u - a\int \mathrm{d}u$$

$$= a\tan u - au + C$$

$$= \sqrt{x^2 - a^2} - a\arccos \frac{a}{x} + C$$

如图 4.6 所示。

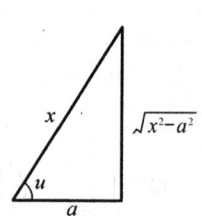

图 4.6　$x = a\sec u$
三角形

(8) $\int x\csc^2 x \mathrm{d}x = -\int x\mathrm{d}(\cot x) = -x\cot x + \int \cot x\mathrm{d}x$

$$= -x\cot x + \ln|\sin x| + C$$

(9) $\int \ln(x + \sqrt{1+x^2})\mathrm{d}x = x \cdot \ln(x + \sqrt{1+x^2}) - \int x \cdot \frac{1 + \dfrac{2x}{2\sqrt{1+x^2}}}{x + \sqrt{1+x^2}}\mathrm{d}x$

$$= x\ln(x + \sqrt{1+x^2}) - \int \frac{x}{\sqrt{1+x^2}}\mathrm{d}x$$

$$= x\ln(x + \sqrt{1+x^2}) - \frac{1}{2}\int (1+x^2)^{-\frac{1}{2}}\mathrm{d}(1+x^2)$$

$$= x\ln(x + \sqrt{1+x^2}) - \sqrt{1+x^2} + C$$

(10) $\int \frac{1}{\sin^2 x \cos x}\mathrm{d}x = \int \frac{\csc^2 x \cdot \cos x}{\sin x \cdot \cos^2 x}\mathrm{d}x$

$$= -\int \cot x\sec^2 x\mathrm{d}(\cot x) \xtransform{u = \cot x} -\int \left(u + \frac{1}{u}\right)\mathrm{d}u$$

$$= -\frac{1}{2}u^2 - \ln|u| + C = -\frac{1}{2}\cot^2 x - \ln|\cot x| + C$$

4. 解　$R(Q) = \int R'(Q)\mathrm{d}Q = \int [(Q+2)^{-2} + a]\mathrm{d}Q$

$$= \int (Q+2)^{-2} \mathrm{d}(Q+2) + a \int \mathrm{d}Q$$

$$= -(Q+2)^{-1} + aQ + C$$

因为当产品的产量 Q 为 0 时,收益为 0,所以 $C = \dfrac{1}{2}$。故

总收益函数 $R(Q) = -(Q+2)^{-1} + aQ + \dfrac{1}{2}$。

5. **解**　$C(Q) = \int C'(Q) \mathrm{d}Q = \int 100 \mathrm{e}^{\frac{1}{2}Q} \mathrm{d}Q = 100 \times 2 \int \mathrm{e}^{\frac{1}{2}Q} \mathrm{d}\left(\dfrac{1}{2}Q\right)$

$$= 200 \mathrm{e}^{\frac{1}{2}Q} + C$$

因为固定成本为 110,即当 $Q = 0$ 时,$C(Q) = 110$,所以 $C = -90$。故总成本函数 $C(Q)$ 为 $200 \mathrm{e}^{\frac{1}{2}Q} - 90$。

第五章　定积分及其应用

第一节　内　容　提　要

1. 定积分的定义

设函数 $f(x)$ 是定义在 $[a, b]$ 上的有界函数，在 $[a, b]$ 中任意插入分点：x_1，x_2，$\cdots$，x_{n-1}，且 $a = x_0 < x_1 < x_2 < \cdots < x_{n-1} < x_n = b$，这些点将 $[a, b]$ 分成 n 个小区间

$$[x_0, x_1], [x_1, x_2], \cdots, [x_{n-1}, x_n]$$

每个小区间的长度依次为 $\Delta x_1 = x_1 - x_0$，$\Delta x_2 = x_2 - x_1$，$\cdots$，$\Delta x_n = x_n - x_{n-1}$，在每个小区间 $[x_{i-1}, x_i]$ 中任取一点 $\xi_i (i = 1, 2, \cdots, n)$，作和式

$$f(\xi_1)\Delta x_1 + f(\xi_2)\Delta x_2 + \cdots + f(\xi_n)\Delta x_n$$

记 $\lambda = \max\{\Delta x_1, \Delta x_2, \cdots, \Delta x_n\}$，如果不论对 $[a, b]$ 怎样分法，也不论在 $[x_{i-1}, x_i]$ 上点 ξ_i 怎样取法，极限

$$\lim_{\lambda \to 0} \sum_{i=1}^{n} f(\xi_i)\Delta x_i$$

为确定的值，则称函数 $f(x)$ 在区间 $[a, b]$ 上可积，并称此极限为函数 $f(x)$ 在 $[a, b]$ 上的定积分，记为 $\int_a^b f(x)\mathrm{d}x$，即

$$\int_a^b f(x)\mathrm{d}x = \lim_{\lambda \to 0} \sum_{i=1}^{n} f(\xi_i)\Delta x_i$$

其中 $f(x)$ 称为被积函数，x 称为积分变量，$f(x)\mathrm{d}x$ 称为被积表达式，$[a, b]$ 称为积分区间，b 与 a 分别称为定积分的上限与下限。

关于定积分的定义有以下几点说明：

(1) 定积分 $\int_a^b f(x)\mathrm{d}x$ 的值与被积函数 $f(x)$ 及积分区间 $[a, b]$ 有关,但与积分变量用什么字母表示无关,即

$$\int_a^b f(x)\mathrm{d}x = \int_a^b f(u)\mathrm{d}u = \int_a^b f(t)\mathrm{d}t$$

(2) 定义中假定 $a < b$,如果 $a > b$,则规定

$$\int_b^a f(x)\mathrm{d}x = -\int_a^b f(x)\mathrm{d}x$$

特别当 $a = b$ 时,规定

$$\int_a^b f(x)\mathrm{d}x = 0$$

2. 定积分的性质

(1) $\int_a^b [f(x) \pm g(x)]\mathrm{d}x = \int_a^b f(x)\mathrm{d}x \pm \int_a^b g(x)\mathrm{d}x$。

(2) $\int_a^b kf(x)\mathrm{d}x = k\int_a^b f(x)\mathrm{d}x$ (k 为常数)。

(3) 定积分的可加性:$\int_a^b f(x)\mathrm{d}x = \int_a^c f(x)\mathrm{d}x + \int_c^b f(x)\mathrm{d}x$。

(4) 设 $f(x) \leqslant g(x)$,$x \in [a, b]$,则 $\int_a^b f(x)\mathrm{d}x \leqslant \int_a^b g(x)\mathrm{d}x$

(5) 估值定理:设 M,m 是 $f(x)$ 在 $[a, b]$ 上的最大值和最小值,则

$$m(b-a) \leqslant \int_a^b f(x)\mathrm{d}x \leqslant M(b-a)$$

(6) 定积分中值定理:如果 $f(x)$ 在 $[a, b]$ 上连续,则在 (a, b) 内至少存在一点 ξ,使得

$$\int_a^b f(x)\mathrm{d}x = f(\xi)(b-a)$$

3. 函数可积的条件

(1) 如果函数 $f(x)$ 在 $[a, b]$ 上可积,即定积分 $\int_a^b f(x)\mathrm{d}x$ 存在,则 $f(x)$ 在 $[a, b]$ 上必有界。这说明函数有界是函数可积的必要条件。

(2) 如果 $f(x)$ 在 $[a, b]$ 上连续,则 $f(x)$ 在 $[a, b]$ 上可积。这说明函数连续是其可积的充分条件。

(3) 在有限区间上只有有限个间断点的有界函数一定可积。

4. 微积分基本定理

(1) 设 $f(x)$ 在 $[a, b]$ 上连续,

$$\Phi(x) = \int_a^x f(t)\mathrm{d}t \quad x \in [a, b]$$

称为积分上限的函数,$\Phi(x)$ 在 $[a, b]$ 上可导,且

$$\Phi'(x) = \frac{\mathrm{d}}{\mathrm{d}x}\int_a^x f(t)\mathrm{d}t = f(x)$$

这说明 $\Phi(x) = \int_a^x f(t)\mathrm{d}t$ 是 $f(x)$ 的一个原函数。

(2) 如果 $f(x)$ 在 $[a, b]$ 上连续,$F(x)$ 是 $f(x)$ 的一个原函数,则

$$\int_a^b f(x)\mathrm{d}x = F(x)\Big|_a^b = F(b) - F(a)$$

这个公式称为微积分基本公式,也称为牛顿—莱布尼兹公式。

5. 定积分的换元积分法

如果 $f(x)$ 在 $[a, b]$ 上连续,$x = \varphi(u)$ 在 $[\alpha, \beta]$ 上有连续导数,当 u 从 α 变到 β 时,$\varphi(u)$ 从 a 单调地变到 b,$a = \varphi(\alpha)$,$b = \varphi(\beta)$,则

$$\int_a^b f(x)\mathrm{d}x = \int_\alpha^\beta f[\varphi(u)]\varphi'(u)\mathrm{d}u$$

注意:

(1) 定积分换元时,上、下限一定要跟着换。

(2) 上述公式可以从两个不同的方向使用:从右端到左端称为定积分的第一类换元法;从左端到右端称为定积分的第二类换元法。

6. 定积分的分部积分法

$u(x)$,$v(x)$ 在 $[a, b]$ 上有连续导数,则

$$\int_a^b u\mathrm{d}v = uv\Big|_a^b - \int_a^b v\mathrm{d}u$$

7. 奇、偶函数在对称区间上的积分

$$\int_{-a}^a f(x)\mathrm{d}x = \begin{cases} 2\displaystyle\int_0^a f(x)\mathrm{d}x, & \text{当 } f(x) \text{ 为偶函数时} \\ 0, & \text{当 } f(x) \text{ 为奇函数时} \end{cases}$$

8. 反常积分与 Γ 函数

(1) 无穷区间上的积分。设 $f(x)$ 在 $[a, +\infty)$ 上连续,任取 $b \in (a, +\infty)$,如果极限

$$\lim_{b \to +\infty} \int_a^b f(x)\mathrm{d}x$$

存在,则称此极限为 $f(x)$ 在 $[a, +\infty)$ 上的反常积分,记为 $\int_a^{+\infty} f(x)\mathrm{d}x$,也称反常积分 $\int_a^{+\infty} f(x)\mathrm{d}x$ 收敛;否则,称反常积分发散。

类似地,可以定义反常积分

$$\int_{-\infty}^b f(x)\mathrm{d}x = \lim_{a \to -\infty} \int_a^b f(x)\mathrm{d}x$$

定义

$$\int_{-\infty}^{+\infty} f(x)\mathrm{d}x = \int_{-\infty}^a f(x)\mathrm{d}x + \int_a^{+\infty} f(x)\mathrm{d}x$$

(2) 无界函数的积分。设 $f(x)$ 在 $(a, b]$ 上连续,且 $\lim\limits_{x \to a^+} f(x) = \infty$,如果极限

$$\lim_{\varepsilon \to 0^+} \int_{a+\varepsilon}^b f(x)\mathrm{d}x$$

存在,则称此极限为函数 $f(x)$ 在 $(a, b]$ 上的反常积分,仍然记作 $\int_a^b f(x)\mathrm{d}x$。

类似地,若 $f(x)$ 在 $[a, b)$ 上连续,且 $\lim\limits_{x \to b^-} f(x) = \infty$,则定义

$$\int_a^b f(x)\mathrm{d}x = \lim_{\varepsilon \to 0^+} \int_a^{b-\varepsilon} f(x)\mathrm{d}x$$

(3) Γ 函数。

反常积分 $\int_0^{+\infty} x^{r-1} \mathrm{e}^{-x} \mathrm{d}x$ 当 $r > 0$ 时是收敛的,它是参变量 r 的函数,称为 Γ 函数,记为 $\Gamma(r)$。

Γ 函数重要性质:$r > 0$ 时,$\Gamma(r+1) = r\Gamma(r)$。

特别地,n 为正整数时,$\Gamma(n+1) = n!$。

Γ 函数另一形式是 $\Gamma(r) = 2\int_0^{+\infty} t^{2r-1} \mathrm{e}^{-t^2} \mathrm{d}t$。

特别地,$\Gamma\left(\dfrac{1}{2}\right) = 2\int_0^{+\infty} \mathrm{e}^{-t^2} \mathrm{d}t$。

9. 定积分的应用

(1) 曲边梯形的面积。由曲线 $y=f(x)(f(x)\geqslant0)$，直线 $x=a$，$x=b$ 及 x 轴所围成的曲边梯形（见图 5.1）的面积 A 为

$$A = \int_a^b f(x)\mathrm{d}x$$

(2) 两条曲线之间所围图形的面积。由两条曲线 $y=f(x)$，$y=g(x)[f(x)\geqslant g(x)]$，直线 $x=a$，$x=b$ 所围成的平面图形（见图 5.2）的面积 A 为

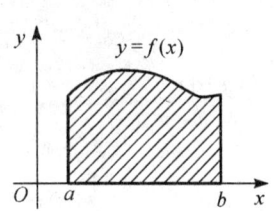

图 5.1　曲边梯形

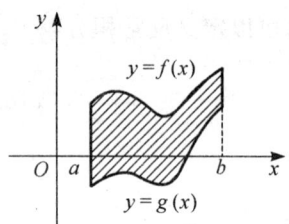

图 5.2　平面图形

$$A = \int_a^b [f(x) - g(x)]\mathrm{d}x$$

(3) 旋转体的体积。如图 5.1 所示的曲边梯形绕 x 轴旋转所得到的旋转体的体积 V_x 为

$$V_x = \int_a^b \pi y^2 \mathrm{d}x = \pi \int_a^b [f(x)]^2 \mathrm{d}x.$$

如图 5.3 所示的曲边梯形绕 y 轴旋转所得到的旋转体的体积 V_y 为

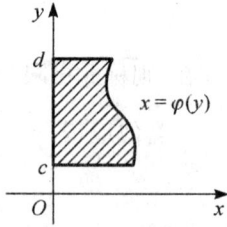

图 5.3　曲边梯形

$$V_y = \int_c^d \pi x^2 \mathrm{d}y = \pi \int_c^d [\varphi(y)]^2 \mathrm{d}y$$

(4) 平行截面面积为已知的立体的体积。设一立体在过 $x=a$，$x=b$ 且垂直于 x 轴的两个平面之间，以 $A(x)$ 表示过点 $x\in[a, b]$ 且垂直于 x 轴的截面面积，如果 $A(x)$ 是 x 的已知连续函数，则称该立体是平行截面面积为已知的立体（见图 5.4），其体积为

$$V = \int_a^b A(x)\mathrm{d}x$$

(5) 经济上的应用。已知产量 Q 的变化率是时间 t 的连续函数 $Q'(t)$，则从 $t=\alpha$

到 $t=\beta$ 这段时间内的产量 Q 为

$$Q = \int_{\alpha}^{\beta} Q'(t)\mathrm{d}t$$

已知边际成本函数 $C'(Q)$ 和固定成本 C_0，则成本函数 $C(Q)$ 为

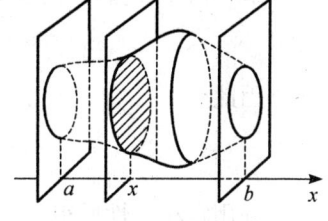

图 5.4 立体

$$C(Q) = C_0 + \int_0^Q C'(Q)\mathrm{d}Q$$

已知边际收益函数 $R'(Q)$，则收益函数 $R(Q)$ 为

$$R(Q) = \int_0^Q R'(Q)\mathrm{d}Q$$

已知边际利润函数 $L'(Q)$ 和固定成本 C_0，则利润函数 $L(Q)$ 为

$$L(Q) = \int_0^Q L'(Q)\mathrm{d}Q - C_0$$

第二节　例　题　分　析

【例 1】　设函数　$f(x) = \begin{cases} 2 & 0 \leqslant x \leqslant 2 \\ 1 & 2 < x \leqslant 4 \end{cases}$

试问 $f(x)$ 在 $[0, 4]$ 上是否可积？

分析　利用可积条件讨论。

解　由于 $f(x)$ 在 $[0, 4]$ 上为有界函数，且只有一个间断点，因此 $f(x)$ 在 $[0, 4]$ 上可积，且

$$\int_0^4 f(x)\mathrm{d}x = \int_0^2 f(x)\mathrm{d}x + \int_2^4 f(x)\mathrm{d}x = \int_0^2 2 \cdot \mathrm{d}x + \int_2^4 1 \cdot \mathrm{d}x$$

$$= 2\int_0^2 \mathrm{d}x + \int_2^4 \mathrm{d}x = 2(2-0) + (4-2)$$

$$= 4 + 2 = 6$$

【例 2】　不用计算定积分，比较 $\int_3^4 (\ln x)^2 \mathrm{d}x$ 与 $\int_3^4 (\ln x)^3 \mathrm{d}x$ 的大小。

分析　利用定积分的性质解此题。在区间 $[3, 4]$ 上考虑 $(\ln x)^2$ 与 $(\ln x)^3$ 的大小。

解 由于在$[3,4]$上，$3 \leqslant x \leqslant 4$，且 $\ln x$ 为单调增加，得

$$1 = \ln e < \ln 3 \leqslant \ln x \leqslant \ln 4$$

因此

$$(\ln x)^2 < (\ln x)^3$$

利用定积分性质得

$$\int_3^4 (\ln x)^2 \mathrm{d}x < \int_3^4 (\ln x)^3 \mathrm{d}x$$

【例3】 设 $f(x) = \int_0^x \cos 3t \mathrm{d}t$，求 $f'(x)$ 及 $f'\left(\dfrac{\pi}{4}\right)$。

分析 $f(x)$ 为积分上限函数，可应用积分上限函数求导定理。

解 $f'(x) = \left(\int_0^x \cos 3t \mathrm{d}t\right) = \cos 3x$

$$f'\left(\frac{\pi}{4}\right) = \cos \frac{3\pi}{4} = \cos\left(\pi - \frac{\pi}{4}\right) = -\cos \frac{\pi}{4} = -\frac{\sqrt{2}}{2}$$

【例4】 设 $f(x) = x \int_0^x \sin t^2 \mathrm{d}t$，求 $f''(x)$。

分析 $f(x)$ 是两个函数的乘积，应该用乘积函数的求导公式，又由于 $\int_0^x \sin t^2 \mathrm{d}t$ 为积分上限函数，可用积分上限求导定理。

解 $f'(x) = \int_0^x \sin t^2 \mathrm{d}t + x \sin \cdot x^2$

$$f''(x) = \sin x^2 + \sin x^2 + x \cos x^2 \cdot 2x = 2 \sin x^2 + 2x^2 \cos x^2$$

【例5】 求极限 $\lim\limits_{x \to 0} \dfrac{x - \int_0^x \mathrm{e}^{t^2} \mathrm{d}t}{x^3}$

分析 这个极限属于 $\dfrac{0}{0}$ 型，可以应用洛必达法则求解。

解 $\lim\limits_{x \to 0} \dfrac{x - \int_0^x \mathrm{e}^{t^2} \mathrm{d}t}{x^3} \overset{\frac{0}{0}}{=\!=\!=} \lim\limits_{x \to 0} \dfrac{1 - \mathrm{e}^{x^2}}{3x^2} \overset{\frac{0}{0}}{=\!=\!=} \lim\limits_{x \to 0} \dfrac{-2x\mathrm{e}^{x^2}}{6x}$

$$= -\frac{1}{3} \lim\limits_{x \to 0} \mathrm{e}^{x^2} = -\frac{1}{3}$$

【例6】 求函数 $f(x) = \int_0^x (1+t) \arctan t \mathrm{d}t$ 的极小值。

分析 利用求函数极值的方法，先求出驻点，再利用函数极值的第二充分条件

进行判定。

解 $f'(x) = (1+x)\arctan x$, $f''(x) = \arctan x + \dfrac{1+x}{1+x^2}$

令 $f'(x) = 0$，得驻点 $x = -1$, $x = 0$

由于 $f''(-1) = -\dfrac{\pi}{4} < 0$, $f''(0) = 1 > 0$

所以 $f(0) = \displaystyle\int_0^0 (1+x)\arctan x \mathrm{d}x = 0$ 为极小值。

【例7】 利用微积分基本公式，求下列定积分。

(1) $\displaystyle\int_{-1}^7 \dfrac{1}{\sqrt{4+3x}} \mathrm{d}x$ 　　　　(2) $\displaystyle\int_0^\pi \dfrac{\sin x}{1+\cos^2 x} \mathrm{d}x$

分析 据微积分基本公式：

$$\int_a^b f(x) \mathrm{d}x = F(x) \Big|_a^b = F(b) - F(a)$$

只需计算不定积分 $\displaystyle\int f(x) \mathrm{d}x$，求出 $f(x)$ 的一个原函数 $F(x)$ 即可。

解 (1) 先求不定积分：$\displaystyle\int \dfrac{1}{\sqrt{4+3x}} \mathrm{d}x = \dfrac{1}{3} \int \dfrac{\mathrm{d}(4+3x)}{\sqrt{4+3x}} = \dfrac{2}{3}\sqrt{4+3x} + C$

所以　　　$\displaystyle\int_{-1}^7 \dfrac{1}{\sqrt{4+3x}} \mathrm{d}x = \dfrac{2}{3}\sqrt{4+3x} \Big|_{-1}^7 = \dfrac{2}{3}(5-1) = \dfrac{8}{3}$

(2) 因为 $\displaystyle\int \dfrac{\sin x}{1+\cos^2 x} \mathrm{d}x = -\int \dfrac{\mathrm{d}\cos x}{1+\cos^2 x} = -\arctan(\cos x) + C$

所以　　　$\displaystyle\int_0^\pi \dfrac{\sin x}{1+\cos^2 x} \mathrm{d}x = -\arctan(\cos x) \Big|_0^\pi = \dfrac{\pi}{2}$

【例8】 利用定积分的换元法，求下列定积分。

(1) $\displaystyle\int_{-\frac{\pi}{2}}^{\frac{\pi}{2}} \dfrac{\cos x}{(2+\sin x)^2} \mathrm{d}x$ 　　(2) $\displaystyle\int_1^2 \dfrac{1}{x^2 \sqrt{x^2-1}} \mathrm{d}x$

(3) $\displaystyle\int_{-5}^1 \dfrac{x+1}{\sqrt{5-4x}} \mathrm{d}x$ 　　　(4) $\displaystyle\int_0^1 \dfrac{x^5}{\sqrt{1-x^2}} \mathrm{d}x$

(5) $\displaystyle\int_0^\pi \sqrt{\sin x - \sin^3 x} \, \mathrm{d}x$ 　(6) $\displaystyle\int_{-\frac{\pi}{2}}^{\frac{\pi}{2}} \cos x \cos 2x \mathrm{d}x$

分析 定积分换元公式 $\displaystyle\int_a^b f(x) \mathrm{d}x = \int_\alpha^\beta f[\varphi(u)]\varphi'(u) \mathrm{d}u$ 可以从两个不同的方向

运用：

① 从右端到左端：令 $\varphi(u) = x$，则 $\varphi(\alpha) = a$, $\varphi(\beta) = b$，得

161

$$\int_{\alpha}^{\beta} f[\varphi(u)]\varphi'(u)\mathrm{d}u = \int_{a}^{b} f(x)\mathrm{d}x$$

这是定积分的第一类换元法。

② 从左端到右端：令 $x=\varphi(u)$，则 $a=\varphi(\alpha)$，$b=\varphi(\beta)$，得

$$\int_{a}^{b} f(x)\mathrm{d}x = \int_{\alpha}^{\beta} f[\varphi(u)]\varphi'(u)\mathrm{d}u$$

这是定积分的第二类换元法。

解 (1) $\displaystyle\int_{-\frac{\pi}{2}}^{\frac{\pi}{2}} \frac{\cos x\mathrm{d}x}{(2+\sin x)^2} = \int_{-\frac{\pi}{2}}^{\frac{\pi}{2}} \frac{\mathrm{d}(2+\sin x)}{(2+\sin x)^2} = -\frac{1}{2+\sin x}\Big|_{-\frac{\pi}{2}}^{\frac{\pi}{2}} = \frac{2}{3}$

(2) **解法一** 令 $x=\sec u$，则 $\cos u=\dfrac{1}{x}$，当 $x=1$ 时 $u=0$；$x=2$ 时，$u=\dfrac{\pi}{3}$

$$\int_{1}^{2} \frac{\mathrm{d}x}{x^2\sqrt{x^2-1}} = \int_{0}^{\frac{\pi}{3}} \frac{\sec u \cdot \tan u}{\sec^2 u \cdot \tan u}\mathrm{d}u = \int_{0}^{\frac{\pi}{3}} \cos u\mathrm{d}u = \sin u\Big|_{0}^{\frac{\pi}{3}} = \frac{\sqrt{3}}{2}$$

解法二 令 $x=\dfrac{1}{t}(t>0)$，当 $x=1$ 时，$t=1$；当 $x=2$ 时，$t=\dfrac{1}{2}$

$$\int_{1}^{2} \frac{\mathrm{d}x}{x^2\sqrt{x^2-1}} = \int_{1}^{\frac{1}{2}} \frac{-\dfrac{1}{t^2}\mathrm{d}t}{\dfrac{1}{t^2}\sqrt{\dfrac{1}{t^2}-1}} = \int_{\frac{1}{2}}^{1} \frac{t\mathrm{d}t}{\sqrt{1-t^2}}$$

$$= -\frac{1}{2}\int_{\frac{1}{2}}^{1} \frac{\mathrm{d}(1-t^2)}{\sqrt{1-t^2}} = -\sqrt{1-t^2}\Big|_{\frac{1}{2}}^{1} = \frac{\sqrt{3}}{2}$$

(3) 令 $\sqrt{5-4x}=u$，则 $5-4x=u^2$，$x=\dfrac{1}{4}(5-u^2)$，$\mathrm{d}x=-\dfrac{1}{2}u\mathrm{d}u$

当 $x=-5$ 时，$u=5$；当 $x=1$ 时，$u=1$

$$\int_{-5}^{1} \frac{x+1}{\sqrt{5-4x}}\mathrm{d}x = \int_{5}^{1} \frac{\dfrac{1}{4}(5-u^2)+1}{u}\left(-\frac{1}{2}u\right)\mathrm{d}u$$

$$= \frac{1}{8}\int_{1}^{5} (9-u^2)\mathrm{d}u = \frac{1}{8}\left(9u-\frac{u^3}{3}\right)\Big|_{1}^{5} = -\frac{2}{3}$$

(4) **解法一** 令 $x=\sin u$，则当 $x=0$ 时，$u=0$；当 $x=1$ 时，$u=\dfrac{\pi}{2}$

$$\int_{0}^{1} \frac{x^5}{\sqrt{1-x^2}}\mathrm{d}x = \int_{0}^{\frac{\pi}{2}} \frac{\sin^5 u}{\cos u}\cdot\cos u\mathrm{d}u = \int_{0}^{\frac{\pi}{2}} \sin^5 u\mathrm{d}u$$

$$= \int_{0}^{\frac{\pi}{2}} \sin^4 u \cdot \sin u\mathrm{d}u$$

$$=-\int_0^{\frac{\pi}{2}}(1-\cos^2 u)^2 \mathrm{d}\cos u$$

$$=-\int_0^{\frac{\pi}{2}}(1-2\cos^2 u+\cos^4 u)\mathrm{d}\cos u$$

$$=-\left(\cos u-\frac{2}{3}\cos^3 u+\frac{1}{5}\cos^5 u\right)\Big|_0^{\frac{\pi}{2}}=\frac{8}{15}$$

解法二 令 $\sqrt{1-x^2}=u$,则 $1-x^2=u^2$, $x^2=1-u^2$, $x\mathrm{d}x=-u\mathrm{d}u$

当 $x=0$ 时, $u=1$;当 $x=1$ 时, $u=0$

$$\int_0^1\frac{x^5}{\sqrt{1-x^2}}\mathrm{d}x=\int_0^1\frac{x^4}{\sqrt{1-x^2}}x\mathrm{d}x=\int_1^0\frac{(1-u^2)^2}{u}\cdot(-u\mathrm{d}u)$$

$$=\int_0^1(1-u^2)^2\mathrm{d}u=\int_0^1(1-2u^2+u^4)\mathrm{d}u$$

$$=\left(u-\frac{2}{3}u^3+\frac{1}{5}u^5\right)\Big|_0^1=1-\frac{2}{3}+\frac{1}{5}=\frac{8}{15}$$

(5) $\displaystyle\int_0^{\pi}\sqrt{\sin x-\sin^3 x}\mathrm{d}x=\int_0^{\pi}\sqrt{\sin x(1-\sin^2 x)}\mathrm{d}x$

$$=\int_0^{\pi}\sqrt{\sin x}\,|\cos x|\,\mathrm{d}x$$

$$=\int_0^{\frac{\pi}{2}}\sqrt{\sin x}\cos x\mathrm{d}x-\int_{\frac{\pi}{2}}^{\pi}\sqrt{\sin x}\cos x\mathrm{d}x$$

$$=\int_0^{\frac{\pi}{2}}\sqrt{\sin x}\mathrm{d}(\sin x)-\int_{\frac{\pi}{2}}^{\pi}\sqrt{\sin x}\mathrm{d}(\sin x)$$

$$=\frac{2}{3}(\sin x)^{\frac{3}{2}}\Big|_0^{\frac{\pi}{2}}-\frac{2}{3}(\sin x)^{\frac{3}{2}}\Big|_{\frac{\pi}{2}}^{\pi}=\frac{4}{3}$$

(6) $\displaystyle\int_{-\frac{\pi}{2}}^{\frac{\pi}{2}}\cos x\cos 2x\mathrm{d}x=2\int_0^{\frac{\pi}{2}}\cos x(1-2\sin^2 x)\mathrm{d}x=2\int_0^{\frac{\pi}{2}}(1-2\sin^2 x)\mathrm{d}(\sin x)$

$$=2\left(\sin x-\frac{2}{3}\sin^3 x\right)\Big|_0^{\frac{\pi}{2}}=\frac{2}{3}$$

【例9】 求下列定积分。

(1) $\displaystyle\int_1^{\mathrm{e}}x(\ln x)^2\mathrm{d}x$　　　　　　　(2) $\displaystyle\int_0^{\frac{\pi}{2}}\mathrm{e}^{2x}\cos x\mathrm{d}x$

(3) $\displaystyle\int_0^1\mathrm{e}^{\sqrt{1-x}}\mathrm{d}x$　　　　　　　(4) $\displaystyle\int_0^1 x\arcsin x\mathrm{d}x$

分析 应用分部积分公式:

$$\int_a^b u\,\mathrm{d}v = uv\Big|_a^b - \int_a^b v\,\mathrm{d}u$$

解 (1) $\displaystyle\int_1^e x(\ln x)^2\,\mathrm{d}x = \frac{1}{2}\int_1^e (\ln x)^2\,\mathrm{d}(x^2)$

$$= \frac{1}{2}\Big[x^2(\ln x)^2\Big|_1^e - \int_1^e x^2 \cdot 2\ln x \cdot \frac{1}{x}\,\mathrm{d}x\Big]$$

$$= \frac{1}{2}e^2 - \frac{1}{2}\int_1^e \ln x\,\mathrm{d}(x^2)$$

$$= \frac{1}{2}e^2 - \frac{1}{2}\Big(x^2\ln x\Big|_1^e - \int_1^e x^2 \cdot \frac{1}{x}\,\mathrm{d}x\Big)$$

$$= \frac{1}{2}e^2 - \frac{1}{2}\Big(e^2 - \frac{1}{2}x^2\Big|_1^e\Big) = \frac{1}{4}(e^2-1)$$

(2) $\displaystyle\int_0^{\frac{\pi}{2}} e^{2x}\cos x\,\mathrm{d}x = \int_0^{\frac{\pi}{2}} e^{2x}\,\mathrm{d}(\sin x) = e^{2x}\sin x\Big|_0^{\frac{\pi}{2}} - \int_0^{\frac{\pi}{2}} 2e^{2x}\sin x\,\mathrm{d}x$

$$= e^\pi + 2\int_0^{\frac{\pi}{2}} e^{2x}\,\mathrm{d}(\cos x)$$

$$= e^\pi + 2\Big(e^{2x}\cos x\Big|_0^{\frac{\pi}{2}} - \int_0^{\frac{\pi}{2}} 2e^{2x}\cos x\,\mathrm{d}x\Big)$$

即 $\displaystyle\int_0^{\frac{\pi}{2}} e^{2x}\cos x\,\mathrm{d}x = e^\pi - 2 - 4\int_0^{\frac{\pi}{2}} e^{2x}\cos x\,\mathrm{d}x$

所以 $\displaystyle\int_0^{\frac{\pi}{2}} e^{2x}\cos x\,\mathrm{d}x = \frac{1}{5}(e^\pi - 2)$

(3) 令 $\sqrt{1-x}=t$，则 $1-x=t^2$，$-\mathrm{d}x=2t\mathrm{d}t$

当 $x=0$ 时，$t=1$；当 $x=1$ 时，$t=0$

$$\int_0^1 e^{\sqrt{1-x}}\,\mathrm{d}x = \int_1^0 e^t \cdot (-2t\mathrm{d}t) = 2\int_0^1 te^t\,\mathrm{d}t$$

$$= 2\int_0^1 t\,\mathrm{d}(e^t) = 2\Big(te^t\Big|_0^1 - \int_0^1 e^t\,\mathrm{d}t\Big)$$

$$= 2(e - e^t\Big|_0^1) = 2$$

(4) 令 $\arcsin x=t$，则 $x=\sin t$，当 $x=0$ 时，$t=0$；$x=1$ 时，$t=\frac{\pi}{2}$

$$\int_0^1 x\arcsin x\,\mathrm{d}x = \int_0^{\frac{\pi}{2}} t\sin t \cdot \cos t\mathrm{d}t = \frac{1}{2}\int_0^{\frac{\pi}{2}} t\sin 2t\mathrm{d}t$$

$$= -\frac{1}{4}\int_0^{\frac{\pi}{2}} t\,\mathrm{d}(\cos 2t)$$

$$= -\frac{1}{4}\left(t\cos 2t \Big|_0^{\frac{\pi}{2}} - \int_0^{\frac{\pi}{2}} \cos 2t \mathrm{d}t \right)$$

$$= -\frac{1}{4}\left(-\frac{\pi}{2} - \frac{1}{2}\sin 2t \Big|_0^{\frac{\pi}{2}} \right) = \frac{\pi}{8}$$

【例 10】 计算反常积分 $\displaystyle\int_1^{+\infty} \frac{\mathrm{d}x}{(1+x)\sqrt{x}}$。

解 $\displaystyle\int_1^{+\infty} \frac{\mathrm{d}x}{(1+x)\sqrt{x}} = \lim_{b\to+\infty}\int_1^b \frac{\mathrm{d}x}{(1+x)\sqrt{x}} = \lim_{b\to+\infty}\int_1^b \frac{2\mathrm{d}(\sqrt{x})}{1+x}$

$$= 2\lim_{b\to+\infty}\int_1^b \frac{\mathrm{d}(\sqrt{x})}{1+(\sqrt{x})^2} = 2\lim_{b\to+\infty} \arctan\sqrt{x} \Big|_1^b$$

$$= 2\lim_{b\to+\infty}\left(\arctan\sqrt{b} - \frac{\pi}{4} \right) = 2\left(\frac{\pi}{2} - \frac{\pi}{4} \right) = \frac{\pi}{2}$$

【例 11】 计算反常积分 $\displaystyle\int_1^2 \frac{\mathrm{d}x}{x\sqrt{x^2-1}}$。

解 $\displaystyle\int_1^2 \frac{\mathrm{d}x}{x\sqrt{x^2-1}} = \lim_{\varepsilon\to 0^+}\int_{1+\varepsilon}^2 \frac{\mathrm{d}x}{x\sqrt{x^2\left(1-\frac{1}{x^2}\right)}} = \lim_{\varepsilon\to 0^+}\int_{1+\varepsilon}^2 \frac{\mathrm{d}x}{x^2\sqrt{1-\frac{1}{x^2}}}$

$$= \lim_{\varepsilon\to 0^+}\int_{1+\varepsilon}^2 \frac{-\mathrm{d}\left(\frac{1}{x}\right)}{\sqrt{1-\left(\frac{1}{x}\right)^2}} = -\lim_{\varepsilon\to 0^+} \arcsin\frac{1}{x} \Big|_{1+\varepsilon}^2$$

$$= -\lim_{\varepsilon\to 0^+}\left(\arcsin\frac{1}{2} - \arcsin\frac{1}{1+\varepsilon} \right) = -\left(\frac{\pi}{6} - \frac{\pi}{2} \right) = \frac{\pi}{3}$$

【例 12】 设 $F(x)$ 是 $f(x)$ 在 $[a, +\infty)$ 上的原函数,求 $\displaystyle\int_a^x f(t+a)\mathrm{d}t$。

分析 将 $\displaystyle\int_a^x f(t+a)\mathrm{d}t$ 化为被积函数 $f(u)$,即先利用换元法,然后应用牛顿—莱布尼兹公式来求解。

解 令 $t+a=u$,则当 $t=a$ 时, $u=2a$

当 $t=x$ 时, $u=x+a$,所以

$$\int_a^x f(t+a)\mathrm{d}t = \int_{2a}^{x+a} f(u)\mathrm{d}u = F(u) \Big|_{2a}^{x+a} = F(x+a) - F(2a)$$

【例 13】 证明如果 $f(x)$ 为连续的奇函数,$F(x)=\displaystyle\int_0^x f(t)\mathrm{d}t$,则 $F(x)$ 为偶函数。

分析 只要证明 $F(-x)=F(x)$ 即可,为此仅需计算 $F(-x)$。

证明 $F(-x)=\int_0^{-x}f(t)\,\mathrm{d}t$

令 $t=-u$，则当 $t=0$ 时，$u=0$

当 $t=-x$ 时，$u=x$，所以

$$F(-x)=\int_0^x f(-u)(-\mathrm{d}u)=\int_0^x -f(u)(-\mathrm{d}u)$$
$$=\int_0^x f(u)\mathrm{d}u=F(x)$$

【例 14】 证明 $\int_x^1 \frac{1}{1+t^2}\mathrm{d}t=\int_1^{\frac1x}\frac{1}{1+t^2}\mathrm{d}t$

证明 在右边积分中，令 $t=\frac1u$，则 $u=\frac1t$。

当 $t=x$ 时，$u=\frac1x$

当 $t=1$ 时，$u=1$，所以

$$左边=\int_{\frac1x}^1 \frac{1}{1+\frac{1}{u^2}}\left(-\frac{1}{u^2}\right)\mathrm{d}u=-\int_{\frac1x}^1\frac{1}{1+u^2}\mathrm{d}u$$
$$=\int_1^{\frac1x}\frac{1}{1+u^2}\mathrm{d}u=\int_1^{\frac1x}\frac{1}{1+t^2}\mathrm{d}t=右边$$

本题得证。

【例 15】 求由抛物线 $y+1=x^2$ 与直线 $y=1+x$ 所围成的平面图形的面积。

解 作出平面图形，如图 5.5 所示，两曲线的交点为 $(-1,0),(2,3)$。

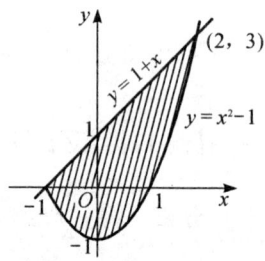

图 5.5 平面图形面积

选 x 为积分变量，则 x 的变化范围是 $[-1,2]$，任取其内的一个小区间 $[x,x+\mathrm{d}x]$，则可得到面积微元为

$$\mathrm{d}A=[(1+x)-(x^2-1)]\mathrm{d}x$$

从而，所求面积为

$$A=\int_{-1}^2[(1+x)-(x^2-1)]\mathrm{d}x=\frac92$$

【例 16】 求心形线 $r=a(1+\cos\theta)$ 所围平面图形的面积（$a>0$）。

解 心形线所围成的图形如图 5.6 所示，该图形关于极轴对称，因此，所求面积

166

A是$[0,\pi]$上的图形面积的2倍。任取其内的一个小区间$[\theta,\theta+\mathrm{d}\theta]$,得到面积微元为

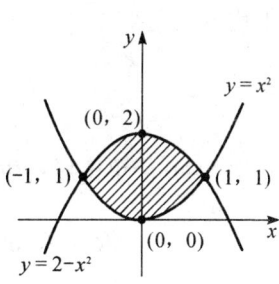

$$\mathrm{d}A=\frac{1}{2}a^2(1+\cos\theta)^2\mathrm{d}\theta$$

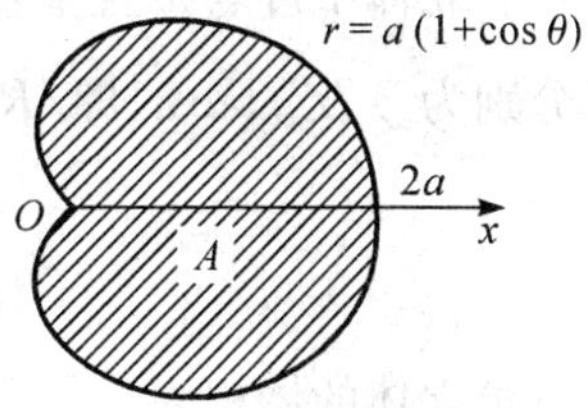

图 5.6 平面图形面积

从而,所求面积为

$$\begin{aligned}A&=2\left(\frac{1}{2}\int_0^{\pi}r^2\mathrm{d}\theta\right)=\int_0^{\pi}a^2(1+\cos\theta)^2\mathrm{d}\theta\\&=a^2\int_0^{\pi}(1+2\cos\theta+\cos^2\theta)\mathrm{d}\theta\\&=a^2\int_0^{\pi}\left(\frac{3}{2}+2\cos\theta+\frac{1}{2}\cos2\theta\right)\mathrm{d}\theta=a^2\left(\frac{3}{2}\theta+2\sin\theta+\frac{1}{4}\sin2\theta\right)\Big|_0^{\pi}\\&=\frac{3}{2}\pi a^2\end{aligned}$$

【例 17】 求由曲线$y=x^2$,$y=2-x^2$所围成的平面图形分别绕x轴和y轴旋转而成的旋转体的体积。

解 作出平面图形,如图5.7所示。两曲线交点坐标为$(-1,1)$,$(1,1)$。于是绕x轴旋转而成的旋转体的体积为

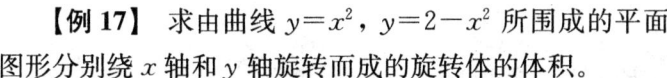

$$\begin{aligned}V_x&=2\pi\int_0^1[(2-x^2)^2-x^4]\mathrm{d}x\\&=8\pi\left(x-\frac{1}{3}x^3\right)\Big|_0^1=\frac{16}{3}\pi\end{aligned}$$

图 5.7 平面图形面积

绕y轴旋转而成的旋转体的体积为

$$V_y=\pi\int_0^1(\sqrt{y})^2\mathrm{d}y+\pi\int_1^2(\sqrt{2-y})^2\mathrm{d}y=\pi\left(\frac{1}{2}y^2\right)\Big|_0^1+\pi\left(2y-\frac{1}{2}y^2\right)\Big|_1^2=\pi$$

【例 18】 一平面经过半径为R的圆柱体的底圆中心,并与底面交成角α(见图5.8),计算该平面截圆柱体所得立体的体积。

解 取该平面与圆柱体底面的交线为x轴,底面上过圆中心且垂直于x轴的直线为y轴,则底圆的方程为

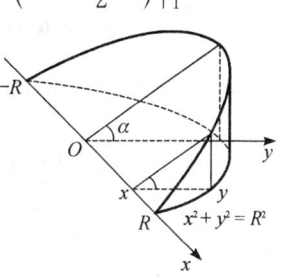

$$x^2+y^2=R^2.$$

图 5.8 立体

立体中过点 x 且垂直于 x 轴的截面是一个直角三角形,它的两条直角边的边长分别为 y 及 $y \tan \alpha$,即 $\sqrt{R^2-x^2}$ 及 $\sqrt{R^2-x^2}\tan \alpha$,从而,截面面积为

$$A(x) = \frac{1}{2}(R^2 - x^2)\tan \alpha$$

所求立体的体积为

$$V = \frac{1}{2}\int_{-R}^{R}(R^2 - x^2)\tan \alpha \,\mathrm{d}x = \frac{2}{3}R^3\tan \alpha$$

【例19】 已知生产某产品 Q 单位时的边际收入为 $R'(Q) = 100 - 2Q$(元/单位),求生产 40 单位时的总收入及平均收入,并求再多生产 10 个单位时所增加的总收入。

解

$$R(40) = \int_0^{40}(100 - 2Q)\mathrm{d}Q = (100Q - Q^2)\Big|_0^{40} = 2\,400(元)$$

平均收入是

$$\frac{R(40)}{40} = \frac{2\,400}{40} = 60(元)$$

在生产 40 个单位后再生产 10 个单位所增加的总收入可由增量公式求得:

$$\Delta R = R(50) - R(40) = \int_{40}^{50}R'(Q)\mathrm{d}Q = \int_{40}^{50}(100 - 2Q)\mathrm{d}Q$$

$$= (100Q - Q^2)\Big|_{40}^{50} = 100(元)$$

【例20】 已知某产品的边际收入 $R'(Q) = 25 - 2Q$,边际成本 $C'(Q) = 13 - 4Q$,固定成本为 $C_0 = 10$(单位:元),求当 $Q=5$ 时的利润。(单位:元)

解 方法一

$$L'(Q) = R'(Q) - C'(Q) = (25 - 2Q) - (13 - 4Q) = 12 + 2Q$$

从而,可求得 $x=5$ 时的利润为

$$L(5) = \int_0^5 L'(t)\mathrm{d}t - C_0 = \int_0^5(12 + 2Q)\mathrm{d}Q - 10$$

$$= (12Q + Q^2)\Big|_0^5 - 10 = 75(元)$$

方法二

$$R(5) = \int_0^5 R'(Q)\,dQ = \int_0^5 (25 - 2Q)\,dQ = (25Q - Q^2)\Big|_0^5 = 100$$

$$C(5) = \int_0^5 C'(Q)\,dQ + C_0 = \int_0^5 (13 - 4Q)\,dQ + 10 = (13Q - 2Q^2)\Big|_0^5 + 10 = 25$$

于是

$$L(5) = R(5) - C(5) = 100 - 25 = 75(\text{元})$$

【例 21】 某出口公司每月销售额是 1 000 000 美元,平均利润是销售额的 10%。根据公司以往的经验,广告宣传期间月销售额的变化率近似地服从增长曲线

$$f(t) = 1\,000\,000 e^{0.02t} \quad (t \text{ 以月为单位})$$

公司现在需要决定是否举行一次类似的总成本为 130 000 美元的广告活动。按惯例,对于超过 100 000 美元的广告活动,如果新增销售额产生的利润超过广告投资的 10%,则决定做广告。试问该公司按惯例是否应该做此广告?

解 由公式知,12 个月后总销售额是销售额的变化率 $f(t)$ 在 $[0, 12]$ 上的定积分,即

$$\int_0^{12} 1\,000\,000 e^{0.02t}\,dt = \frac{1\,000\,000 e^{0.02t}}{0.02}\Big|_0^{12} = 50\,000\,000[e^{0.24} - 1]$$

$$\approx 13\,560\,000(\text{美元})$$

公司的利润是销售额的 10%,所以新增销售额产生的利润是

$$0.10 \times (13\,560\,000 - 12\,000\,000) = 156\,000(\text{美元})$$

156 000 美元利润是由于花费 130 000 美元的广告费而取得的,因此,广告所产生的实际利润是

$$156\,000 - 130\,000 = 26\,000(\text{美元})$$

这表明赢利大于广告成本的 10%,故公司应该做此广告。

【例 22】 设每月产量为 Q 吨时,边际成本函数为 $C' = \frac{1}{2}Q + 8$,固定成本 $C_0 = 4\,900$ 元,求最低平均成本。

解 成本函数为

$$C(Q) = \int_0^Q C'(Q)\,dQ + C_0 = \int_0^Q \left(\frac{1}{2}Q + 8\right)dQ + C_0$$

$$= \frac{1}{4}Q^2 + 8Q + 4\,900$$

169

平均成本为

$$\bar{C}(Q) = \frac{C(Q)}{Q} = \frac{1}{4}Q + 8 + \frac{4\,900}{Q}$$

$$\bar{C}' = \frac{1}{4} - \frac{4\,900}{Q^2},$$

令 $\bar{C}' = 0$,得唯一驻点 $Q = 140$

又

$$\bar{C}'' = \frac{9\,800}{Q^3}, \quad \bar{C}''(140) = \frac{9\,800}{140^3} > 0$$

故 $\bar{C}(140) = 78$ 是 $\bar{C}(Q)$ 的极小值,也是最小值。即每月产量为 1 吨时,平均成本最低。

第三节 习 题 选 解

习 题 5-2

2. 利用定积分的性质,估计下列积分介于哪两个数值之间。

(2) $\displaystyle\int_1^2 (2x^3 - x^4)\,dx$ 　　　　　　(3) $\displaystyle\int_0^2 e^{x^2 - x}\,dx$

分析 应用定积分性质

$$m(b-a) \leqslant \int_a^b f(x)\,dx \leqslant M(b-a)$$

其中 M 与 m 分别为 $f(x)$ 在 $[a, b]$ 上的最大值和最小值。

解 (2) 求 $f(x) = 2x^3 - x^4$ 在 $[1, 2]$ 上的最大值 M 和最小值 m。

$f'(x) = 6x^2 - 4x^3 = 2x^2(3 - 2x) = 0$,得

$x = 0$, $x = \dfrac{3}{2}$ 为驻点

$f(0) = 0$, $f(1) = 1$, $f\left(\dfrac{3}{2}\right) = \dfrac{27}{16}$, $f(2) = 0$

$M = \dfrac{27}{16}$, $m = 0$, $b - a = 1$

代入公式得

$$0 \leqslant \int_1^2 (2x^3 - x^4)\,dx \leqslant \frac{27}{16}$$

(3) 求 $f(x)=e^{x^2-x}$ 在 $[0，2]$ 上的最大值 M 和最小值 m。

$f'(x)=(2x-1)e^{x^2-x}=0$，得

$x=\dfrac{1}{2}$ 为驻点，$f(0)=1$，$f\left(\dfrac{1}{2}\right)=e^{-\frac{1}{4}}$，$f(2)=e^2$

$M=e^2$，$m=e^{-\frac{1}{4}}=\dfrac{1}{\sqrt[4]{e}}$，$b-a=2$

代入公式得

$$\frac{2}{\sqrt[4]{e}} \leqslant \int_0^2 e^{x^2-x}\mathrm{d}x \leqslant 2e^2$$

习 题 5-3

2. 求下列极限。

(4) $\lim\limits_{x\to 0} \dfrac{\displaystyle\int_{\cos x}^1 e^{-t^2}\mathrm{d}t}{x^2}$

解 (4) $\lim\limits_{x\to 0} \dfrac{\displaystyle\int_{\cos x}^1 e^{-t^2}\mathrm{d}t}{x^2} \xlongequal{\frac{0}{0}} \lim\limits_{x\to 0} \dfrac{-e^{-\cos^2 x}\cdot(-\sin x)}{2x}$

$\qquad\qquad = \dfrac{1}{2}\lim\limits_{x\to 0}e^{-\cos^2 x}\cdot\dfrac{\sin x}{x} = \dfrac{1}{2e}$

3. 计算下列定积分。

(6) $\displaystyle\int_1^e \dfrac{\ln x}{x}\mathrm{d}x$ 　　　　　　(8) $\displaystyle\int_0^{\frac{\pi}{2}} \dfrac{\sin x}{(3+\cos x)^2}\mathrm{d}x$

(11) $\displaystyle\int_0^2 \sqrt{1-2x+x^2}\,\mathrm{d}x$ 　　　(12) $\displaystyle\int_0^5 |2x-4|\mathrm{d}x$

解 (6) $\displaystyle\int \dfrac{\ln x}{x}\mathrm{d}x = \int \ln x\,\mathrm{d}(\ln x) = \dfrac{1}{2}\ln^2 x + C$

所以 $\qquad\qquad \displaystyle\int_1^e \dfrac{\ln x}{x}\mathrm{d}x = \dfrac{1}{2}\ln^2 x\,\Big|_1^e = \dfrac{1}{2}$

(8) $\displaystyle\int_0^{\frac{\pi}{2}} \dfrac{\sin x}{(3+\cos x)^2}\mathrm{d}x = -\int_0^{\frac{\pi}{2}} \dfrac{\mathrm{d}(3+\cos x)}{(3+\cos x)^2} = \dfrac{1}{3+\cos x} + C$

$\qquad \displaystyle\int_0^{\frac{\pi}{2}} \dfrac{\sin x}{(3+\cos x)^2}\mathrm{d}x = \dfrac{1}{3+\cos x}\,\Big|_0^{\frac{\pi}{2}} = \dfrac{1}{3} - \dfrac{1}{4} = \dfrac{1}{12}$

(11) $\displaystyle\int_0^2 \sqrt{1-2x+x^2}\,\mathrm{d}x = \int_0^2 \sqrt{(1-x)^2}\,\mathrm{d}x = \int_0^2 |1-x|\mathrm{d}x$

$$= \int_0^1 (1-x)\mathrm{d}x + \int_1^2 (x-1)\mathrm{d}x$$

$$= \int_0^1 \mathrm{d}x - \int_0^1 x\mathrm{d}x + \int_1^2 x\mathrm{d}x - \int_1^2 \mathrm{d}x$$

$$= 1 - \frac{1}{2}x^2 \Big|_0^1 + \frac{1}{2}x^2 \Big|_1^2 - 1 = 1$$

(12) $\displaystyle \int_0^5 |2x-4|\mathrm{d}x = 2\int_0^5 |x-2|\mathrm{d}x$

$$= 2\left[\int_0^2 (2-x)\mathrm{d}x + \int_2^5 (x-2)\mathrm{d}x \right]$$

$$= 2\left[\int_0^2 2\mathrm{d}x - \int_0^2 x\mathrm{d}x + \int_2^5 x\mathrm{d}x - 2\int_2^5 \mathrm{d}x \right] = 13$$

4. 设 $f(x) = \begin{cases} \mathrm{e}^{-x} & x<0 \\ 1+x^2 & x\geqslant 0 \end{cases}$，计算 $\displaystyle \int_{-1}^2 f(x)\mathrm{d}x$。

解 $\displaystyle \int_{-1}^2 f(x)\mathrm{d}x = \int_{-1}^0 \mathrm{e}^{-x}\mathrm{d}x + \int_0^2 (1+x^2)\mathrm{d}x$

$$= -\mathrm{e}^{-x} \Big|_{-1}^0 + \left(x + \frac{x^3}{3} \right) \Big|_0^2 = \frac{11}{3} + \mathrm{e}$$

习 题 5－4

1. 计算下列定积分。

(2) $\displaystyle \int_{-2}^{-1} \frac{\mathrm{d}x}{(11+5x)^3}$ 　　　　　　(7) $\displaystyle \int_0^\pi \frac{\sin x}{\sqrt{5-4\cos x}}\mathrm{d}x$

(8) $\displaystyle \int_0^{\frac{\pi}{2}} \cos^6 x \cdot \sin x\mathrm{d}x$ 　　　　(10) $\displaystyle \int_0^\pi \sqrt{1+\cos 2x}\mathrm{d}x$

解 (2) 令 $11+5x=u$，则

当 $x=-2$ 时，$u=1$；当 $x=-1$ 时，$u=6$。

$$\int_{-2}^{-1} \frac{\mathrm{d}x}{(11+5x)^3} = \int_1^6 \frac{\frac{1}{5}\mathrm{d}u}{u^3} = \frac{1}{5}\int_1^6 u^{-3}\mathrm{d}u$$

$$= -\frac{1}{10} \cdot \frac{1}{u^2} \Big|_1^6 = \frac{7}{72}$$

或 　　　　$\displaystyle \int_{-2}^{-1} \frac{\mathrm{d}x}{(11+5x)^3} = \frac{1}{5}\int_{-2}^{-1} \frac{1}{(11+5x)^3}\mathrm{d}(11+5x)$

$$= -\frac{1}{10(11+5x)^2}\bigg|_{-2}^{-1} = \frac{7}{72}$$

(7) 令 $5-4\cos x = u$，则当 $x=0$ 时，$u=1$；当 $x=\pi$ 时，$u=9$

$$\int_0^\pi \frac{\sin x\, dx}{\sqrt{5-4\cos x}} = \int_1^9 \frac{\frac{1}{4}du}{\sqrt{u}} = \frac{1}{2}\sqrt{u}\bigg|_1^9 = 1$$

(8) 令 $\cos x = u$，则 $-\sin x\, dx = du$。当 $x=0$ 时，$u=1$；当 $x=\frac{\pi}{2}$ 时，$u=0$。

$$\int_0^{\frac{\pi}{2}} \cos^6 x \cdot \sin x\, dx = \int_1^0 u^6(-du) = \int_0^1 u^6\, du$$

$$= \frac{u^7}{7}\bigg|_0^1 = \frac{1}{7}$$

或

$$\int_0^{\frac{\pi}{2}} \cos^6 x \sin x\, dx = -\int_0^{\frac{\pi}{2}} \cos^6 x\, d(\cos x)$$

$$= -\frac{1}{7}\cos^7 x\bigg|_0^{\frac{\pi}{2}} = \frac{1}{7}$$

(10) $\displaystyle\int_0^\pi \sqrt{1+\cos 2x}\, dx = \int_0^\pi \sqrt{2\cos^2 x}\, dx = \int_0^{\frac{\pi}{2}} \sqrt{2}\cos x\, dx - \int_{\frac{\pi}{2}}^\pi \sqrt{2}\cos x\, dx$

$$= \sqrt{2}\sin x\bigg|_0^{\frac{\pi}{2}} - \sqrt{2}\sin x\bigg|_{\frac{\pi}{2}}^\pi = 2\sqrt{2}$$

2. 计算下列定积分。

(2) $\displaystyle\int_0^3 \frac{x}{1+\sqrt{1+x}}\, dx$ 　　　　(6) $\displaystyle\int_0^1 \frac{x^2}{(1+x^2)^3}\, dx$ 　　　　(8) $\displaystyle\int_1^2 \frac{\sqrt{x^2-1}}{x}\, dx$

解　(2) 令 $\sqrt{1+x} = u$，则 $1+x = u^2$，$x = u^2 - 1$，$dx = 2u\, du$。

$$\int_0^3 \frac{x}{1+\sqrt{1+x}}\, dx = \int_1^2 \frac{u^2-1}{1+u} 2u\, du$$

$$= 2\int_1^2 (u^2 - u)\, du = 2\left(\frac{u^3}{3} - \frac{u^2}{2}\right)\bigg|_1^2 = \frac{5}{3}$$

(6) 令 $x = \tan t$，则当 $x=0$ 时，$t=0$，当 $x=1$ 时，$t=\frac{\pi}{4}$

$$\int_0^1 \frac{x^2}{(1+x^2)^3}\, dx = \int_0^{\frac{\pi}{4}} \frac{\tan^2 t}{\sec^6 t} \cdot \sec^2 t\, dt = \int_0^{\frac{\pi}{4}} \sin^2 t \cdot \cos^2 t\, dt$$

$$= \frac{1}{4}\int_0^{\frac{\pi}{4}} \sin^2 2t\, dt = \frac{1}{8}\int_0^{\frac{\pi}{4}} (1-\cos 4t)\, dt$$

$$= \frac{1}{8}\left(t - \frac{1}{4}\sin 4t\right)\Big|_0^{\frac{\pi}{4}} = \frac{\pi}{32}$$

(8) 令 $x = \sec t$，则 $\cos t = \frac{1}{x}$。当 $x=1$ 时，$t=0$；当 $x=2$ 时，$t=\frac{\pi}{3}$。

$$\int_1^2 \frac{\sqrt{x^2-1}}{x}dx = \int_0^{\frac{\pi}{3}} \frac{\tan t}{\sec t}\sec t \cdot \tan t\, dt$$

$$= \int_0^{\frac{\pi}{3}} \tan^2 t\, dt = \int_0^{\frac{\pi}{3}}(\sec^2 t - 1)dt$$

$$= (\tan t - t)\Big|_0^{\frac{\pi}{3}} = \sqrt{3} - \frac{\pi}{3}$$

下面我们补充一题，求 $\int_0^1 x^3\sqrt{1-x^2}\,dx$。

解　令 $x = \sin t$，则 $dx = \cos t\, dt$，当 $x=0$ 时，$t=0$；当 $x=1$ 时，$t=\frac{\pi}{2}$。

$$\int_0^1 x^3\sqrt{1-x^2}\,dx = \int_0^{\frac{\pi}{2}} \sin^3 t \cdot \cos t \cdot \cos t\, dt$$

$$= -\int_0^{\frac{\pi}{2}} \cos^2 t(1 - \cos^2 t)d\cos t$$

$$= -\left(\frac{1}{3}\cos^3 t - \frac{1}{5}\cos^5 t\right)\Big|_0^{\frac{\pi}{2}} = \frac{2}{15}$$

或　令 $\sqrt{1-x^2} = u$，则 $1 - x^2 = u^2$，$x^2 = 1 - u^2$，$x\,dx = -u\,du$

$$\int_0^1 x^3\sqrt{1-x^2}\,dx = \int_1^0 (1-u^2)u(-u\,du)$$

$$= \int_0^1 (u^2 - u^4)du = \left(\frac{u^3}{3} - \frac{u^5}{5}\right)\Big|_0^1 = \frac{2}{15}$$

3. 利用函数的奇偶性计算下列定积分。

(3) $\displaystyle\int_{-1}^4 x\sqrt{|x|}\,dx$　　　　　　　(6) $\displaystyle\int_{-1}^1 x^2\sqrt{1-x^2}\,dx$

解　(3) $\displaystyle\int_{-1}^4 x\sqrt{|x|}\,dx = \int_{-1}^1 x\sqrt{|x|}\,dx + \int_1^4 x^{\frac{3}{2}}\,dx$

$$= \int_1^4 x^{\frac{3}{2}}\,dx = \frac{2}{5}x^{\frac{5}{2}}\Big|_1^4 = \frac{62}{5}$$

(6) 令 $x = \sin t$，则当 $x=0$ 时，$t=0$；当 $x=1$ 时，$t=\frac{\pi}{2}$。

$$\int_{-1}^1 x^2\sqrt{1-x^2}\,dx = 2\int_0^1 x^2\sqrt{1-x^2}\,dx = \frac{1}{2}\int_0^{\frac{\pi}{2}} \sin^2 2t\, dt$$

$$= \frac{1}{4} \int_0^{\frac{\pi}{2}} (1 - \cos 4t) \mathrm{d}t = \frac{1}{4} \left(t - \frac{1}{4} \sin 4t \right) \Big|_0^{\frac{\pi}{2}}$$

$$= \frac{\pi}{8}$$

习 题 5-5

1. 计算下列定积分。

$(3) \int_0^1 x \mathrm{e}^{-x} \mathrm{d}x$ $\qquad$ $(4) \int_0^{\frac{\pi}{4}} x \cos 2x \mathrm{d}x$

解 $(3) \int_0^1 x \mathrm{e}^{-x} \mathrm{d}x = -\int_0^1 x \mathrm{d}(\mathrm{e}^{-x}) = -\left(x \mathrm{e}^{-x} \Big|_0^1 - \int_0^1 \mathrm{e}^{-x} \mathrm{d}x \right)$

$$= -\left(\mathrm{e}^{-1} + \mathrm{e}^{-x} \Big|_0^1 \right) = 1 - \frac{2}{\mathrm{e}}$$

$(4) \int_0^{\frac{\pi}{4}} x \cos 2x \mathrm{d}x = \frac{1}{2} \int_0^{\frac{\pi}{4}} x \mathrm{d}(\sin 2x)$

$$= \frac{1}{2} \left(x \sin 2x \Big|_0^{\frac{\pi}{4}} - \int_0^{\frac{\pi}{4}} \sin 2x \mathrm{d}x \right)$$

$$= \frac{1}{2} \left(\frac{\pi}{4} + \frac{1}{2} \cos 2x \Big|_0^{\frac{\pi}{4}} \right) = \frac{\pi}{8} - \frac{1}{4}$$

2. 计算下列定积分。

$(3) \int_{\frac{1}{\mathrm{e}}}^{\mathrm{e}} | \ln x | \mathrm{d}x$ $\qquad$ $(4) \int_1^{\mathrm{e}} x^2 \ln x \mathrm{d}x$ $\qquad$ $(5) \int_0^1 x \arctan x \mathrm{d}x$

解 $(3) \int_{\frac{1}{\mathrm{e}}}^{\mathrm{e}} | \ln x | \mathrm{d}x = -\int_{\frac{1}{\mathrm{e}}}^1 \ln x \mathrm{d}x + \int_1^{\mathrm{e}} \ln x \mathrm{d}x$

$$= -\left(x \ln x \Big|_{\frac{1}{\mathrm{e}}}^1 - \int_{\frac{1}{\mathrm{e}}}^1 \mathrm{d}x \right) + \left(x \ln x \Big|_1^{\mathrm{e}} - \int_1^{\mathrm{e}} \mathrm{d}x \right) = 2 - \frac{2}{\mathrm{e}}$$

$(4) \int_1^{\mathrm{e}} x^2 \ln x \mathrm{d}x = \frac{1}{3} \int_1^{\mathrm{e}} \ln x \mathrm{d}(x^3) = \frac{1}{3} \left(x^3 \ln x \Big|_1^{\mathrm{e}} - \int_1^{\mathrm{e}} x^2 \mathrm{d}x \right)$

$$= \frac{1}{3} \left(\mathrm{e}^3 - \frac{1}{3} x^3 \Big|_1^{\mathrm{e}} \right) = \frac{1}{9} (2\mathrm{e}^3 + 1)$$

$(5) \int_0^1 x \arctan x \mathrm{d}x = \frac{1}{2} \int_0^1 \arctan x \mathrm{d}(x^2) = \frac{1}{2} \left(x^2 \arctan x \Big|_0^1 - \int_0^1 \frac{x^2}{1+x^2} \mathrm{d}x \right)$

$$= \frac{1}{2} \left[\frac{\pi}{4} - \int_0^1 \left(1 - \frac{1}{1+x^2} \right) \mathrm{d}x \right]$$

$$= \frac{1}{2}\left[\frac{\pi}{4} - \left(1 - \arctan x \Big|_0^1\right)\right] = \frac{\pi}{4} - \frac{1}{2}$$

3. 计算下列定积分。

(3) $\int_0^{\frac{\pi}{2}} e^{2x} \cos x \, dx$

解 (3) $\int_0^{\frac{\pi}{2}} e^{2x} \cos x \, dx = \int_0^{\frac{\pi}{2}} e^{2x} d(\sin x) = e^{2x} \sin x \Big|_0^{\frac{\pi}{2}} - 2\int_0^{\frac{\pi}{2}} e^{2x} \sin x \, dx$

$$= e^{\pi} + 2\int_0^{\frac{\pi}{2}} e^{2x} d(\cos x)$$

$$= e^{\pi} + 2\left(e^{2x} \cos x \Big|_0^{\frac{\pi}{2}} - 2\int_0^{\frac{\pi}{2}} e^{2x} \cos x \, dx\right)$$

$$= e^{\pi} - 2 - 4\int_0^{\frac{\pi}{2}} e^{2x} \cos x \, dx$$

故 $$\int_0^{\frac{\pi}{2}} e^{2x} \cos x \, dx = \frac{1}{5}(e^{\pi} - 2)$$

4. 计算下列定积分。

(3) $\int_0^{\sqrt{\ln 2}} x^3 e^{-x^2} \, dx$ (4) $\int_0^1 \arcsin \sqrt{x} \, dx$ (6) $\int_1^e \sin(\ln x) \, dx$

解 (3) 令 $x^2 = u$, 则 $2x\,dx = du$。

$$\int_0^{\sqrt{\ln 2}} x^2 \cdot e^{-x^2} \cdot x \, dx = \int_0^{\ln 2} u \cdot e^{-u} \cdot \frac{1}{2} du = -\frac{1}{2}\int_0^{\ln 2} u \, de^{-u}$$

$$= -\frac{1}{2}\left(u e^{-u} \Big|_0^{\ln 2} - \int_0^{\ln 2} e^{-u} \, du\right)$$

$$= -\frac{1}{2}\left(\frac{1}{2}\ln 2 + e^{-u} \Big|_0^{\ln 2}\right) = \frac{1}{4}(1 - \ln 2)$$

(4) 令 $\arcsin \sqrt{x} = t$, 则 $\sqrt{x} = \sin t$, $x = \sin^2 t$

$$\int_0^1 \arcsin \sqrt{x} \, dx = \int_0^{\frac{\pi}{2}} t \, d(\sin^2 t) = t\sin^2 t \Big|_0^{\frac{\pi}{2}} - \int_0^{\frac{\pi}{2}} \sin^2 t \, dt$$

$$= \frac{\pi}{2} - \frac{1}{2}\int_0^{\frac{\pi}{2}} (1 - \cos 2t) \, dt$$

$$= \frac{\pi}{2} - \frac{1}{2}\left(t - \frac{1}{2}\sin 2t\right) \Big|_0^{\frac{\pi}{2}} = \frac{\pi}{4}$$

(6) $\int_1^e \sin(\ln x) \, dx = x \cdot \sin(\ln x) \Big|_1^e - \int_1^e x \, d\sin(\ln x)$

176

$$= \mathrm{esin}\, 1 - \int_1^e x\cos(\ln x) \cdot \frac{1}{x}\mathrm{d}x = \mathrm{esin}\, 1 - \int_1^e \cos(\ln x)\mathrm{d}x$$

$$= \mathrm{esin}\, 1 - x\cos(\ln x)\Big|_1^e + \int_1^e x\mathrm{d}\cos(\ln x)$$

$$= \mathrm{esin}\, 1 - \mathrm{ecos}\, 1 + 1 - \int_1^e \sin(\ln x)\mathrm{d}x$$

所以 $\displaystyle\int_1^e \sin(\ln x)\mathrm{d}x = \frac{1}{2}(\mathrm{esin}\, 1 - \mathrm{ecos}\, 1 + 1)$

习 题 5-6

1. 计算下列反常积分。

(2) $\displaystyle\int_1^{+\infty} \frac{1}{x+x^3}\mathrm{d}x$ (4) $\displaystyle\int_1^2 \frac{x}{\sqrt{x-1}}\mathrm{d}x$

解 (2) $\displaystyle\int_1^{+\infty} \frac{1}{x+x^3}\mathrm{d}x = \lim_{b\to+\infty}\int_1^b \frac{1}{x(1+x^2)}\mathrm{d}x = \lim_{b\to+\infty}\int_1^b \left(\frac{1}{x} - \frac{x}{1+x^2}\right)\mathrm{d}x$

$$= \frac{1}{2}\lim_{b\to+\infty}\ln\left(\frac{x^2}{1+x^2}\right)\Big|_1^b = \frac{1}{2}\lim_{b\to+\infty}\left[\ln\left(\frac{b^2}{1+b^2}\right) + \ln 2\right]$$

$$= \frac{1}{2}\ln 2$$

(4) $\displaystyle\int_1^2 \frac{x}{\sqrt{x-1}}\mathrm{d}x = \lim_{\varepsilon\to0^+}\int_{1+\varepsilon}^2 \frac{x}{\sqrt{x-1}}\mathrm{d}x$

令 $\sqrt{x-1}=u$，则 $x-1=u^2$，$x=u^2+1$，当 $x=1+\varepsilon$ 时，$u=\sqrt{\varepsilon}$；当 $x=2$ 时，$u=1$

$$\int_1^2 \frac{x}{\sqrt{x-1}}\mathrm{d}x = 2\lim_{\varepsilon\to0^+}\int_{\sqrt{\varepsilon}}^1 (u^2+1)\mathrm{d}u = 2\lim_{\varepsilon\to0^+}\left(\frac{u^3}{3}+u\right)\Big|_{\sqrt{\varepsilon}}^1$$

$$= 2\lim_{\varepsilon\to0^+}\left(\frac{4}{3} - \frac{\varepsilon^{\frac{3}{2}}}{3} - \sqrt{\varepsilon}\right) = \frac{8}{3}$$

2. 下列反常积分是否收敛？如果收敛，计算反常积分的值。

(2) $\displaystyle\int_1^e \frac{1}{x\sqrt{\ln x}}\mathrm{d}x$ (4) $\displaystyle\int_0^{+\infty} \mathrm{e}^{-px}\sin \omega x\,\mathrm{d}x$

解 (2) $\displaystyle\int_1^e \frac{1}{x\sqrt{\ln x}}\mathrm{d}x = \lim_{\varepsilon\to0^+}\int_{1+\varepsilon}^e \frac{1}{x\sqrt{\ln x}}\mathrm{d}x = \lim_{\varepsilon\to0^+}\int_{1+\varepsilon}^e \frac{1}{\sqrt{\ln x}}\mathrm{d}(\ln x)$

$$= \lim_{\varepsilon\to0^+}2\sqrt{\ln x}\Big|_{1+\varepsilon}^e = \lim_{\varepsilon\to0^+}\left[2 - 2\sqrt{\ln(1+\varepsilon)}\right] = 2$$

（4）因为

$$\int e^{-px} \sin \omega x \, dx = -\frac{1}{p} \int \sin \omega x \, de^{-px}$$

$$= -\frac{1}{p} e^{-px} \sin \omega x + \frac{\omega}{p} \int e^{-px} \cos \omega x \, dx$$

$$= -\frac{1}{p} e^{-px} \sin \omega x - \frac{\omega}{p^2} \int \cos \omega x \, d(e^{-px})$$

$$= -\frac{1}{p} e^{-px} \sin \omega x - \frac{\omega}{p^2} e^{-px} \cos \omega x - \frac{\omega^2}{p^2} \int e^{-px} \sin \omega x \, dx$$

所以

$$\int e^{-px} \sin \omega x \, dx = \frac{-p e^{-px} \sin \omega x - \omega e^{-px} \cos \omega x}{p^2 + \omega^2} + C$$

故

$$\int_0^{+\infty} e^{-px} \sin \omega x \, dx = \lim_{b \to +\infty} \int_0^b e^{-px} \sin \omega x \, dx$$

$$= \lim_{b \to +\infty} \left[\frac{-p e^{-pt} \sin \omega t - \omega e^{-pt} \cos \omega t}{p^2 + \omega^2} \right]_0^b = \frac{\omega}{p^2 + \omega^2}$$

习 题 5-7

2. 求曲线 $\sqrt{y} = x$，直线 $x + y = 2$ 及 x 轴所围成的平面图形的面积。

解法一 所给平面图形如图 5.9 所示，交点为(1, 1)，平面图形面积为

$$A = \int_0^1 x^2 \, dx + \int_1^2 (2-x) \, dx$$

$$= \frac{x^3}{3} \Big|_0^1 - \int_1^2 (2-x) \, d(2-x)$$

$$= \frac{1}{3} - \frac{1}{2}(2-x)^2 \Big|_1^2 = \frac{5}{6}$$

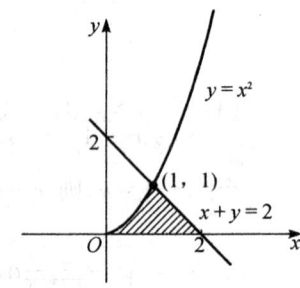

解法二 $A = \int_0^1 (2 - y - \sqrt{y}) \, dy$

$$= \left(2y - \frac{y^2}{2} - \frac{2}{3} y^{\frac{3}{2}} \right) \Big|_0^1 = \frac{5}{6}$$

图 5.9 平面图形面积

3. 求曲线 $y^2 = 2x + 1$ 和直线 $y = x - 1$ 所围成的平面图形的面积。

解 所给图形如图 5.10 所示，交点为(0，−1)、(4，3)，所求面积为

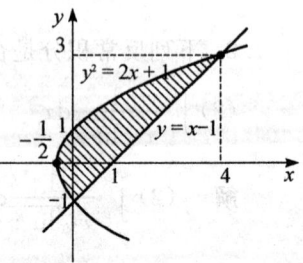

图 5.10 平面图形

$$A = \int_{-1}^{3}\left(y + 1 - \frac{y^2 - 1}{2}\right)\mathrm{d}y = \int_{-1}^{3}\left(y - \frac{y^2}{2} + \frac{3}{2}\right)\mathrm{d}y$$

$$= \left(\frac{y^2}{2} - \frac{y^3}{6} + \frac{3}{2}y\right)\Bigg|_{-1}^{3} = \frac{9}{2} + \frac{5}{6} = \frac{16}{3}$$

6. 求由下列平面图形绕 x 轴旋转所得到的旋转体的
体积。

（3）曲线 $xy = 1$ 和直线 $y = x$，$x = 2$ 所围成的平面
图形。

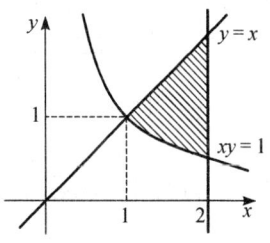

解 （3）平面图形如图 5.11 所示。

$$V_x = \pi\int_{1}^{2} x^2\,\mathrm{d}x - \pi\int_{1}^{2}\left(\frac{1}{x}\right)^2\,\mathrm{d}x$$

$$= \pi\cdot\frac{x^3}{3}\Bigg|_{1}^{2} + \frac{\pi}{x}\Bigg|_{1}^{2} = \frac{7}{3}\pi - \frac{\pi}{2} = \frac{11}{6}\pi$$

图 5.11 平面图形

7. 求下列平面图形绕 y 轴旋转所得到的旋转体的体积。

（2）曲线 $y = \mathrm{e}^x$，x 轴，y 轴及直线 $x = 1$ 所围成的图形。

解 所给平面图形如图 5.12 所示。

$$V_y = \pi\int_{0}^{\mathrm{e}} 1^2\,\mathrm{d}y - \pi\int_{1}^{\mathrm{e}}(\ln y)^2\,\mathrm{d}y$$

$$= \pi\mathrm{e} - \pi\left[y(\ln y)^2\Bigg|_{1}^{\mathrm{e}} - \int_{1}^{\mathrm{e}} y\cdot 2\ln y\cdot\frac{1}{y}\,\mathrm{d}y\right]$$

$$= 2\pi\int_{1}^{\mathrm{e}}\ln y\,\mathrm{d}y = 2\pi\left(y\ln y\Bigg|_{1}^{\mathrm{e}} - \int_{1}^{\mathrm{e}} y\cdot\frac{1}{y}\,\mathrm{d}y\right)$$

$$= 2\pi\left(\mathrm{e} - y\Bigg|_{1}^{\mathrm{e}}\right) = 2\pi$$

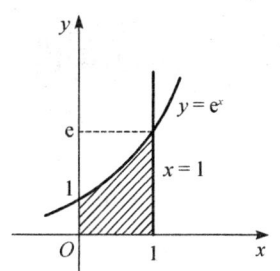

图 5.12 平面图形

9. 已知某产品的边际成本函数为 $C'(Q) = Q^2 - 4Q + 50$（元/件），且生产 3 件产
品时的成本为 181 元，求成本函数 $C(Q)$。

解 $C(Q) = C(0) + \int_{0}^{Q}(Q^2 - 4Q + 50)\,\mathrm{d}Q = C(0) + \frac{1}{3}Q^3 - 2Q^2 + 50Q$

由 $C(3) = 181$，得

$$181 = C(0) + 9 - 18 + 150$$

$$C(0) = 40,\quad C(Q) = \frac{1}{3}Q^3 - 2Q^2 + 50Q + 40$$

复习题五

3. 计算下列定积分。

(3) $\displaystyle\int_0^1 \frac{x}{\sqrt{4-3x^2}}\mathrm{d}x$ 　　　　(6) $\displaystyle\int_0^4 \frac{x+2}{\sqrt{2x+1}}\mathrm{d}x$

(7) $\displaystyle\int_1^{\mathrm{e}} \ln^3 x\,\mathrm{d}x$ 　　　　(11) $\displaystyle\int_0^1 x^2\sqrt{1-x^2}\,\mathrm{d}x$

(12) $\displaystyle\int_{-\frac{\pi}{2}}^{\frac{\pi}{2}} \sqrt{\cos x - \cos^3 x}\,\mathrm{d}x$

解　(3) 令 $4-3x^2=u$，则 $-6x\mathrm{d}x=\mathrm{d}u$　当 $x=0$ 时，$u=4$；$x=1$ 时，$u=1$。

$$\int_0^1 \frac{x}{\sqrt{4-3x^2}}\mathrm{d}x = \int_4^1 \frac{-\frac{1}{6}\mathrm{d}u}{\sqrt{u}} = \frac{1}{6}\int_1^4 \frac{\mathrm{d}u}{\sqrt{u}} = \frac{1}{3}\sqrt{u}\,\Big|_1^4 = \frac{1}{3}$$

(6) 令 $\sqrt{2x+1}=u$，则 $2x+1=u^2$，$x=\dfrac{u^2-1}{2}$，$\mathrm{d}x=u\mathrm{d}u$

$$\int_0^4 \frac{x+2}{\sqrt{2x+1}}\mathrm{d}x = \int_1^3 \frac{\frac{u^2-1}{2}+2}{u}\cdot u\mathrm{d}u = \frac{1}{2}\int_1^3 (u^2+3)\mathrm{d}u$$

$$= \frac{1}{2}\left(\frac{u^3}{3}+3u\right)\Big|_1^3 = \frac{22}{3}$$

(7) $\displaystyle\int_1^{\mathrm{e}}(\ln x)^3\mathrm{d}x = x(\ln x)^3\Big|_1^{\mathrm{e}} - \int_1^{\mathrm{e}} x\cdot 3(\ln x)^2\cdot \frac{1}{x}\mathrm{d}x$

$$= \mathrm{e}-3\int_1^{\mathrm{e}}(\ln x)^2\mathrm{d}x$$

$$= \mathrm{e}-3\left[x(\ln x)^2\Big|_1^{\mathrm{e}} - \int_1^{\mathrm{e}} x\cdot 2\ln x\cdot \frac{1}{x}\mathrm{d}x\right]$$

$$= -2\mathrm{e}+6\int_1^{\mathrm{e}}\ln x\,\mathrm{d}x$$

$$= -2\mathrm{e}+6\left(x\ln x\Big|_1^{\mathrm{e}} - \int_1^{\mathrm{e}} 1\mathrm{d}x\right) = 6-2\mathrm{e}$$

(11) $\displaystyle\int_0^1 x^2\sqrt{1-x^2}\,\mathrm{d}x \xlongequal{x=\sin u} \int_0^{\frac{\pi}{2}} \sin^2 u\cos^2 u\,\mathrm{d}u$

$$= \frac{1}{8}\int_0^{\frac{\pi}{2}}(\sin 2u)^2\mathrm{d}(2u) \xlongequal{t=2u} \frac{1}{8}\int_0^{\pi}\sin^2 t\,\mathrm{d}t$$

$$= \frac{1}{8}\int_0^{\pi}\frac{1-\cos 2t}{2}\mathrm{d}t = \frac{1}{8}\left(\frac{t}{2}-\frac{1}{4}\sin 2t\right)\Big|_0^{\pi} = \frac{\pi}{16}$$

$(12) \int_{-\frac{\pi}{2}}^{\frac{\pi}{2}} \sqrt{\cos x - \cos^3 x} \, dx = 2 \int_0^{\frac{\pi}{2}} \sqrt{\cos x - \cos^3 x} \, dx$

$\qquad = 2 \int_0^{\frac{\pi}{2}} \sqrt{\cos x (1 - \cos^2 x)} \, dx$

$\qquad = 2 \int_0^{\frac{\pi}{2}} \sqrt{\cos x} \sin x \, dx = -2 \int_0^{\frac{\pi}{2}} \sqrt{\cos x} \, d(\cos x)$

$\qquad = -\frac{4}{3} (\cos x)^{\frac{3}{2}} \Big|_0^{\frac{\pi}{2}} = \frac{4}{3}$

4. 求函数 $f(x) = \int_0^x t(t-4) \, dt$ 在 $[-1, 5]$ 上的最大值和最小值。

解 $f'(x) = x(x-4) = 0$，得

$x = 0$，$x = 4$ 为驻点。

$f(0) = 0$，$f(4) = \int_0^4 (x^2 - 4x) \, dx = \left(\frac{x^3}{3} - 2x^2\right) \Big|_0^4 = -\frac{32}{3}$

$f(-1) = \int_0^{-1} (x^2 - 4x) \, dx = \left(\frac{x^3}{3} - 2x^2\right) \Big|_0^{-1} = -\frac{7}{3}$

$f(5) = \int_0^5 (x^2 - 4x) \, dx = \left(\frac{x^3}{3} - 2x^2\right) \Big|_0^5 = -\frac{25}{3}$

故最大值 $M = 0$，最小值 $m = -\frac{32}{3}$。

5. 求曲线 $y = x^2$ 和直线 $y = 2x$ 所围成的平面图形的面积。

解 作出平面图形，如图 5.13 所示，交点为 $(0, 0)$，$(2, 4)$。所求平面图形的面积 A 为

$$A = \int_0^2 (2x - x^2) \, dx = \left(x^2 - \frac{1}{3} x^3\right) \Big|_0^2 = \frac{4}{3}$$

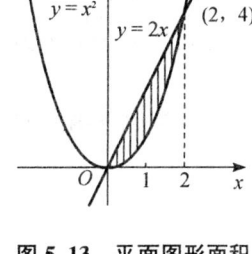

图 5.13 平面图形面积

6. 圆 $r = 1$ 被心形线 $r = 1 + \cos\theta$ 分割成两部分，求这两部分的面积（如图 5.14 所示）。

解 $A_2 = 2 \int_{\frac{\pi}{2}}^{\pi} (1 + \cos\theta)^2 \, d\theta + \frac{\pi}{2}$

$\qquad = 2 \int_{\frac{\pi}{2}}^{\pi} \left(1 + 2\cos\theta + \frac{1 + \cos 2\theta}{2}\right) d\theta + \frac{\pi}{2}$

$\qquad = 2 \left(\frac{3}{2}\theta + 2\sin\theta + \frac{1}{4}\sin 2\theta\right) \Big|_{\frac{\pi}{2}}^{\pi} + \frac{\pi}{2} = \frac{5\pi}{4} - 2$

$A_1 = \pi - A_2 = 2 - \frac{\pi}{4}$

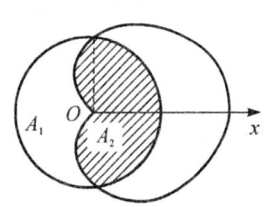

图 5.14 平面图形面积

8. 求由曲线 $xy = 1$，直线 $x = 3$，$y = 2$ 所围成的平面图形绕 x 轴旋转一周形成的旋转体的体积。

解 所给图形绕 x 轴旋转得到的旋转体的体积为 V，可看成是两个立体体积之差。一个是由直线 $y = 2$，$x = \dfrac{1}{2}$，$x = 3$ 及 x 轴所围成的曲边梯形绕 x 旋转一周所得的立体，其体积为 V_1；另一个是由曲线 $xy = 1$，直线 $x = \dfrac{1}{2}$，$x = 3$ 及 x 轴所围成的曲边梯形绕 x 轴旋转一周所成的立体，其体积为 V_2。则

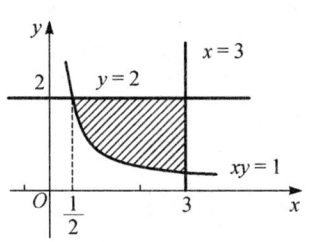

图 5.15 平面图形

$$V = V_1 - V_2 = \int_{\frac{1}{2}}^{3} \pi \cdot 4 \, \mathrm{d}x - \int_{\frac{1}{2}}^{3} \pi \left(\frac{1}{x}\right)^2 \mathrm{d}x$$

$$= 4\pi x \Big|_{\frac{1}{2}}^{3} + \frac{\pi}{x} \Big|_{\frac{1}{2}}^{3} = \frac{25}{3}\pi$$

10. 某企业生产 Q 吨产品时的边际成本为 $C'(Q) = \dfrac{1}{50}x + 30$（元／吨），且固定成本为 900 元，试问产量为多少时平均成本最低？

解 首先求出成本函数，由

$$C(Q) = \int_0^Q C'(Q) \, \mathrm{d}Q + C_0 = \int_0^Q \left(\frac{1}{50}Q + 30\right) \mathrm{d}Q + 900 = \frac{1}{100}Q^2 + 30Q + 900$$

可得平均成本函数为

$$\bar{C}(Q) = \frac{C(Q)}{Q} = \frac{1}{100}Q + 30 + \frac{900}{Q}$$

$$\bar{C}'(Q) = \frac{1}{100} - \frac{900}{Q^2}$$

令 $\bar{C}'(Q) = 0$，得 $Q_1 = 300$（$Q_2 = -300$ 舍出）。因此，$\bar{C}(Q)$ 仅有一个驻点 $Q_1 = 300$。由实际问题本身可知 $\bar{C}(Q)$ 有最小值。故当产量为 300 吨时，平均成本最低。

第四节　测试题及其解答

一、测　试　题

（一）A　卷

1. 单项选择题。

(1) 函数 $f(x) = \int_0^x t^2(t-1)\mathrm{d}t$ 的极小点 x_0 是（　　）。

A. 0　　　　　　B. 1　　　　　　C. 2　　　　　　D. 不存在

(2) $\int_a^x f'(t)\mathrm{d}(2t) = $（　　）。

A. $\dfrac{1}{2}\big[f(x) - f(a)\big]$　　　　　　B. $f(2x) - f(2a)$

C. $\dfrac{1}{2}\big[f(2x) - f(2a)\big]$　　　　　D. $2\big[f(x) - f(a)\big]$

(3) 下列各式中积分值为零的是（　　）。

A. $\displaystyle\int_{-1}^1 x^2\,\mathrm{d}x$　　B. $\displaystyle\int_{-1}^1 x\,|\,x\,|\,\mathrm{d}x$　　C. $\displaystyle\int_{-1}^1 \dfrac{1}{x^2}\,\mathrm{d}x$　　D. $\displaystyle\int_{-1}^1 \dfrac{1}{4+x^2}\,\mathrm{d}x$

(4) 设 $f(u)$ 为连续函数，则 $\displaystyle\int_0^1 f(\mathrm{e}^x)\,\mathrm{d}x = $（　　）。

A. $\displaystyle\int_0^1 tf(t)\,\mathrm{d}t$　　B. $\displaystyle\int_1^{\mathrm{e}} tf(t)\,\mathrm{d}t$　　C. $\displaystyle\int_0^1 \dfrac{f(t)}{t}\,\mathrm{d}t$　　D. $\displaystyle\int_1^{\mathrm{e}} \dfrac{f(t)}{t}\,\mathrm{d}t$

(5) 下列积分中，不是反常积分的是（　　）。

A. $\displaystyle\int_2^3 \dfrac{1}{\sqrt{x-2}}\,\mathrm{d}x$　　　　　　B. $\displaystyle\int_1^{\mathrm{e}} \dfrac{1}{x\ln x}\,\mathrm{d}x$

C. $\displaystyle\int_0^1 \ln(1-x^2)\,\mathrm{d}x$　　　　　D. $\displaystyle\int_{-1}^1 \dfrac{1}{x^2}\,\mathrm{d}x$

2. 填空题。

(1) 函数 $f(x) = \displaystyle\int_0^x (1 - \mathrm{e}^{-2t})\,\mathrm{d}t$ 在区间＿＿＿＿＿内单调增加。

(2) $\displaystyle\int_0^{\sqrt{2}} x\mathrm{e}^{x^2}\,\mathrm{d}x = $ ＿＿＿＿＿。

183

(3) 设 $f(x) = \begin{cases} 2x+1 & 0 \leqslant x \leqslant 2 \\ 1+x^2 & 2 < x \leqslant 4, \end{cases}$ 则 $\int_0^3 f(x)\mathrm{d}x = $ _____。

(4) 设 $\int_0^k \mathrm{e}^{2x}\mathrm{d}x = 12$，则 $k = $ _____。

(5) 已知销售 Q 件某商品的边际收益函数 $R'(Q) = \dfrac{2}{(Q+1)^3} - \dfrac{1}{(Q+1)^2} + 4$，则

收益函数 $R(Q) = $ _____。

3. 计算下列定积分。

(1) $\displaystyle\int_1^{\mathrm{e}} \frac{1+\ln x}{x}\mathrm{d}x$

(2) $\displaystyle\int_0^{\frac{1}{2}} \frac{1+x}{\sqrt{1-x^2}}\mathrm{d}x$

(3) $\displaystyle\int_{\frac{\sqrt{2}}{2}}^1 \frac{\sqrt{1-x^2}}{x^2}\mathrm{d}x$

(4) $\displaystyle\int_4^7 \frac{x}{\sqrt{x-3}}\mathrm{d}x$

(5) $\displaystyle\int_{\frac{1}{\mathrm{e}}}^{\mathrm{e}} |\ln x|\,\mathrm{d}x$

(6) $\displaystyle\int_0^{\pi} (x\sin x)^2\mathrm{d}x$

4. 计算反常积分 $\displaystyle\int_1^{+\infty} \frac{x}{(1+x^2)^2}\mathrm{d}x$。

5. 求曲线 $y = 1-x^2$ 和直线 $y = x+1$ 所围成的平面图形的面积。如图 5.16 所示。

6. 求由曲线 $y = 2x^2$，直线 $x = 1$ 及 x 轴所围成的图形绕 x 轴旋转所形成的旋转体的体积。如图 5.17 所示。

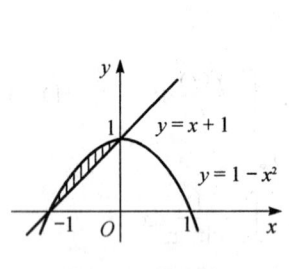

图 5.16　第 5 题图　　　　图 5.17　第 6 题图

7. 生产某商品 Q 件时的边际成本函数为 $50 - \dfrac{Q}{40}$（元/件），固定成本为

100(元)，求：

(1) 生产 40 件产品时的总成本及平均成本。

(2) 从生产 40 件到 100 件时所增加的成本。

(二) B 卷

1. 单项选择题。

(1) 设 $f(x)=\int_0^x (t-1)^3 (t-2)\mathrm{d}t$，则 $f'(0)=$（　　）。

A. 2　　　　　　B. -2　　　　　　C. 1　　　　　　D. -1

(2) $\int_{-\frac{1}{2}}^0 (2x+1)^9 \mathrm{d}x=$（　　）。

A. $\dfrac{1}{20}$　　　　B. $\dfrac{1}{10}$　　　　C. $\dfrac{1}{2}$　　　　D. 1

(3) 设 $a>0$，$\int_0^a x^3 f(x^2)\mathrm{d}x=$（　　）。

A. $\displaystyle\int_0^a xf(x)\mathrm{d}x$　　　　　　B. $\displaystyle\int_0^{a^2} xf(x)\mathrm{d}x$

C. $\dfrac{1}{2}\displaystyle\int_0^a xf(x)\mathrm{d}x$　　　　　D. $\dfrac{1}{2}\displaystyle\int_0^{a^2} xf(x)\mathrm{d}x$

(4) $\int_0^3 x\sqrt{1+x}\,\mathrm{d}x=$（　　）。

A. $2\displaystyle\int_1^2 (x^2-x^4)\mathrm{d}x$　　　　　B. $2\displaystyle\int_1^2 (x^4-x^2)\mathrm{d}x$

C. $2\displaystyle\int_{-2}^{-1} (x^4-x^2)\mathrm{d}x$　　　　D. $2\displaystyle\int_0^3 (x^4-x^2)\mathrm{d}x$

(5) 设 $\int_a^3 x|x|\mathrm{d}x=\dfrac{19}{3}$，则常数 $a=$（　　）。

A. $a=0$　　　　B. $a=-1$　　　　C. $a=\pm 2$　　　　D. $a=2$

2. 填空题。

(1) 函数 $f(x)=\int_0^x t(t-1)\mathrm{d}t$ 的极小值是_____。

(2) $\int_{-1}^1 3^{-x}\mathrm{d}x=$ _____。

(3) $\int_0^5 |3-x|\mathrm{d}x=$ _____。

(4) 已知边际利润函数 $L'(Q)=10-0.02Q$，销量由 10 个单位增加到 20 个单位时，利润的增加量为_____。

(5) $\int_1^{+\infty} \dfrac{1}{x^2}\mathrm{d}x=$ _____。

3. 计算下列定积分。

(1) $\int_{-\frac{\pi}{2}}^{\frac{\pi}{2}} \frac{\cos x}{(2+\sin x)^2}dx$

(2) $\int_0^{\frac{\sqrt{2}}{2}} \frac{x^2}{\sqrt{1-x^2}}dx$

(3) $\int_0^3 \frac{x}{1-\sqrt{1+x}}dx$

(4) $\int_0^1 x\cos \pi x\,dx$

(5) $\int_0^3 e^{\sqrt{x+1}}dx$

(6) $\int_0^a \frac{dx}{x+\sqrt{a^2-x^2}}$

4. 计算反常积分 $\int_0^1 \frac{x}{\sqrt{1-x^2}}dx$。

5. 求曲线 $y=e^x$，直线 $y=e$ 及 y 轴所围成的平面图形的面积。如图 5.18 所示。

6. 求由曲线 $y=\frac{1}{4}x^2$，直线 $y=1$ 及 y 轴所围成的图形（如图所示）绕 y 轴旋转所形成的旋转体的体积。如图 5.19 所示。

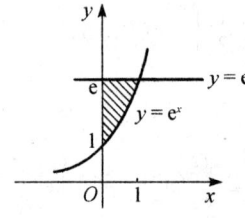

图 5.18　平面图形

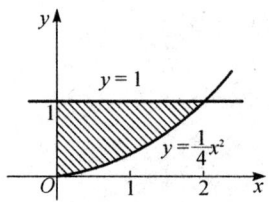

图 5.19　平面图形

7. 已知某产品的总产量对时间的变化率为

$$75+10t-0.3t^2（单位／小时）$$

求时间从 $t=1$ 到 $t=3$（小时）的产量。

二、测 试 题 解 答

（一）A 卷 解 答

1. 单项选择题。

(1)	(2)	(3)	(4)	(5)
B	D	B	D	A

解 (1) $f'(x)=x^2(x-1)$，由 $f'(x)=0$，得 $x_1=0$，$x_2=1$

$$f''(x)=3x^2-2x, \quad f''(0)=0, \quad f''(1)=>0$$

所以 $x=1$ 是极小点。又因为在 $x=0$ 的某邻域内 $f'(x)<0$,所以 $x=0$ 不是极值点。

(2) $\displaystyle\int_a^x f'(t)\mathrm{d}(2t)=\int_a^x f'(t)\cdot 2\mathrm{d}x=2\int_a^x f'(t)\mathrm{d}t=2f(x)\Big|_a^x$

$$=2[f(x)-f(a)]$$

(3) 略。

(4) $\displaystyle\int_0^1 f(\mathrm{e}^x)\mathrm{d}x \xlongequal{t=\mathrm{e}^x} \int_1^\mathrm{e} \frac{f(t)}{t}\mathrm{d}t$

(5) 略。

2. 填空题。

解 (1) $f'(x)=1-\mathrm{e}^{-2x}=\dfrac{\mathrm{e}^{2x}-1}{\mathrm{e}^{2x}}$,

设 $f'(x)>0$,得 $\mathrm{e}^{2x}-1>0$,即 $x>0$,所以在 $(0,+\infty)$ 内 $f(x)$ 单调增加。

(2) $\displaystyle\int_0^{\sqrt{2}} x\mathrm{e}^{x^2}\mathrm{d}x=\frac{1}{2}\int_0^{\sqrt{2}}\mathrm{e}^{x^2}\mathrm{d}(x^2)=\frac{1}{2}\mathrm{e}^{x^2}\Big|_0^{\sqrt{2}}=\frac{1}{2}(\mathrm{e}^2-1)$

(3) $\displaystyle\int_0^3 f(x)\mathrm{d}x=\int_0^2(2x+1)\mathrm{d}x+\int_2^3(1+x^2)\mathrm{d}x$

$$=(x^2+x)\Big|_0^2+\left(x+\frac{1}{3}x^3\right)\Big|_2^3=\frac{40}{3}$$

(4) $\displaystyle\int_0^k \mathrm{e}^{2x}\mathrm{d}x=\frac{1}{2}\int_0^k \mathrm{e}^{2x}\mathrm{d}(2x)=\frac{1}{2}\mathrm{e}^{2x}\Big|_0^k=\frac{1}{2}(\mathrm{e}^{2k}-1)=12$

从而 $k=\ln 5$

(5) $\displaystyle R(Q)=\int_0^Q R'(Q)\mathrm{d}Q=\int_0^Q\left[\frac{2}{(Q+1)^3}-\frac{1}{(Q+1)^2}+4\right]\mathrm{d}Q$

$$=\left(-\frac{1}{(Q+1)^2}+\frac{1}{(Q+1)}+4Q\right)\Big|_0^Q=-\frac{1}{(Q+1)^2}+\frac{1}{(Q+1)}+4Q$$

3. **解** (1) $\displaystyle\int_1^\mathrm{e}\frac{1+\ln x}{x}\mathrm{d}x=\int_1^\mathrm{e}(1+\ln x)\mathrm{d}(1+\ln x)=\frac{1}{2}(1+\ln x)^2\Big|_1^\mathrm{e}=\frac{3}{2}$

(2) $\displaystyle\int_0^{\frac{1}{2}}\frac{1+x}{\sqrt{1-x^2}}\mathrm{d}x=\int_0^{\frac{1}{2}}\frac{\mathrm{d}x}{\sqrt{1-x^2}}+\int_0^{\frac{1}{2}}\frac{x}{\sqrt{1-x^2}}\mathrm{d}x$

$$=\arcsin x\Big|_0^{\frac{1}{2}}-\frac{1}{2}\int_0^{\frac{1}{2}}\frac{\mathrm{d}(1-x^2)}{\sqrt{1-x^2}}$$

$$=\frac{\pi}{6}-\sqrt{1-x^2}\Big|_0^{\frac{1}{2}}=\frac{\pi}{6}-\frac{\sqrt{3}}{2}+1$$

(3) $\displaystyle\int_{\frac{\sqrt{2}}{2}}^1\frac{\sqrt{1-x^2}}{x^2}\mathrm{d}x \xlongequal{x=\sin t}\int_{\frac{\pi}{4}}^{\frac{\pi}{2}}\frac{\cos t}{\sin^2 t}\cdot\cos t\,\mathrm{d}t=\int_{\frac{\pi}{4}}^{\frac{\pi}{2}}(\csc^2 t-1)\mathrm{d}t$

$$= (-\cot t - t)\Big|_{\frac{\pi}{4}}^{\frac{\pi}{2}} = 1 - \frac{\pi}{4}$$

(4) $\displaystyle\int_4^7 \frac{x}{\sqrt{x-3}}dx \xrightarrow{u=\sqrt{x-3}} \int_1^2 \frac{u^2+3}{u}\cdot 2u\,du = 2\int_1^2 (u^2+3)du$

$$= 2\left(\frac{u^3}{3}+3u\right)\Big|_1^2 = \frac{32}{3}$$

(5) $\displaystyle\int_{\frac{1}{e}}^e |\ln x|\,dx = -\int_{\frac{1}{e}}^1 \ln x\,dx + \int_1^e \ln x\,dx$

$$= -(x\ln x - x)\Big|_{\frac{1}{e}}^1 + (x\ln x - x)\Big|_1^e = 2 - \frac{2}{e}$$

(6) $\displaystyle\int_0^\pi (x\sin x)^2 dx = \frac{1}{2}\int_0^\pi x^2(1-\cos 2x)dx$

$$= \frac{1}{6}\pi^3 - \frac{1}{4}\int_0^\pi x^2 d(\sin 2x)$$

$$= \frac{1}{6}\pi^3 - \frac{1}{4}[x^2\sin 2x]_0^\pi + \frac{1}{2}\int_0^\pi x\sin 2x\,dx$$

$$= \frac{1}{6}\pi^3 - \frac{1}{4}\int_0^\pi x\,d(\cos 2x)$$

$$= \frac{1}{6}\pi^3 - \frac{1}{4}[x\cos 2x]_0^\pi + \frac{1}{4}\int_0^\pi \cos 2x\,dx = \frac{1}{6}\pi^3 - \frac{\pi}{4}$$

4. **解** $\displaystyle\int_1^{+\infty} \frac{x}{(1+x^2)^2}dx = \lim_{b\to+\infty}\int_1^b \frac{x}{(1+x^2)^2}dx$

$$= \lim_{b\to+\infty}\left[\frac{1}{2}\int_1^b \frac{d(1+x^2)}{(1+x^2)^2}\right]$$

$$= \lim_{b\to+\infty}\left[-\frac{1}{2(1+x^2)}\Big|_1^b\right]$$

$$= \frac{1}{2}\lim_{b\to+\infty}\left(\frac{1}{2}-\frac{1}{1+b^2}\right) = \frac{1}{4}$$

5. **解** 平面图形如图 5.16 所示。

$$A = \int_{-1}^0 (1-x^2-x-1)dx = \int_0^{-1}(x+x^2)dx$$

$$= \left(\frac{x^2}{2}+\frac{x^3}{3}\right)\Big|_0^{-1} = \frac{1}{2} - \frac{1}{3} = \frac{1}{6}$$

6. **解** 平面图形如图 5.17 所示。

$$V = \int_0^1 \pi y^2 dx = \pi\int_0^1 4x^4 dx = 4\pi\cdot\frac{x^5}{5}\Big|_0^1 = \frac{4}{5}\pi$$

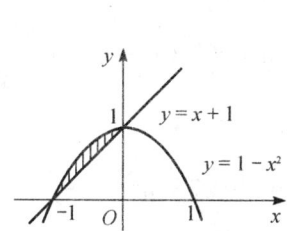

图 5.16　平面图形

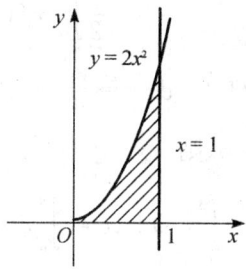

图 5.17　平面图形

7. 解　(1) 由于边际成本函数即为成本函数的导函数,得

$$C'(Q)=50-\frac{Q}{40}$$

$$C(Q)=C(0)+\int_0^Q\left(50-\frac{Q}{40}\right)\mathrm{d}Q=100+50Q-\frac{Q^2}{80}$$

$$\overline{C}(Q)=\frac{100}{Q}+50-\frac{Q}{80}$$

$$C(40)=100+50\times40-\frac{40\times40}{80}=2\,080(元)$$

$$\overline{C}(40)=\frac{100}{40}+50-\frac{40}{80}=52(元)$$

(2) $\int_{40}^{100}\left(50-\frac{Q}{40}\right)\mathrm{d}Q=\left(50Q-\frac{Q^2}{80}\right)\Big|_{40}^{100}=50\times60-\frac{1}{80}\times8\,400=2\,895$

(二) B 卷 解 答

1. 单项选择题。

(1)	(2)	(3)	(4)	(5)
A	A	D	B	C

解　(1) 因为 $f'(x)=(x-1)^3(x-2)$,所以 $f'(0)=2$

(2) $\int_{-\frac{1}{2}}^{0}(2x+1)^9\mathrm{d}x=\frac{1}{2}\int_{-\frac{1}{2}}^{0}(2x+1)^9\mathrm{d}(2x+1)$

$$=\frac{1}{20}(2x+1)^{10}\Big|_{-\frac{1}{2}}^{0}=\frac{1}{20}$$

(3) $\int_0^a x^3 f(x^2)\mathrm{d}x=\frac{1}{2}\int_0^a x^2 f(x^2)\mathrm{d}(x^2)\xlongequal{u=x^2}\frac{1}{2}\int_0^{a^2}uf(u)\mathrm{d}u$

189

$$= \frac{1}{2} \int_0^{a^2} x f(x) \mathrm{d}x$$

(4) $\displaystyle\int_0^3 x\sqrt{1+x}\,\mathrm{d}x \xlongequal{u=\sqrt{1+x}} 2\int_1^2 (u^4 - u^2)\,\mathrm{d}u = 2\int_1^2 (x^4 - x^2)\,\mathrm{d}x$

(5) 如 $a \geqslant 0$, 则

$$\int_a^3 x\,|\,x\,|\,\mathrm{d}x = \int_a^3 x^2 \mathrm{d}x = \frac{x^3}{3}\,\Big|_a^3 = \frac{1}{3}(27 - a^3) = \frac{19}{3}$$

得 $a^3 = 8$, 故 $a = 2$。

如 $a < 0$, 则

$$\int_a^3 x\,|\,x\,|\,\mathrm{d}x = -\int_a^0 x^2 \mathrm{d}x + \int_0^3 x^2 \mathrm{d}x = -\frac{x^3}{3}\,\Big|_a^0 + \frac{x^3}{3}\,\Big|_0^3 = \frac{a^3}{3} + \frac{27}{3} = \frac{19}{3}$$

得 $a^3 = -8$, 故 $a = -2$。

2. 填空题。

解 (1) $f'(x) = x(x-1)$, 由 $f'(x) = 0$, 得 $x = 0$、1,

而 $f''(x) = 2x - 1$, 所以 $f''(0) = -1$, $f''(1) = 1$。因此 $x = 1$ 是极小点, 极小值 $f(1)$

$$= \int_0^1 t(t-1)\,\mathrm{d}t = -\frac{1}{6}$$

(2) $\displaystyle\int_{-1}^1 3^{-x}\,\mathrm{d}x = -\int_{-1}^1 3^{-x}\,\mathrm{d}(-x) = -\frac{3^{-x}}{\ln 3}\,\Big|_{-1}^1 = \frac{8}{3\ln 3}$

(3) $\displaystyle\int_0^5 |\,3 - x\,|\,\mathrm{d}x = \int_0^3 (3 - x)\,\mathrm{d}x + \int_3^5 (x - 3)\,\mathrm{d}x = \frac{13}{2}$

(4) $\displaystyle\int_{10}^{20} L'(Q)\,\mathrm{d}Q = \int_{10}^{20} (10 - 0.02Q)\,\mathrm{d}Q = 97$

(5) $\displaystyle\int_1^{+\infty} \frac{1}{x^2}\,\mathrm{d}x = \lim_{b \to +\infty} \int_1^b \frac{1}{x^2}\,\mathrm{d}x = \lim_{b \to +\infty} \left(-\frac{1}{x}\,\Big|_1^b\right) = \lim_{b \to +\infty} \left(-\frac{1}{b} + 1\right) = 1$

3. **解** (1) $\displaystyle\int_{-\frac{\pi}{2}}^{\frac{\pi}{2}} \frac{\cos x}{(2 + \sin x)^2}\,\mathrm{d}x = \int_{-\frac{\pi}{2}}^{\frac{\pi}{2}} \frac{1}{(2 + \sin x)^2}\,\mathrm{d}(2 + \sin x)$

$$= -\frac{1}{2 + \sin x}\,\Big|_{-\frac{\pi}{2}}^{\frac{\pi}{2}} = \frac{2}{3}$$

(2) $\displaystyle\int_0^{\frac{\sqrt{2}}{2}} \frac{x^2}{\sqrt{1 - x^2}}\,\mathrm{d}x \xlongequal{x = \sin u} \int_0^{\frac{\pi}{4}} \sin^2 u\,\mathrm{d}u = \frac{1}{2} \int_0^{\frac{\pi}{4}} (1 - \cos 2u)\,\mathrm{d}u$

$$= \frac{1}{2} \left(u - \frac{1}{2}\sin 2u\right)\Big|_0^{\frac{\pi}{4}} = \frac{\pi}{8} - \frac{1}{4}$$

(3) $\displaystyle\int_0^3 \frac{x}{1 - \sqrt{1+x}}\,\mathrm{d}x \xlongequal{u=\sqrt{1+x}} -2\int_1^2 (u^2 + u)\,\mathrm{d}u = -2\left(\frac{u^3}{3} + \frac{u^2}{2}\right)\Big|_1^2 = -\frac{23}{3}$

(4) $\displaystyle\int_0^1 x\cos\pi x\,\mathrm{d}x = \frac{1}{\pi}\int_0^1 x\,\mathrm{d}(\sin\pi x) = \frac{1}{\pi}\left(x\sin\pi x\,\Big|_0^1 - \int_0^1\sin\pi x\,\mathrm{d}x\right)$

$\displaystyle\qquad = -\frac{1}{\pi}\int_0^1\sin\pi x\,\mathrm{d}x = -\frac{1}{\pi^2}\int_0^1\sin\pi x\,\mathrm{d}(\pi x)$

$\displaystyle\qquad = \frac{1}{\pi^2}\cos\pi x\,\Big|_0^1 = -\frac{2}{\pi^2}$

(5) $\displaystyle\int_0^3 e^{\sqrt{x+1}}\,\mathrm{d}x \xlongequal{t=\sqrt{x+1}} 2\int_1^2 te^t\,\mathrm{d}t = 2\int_1^2 t\,\mathrm{d}(e^t) = 2\left(te^t\,\Big|_1^2 - \int_1^2 e^t\,\mathrm{d}t\right)$

$\displaystyle\qquad = 2\left(2e^2 - e - e^t\,\Big|_1^2\right) = 2e^2$

(6) $\displaystyle\int_0^a \frac{\mathrm{d}x}{x+\sqrt{a^2-x^2}} \xlongequal{x=a\sin u} \int_0^{\frac{\pi}{2}} \frac{\cos u}{\sin u+\cos u}\,\mathrm{d}u$

$\displaystyle\qquad \xlongequal{\text{令}\,t=\frac{\pi}{2}-u} -\int_{\frac{\pi}{2}}^0 \frac{\sin t}{\cos t+\sin t}\,\mathrm{d}t = \int_0^{\frac{\pi}{2}} \frac{\sin u}{\cos u+\sin u}\,\mathrm{d}u$

$\displaystyle\qquad = \frac{1}{2}\left(\int_0^{\frac{\pi}{2}} \frac{\cos u}{\sin u+\cos u}\,\mathrm{d}u + \int_0^{\frac{\pi}{2}} \frac{\sin u}{\sin u+\cos u}\,\mathrm{d}u\right)$

$\displaystyle\qquad = \frac{1}{2}\int_0^{\frac{\pi}{2}}\mathrm{d}u = \frac{\pi}{4}$

4. **解** $\displaystyle\int_0^1 \frac{x}{\sqrt{1-x^2}}\,\mathrm{d}x = \lim_{\varepsilon\to 0^+}\int_0^{1-\varepsilon} \frac{x}{\sqrt{1-x^2}}\,\mathrm{d}x$

$\displaystyle\qquad = \lim_{\varepsilon\to 0^+}\left[-\frac{1}{2}\int_0^{1-\varepsilon} \frac{\mathrm{d}(1-x^2)}{\sqrt{1-x^2}}\right]$

$\displaystyle\qquad = \lim_{\varepsilon\to 0^+}\left[-\sqrt{1-x^2}\,\Big|_0^{1-\varepsilon}\right]$

$\displaystyle\qquad = \lim_{\varepsilon\to 0^+}\left[1-\sqrt{1-(1-\varepsilon)^2}\right] = 1$

5. **解** 平面图形如图 5.18 所示。

$$A = \int_0^1 (e - e^x)\,\mathrm{d}x = (ex - e^x)\,\Big|_0^1 = 1$$

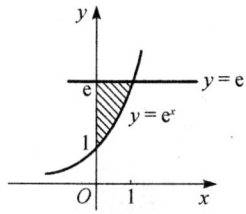

图 5.18 平面图形

6. **解** 平面图形如图 5.19 所示。

$$V_y = \int_0^1 \pi x^2 \, \mathrm{d}y = \pi \int_0^1 4y \, \mathrm{d}y = 2\pi y^2 \Big|_0^1 = 2\pi$$

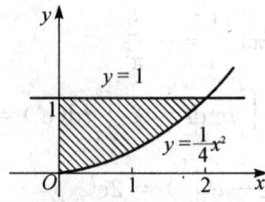

图 5.19 平面图形

7. **解** $Q = \int_1^3 (75 + 10t - 0.3t^2) \, \mathrm{d}t = (75t + 5t^2 - 0.1t^3) \Big|_1^3$

$$= 225 + 45 - 2.7 - 75 - 5 + 0.1 = 187.4 (单位)$$

第六章　多元函数微积分

第一节　内 容 提 要

1. 空间解析几何

(1) 空间直角坐标系。在空间取定一点 O，以 O 为原点在空间作三条互相垂直的数轴。这三条数轴分别称为 x 轴、y 轴、z 轴，统称为坐标轴。通常把 x 轴和 y 轴配置在水平面上，而 z 轴则为铅垂线，它们的正方向符合右手规则，这样的三条坐标轴就构成了一个空间直角坐标系。

空间中任一点 P 和一个三元有序数组 (x,y,z) 一一对应，称 (x,y,z) 是点 P 的坐标。

(2) 空间两点间的距离。空间两点 $P_1(x_1,y_1,z_1)$，$P_2(x_2,y_2,z_2)$ 间的距离为

$$|P_1P_2| = \sqrt{(x_2-x_1)^2 + (y_2-y_1)^2 + (z_2-z_1)^2}$$

(3) 空间曲面。如果曲面 S 上任意点的坐标都满足方程 $F(x,y,z)=0$，而不在曲面 S 上的点的坐标都不满足方程 $F(x,y,z)=0$，那么方程 $F(x,y,z)=0$ 称为曲面 S 的方程，而曲面称为方程 $F(x,y,z)=0$ 的图形。

平行于定直线并沿定曲线 C 移动的直线 l 所形成的轨迹称为柱面，其中曲线 C 称为柱面的准线，动直线 l 称为柱面的母线。

2. 二元函数的极限与连续性

(1) 二元函数。设有三个变量 x,y 和 z，如果当变量 x,y 在某一区域 D 内任取一对值时，变量 z 按照一定的法则 f 有唯一确定的数值与其对应，则称 f 是 D 上的二元函数，记作 $z=f(x,y)$，D 称为函数 f 的定义域。设点 $(x_0,y_0) \in D$，则对应的值 $f(x_0,y_0)$ 称为函数值。二元函数的定义域通常是平面上的区域。

二元函数 $z=f(x,y)$ 的图形通常是空间中的一个曲面。

(2) 二元函数的极限。设函数 $z=f(x,y)$ 在点 $P_0(x_0,y_0)$ 的某一去心邻域内

193

有定义,如果当该邻域中任意一点 $P(x, y)$ 以任何方式趋向于点 $P_0(x_0, y_0)$ 时,函数对应值 $z = f(x, y)$ 趋近于一个确定的常数 A,则称 A 是函数 $z = f(x, y)$ 当 $P(x, y) \to P_0(x_0, y_0)$ 时的极限,记作

$$\lim_{\substack{x \to x_0 \\ y \to y_0}} f(x, y) = A$$

（3）二元函数的连续性。设函数 $z = f(x, y)$ 在点 $P_0(x_0, y_0)$ 的某个邻域内有定义,如果满足

$$\lim_{\substack{x \to x_0 \\ y \to y_0}} f(x, y) = f(x_0, y_0)$$

则称函数 $z = f(x, y)$ 在点 $P_0(x_0, y_0)$ 处连续。

如果函数 $z = f(x, y)$ 在区域 D 上每一点都连续,则称函数 $z = f(x, y)$ 在区域 D 上连续。

3. 偏导数

设函数 $z = f(x, y)$ 在点 (x_0, y_0) 的某一邻域内有定义,当 y 固定在 y_0,而 x 在 x_0 处有改变量 Δx 时,相应地函数有改变量 $f(x_0 + \Delta x, y_0) - f(x_0, y_0)$,如果极限

$$\lim_{\Delta x \to 0} \frac{f(x_0 + \Delta x, y_0) - f(x_0, y_0)}{\Delta x}$$

存在,则称此极限值为函数 $z = f(x, y)$ 在点 (x_0, y_0) 处关于 x 的偏导数,记作

$$\frac{\partial z}{\partial x}\bigg|_{\substack{x=x_0 \\ y=y_0}}, \quad \frac{\partial f}{\partial x}\bigg|_{\substack{x=x_0 \\ y=y_0}}, \quad z'_x\bigg|_{\substack{x=x_0 \\ y=y_0}} \quad 或 \quad f'_x(x_0, y_0)$$

类似地,称极限

$$\lim_{\Delta y \to 0} \frac{f(x_0, y_0 + \Delta y) - f(x_0, y_0)}{\Delta y}$$

为函数 $z = f(x, y)$ 在点 $P_0(x_0, y_0)$ 处关于 y 的偏导数,记作

$$\frac{\partial z}{\partial y}\bigg|_{\substack{x=x_0 \\ y=y_0}}, \quad \frac{\partial f}{\partial y}\bigg|_{\substack{x=x_0 \\ y=y_0}}, \quad z'_y\bigg|_{\substack{x=x_0 \\ y=y_0}} \quad 或 \quad f'_y(x_0, y_0)$$

设二元函数 $z = f(x, y)$ 在区域 D 内具有偏导数 $\dfrac{\partial z}{\partial x}$, $\dfrac{\partial z}{\partial y}$。一般地,它们在 D 内仍然是 x, y 的函数,因此还可能有偏导数。把 $\dfrac{\partial}{\partial x}\left(\dfrac{\partial z}{\partial x}\right)$ 称为函数 $z = f(x, y)$ 关于 x 的

二阶偏导数，记作$\dfrac{\partial^2 z}{\partial x^2}$或$f''_{xx}(x, y)$。类似地还有：

$$\frac{\partial}{\partial y}\left(\frac{\partial z}{\partial x}\right) = \frac{\partial^2 z}{\partial x \partial y} = f''_{xy}(x, y)$$

$$\frac{\partial}{\partial x}\left(\frac{\partial z}{\partial y}\right) = \frac{\partial^2 z}{\partial y \partial x} = f''_{yx}(x, y)$$

$$\frac{\partial}{\partial y}\left(\frac{\partial z}{\partial y}\right) = \frac{\partial^2 z}{\partial y^2} = f''_{yy}(x, y)$$

其中，$\dfrac{\partial^2 z}{\partial x \partial y}$和$\dfrac{\partial^2 z}{\partial y \partial x}$称为混合偏导数。

4. 全微分

如果函数$z = f(x, y)$在点$P_0(x_0, y_0)$处的全改变量$\Delta z = f(x_0 + \Delta x, y_0 + \Delta y) - f(x_0, y_0)$可以表示为

$$\Delta z = A\Delta x + B\Delta y + o(\rho)$$

其中A、B与Δx，Δy无关，$\rho = \sqrt{(\Delta x)^2 + (\Delta y)^2}$，$o(\rho)$是当$\Delta x \to 0$，$\Delta y \to 0$时比$\rho$高阶的无穷小量，则称函数$f(x, y)$在点$P_0(x_0, y_0)$可微，而$A\Delta x + B\Delta y$称为函数$z = f(x, y)$在$P_0(x_0, y_0)$处的全微分，记为$\mathrm{d}z\Big|_{\substack{x=x_0 \\ y=y_0}}$，即

$$\mathrm{d}z\Big|_{\substack{x=x_0 \\ y=y_0}} = A\Delta x + B\Delta y$$

函数$f(x, y)$在点(x_0, y_0)可微的必要条件：如果函数$f(x, y)$在点(x_0, y_0)处可微，$\mathrm{d}z\Big|_{\substack{x=x_0 \\ y=y_0}} = A\Delta x + B\Delta y$，则$f(x, y)$在$(x_0, y_0)$的偏导数存在且$f_x(x_0, y_0) = A$，$f_y(x_0, y_0) = B$。

函数$f(x, y)$在点(x_0, y_0)可微的充分条件：如果函数$f(x, y)$的偏导数$\dfrac{\partial z}{\partial x}$，$\dfrac{\partial z}{\partial y}$存在，且在点$(x_0, y_0)$处连续，则$f(x, y)$在$(x_0, y_0)$处可微。

如果函数$f(x, y)$在区域D内各点都可微，则称$f(x, y)$在区域D内可微，从而在D内任一点(x, y)的全微分为

$$\mathrm{d}z = f_x(x, y)\Delta x + f_y(x, y)\Delta y$$

由于$\mathrm{d}x = \Delta x$，$\mathrm{d}y = \Delta y$，所以，全微分可表示为

$$dz = \frac{\partial z}{\partial x}dx + \frac{\partial z}{\partial y}dy$$

函数 $z = f(x, y)$ 在点 (x_0, y_0) 处的偏导数 $f'_x(x_0, y_0)$，$f'_y(x_0, y_0)$ 存在，不一定能保证函数 $f(x, y)$ 在点 (x_0, y_0) 的全微分存在。函数 $z = f(x, y)$ 在点 (x_0, y_0) 处可微，当 $|\Delta x|$、$|\Delta y|$ 很小时，就有近似公式

$$\Delta z \approx dz = f'_x(x_0, y_0)\Delta x + f'_y(x_0, y_0)\Delta y$$

或

$$f(x_0 + \Delta x, y_0 + \Delta y) \approx f(x_0, y_0) + f'_x(x_0, y_0)\Delta x + f'_y(x_0, y_0)\Delta y$$

5. 二元复合函数的求导法则

(1) 两个中间变量，两个自变量的情况。设 $z = f(u, v)$，$u = \varphi(x, y)$，$v = \psi(x, y)$，即 $z = f[\varphi(x, y), \psi(x, y)]$ 则

$$\frac{\partial z}{\partial x} = \frac{\partial f}{\partial u} \cdot \frac{\partial u}{\partial x} + \frac{\partial f}{\partial v} \cdot \frac{\partial v}{\partial x}$$

$$\frac{\partial z}{\partial y} = \frac{\partial f}{\partial u} \cdot \frac{\partial u}{\partial y} + \frac{\partial f}{\partial v} \cdot \frac{\partial v}{\partial y}$$

(2) 两个中间变量，一个自变量的情况。设 $z = f(u, v)$，$u = \varphi(x)$，$v = \psi(x)$，即 $z = f[\varphi(x), \psi(x)]$，则

$$\frac{dz}{dx} = \frac{\partial f}{\partial u} \cdot \frac{du}{dx} + \frac{\partial f}{\partial v} \cdot \frac{dv}{dx} \text{（称为全导数）}$$

(3) 两个中间变量，其中一个又是自变量的情况。设 $z = f(u, v)$，$u = \varphi(x, y)$，$v = x$，即 $z = f[\varphi(x, y), x]$，则

$$\frac{\partial z}{\partial x} = \frac{\partial f}{\partial u} \cdot \frac{\partial u}{\partial x} + \frac{\partial f}{\partial v}$$

$$\frac{\partial z}{\partial y} = \frac{\partial f}{\partial u} \cdot \frac{\partial u}{\partial y}$$

6. 隐函数的求导公式

(1) 设函数 $y = f(x)$ 是由方程 $F(x, y) = 0$ 确定，则

$$\frac{dy}{dx} = -\frac{F'_x(x, y)}{F'_y(x, y)}$$

（2）设函数 $z = f(x, y)$ 是由方程 $F(x, y, z) = 0$ 确定,则

$$\frac{\partial z}{\partial x} = -\frac{F_x'(x, y)}{F_z'(x, y)}$$

$$\frac{\partial z}{\partial y} = -\frac{F_y'(x, y)}{F_z'(x, y)}$$

7. 全微分形式的不变性

无论 z 是自变量 u、v 的函数或中间变量 u、v 的函数,它的全微分形式都是

$$\mathrm{d}z = \frac{\partial z}{\partial u}\mathrm{d}u + \frac{\partial z}{\partial v}\mathrm{d}v$$

这个性质称为全微分形式不变性。在解题时适当应用这个性质,会使解题简便,而不易忘记对中间变量求导。

8. 二元函数的极值

极值存在的必要条件:设函数 $z = f(x, y)$ 在点 (x_0, y_0) 有极值,且函数在该点的一阶偏导数存在,则

$$f_x'(x_0, y_0) = 0, \ f_y'(x_0, y_0) = 0$$

极值存在的充分条件:设函数 $z = f(x, y)$ 在点 (x_0, y_0) 的邻域内有连续的二阶偏导数,且点 (x_0, y_0) 为函数 $z = f(x, y)$ 的驻点,记

$$A = f_{xx}''(x_0, y_0), B = f_{xy}''(x_0, y_0), C = f_{yy}''(x_0, y_0)$$

（1）如果 $B^2 - AC < 0$,且 $A < 0$,则 $f(x_0, y_0)$ 是极大值。

（2）如果 $B^2 - AC < 0$,且 $A > 0$,则 $f(x_0, y_0)$ 是极小值。

（3）如果 $B^2 - AC > 0$,则 $f(x_0, y_0)$ 不是极值。

（4）如果 $B^2 - AC = 0$,则 $f(x_0, y_0)$ 是否为极值需另外讨论。

求函数 $z = f(x, y)$ 的极值的一般步骤为:

（1）求出一阶和二阶偏导数 f_x', f_y', f_{xx}'', f_{xy}'', f_{yy}''。

（2）解方程组 $\begin{cases} f_x' = 0 \\ f_y' = 0 \end{cases}$。

经过上述两个步骤即可求得所有的驻点。

（3）对每一个驻点 $P_0(x_0, y_0)$,求出二阶偏导数数值。

$$A = f_{xx}''(x_0, y_0), B = f_{xy}''(x_0, y_0), C = f_{yy}''(x_0, y_0)$$

（4）列表讨论。

利用拉格朗日乘数法，可以求函数 $z = f(x, y)$ 在条件 $\varphi(x, y) = 0$ 下的极值。首先构造拉格朗日函数

$$L(x, y) = f(x, y) + \lambda\varphi(x, y)$$

然后，求出一阶偏导数 L_x，L_y。解方程组得

$$\begin{cases} L_x = 0 \\ L_y = 0 \\ \varphi(x, y) = 0 \end{cases}$$

若有解 $x = x_0$，$y = y_0$，则 (x_0, y_0) 为函数的可疑极值点。结合实际问题，对 $z_0 = f(x_0, y_0)$ 是否为极值作出判断。

9. 二重积分

设 $f(x, y)$ 是定义在有界闭区域 D 上的二元函数，将 D 任意分成 n 个小区域 $\Delta\sigma_1$，$\Delta\sigma_2$，$\cdots$，$\Delta\sigma_n$，d_i 为小区域 d_i 的直径，在每个小区域 $\Delta\sigma_i (i = 1, 2, \cdots, n)$ 中任取一点 (x_i, y_i)，作和 $\sum\limits_{i=1}^{n} f(x_i, y_i)\Delta\sigma_i$，当各小区域中的最大直径 $d = \max\limits_{i}\{d_i\}$ 趋于 0 时，如果该和式的极限存在，且与小区域的分割法及点 (x_i, y_i) 的选取无关，则称此极限为函数 $f(x, y)$ 在区域 D 上的二重积分。记作 $\iint\limits_{D} f(x, y)\mathrm{d}\sigma$，即

$$\iint\limits_{D} f(x, y)\mathrm{d}\sigma = \lim\limits_{d \to 0} \sum\limits_{i=1}^{n} f(x_i, y_i)\Delta\sigma_i$$

其中，D 称为积分区域，$f(x, y)$ 称为被积函数，$\mathrm{d}\sigma$ 称为面积元素。

二重积分与一元函数的定积分有类似的性质。当 $f(x, y) \geqslant 0$ 时，二重积分 $\iint\limits_{D} f(x, y)\mathrm{d}\sigma$ 表示以 $z = f(x, y)$ 为曲顶，区域 D 为底的曲顶柱体的体积。

计算二重积分的关键是根据被积函数和积分区域的特点选取适当的坐标系，确定积分次序和积分上限、下限，把二重积分化为累次积分。

（1）利用直角坐标计算二重积分。当积分区域 D 为 X-型，即 D 由直线 $x = a$，$x = b$ 和曲线 $y = \varphi_1(x)$，$y = \varphi_2(x)$ 围成（见图 6.1），则

$$\iint\limits_{D} f(x, y)\mathrm{d}x\mathrm{d}y = \int_a^b \mathrm{d}x \int_{\varphi_1(x)}^{\varphi_2(x)} f(x, y)\mathrm{d}y$$

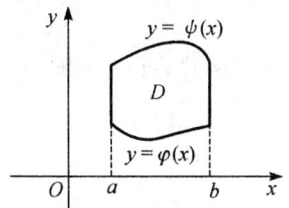

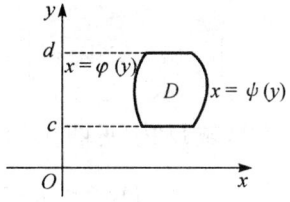

图 6.1　X-型区域 D　　　　　**图 6.2　Y-型区域 D**

当积分区域 D 为 Y-型，即 D 由直线 $y=c$，$y=d$ 和曲线 $x=\psi_1(y)$，$x=\psi_2(y)$ 围成(见图 6.2)，则

$$\iint\limits_D f(x,\ y)\mathrm{d}x\mathrm{d}y = \int_c^d \mathrm{d}y \int_{\psi_1(y)}^{\psi_2(y)} f(x,\ y)\mathrm{d}x$$

二重积分 $\iint\limits_D f(x,\ y)\mathrm{d}x\mathrm{d}y$ 根据积分区域 D 的特点和被积函数的特点，选择上述两种类型中较为简单、有效的一种来计算。

一般的积分区域 D，我们可以把 D 分成几部分，使每个部分是 X-型区域或 Y-型区域，再用二重积分关于区域可加性来计算。

(2) 利用极坐标计算二重积分。对于二重积分 $\iint\limits_D f(x,\ y)\mathrm{d}\sigma$，如果区域 D 的边界在极坐标系中可以化为较简单的方程，或被积函数可化为 $f(x^2+y^2)$ 或 $f\left(\dfrac{y}{x}\right)$ 的形式，则可利用极坐标计算二重积分。直角坐标系的二重积分化为极坐标系的二重积分的公式为

$$\iint\limits_D f(x,\ y)\mathrm{d}\sigma = \iint\limits_D f(r\cos\theta,\ r\sin\theta)r\mathrm{d}r\mathrm{d}\theta$$

极坐标系中二重积分的计算可分为如下三种情况：

① 极点 O 在区域 D 外(见图 6.3)。

$$D\colon \alpha\leqslant\theta\leqslant\beta,\ r_1(\theta)\leqslant r\leqslant r_2(\theta)$$

$$\iint\limits_D f(x,\ y)\mathrm{d}\sigma = \int_\alpha^\beta \mathrm{d}\theta \int_{r_1(\theta)}^{r_2(\theta)} f(r\cos\theta,\ r\sin\theta)r\mathrm{d}r$$

② 极点 O 在区域 D 的边界上(见图 6.4)。

$$D: \alpha \leqslant \theta \leqslant \beta, \ 0 \leqslant r \leqslant r(\theta)$$

$$\iint\limits_{D} f(x, y) \mathrm{d}\sigma = \int_{\alpha}^{\beta} \mathrm{d}\theta \int_{0}^{r(\theta)} f(r\cos\theta, r\sin\theta) r \mathrm{d}r$$

③ 极点 O 在区域 D 内(见图 6.5)。

$$D: 0 \leqslant \theta \leqslant 2\pi, \ 0 \leqslant r \leqslant r(\theta)$$

$$\iint\limits_{D} f(x, y) \mathrm{d}\sigma = \int_{0}^{2\pi} \mathrm{d}\theta \int_{0}^{r(\theta)} f(r\cos\theta, r\sin\theta) r \mathrm{d}r$$

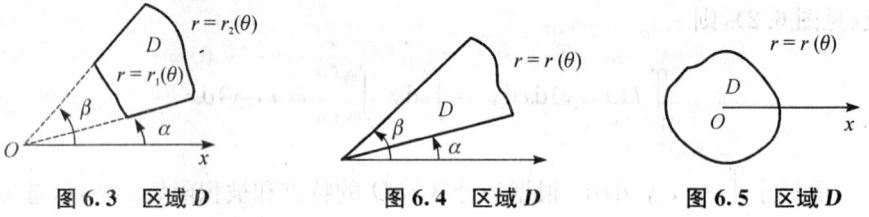

图 6.3 区域 D　　　　图 6.4 区域 D　　　　图 6.5 区域 D

第二节 例 题 分 析

【例 1】　一个长方体在坐标系内的位置如图 6.6 所示。$|OA| = 2$，$|OB| = 3$，$|OC| = 1$，求各顶点的坐标，并求对角线 BG 与 BE 的长。

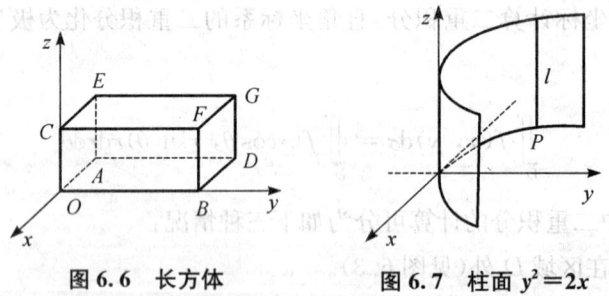

图 6.6 长方体　　　　图 6.7 柱面 $y^2 = 2x$

分析　由图 6.6 可见，A，B，C 三个顶点分别处在 x 轴、y 轴和 z 轴上，求得它们的坐标。然后，根据长方体各顶点的位置关系可以求得顶点 D、E、F、G 的坐标。利用两点间的距离公式求 $|BG|$，$|BE|$。

解　顶点 O 是原点，其坐标为 $(0, 0, 0)$；顶点 A 点的坐标为 $(-2, 0, 0)$；B 点的

坐标为$(0,3,0)$;C 点坐标为$(0,0,1)$。顶点 D 位于坐标面 xOy 上,其坐标为$(-2,3,0)$;同理,E 点坐标为$(-2,0,1)$;F 点坐标为$(0,3,1)$;G 点坐标为$(-2,3,1)$。

利用两点间的距离公式,得

$$|BG|=\sqrt{(-2-0)^2+(3-3)^2+(1-0)^2}=\sqrt{5}$$

$$|BE|=\sqrt{(-2-0)^2+(0-3)^2+(1-0)^2}=\sqrt{14}$$

【例 2】 方程 $y^2=2x$ 表示怎样的曲面?

分析 我们用作方程为 $x^2+y^2=R^2$ 的曲面图形的方法来处理。

解 方程 $y^2=2x$ 在 xOy 坐标面上表示对称轴为 x 轴的一条抛物线,在抛物线上任取一点 $P(x,y,0)$,过 P 点作平行 z 轴的直线 l,直线 l 上任意点的坐标均满足方程 $y^2=2x$。当 P 沿抛物线移动,动直线 l 就形成一个柱面,而且不在此柱面上的点不满足方程 $y^2=2x$,所以柱面是 $y^2=2x$ 的图形(见图6.7)。这个柱面称为抛物柱面。

【例 3】 求 $z=\ln\dfrac{xy}{x+y}$ 在点$(1,2)$处的一阶偏导数。

分析 根据对数的运算性质,先化简函数,然后再求一阶偏导,最后将点$(1,2)$代入一阶偏导数。

解 由对数的运算性质,得

$$z=\ln\frac{xy}{x+y}=\ln x+\ln y-\ln(x+y)$$

所以
$$z'_x=\frac{1}{x}-\frac{1}{x+y},\quad z'_y=\frac{1}{y}-\frac{1}{x+y}$$

将点$(1,2)$分别代入 z'_x、z'_y,得

$$z'_x\Big|_{\substack{x=1\\y=2}}=\frac{2}{3},\quad z'_y\Big|_{\substack{x=1\\y=2}}=\frac{1}{6}$$

【例 4】 验证函数 $z=\ln(e^x+e^y)$ 满足方程

$$\frac{\partial^2 z}{\partial x^2}\cdot\frac{\partial^2 z}{\partial y^2}-\left(\frac{\partial^2 z}{\partial x\partial y}\right)^2=0$$

分析 只需求出函数的二阶偏导数$\dfrac{\partial^2 z}{\partial x^2}$,$\dfrac{\partial^2 z}{\partial y^2}$ 及 $\dfrac{\partial^2 z}{\partial x\partial y}$,将其代入方程,看方程是否成立。

201

证明

一阶偏导数 $\dfrac{\partial z}{\partial x}=\dfrac{e^x}{e^x+e^y}$, $\dfrac{\partial z}{\partial y}=\dfrac{e^y}{e^x+e^y}$

二阶偏导数 $\dfrac{\partial^2 z}{\partial x^2}=\dfrac{e^x(e^x+e^y)-e^x\cdot e^x}{(e^x+e^y)^2}=\dfrac{e^{x+y}}{(e^x+e^y)^2}$

$$\frac{\partial^2 z}{\partial y^2}=\frac{e^y(e^x+e^y)-e^y\cdot e^x}{(e^x+e^y)^2}=\frac{e^{x+y}}{(e^x+e^y)^2}$$

而 $$\frac{\partial^2 z}{\partial x\partial y}=\frac{\partial}{\partial y}\left(\frac{e^x}{e^x+e^y}\right)=-\frac{e^x\cdot e^y}{(e^x+e^y)^2}=-\frac{e^{x+y}}{(e^x+e^y)^2}$$

将二阶偏导数代入方程,则

$$\frac{\partial^2 z}{\partial x^2}\cdot\frac{\partial^2 z}{\partial y^2}-\left(\frac{\partial^2 z}{\partial x\partial y}\right)^2=\frac{e^{x+y}}{(e^x+e^y)^2}\cdot\frac{e^{x+y}}{(e^x+e^y)^2}-\left[-\frac{e^{x+y}}{(e^x+e^y)^2}\right]^2=0$$

故 函数满足方程,本题得证。

【例 5】 设 $z=e^u\cos v$, $u=xy$, $v=x-y$,求$\dfrac{\partial z}{\partial x}$, $\dfrac{\partial z}{\partial y}$。

分析 这是二元复合函数求偏导数的问题。其解法可以先画出变量关系图,写出求偏导公式,然后将有关函数代入该公式,最后消去中间变量 u、v 即可。

解 变量关系图如图 6.8 所示。由多元复合函数求导公式,得

$$\begin{aligned}\frac{\partial z}{\partial x}&=\frac{\partial z}{\partial u}\cdot\frac{\partial u}{\partial x}+\frac{\partial z}{\partial v}\cdot\frac{\partial v}{\partial x}\\&=e^u\cdot\cos v\cdot y-e^u\cdot\sin v\cdot 1\\&=ye^{xy}\cos(x-y)-e^{xy}\sin(x-y)\\&=e^{xy}[y\cos(x-y)-\sin(x-y)]\end{aligned}$$

图 6.8 变量关系图

$$\begin{aligned}\frac{\partial z}{\partial y}&=\frac{\partial z}{\partial u}\cdot\frac{\partial u}{\partial y}+\frac{\partial z}{\partial v}\cdot\frac{\partial v}{\partial y}\\&=e^u\cdot\cos v\cdot x-e^u\cdot\sin v\cdot(-1)\\&=e^{xy}[x\cos(x-y)+\sin(x-y)]\end{aligned}$$

【例 6】 设 $z=xy+\cos t$, $x=e^t$, $y=\ln t$,求$\dfrac{dz}{dt}$。

分析 变量关系图如图 6.9 所示。应用多元复合函数求导公式求解,也可以把 z 看成 x、y、t 的三元函数,而 x, y, t 是 t 的一元函数,画出变量关系图,利用全导数公式求解。也

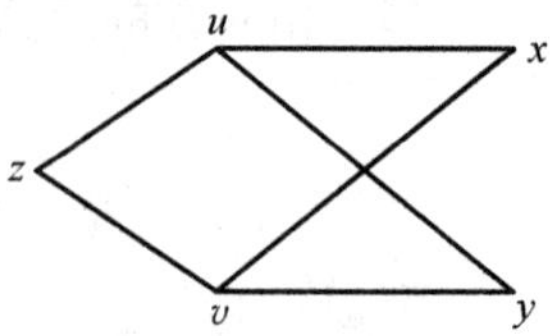

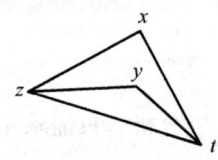

图 6.9 变量关系图

可将 $x = \mathrm{e}^t$，$y = \ln t$ 代入 $z = xy + \cos t$，然后对 t 求导数。

解 画出变量关系图如图 6.9 所示，由多元复合函数求导公式，得

$$\frac{\mathrm{d}z}{\mathrm{d}t} = \frac{\partial z}{\partial x}\frac{\mathrm{d}x}{\mathrm{d}t} + \frac{\partial z}{\partial y}\frac{\mathrm{d}y}{\mathrm{d}t} + \frac{\partial z}{\partial t}$$

$$= y\mathrm{e}^t + \frac{x}{t} + (-\sin t)$$

$$= \mathrm{e}^t\left[\ln t + \frac{1}{t}\right] - \sin t$$

【例 7】 设 $z = f(x, y)$ 是由方程 $xz = \ln\dfrac{z}{y}$ 确定的函数，求 $\dfrac{\partial z}{\partial x}$，$\dfrac{\partial z}{\partial y}$。

分析 此题为二元隐函数求偏导数问题，其解法有两种：一种是利用隐函数求偏导数公式；另一种是直接在方程两边分别对自变量 x，y 求偏导数。但必须注意：z 是 x，y 的二元函数；其次方程两边取微分，应用全微分形式的不变性来解。

解 由对数的运算性质，方程 $xz = \ln\dfrac{z}{y} = \ln z - \ln y$

设 $$F(x, y, z) = xz - \ln z + \ln y$$

$$F'_x = z,\ F'_y = \frac{1}{y},\ F'_z = x - \frac{1}{z} = \frac{xz - 1}{z}$$

所以

$$\frac{\partial z}{\partial x} = -\frac{F'_x}{F'_z} = \frac{z^2}{1 - xz}$$

$$\frac{\partial z}{\partial y} = -\frac{F'_y}{F'_z} = \frac{z}{y - xyz}$$

也可以应用全微分形式的不变性来解。略。

【例 8】 设 $z = (x^2 + y^2)^{xy}$，求 $\mathrm{d}z$。

分析 先求出两个一阶偏导数，然后代入全微分公式，也可应用全微分形式不变性来解。

解 设 $u = x^2 + y^2$，$v = xy$，则 $z = u^v$，于是

$$\frac{\partial z}{\partial x} = \frac{\partial z}{\partial u}\cdot\frac{\partial u}{\partial x} + \frac{\partial z}{\partial v}\cdot\frac{\partial v}{\partial x} = vu^{v-1}\cdot 2x + u^v\ln u\cdot y$$

$$= (x^2 + y^2)^{xy}\left[\frac{2x^2 y}{x^2 + y^2} + y\ln(x^2 + y^2)\right]$$

由对称性，得 $\dfrac{\partial}{\partial y} = (x^2 + y^2)^{xy} \left[\dfrac{2xy^2}{x^2 + y^2} + x\ln(x^2 + y^2) \right]$

所以

$$dz = \frac{\partial z}{\partial x}dx + \frac{\partial z}{\partial y}dy$$

$$= (x^2 + y^2)^{xy} \left\{ \left[\frac{2x^2 y}{x^2 + y^2} + y\ln(x^2 + y^2) \right]dx + \left[\frac{2xy^2}{x^2 + y^2} + x\ln(x^2 + y^2) \right]dy \right\}$$

【例9】 利用全微分形式的不变性求函数 $u = \dfrac{x}{x^2 + y^2 + z^2}$ 的偏导数。

解 $du = \dfrac{(x^2 + y^2 + z^2)dx - xd(x^2 + y^2 + z^2)}{(x^2 + y^2 + z^2)^2}$

$$= \frac{(x^2 + y^2 + z^2)dx - x(2xdx + 2ydy + 2zdz)}{(x^2 + y^2 + z^2)^2}$$

$$= \frac{(y^2 + z^2 - x^2)dx - 2xydy - 2xzdz}{(x^2 + y^2 + z^2)^2}$$

所以

$$\frac{\partial u}{\partial x} = \frac{y^2 + z^2 - x^2}{(x^2 + y^2 + z^2)^2}$$

$$\frac{\partial u}{\partial y} = \frac{-2xy}{(x^2 + y^2 + z^2)^2}$$

$$\frac{\partial u}{\partial z} = \frac{-2xz}{(x^2 + y^2 + z^2)^2}$$

【例10】 设 $z = f(2x - y, y\sin x)$，其中，f 具有连续的二阶偏导数，求 $\dfrac{\partial^2 z}{\partial x \partial y}$。

分析 中间变量为 $u = 2x - y$，$v = y\sin x$，应用复合函数求导法则求解。

解 $\dfrac{\partial z}{\partial x} = f_1 \dfrac{\partial(2x - y)}{\partial x} + f_2 \dfrac{\partial(y\sin x)}{\partial x} = 2f_1' + y\cos x \cdot f_2'$

$$\frac{\partial^2 z}{\partial x \partial y} = \frac{\partial}{\partial y}(2f_1' + y\cos x \cdot f_2') = 2f_{11}''\frac{\partial(2x - y)}{\partial y} + 2f_{12}''\frac{\partial(y\sin x)}{\partial y} +$$

$$\cos x \cdot f_2' + y\cos x \cdot f_{21}''\frac{\partial(2x - y)}{\partial y} + y\cos x \cdot f_{22}''\frac{\partial(y\sin x)}{\partial y}$$

$$= -2f_{11}'' + (2\sin x - y\cos x)f_{12}'' + \frac{1}{2}y\sin 2x \cdot f_{22}'' + \cos x \cdot f_2'$$

【例11】 求函数 $f(x, y) = x^3 - y^3 + 3x^2 + 3y^2 - 9x$ 的极值。

分析 首先求出函数所有的驻点 (x_0, y_0)。在每一驻点 (x_0, y_0) 处，算出 $A =$

$f''_{xx}(x_0, y_0), B = f''_{xy}(x_0, y_0), C = f''_{yy}(x_0, y_0)$，然后列表讨论。

解　$f'_x = 3x^2 + 6x - 9, f'_y = -3y^2 + 6y$

解方程组

$$\begin{cases} f'_x = 3(x-1)(x+3) = 0 \\ f'_y = -3y(y-2) = 0 \end{cases}$$

得驻点为　$(1, 0), (1, 2), (-3, 0), (-3, 2)$

二阶偏导数　$f''_{xx} = 6x + 6, f''_{xy} = 0, f''_{yy} = -6y + 6$

列表讨论。见表 6.1。

表 6.1　判定极值表

(x_0, y_0)	A	B	C	$B^2 - AC$	判断 $f(x_0, y_0)$
$(1, 0)$	12	0	6	-72	极小值
$(1, 2)$	12	0	-6	72	非极值
$(-3, 0)$	-12	0	6	72	非极值
$(-3, 2)$	-12	0	-6	-72	极大值

据表 6.1 可知，极小值 $f(1, 0) = -5$；极大值 $f(-3, 2) = 31$。

【例 12】　某企业生产甲、乙两种产品，出售单价分别为 100 元与 80 元，生产 x 单位的甲产品与生产 y 单位的乙产品的总费用是

$$500 + 30(x+y) + x^2 + xy + y^2 (单位：元)$$

求两种产品的产量各为多少时，可取得最大利润。

分析　这是有关经济应用问题中的最大（小）值问题，其解法一般是通过分析题意，建立函数关系，把实际问题化为某个函数的极值问题。通常认为，函数的唯一的极大（小）值就是实际问题的最大（小）值。

解　生产 x 单位甲产品与生产 y 单位乙产品的收入为

$$R(x, y) = 100x + 80y (单位：万元)$$

利润 $L(x, y) = 100x + 80y - [500 + 30(x+y) + x^2 + xy + y^2]$

$$= 70x + 5y - 500 - x^2 - xy - y^2$$

$$L'_x = 70 - 2x - y, L'_y = 50 - x - 2y$$

$$L''_{xx} = -2, L''_{xy} = -1, L''_{yy} = -2$$

解方程组

$$\begin{cases} L'_x = 70 - 2x - y = 0 \\ L'_y = 50 - x - 2y = 0 \end{cases} \quad 得唯一驻点(30,10)$$

因为 $B^2 - AC = (-1)^2 - (-2) \cdot (-2) < 0$，且 $A = -2 < 0$

所以 $(30,10)$ 是 $L(x,y)$ 的极大值点，且是唯一的极大值点。因此，当甲、乙两种产品的产量分别是 30 单位与 10 单位时，可取得最大利润。最大利润为 $L(30,10) = 800$ 万元。

【例 13】 计算二重积分 $\iint\limits_{D} xy\mathrm{d}x\mathrm{d}y$，其中积分区域 D 由 $y = x^2 + 1$，$y = 2x$，$x = 0$ 所围成的有界闭区域。

分析 计算二重积分的基本方法是把二重积分化为先 x 后 y 或先 y 后 x 的累次积分，选择哪一种积分次序取决于积分区域 D 的类型及被积函数的特点。

解 画出积分区域 D，D 是 X-型区域，如图 6.10 所示，因此

$$\iint\limits_{D} xy\mathrm{d}x\mathrm{d}y = \int_0^1 \mathrm{d}x \int_{2x}^{x^2+1} xy\mathrm{d}y = \frac{1}{2}\int_0^1 x[y^2]_{2x}^{x^2+1}\mathrm{d}x$$

$$= \frac{1}{2}\int_0^1 (x^5 - 2x^3 + x)\mathrm{d}x = \frac{1}{12}$$

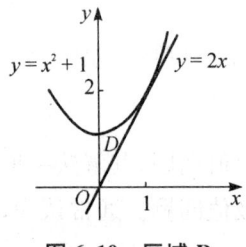

图 6.10 区域 D

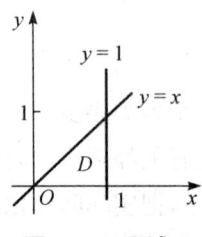

图 6.11 区域 D

【例 14】 计算二重积分 $\iint\limits_{D} \dfrac{\sin x}{x}\mathrm{d}x\mathrm{d}y$，其中 D 由直线 $y = x$，$y = 0$ 及 $x = 1$ 所围成的有界闭区域。

分析 由区域 D 的草图 6.11 可知，D 既是 X-型区域，也是 Y-型区域。但是，考虑到被积函数 $\dfrac{\sin x}{x}$ 的原函数不能用初等函数表达，所以这个二重积分应化为先 y 后 x 的累次积分，即把 D 看成 X-型区域。

解 画出积分区域 D，如图 6.11 所示，由分析，得

$$\iint\limits_{D} \frac{\sin x}{x} \mathrm{d}x\mathrm{d}y = \int_0^1 \mathrm{d}x \int_0^x \frac{\sin x}{x}\mathrm{d}y = \int_0^1 \frac{\sin x}{x} \cdot y \Big|_0^x \mathrm{d}x$$

$$= \int_0^1 \sin x\mathrm{d}x = 1 - \cos 1$$

【例15】 已知 $\iint\limits_{D} \sqrt{a^2-x^2-y^2}\,\mathrm{d}x\mathrm{d}y = \pi$,其中 D 为圆域 $x^2+y^2 \leqslant a^2$,求 a 值。

分析 视 a 为已知数,求出含有 a 的二重积分,然后求出 a 值。因为 D 是圆域,且被积函数含有 x^2+y^2,因此,可利用极坐标计算二重积分。

解 $\sqrt{a^2-x^2-y^2} = \sqrt{a^2-r^2}$,得

$$\iint\limits_{D} \sqrt{a^2-x^2-y^2}\,\mathrm{d}x\mathrm{d}y = \int_0^{2\pi}\mathrm{d}\theta \int_0^a \sqrt{a^2-r^2}\,r\mathrm{d}r = -\pi\int_0^a \sqrt{a^2-r^2}\,\mathrm{d}(a^2-r^2)$$

$$= -\frac{2}{3}\pi(a^2-r^2)^{\frac{3}{2}}\Big|_0^a = \frac{2}{3}\pi a^3$$

于是 $$\frac{2}{3}\pi a^3 = \pi$$

所以 $$a = \sqrt[3]{\frac{3}{2}}$$

【例16】 改变下列累次积分的积分次序。

(1) $I = \int_1^{\mathrm{e}}\mathrm{d}x\int_0^{\ln x} f(x, y)\mathrm{d}y$ (2) $I = \int_0^1\mathrm{d}y\int_y^{y+1} f(x, y)\mathrm{d}x$

分析 首先作出积分区域 D 的图形,然后改变为另一种积分次序的累次积分。

解 (1) 积分区域 D 如图 6.12 所示,改变为先 y 后 x 的积分次序为

$$I = \int_0^1\mathrm{d}y\int_{\mathrm{e}^y}^{\mathrm{e}} f(x, y)\mathrm{d}x$$

(2) 积分区域 $D = D_1 + D_2$,如图 6.13 所示。

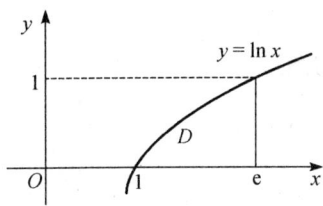

图 6.12 区域 D

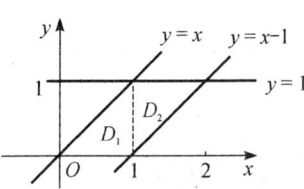

图 6.13 区域 $D = D_1 + D_2$

207

$$I = \iint\limits_{D_1} f(x, y)\mathrm{d}x\mathrm{d}y + \iint\limits_{D_2} f(x, y)\mathrm{d}x\mathrm{d}y = \int_0^1 \mathrm{d}x\int_0^x f(x, y)\mathrm{d}y + \int_1^2 \mathrm{d}x\int_{x-1}^1 f(x, y)\mathrm{d}y$$

第三节　习 题 选 解

习　题　6−1

3. 求 y 轴上的一点 P，使它与 $A(1, 2, 3)$，$B(0, 1, -1)$ 两点的距离相等。

解　设点 P 的坐标为 $(0, y, 0)$。

$$|AP| = \sqrt{1^2 + (y-2)^2 + 3^2} = \sqrt{y^2 - 4y + 14}$$

$$|BP| = \sqrt{0 + (y-1)^2 + (-1)^2} = \sqrt{y^2 - 2y + 2}$$

由 $|AP| = |BP|$，得

$$\sqrt{y^2 - 4y + 14} = \sqrt{y^2 - 2y + 2}$$

得解为 $y = 6$，故 P 点的坐标为 $(0, 6, 0)$。

5. 动点 $P(x, y, z)$ 与两定点 $M_1(2, 0, 3)$、$M_2(0, 3, -1)$ 的距离相等，求动点 P 的轨迹方程。

解　$|M_1P| = \sqrt{(x-2)^2 + y^2 + (z-3)^2}$，

$\qquad |M_2P| = \sqrt{x^2 + (y-3)^2 + (z+1)^2}$

所以　$\sqrt{(x-2)^2 + y^2 + (z-3)^2} = \sqrt{x^2 + (y-3)^2 + (z+1)^2}$

化简得　$4x - 6y + 8z - 3 = 0$

习　题　6−2

1. 求下列函数的定义域，并画出定义域的图形。

(2) $f(x, y) = \ln(x + y + 2)$　　　　(3) $f(x, y) = \dfrac{1}{y - x}$

(4) $f(x, y) = \sqrt{9 - x^2 - y^2} + \ln(x^2 - y)$

解　(2) 要使函数有意义，真数 $x + y + 2 > 0$，所以函数的定义域为：$D = \{(x,$

$y)\mid y>-x-2\}$ 如图 6.14 所示。

（3）要使函数有意义，分母 $y-x\neq 0$，即 $y\neq x$，所以函数的定义域为：$D=\{(x,$
$y)\mid y\neq x\}$，如图 6.15 所示。

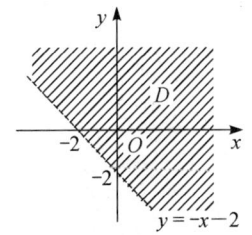

图 6.14　定义域 D

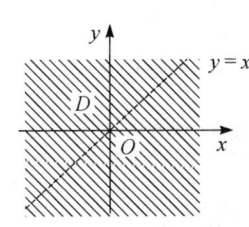

图 6.15　定义域 D

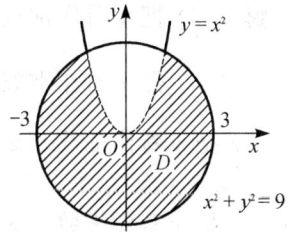

图 6.16　定义域 D

（4）要使函数有意义，被开方数 $9-x^2-y^2\geqslant 0$，且真数 $x^2-y>0$，即 x^2+
$y^2\leqslant 9$ 且 $y<x^2$。所以函数的定义域为：$D=\{(x,y)\mid x^2+y^2\leqslant 9\text{ 且 }y<x^2\}$，如
图 6.16 所示。

3. 已知 $f(x,y)=\dfrac{xy}{x^2+y^2}$，求 $f\left(1,\dfrac{y}{x}\right)$。

解　在函数 $\dfrac{xy}{x^2+y^2}$ 中用 1 代 x，用 $\dfrac{y}{x}$ 代 y，则

$$f\left(1,\frac{y}{x}\right)=\frac{1\cdot\dfrac{y}{x}}{1^2+\left(\dfrac{y}{x}\right)^2}=\frac{\dfrac{y}{x}}{\dfrac{x^2+y^2}{x^2}}=\frac{xy}{x^2+y^2}$$

4. 求下列极限。

（3）$\lim\limits_{\substack{x\to 0\\y\to 0}}\dfrac{2-\sqrt{xy+4}}{xy}$

解　$\lim\limits_{\substack{x\to 0\\y\to 0}}\dfrac{2-\sqrt{xy+4}}{xy}=\lim\limits_{\substack{x\to 0\\y\to 0}}-\dfrac{1}{2+\sqrt{xy+4}}=-\dfrac{1}{4}$

习　题　6-3

2. 求下列函数的偏导数。

（4）$z=xy-(\ln x)y^2$　　　　　　　　（5）$z=\dfrac{1}{2x-y}$

(6) $z = \sqrt{x} \sin \dfrac{y}{x}$ (9) $u = \sin(x^2 + y^2 + z^2)$

(10) $u = x^{\frac{y}{z}}$

解 (4) 把 y 看作常数 $z'_x = y - \dfrac{y^2}{x}$

        把 x 看作常数 $z'_y = x - 2y\ln x$

(5) 把 y 看作常数 $z'_x = -\dfrac{2}{(2x-y)^2}$

      把 x 看作常数 $z'_y = -\dfrac{1}{(2x-y)^2} \cdot (-1) = \dfrac{1}{(2x-y)^2}$

(6) 把 y 看作常数 $z'_x = \dfrac{1}{2\sqrt{x}} \cdot \sin\dfrac{y}{x} + \sqrt{x} \cdot \cos\dfrac{y}{x} \cdot \left(-\dfrac{y}{x^2}\right)$

$$= \dfrac{1}{2\sqrt{x}} \sin\dfrac{y}{x} - \dfrac{\sqrt{x} \cdot y}{x^2} \cos\dfrac{y}{x}$$

      把 x 看作常数 $z'_y = \sqrt{x}\cos\dfrac{y}{x} \cdot \dfrac{1}{x} = \dfrac{\sqrt{x}}{x}\cos\dfrac{y}{x}$

(9) 把 y, z 看作常数 $u'_x = \cos(x^2 + y^2 + z^2) \cdot 2x$

$$= 2x\cos(x^2 + y^2 + z^2)$$

由对称性得

$$u'_y = 2y\cos(x^2 + y^2 + z^2), \quad u'_z = 2z\cos(x^2 + y^2 + z^2)$$

(10) 把 y, z 看作常数,此时 $u = x^{\frac{y}{z}}$ 为 x 的幂函数,得

$$u'_x = \dfrac{y}{z} \cdot x^{\frac{y}{z}-1} = \dfrac{yx^{\frac{y}{z}}}{zx}$$

把 x, z 看作常数,此时 $u = x^{\frac{y}{z}}$ 为 y 的指数函数,得

$$u'_y = x^{\frac{y}{z}} \cdot \ln x \cdot \dfrac{1}{z} = \dfrac{x^{\frac{y}{z}} \cdot \ln x}{z}$$

把 x, y 看作常数,此时 $u = x^{\frac{y}{z}}$ 为 z 的复合函数,得

$$u'_z = x^{\frac{y}{z}} \cdot \ln x \cdot \left(-\dfrac{y}{z^2}\right) = -\dfrac{yx^{\frac{y}{z}} \cdot \ln x}{z^2}$$

3. 设 $z = e^{\frac{x}{2y}}$，求证 $2x\dfrac{\partial z}{\partial x} + 2y\dfrac{\partial z}{\partial y} = 0$

证明 $\dfrac{\partial z}{\partial x} = e^{\frac{x}{2y}} \cdot \dfrac{1}{2y}$

$\dfrac{\partial z}{\partial y} = e^{\frac{x}{2y}} \cdot \left(-\dfrac{x}{2y^2}\right)$

所以 $2x\dfrac{\partial z}{\partial x} + 2y\dfrac{\partial z}{\partial y} = 2x \cdot e^{\frac{x}{2y}} \cdot \dfrac{1}{2y} + 2y \cdot e^{\frac{x}{2y}} \cdot \left(-\dfrac{x}{2y^2}\right)$

$= \dfrac{x}{y}e^{\frac{x}{2y}} - \dfrac{x}{y}e^{\frac{x}{2y}} = 0 \text{。}$

证毕。

4. 求下列函数的二阶偏导数。

(3) $z = xe^{2y}$ (4) $z = \ln(x+3y)$

解   (3) 先求一阶偏导数

$$\dfrac{\partial z}{\partial x} = e^{2y}, \dfrac{\partial z}{\partial y} = 2xe^{2y}$$

再求二阶偏导数

$$\dfrac{\partial^2 z}{\partial x^2} = 0, \dfrac{\partial^2 z}{\partial y^2} = 4xe^{2y}$$

$$\dfrac{\partial^2 z}{\partial x \partial y} = 2e^{2y}, \dfrac{\partial^2 z}{\partial y \partial x} = 2e^{2y}$$

(4) 先求一阶偏导数 $z'_x = \dfrac{1}{x+3y}, z'_y = \dfrac{3}{x+3y}$

再求二阶偏导数

$$z''_{xx} = -\dfrac{1}{(x+3y)^2}, z''_{yy} = -\dfrac{9}{(x+3y)^2}$$

$$z''_{xy} = -\dfrac{3}{(x+3y)^2}, z''_{yx} = -\dfrac{3}{(x+3y)^2}$$

习 题 6-4

3. 求下列函数的全微分。

(6) $z=\ln(x^2-y^2)$　　(7) $z=x\cos(x-y)$　　(8) $z=\tan\dfrac{y}{x}$

解　(6) 先求出一阶偏导数

$$z'_x=\frac{2x}{x^2-y^2},\ z'_y=\frac{-2y}{x^2-y^2}$$

于是,函数的全微分为

$$\mathrm{d}z=\frac{2x}{x^2-y^2}\mathrm{d}x-\frac{2y}{x^2-y^2}\mathrm{d}y=\frac{2}{x^2-y^2}(x\mathrm{d}x-y\mathrm{d}y)$$

(7) 先求出一阶偏导数

$$z'_x=\cos(x-y)-x\sin(x-y),$$
$$z'_y=x\sin(x-y)$$

于是,函数的全微分为

$$\mathrm{d}z=[\cos(x-y)-x\sin(x-y)]\mathrm{d}x+x\sin(x-y)\mathrm{d}y$$

(8) 先求出一阶偏导数

$$z'_x=\sec^2\frac{y}{x}\cdot\left(-\frac{y}{x^2}\right),\ z'_y=\sec^2\frac{y}{x}\cdot\frac{1}{x}$$

于是,函数的全微分为

$$\mathrm{d}z=-\frac{y}{x^2}\sec^2\frac{y}{x}\mathrm{d}x+\frac{1}{x}\sec^2\frac{y}{x}\mathrm{d}y$$

4. 利用全微分计算$\sqrt{(1.97)^3+(1.02)^3}$的近似值。

解　把$\sqrt{(1.97)^3+(1.02)^3}$看作是函数$f(x,y)=\sqrt{x^3+y^3}$在$x=1.97$, $y=1.02$时的函数值$f(1.97,1.02)$。

偏导数　　　　$f'_x=\dfrac{3x^2}{2\sqrt{x^3+y^3}},\ f'_y=\dfrac{3y^2}{2\sqrt{x^3+y^3}}$

取　$x=2$, $y=1$, $\Delta x=-0.03$, $\Delta y=0.02$,得

$$f(2,1)=3,\ f'_x(2,1)=2,\ f'_y(2,1)=\frac{1}{2}$$

利用近似公式,得

$$f(x+\Delta x,\ y+\Delta y)\approx f(x,\ y)+f'_x(x,\ y)\Delta x+f'_y(x,\ y)\Delta y$$

即

$$\sqrt{(1.97)^3+(1.02)^3}=\sqrt{(2-0.03)^3+(1+0.02)^3}$$

$$\approx f(2,\ 1)+f'_x(2,\ 1)\Delta x+f'_y(2,\ 1)\Delta y$$

$$=3+2\times(-0.03)+\frac{1}{2}\times0.02=2.95$$

习 题 6-5

1. 求下列复合函数的偏导数或全导数。

(1) 设 $z=u^2v$,而 $u=x\cos y$, $v=x\sin y$,求 $\dfrac{\partial z}{\partial x}$, $\dfrac{\partial z}{\partial y}$。

(4) 设 $z=(x^2+y^2)^{xy}$,求 $\dfrac{\partial z}{\partial x}$, $\dfrac{\partial z}{\partial y}$。

(5) 设 $z=\ln(x+2y)$,而 $x=\dfrac{1}{t}$, $y=\cos t$,求 $\dfrac{\mathrm{d}z}{\mathrm{d}t}$。

(7) $z=\dfrac{x^2+y}{x+y}$,而 $y=x^2+1$,求 $\dfrac{\mathrm{d}z}{\mathrm{d}x}$。

解 (1) 利用二元复合函数求导公式,得

$$\frac{\partial z}{\partial x}=\frac{\partial z}{\partial u}\cdot\frac{\partial u}{\partial x}+\frac{\partial z}{\partial v}\cdot\frac{\partial v}{\partial x}$$

$$=2uv\cdot\cos y+u^2\cdot\sin y$$

$$=2x\cos y\cdot x\sin y\cos y+x^2\cos^2y\cdot\sin y$$

$$=3x^2\cos^2y\sin y$$

$$\frac{\partial z}{\partial y}=\frac{\partial z}{\partial u}\cdot\frac{\partial u}{\partial y}+\frac{\partial z}{\partial v}\cdot\frac{\partial v}{\partial y}$$

$$=2uv\cdot x(-\sin y)+u^2\cdot x\cos y$$

$$=-2x\cos y\cdot x^2\sin^2y+x^2\cos^2y\cdot x\cos y$$

$$=-2x^3\cos y\sin^2y+x^3\cos^3y$$

(4) 令 $u=x^2+y^2$, $v=xy$

则 $z=u^v$,利用二元复合函数求导公式,得

$$\frac{\partial z}{\partial x} = \frac{\partial z}{\partial u} \cdot \frac{\partial u}{\partial x} + \frac{\partial z}{\partial v} \cdot \frac{\partial v}{\partial x}$$

$$= vu^{v-1} \cdot 2x + u^v \cdot \ln u \cdot y$$

$$= u^{v-1}(v \cdot 2x + u\ln u \cdot y)$$

$$= (x^2 + y^2)^{xy-1}\left[2x^2 y + y(x^2 + y^2)\ln(x^2 + y^2)\right]$$

$$\frac{\partial z}{\partial y} = \frac{\partial z}{\partial u} \cdot \frac{\partial u}{\partial y} + \frac{\partial z}{\partial v} \cdot \frac{\partial v}{\partial y}$$

$$= v \cdot u^{v-1} \cdot 2y + u^v \cdot \ln u \cdot x$$

$$= u^{v-1}(2vy + u\ln u \cdot x)$$

$$= (x^2 + y^2)^{xy-1}\left[2xy^2 + x(x^2 + y^2)\ln(x^2 + y^2)\right]$$

(5) 由全导数公式,得

$$\frac{\mathrm{d}z}{\mathrm{d}t} = \frac{\partial z}{\partial x} \cdot \frac{\mathrm{d}x}{\mathrm{d}t} + \frac{\partial z}{\partial y} \cdot \frac{\mathrm{d}y}{\mathrm{d}t}$$

$$= \frac{1}{x+2y} \cdot \left(-\frac{1}{t^2}\right) + \frac{2}{x+2y} \cdot (-\sin t)$$

$$= -\frac{1}{\frac{1}{t} + 2\cos t} \cdot \frac{1}{t^2} - \frac{2\sin t}{\frac{1}{t} + 2\cos t} = -\frac{1 + 2t^2\sin t}{t + 2t^2\cos t}$$

(7) 由全导数公式,得

$$\frac{\mathrm{d}z}{\mathrm{d}x} = \frac{\partial z}{\partial x} + \frac{\partial z}{\partial y} \cdot \frac{\mathrm{d}y}{\mathrm{d}x}$$

$$= \frac{2x(x+y) - (x^2+y)}{(x+y)^2} + \frac{(x+y) - (x^2+y)}{(x+y)^2} \cdot 2x$$

$$= \frac{-2x^3 + 3x^2 + 2xy - y}{(x+y)^2}$$

再将 $y = x^2 + 1$ 代入上式

$$\frac{\mathrm{d}z}{\mathrm{d}x} = \frac{-2x^3 + 3x^2 + 2x(x^2+1) - (x^2+1)}{(x^2+x+1)^2}$$

$$= \frac{2x^2 + 2x - 1}{(x^2+x+1)^2}$$

2. 求下列方程所确定的隐函数的导数或偏导数。

(3) $x^y - 2y = 0$,求 $\dfrac{\mathrm{d}y}{\mathrm{d}x}$。

(5) $\sqrt{xyz} = \frac{1}{2}x + y + z$,求 $\frac{\partial z}{\partial x}$, $\frac{\partial z}{\partial y}$。

解 (3) 设 $F(x, y) = x^y - 2y$

因为 $F'_x = y \cdot x^{y-1}$, $F'_y = x^y \ln x - 2$

所以由隐函数求导公式,得

$$\frac{dy}{dx} = -\frac{F'_x}{F'_y} = -\frac{yx^{y-1}}{x^y \ln x - 2}$$

(5) 设 $F(x, y, z) = \sqrt{xyz} - \frac{1}{2}x - y - z$

因为 $F'_x = \frac{\sqrt{yz}}{2\sqrt{x}} - \frac{1}{2}$, $F'_y = \frac{\sqrt{xz}}{2\sqrt{y}} - 1$, $F'_z = \frac{\sqrt{xy}}{2\sqrt{z}} - 1$

所以由隐函数求导数公式,得

$$\frac{\partial z}{\partial x} = -\frac{F'_x}{F'_z} = -\frac{\dfrac{\sqrt{yz}}{2\sqrt{x}} - \dfrac{1}{2}}{\dfrac{\sqrt{xy}}{2\sqrt{z}} - 1} = \frac{(\sqrt{x} - 2\sqrt{yz})\sqrt{z}}{(\sqrt{xy} - 2\sqrt{z})\sqrt{x}}$$

$$\frac{\partial z}{\partial y} = -\frac{F'_y}{F'_z} = -\frac{\dfrac{\sqrt{xz}}{2\sqrt{y}} - 1}{\dfrac{\sqrt{xy}}{2\sqrt{z}} - 1} = \frac{(2\sqrt{y} - \sqrt{xy})\sqrt{z}}{(\sqrt{xy} - 2\sqrt{z})\sqrt{y}}$$

3. 设 $2\sin(x + 2y - 3z) = x + 2y - 3z$,试证 $\frac{\partial z}{\partial x} + \frac{\partial z}{\partial y} = 1$。

证明 设 $F(x, y, z) = 2\sin(x + 2y - 3z) - x - 2y + 3z$

因为 $F'_x = 2\cos(x + 2y - 3z) - 1$

  $F'_y = 4\cos(x + 2y - 3z) - 2$

  $F'_z = -6\cos(x + 2y - 3z) + 3$

所以 $\frac{\partial z}{\partial x} = -\frac{F'_x}{F'_z} = \frac{1 - 2(x + 2y - 3z)}{3 - 6\cos(x + 2y - 3z)}$

  $\frac{\partial z}{\partial y} = -\frac{F'_y}{F'_z} = \frac{2 - 4\cos(x + 2y - 3z)}{3 - 6\cos(x + 2y - 3z)}$

所以 $\frac{\partial z}{\partial x} + \frac{\partial z}{\partial y} = 1$

5. 证明下列各题。

(2) 设 $z = f[e^{xy}, \cos(xy)]$，且 f 是可微函数，求证：$x \cdot \dfrac{\partial z}{\partial x} - y \cdot \dfrac{\partial z}{\partial y} = 0$。

证明　$\dfrac{\partial z}{\partial x} = f_1 \cdot \dfrac{\partial(e^{xy})}{\partial x} + f_2 \cdot \dfrac{\partial \cos(xy)}{\partial x} = ye^{xy}f_1 - y\sin(xy) \cdot f_2$

由对称性，得　$\dfrac{\partial z}{\partial y} = xe^{xy}f_1 - x\sin(xy)f_2$

于是，$x \cdot \dfrac{\partial z}{\partial x} - y \cdot \dfrac{\partial z}{\partial y} = x[ye^{xy}f_1 - y\sin(xy)f_2] - y[xe^{xy}f_1 - x\sin(xy) \cdot f_2]$

$= 0$

证毕。

6. 求下列复合函数的二阶偏导数，其中 f 具有二阶连续偏导数。

(1) $z = f(xy, y)$

解　$z'_x = yf'_1, \ z'_y = xf'_1 + f'_2$

$z''_{xx} = \dfrac{\partial(yf'_1)}{\partial x} = y^2 f''_{11}$

$z_{xy} = z_{yx} = \dfrac{\partial(yf'_1)}{\partial y} = f_1 + y \cdot \dfrac{\partial f'_1}{\partial y} = f'_1 + y(xf''_{11} + f''_{12})$

$z_{yy} = \dfrac{\partial(xf'_1 + f'_2)}{\partial y} = x\dfrac{\partial f'_1}{\partial y} + \dfrac{\partial f'_2}{\partial y}$

$\quad = x(xf''_{11} + f''_{12}) + xf''_{21} + f''_{22} = x^2 f''_{11} + 2xf''_{12} + f''_{22}$

习　题　6-6

1. 求下列函数的极值。

(2) $f(x, y) = x^2 - xy + y^2 + 9x - 6y + 20$

(4) $f(x, y) = 4(x - y) - x^2 - y^2$

解　求一阶偏导数、二阶偏导数：

$$f'_x = 2x - y + 9, \ f'_y = -x + 2y - 6$$
$$f''_{xx} = 2, \ f''_{xy} = -1, \ f''_{yy} = 2$$

解方程组

$$\begin{cases} f'_x = 2x - y + 9 = 0 \\ f'_y = -x + 2y - 6 = 0 \end{cases}$$

得驻点 $P_0(-4,1)$

列表讨论。见表 6.2。

表 6.2 判定极值表

(x_0, y_0)	A	B	C	B^2-AC	判断 $f(x_0, y_0)$
$(-4,1)$	$2>0$	-1	2	$-3<0$	$f(-4,1)$极小值

据表 6.2 可知,极小值为 $f(-4,1)=-1$。

(4) 求一阶偏导数、二阶偏导数:

$$f'_x = 4-2x, \quad f'_y = -4-2y$$

$$f''_{xx} = -2, \quad f''_{xy} = 0, \quad f''_{yy} = -2$$

解方程组

$$\begin{cases} f'_x = 4-2x = 0 \\ f'_y = -4-2y = 0 \end{cases}$$

得驻点 $P_0(2,-2)$

列表讨论。见表 6.3。

表 6.3 判定极值表

(x_0, y_0)	A	B	C	B^2-AC	判断 $f(x_0, y_0)$
$(2,-2)$	$-2<0$	0	-2	$-4<0$	$f(2,-2)$极大值

据表 6.3 得,极大值 $f(2,-2)=8$

3. 某工厂生产两种产品 A 与 B,出售单价分别为 10 元与 9 元,生产 x 件产品 A 与生产 y 件产品 B 的总费用为

$$400+2x+3y+0.01(3x^2+xy+3y^2)(元)$$

求:取得最大利润时两种产品的产量。

解 利润 $L = 10x+9y-400-2x-3y-0.01(3x^2+xy+3y^2)$

$$= 8x+6y-400-0.01(3x^2+xy+3y^2)$$

$$L'_x = 8-0.06x-0.01y, \quad L_y = 6-0.01x-0.06y$$

解方程组 $L'_x = 0, L'_y = 0$, 得 $x=120, y=80$

由于实际问题有最大值,所以产品 A、产品 B 分别生产 120 件、80 件获利润最大。

5. 将周长为 $2p$ 的矩形绕其一边旋转而成一个圆柱体,问矩形的边长各为多少

时,才能使圆柱体的体积最大?

解 设矩形的两边分别为 x,y,从而 $x+y=p$。绕 x 边旋转构成圆柱体,则体积 $V=\pi y^2 x$。

令 $L(x,\ y)=\pi y^2 x+\lambda(x+y-p)$

$$L_x=\pi y^2+\lambda,\ L_y=2\pi xy+\lambda$$

解方程组 $\begin{cases} \pi y^2+\lambda=0 \\ 2\pi xy+\lambda=0 \\ x+y-p=0 \end{cases}$

得唯一驻点 $x=\dfrac{1}{3}p$,$y=\dfrac{2}{3}p$

由于该问题有最大值,矩形绕边长为 $\dfrac{1}{3}p$ 边旋转时所构成的圆柱体体积最大。

6. 设生产某种产品的数量 P(吨)与所用两种原料 A,B 的数量 x,y 间有关系式 $P(x,\ y)=0.005x^2 y$。现准备向银行贷款 150 万元购原料,已知 A,B 原料的单价分别为 1 万元/吨和 2 万元/吨,问两种原料各购多少,才能使生产的产品数量最多?

解 据题意,本题可归结为求函数 $P(x,\ y)=0.005x^2 y$ 在约束条件 $x+2y=150$ 下的最大值,所以可用拉格朗日乘数法求解。

构造拉格朗日函数

$$L(x,\ y)=0.005x^2 y+\lambda(x+2y-150)$$

解方程组

$$\begin{cases} L_x=0.01xy+\lambda=0 \\ L_y=0.005x^2+2\lambda=0, \quad 得 \\ x+2y-150=0 \end{cases}$$

$$\lambda=-25,\ x=100,\ y=25$$

即得唯一驻点 $(100,25)$,且实际问题的最大值一定存在。因此驻点 $(100,25)$ 也是函数 $P(x,\ y)$ 在约束条件下的最大值点,最大值为

$$P(100,25)=0.005\times 100^2 \times 25=1\ 250(吨)$$

所以,当购进 A 原料 100 吨、B 原料 25 吨时,可使生产量达到最大值 1 250 吨。

习　题　6－7

3. 判定下列二重积分的大小。

$I_1 = \iint\limits_D (x+y)^2 dxdy$，$I_2 = \iint\limits_D (x+y)^3 dxdy$，其中积分区域 D 是由 x 轴、y 轴与直线 $x+y=1$ 所围成的有界闭区域。

解　由于区域 D 内的点 (x, y) 满足 $x+y < 1$，从而 $(x+y)^2 > (x+y)^3$，故 $I_1 > I_2$。

4. 估计下列二重积分的值。

(1) $\iint\limits_D xy(x+y)dxdy$，其中积分区域是矩形闭区域：$0 \leqslant x \leqslant 1$，$0 \leqslant y \leqslant 1$。

解　因为函数 $f(x, y) = xy(x+y)$ 在 D 上的最大值 $M=2$，最小值 $m=0$，区域 D 的面积 $S=1$，所以

$$0 \leqslant \iint\limits_D xy(x+y)dxdy \leqslant 2$$

习　题　6－8

1. 计算下列二重积分。

(2) $\iint\limits_D xe^{xy}dxdy$，其中积分区域 D 为矩形闭区域 $0 \leqslant x \leqslant 1$，$-1 \leqslant y \leqslant 0$。

(5) $\iint\limits_D (x+6y)dxdy$，其中积分区域 D 为直线 $y=x$，$y=5x$，$x=1$ 围成的有界闭区域。

(7) $\iint\limits_D xydxdy$，其中积分区域 D 为 $y=\sqrt{x}$，$y=x^2$ 所围成的有界闭区域。

(8) $\iint\limits_D \dfrac{x^2}{y^2}dxdy$，其中积分区域 D 为直线 $y=x$，$x=2$ 和双曲线 $xy=1$ 围成的有界闭区域。

解　(2) 先对 y 后对 x 积分：

$$\iint\limits_D xe^{xy}dxdy = \int_0^1 dx \int_{-1}^0 xe^{xy}dy = \int_0^1 dx \int_{-1}^0 e^{xy}d(xy)$$

$$= \int_0^1 e^{xy} \Big|_{-1}^0 dx = \int_0^1 (1 - e^{-x}) dx = [x + e^{-x}]_0^1 = \frac{1}{e}$$

此题若化为先对 x 后对 y 积分,则第一次积分就需要用到分部积分法,计算较为复杂。

(5) 积分区域 D 如图 6.17 所示。先对 y 后对 x 积分,得

$$\iint\limits_D (x + 6y) dx dy = \int_0^1 dx \int_x^{5x} (x + 6y) dy = \int_0^1 [xy + 3y^2]_x^{5x} dx$$

$$= \int_0^1 76x^2 dx = \frac{76}{3} x^3 \Big|_0^1 = \frac{76}{3}$$

此题若化为先对 x 后对 y 积分,积分区域 D 要分为两部分。

(7) 积分区域 D 如图 6.18 所示,D 是 X-型也是 Y-型,可把二重积分化为先对 y 后对 x 的累次积分。

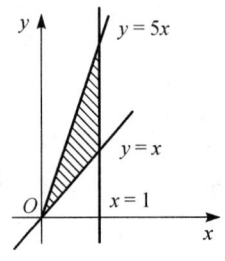

图 6.17　区域 D

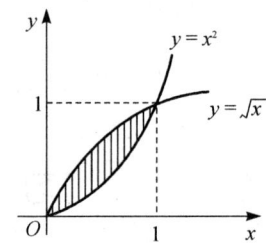

图 6.18　区域 D

$$\iint\limits_D xy dx dy = \int_0^1 dx \int_{x^2}^{\sqrt{x}} xy dy = \int_0^1 \left[\frac{1}{2} xy^2 \right]_{x^2}^{\sqrt{x}} dx$$

$$= \frac{1}{2} \int_0^1 (x^2 - x^5) dx = \frac{1}{12}$$

(8) 积分区域 D 如图 6.19 所示,先对 y 后对 x 积分,计算方便。

$$\iint\limits_D \frac{x^2}{y^2} dx dy = \int_1^2 x^2 dx \int_{\frac{1}{x}}^x \frac{1}{y^2} dy$$

$$= \int_1^2 x^2 \left(-\frac{1}{y} \right)_{\frac{1}{x}}^x dx = \int_0^2 \left(x - \frac{1}{x} \right) x^2 dx$$

$$= \frac{1}{4} x^4 \Big|_1^2 - \frac{1}{2} x^2 \Big|_1^2 = \frac{9}{4}$$

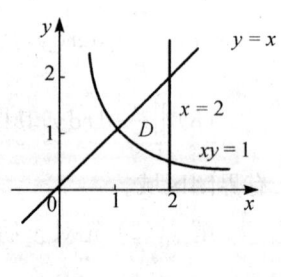

图 6.19　区域 D

2. 改变下列累次积分的积分次序。

(3) $\int_1^2 dy \int_{y^2}^{2y} f(x, y) dx$

(5) $\int_0^1 dx \int_0^x f(x, y) dy + \int_1^2 dx \int_0^{2-x} f(x, y) dy$

解 （3）由累次积分作出积分区域 D 的图形,如图 6.20 所示。

$D = D_1 + D_2$,得

$$\int_1^2 dy \int_{y^2}^{2y} f(x, y) dx = \int_1^2 dx \int_1^{\sqrt{x}} f(x, y) dy + \int_2^4 dx \int_{\frac{x}{2}}^{\sqrt{x}} f(x, y) dy$$

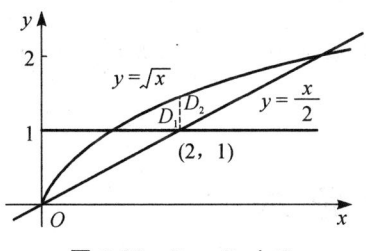
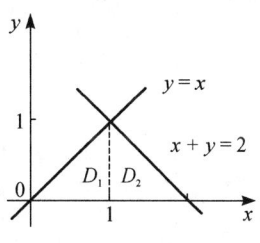

图 6.20 $D = D_1 + D_2$　　　图 6.21 $D = D_1 + D_2$

（5）由累次积分作出积分区域 D 的图形,如图 6.21 所示。

$D = D_1 + D_2$,得

$$\int_0^1 dx \int_0^x f(x, y) dy + \int_1^2 dx \int_0^{2-x} f(x, y) dy = \int_0^1 dy \int_y^{2-y} f(x, y) dx$$

3. 利用极坐标计算下列二重积分。

(3) $\iint\limits_D e^{x^2+y^2} dxdy$,其中积分区域 D 是由 $x^2 + y^2 = 1$ 所围成的有界闭区域。

(4) $\iint\limits_D \sin\sqrt{x^2 + y^2} dxdy$,其中积分区域 D 是圆环,$\pi^2 \leqslant x^2 + y^2 \leqslant 4\pi^2$。

(7) $\iint\limits_D \dfrac{y}{\sqrt{x^2 + y^2}} dxdy$,其中积分区域 D 是由 $x^2 + y^2 = y$ 所围成的有界闭区域。

解 （3）$e^{x^2+y^2} = e^{r^2}$,得

$$\iint\limits_D e^{x^2+y^2} dxdy = \int_0^{2\pi} d\theta \int_0^1 re^{r^2} dr = 2\pi \int_0^1 re^{r^2} dr = \pi \int_0^1 e^{r^2} d(r^2)$$

$$= \pi \cdot e^{r^2} \Big|_0^1 = \pi(e-1)$$

(4) $\sin\sqrt{x^2+y^2}=\sin r$，得

$$\iint\limits_{D}\sin\sqrt{x^2+y^2}\,dxdy=\int_0^{2\pi}d\theta\cdot\int_\pi^{2\pi}r\sin r\,dr=2\pi\cdot\int_\pi^{2\pi}rd(-\cos r)$$

$$=2\pi\cdot\left[-r\cos r\Big|_\pi^{2\pi}+\int_\pi^{2\pi}\cos r\,dr\right]$$

$$=2\pi\left(-2\pi-\pi+\sin r\Big|_\pi^{2\pi}\right)=-6\pi^2$$

(7) $x^2+y^2=y$ 的极坐标为 $r=\sin\theta$。

$$\iint\limits_{D}\frac{y}{\sqrt{x^2+y^2}}\,dxdy=\iint\limits_{D}r\sin\theta\,drd\theta=\int_0^\pi\sin\theta d\theta\int_0^{\sin\theta}rdr=\frac{1}{2}\int_0^\pi\sin^3\theta d\theta$$

$$=-\frac{1}{2}\int_0^\pi(1-\cos^2\theta)d(\cos\theta)=-\frac{1}{2}\left[\cos\theta\Big|_0^\pi-\frac{1}{3}\cos^3\theta\Big|_0^\pi\right]=\frac{2}{3}$$

复 习 题 六

4. 设函数 $z=\ln(\sqrt{x}+\sqrt{y})$ 求证 $x\dfrac{\partial z}{\partial x}+y\dfrac{\partial z}{\partial y}=\dfrac{1}{2}$。

证明 $\dfrac{\partial z}{\partial x}=\dfrac{\dfrac{1}{2\sqrt{x}}}{\sqrt{x}+\sqrt{y}}=\dfrac{1}{2\sqrt{x}(\sqrt{x}+\sqrt{y})}$

$\dfrac{\partial z}{\partial y}=\dfrac{\dfrac{1}{2\sqrt{y}}}{\sqrt{x}+\sqrt{y}}=\dfrac{1}{2\sqrt{y}(\sqrt{x}+\sqrt{y})}$

所以 $x\dfrac{\partial z}{\partial x}+y\dfrac{\partial z}{\partial y}=\dfrac{\sqrt{x}}{2(\sqrt{x}+\sqrt{y})}+\dfrac{\sqrt{y}}{2(\sqrt{x}+\sqrt{y})}=\dfrac{1}{2}$

7. 设 $z=\dfrac{\sin u}{\cos v}$，$u=e^t$，$v=\ln t$，求：$\dfrac{dz}{dt}$。

解 $\dfrac{dz}{dt}=\dfrac{\partial z}{\partial u}\cdot\dfrac{du}{dt}+\dfrac{\partial z}{\partial v}\cdot\dfrac{dv}{dt}=\dfrac{\cos u}{\cos v}\cdot e^t+\dfrac{\sin u\cdot\sin v}{\cos 2v}\cdot\dfrac{1}{v}$

$$=\dfrac{\left(e^t\cos\ln t\cos e^t+\dfrac{1}{t}\sin\ln t\sin e^t\right)}{\cos^2\ln t}$$

8. 设函数 $z=xy+xf\left(\dfrac{y}{x}\right)$，且函数 f 可导。证明 $x\dfrac{\partial z}{\partial x}+y\dfrac{\partial z}{\partial y}=xy+z$。

证明 $\dfrac{\partial z}{\partial x} = y + f\left(\dfrac{y}{x}\right) - \dfrac{y}{x} \cdot f'$

$\dfrac{\partial z}{\partial y} = x + f'$

所以 $x \cdot \dfrac{\partial z}{\partial x} + y \cdot \dfrac{\partial z}{\partial y} = x\left[y + f\left(\dfrac{y}{x}\right) - \dfrac{y}{x}f'\right] + y(x + f') = xy + z$

10. 求由方程 $2xz - 2xyz + \ln(xyz) = 0$ 所确定的函数 $z = f(x, y)$ 的全微分。

解 令 $F(x, y, z) = 2xz - 2xyz + \ln(x, y, z)$

$$F'_x = 2z - 2yz + \dfrac{1}{x}, \ F'_y = 0 - 2xz + \dfrac{1}{y}, \ F'_z = 2x - 2xy + \dfrac{1}{z}$$

$$\dfrac{\partial z}{\partial x} = -\dfrac{F'_x}{F'_z} = -\dfrac{z}{x}$$

$$\dfrac{\partial z}{\partial y} = -\dfrac{F'_y}{F'_z} = \dfrac{z(2xyz - 1)}{y(2xz - 2xyz + 1)}$$

$$dz = -\dfrac{z}{x}dx + \dfrac{z(2xyz - 1)}{y(2xz - 2xyz + 1)}dy$$

12. 求二元函数 $f(x, y) = e^x(x + y^2 + 2y)$ 的极值。

解 求出一阶和二阶偏导数：

$f'_x = e^x(x + y^2 + 2y) + e^x = e^x(x + y^2 + 2y + 1)$

$f'_y = e^x(2y + 2)$

$f''_{xx} = e^x(x + y^2 + 2y) + e^x + e^x = e^x(x + y^2 + 2y + 2)$

$f''_{xy} = e^x(2y + 2)$

$f''_{yy} = 2e^x$

解方程组

$$\begin{cases} f'_x = e^x(x + y^2 + 2y + 1) = 0 \\ f'_y = e^x(2y + 2) = 0 \end{cases}$$

得驻点 $(0, -1)$。

列表讨论。见表 6.4。

表 6.4   判定极值表

(x_0, y_0)	A	B	C	$B^2 - AC$	判断 $f(x_0, y_0)$
$(0, -1)$	$1 > 0$	0	2	$-2 < 0$	$f(0, -1)$是极小值

所以，据表 6.4 可知，极小值为 $f(0, -1) = -1$。

223

17. 改变下列累次积分的积分次序。

(2) $\int_0^1 dx \int_0^{x^2} f(x, y)dy + \int_1^{\sqrt{2}} dx \int_0^{2-x^2} f(x, y)dy$

解　由累次积分得积分区域 D 如图 6.22 所示。$D = D_1 + D_2$，则

$$\int_0^1 dx \int_0^{x^2} f(x, y)dy + \int_1^{\sqrt{2}} dx \int_0^{2-x^2} f(x, y)dy = \int_0^1 dy \int_{\sqrt{y}}^{\sqrt{2-y}} f(x, y)dx$$

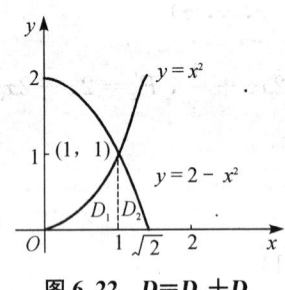

图 6.22　$D = D_1 + D_2$

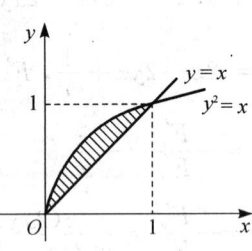

图 6.23　区域 D

15. 计算二重积分 $\iint\limits_D y dx dy$，其中积分区域 D 由曲线 $x = y^2$ 及直线 $y = x$ 所围成的有界闭区域 $x \leqslant y$。

解　作出积分区域 D 的图形，如图 6.23 所示。

先对 y 后对 x 积分，则

$$\iint\limits_D y dx dy = \int_0^1 dx \int_x^{\sqrt{x}} y dy = \int_0^1 \frac{1}{2} y^2 \Big|_x^{\sqrt{x}} dx = \frac{1}{2} \int_0^1 (x - x^2)dx = \frac{1}{12}$$

第四节　测试题及其解答

一、测　试　题

（一）A　卷

1. 单项选择题。

(1) 二元函数 $z = \dfrac{1}{\ln(x+y)}$ 的定义域为（　　）。

A. $x + y \neq 0$　　　　　　　　　　　　B. $x + y > 0$

C. $x+y \neq 1$ D. $x+y > 0$ 且 $x+y \neq 1$

(2) 设 $z = e^{xy}$, 则 $dz = ($ $)$。

A. $ye^{xy}dx$ B. $xe^{xy}dy$

C. $e^{xy}(xdx+ydy)$ D. $e^{xy}(ydx+xdy)$

(3) 函数 $f(x, y) = x^2+xy-2y^2$ 的驻点为($ $)$。

A. $(-1, -1)$ B. $(0, 0)$ C. $(1, 1)$ D. $(2, 2)$

(4) 设二重积分的积分区域 D 为 $1 \leqslant x^2+y^2 \leqslant 4$, 则 $\iint\limits_{D} dxdy = ($ $)$。

A. π B. 2π C. 3π D. 4π

2. 填空题。

(1) 点 $M_1(1, 3, -2)$ 与点 $M_2(2, 1, 2)$ 的距离 $|M_1M_2| = $ _____。

(2) 设 $f(x, y) = \ln\left(x + \dfrac{y}{x}\right)$, 则 $f'_y(1, 0) = $ _____。

(3) 设 $y - xe^y = 0$, 则 $\dfrac{dy}{dx} = $ _____。

(4) 设函数 $z = f(x, y)$ 在点 $P_0(x_0, y_0)$ 处存在一阶偏导 $f'_x(x_0, y_0)$, $f'_y(x_0, y_0)$, 则点 $P_0(x_0, y_0)$ 是函数 $f(x, y)$ 的极值点的必要条件是_____。

3. 求下列函数的偏导数或全导数或全微分。

(1) 已知 $z = x^3y - xy$, 求 $\dfrac{\partial^2 z}{\partial x^2}$, $\dfrac{\partial^2 z}{\partial x \partial y}$。

(2) 设 $y = \cos(x+y)$, 求 $\dfrac{dy}{dx}$。

(3) 设 $z = e^{\frac{x}{y}}$, 求 dz。

(4) 设由 $x^2+y^2+2x-2yz = e^z$ 确定函数 $z = f(x, y)$, 求 $\dfrac{\partial z}{\partial x}$, $\dfrac{\partial z}{\partial y}$。

(5) 设 $z = u^2v - uv^2$, 且 $u = x\cos y$, $v = x\sin y$, 求 $\dfrac{\partial z}{\partial x}$。

(6) 设 $z = e^{2x+3y}$, $x = \cos t$, $y = t^3$, 求 $\dfrac{dz}{dt}$。

4. 求函数 $u = f\left(\dfrac{x}{y}, \dfrac{y}{z}\right)$ 的一阶偏导数, 其中 f 具有一阶连续偏导数。

5. 方程 $x^2+y^2+z^2 = 2z$ 确定 z 是 x, y 的函数, 求 dz。

6. 求函数 $f(x, y) = x^3 - 4x^2 + 2xy - y^2$ 的极值。

7. 求 $\iint\limits_{D}(1-x-y)\mathrm{d}x\mathrm{d}y$，其中 D 是由直线 $x=0$，$y=0$，$x+y=1$ 围成的区域。

8. 改变累次积分 $\int_{-2}^{1}\mathrm{d}y\int_{y^2}^{2-y}f(x,y)\mathrm{d}x$ 的次序。

9. 某工厂生产甲、乙两种产品，出售单价分别为 94 元与 89 元，生产 x 单位的甲产品与生产 y 单位的乙产品的总费用是

$$45\ 000+28(x+y)+\frac{2x^2+2xy+y^2}{250}(单位：元)$$

求：取得最大利润时，两种产品的产量各为多少？

（二） B 卷

1. 单项选择题。

(1) 空间中点 $M(2,3,-4)$ 关于 xOy 平面的对称点是（ ）。

    A. $(2,-3,-4)$ B. $(-2,3,-4)$

    C. $(-2,-3,-4)$ D. $(2,3,4)$

(2) 设 $z=\ln(x+\ln y)$，则 $\left.\dfrac{\partial z}{\partial y}\right|_{\substack{x=1\\y=e}}=$（ ）。

    A. $\dfrac{1}{e}$ B. $\dfrac{1}{2e}$ C. e D. $2e$

(3) 函数 $z=f(x,y)$ 在点 (x_0,y_0) 处存在两个偏导数 $f'_x(x_0,y_0)$，$f'_y(x_0,y_0)$ 是函数在该点存在全微分的（ ）。

    A. 充分条件   B. 必要条件   C. 充要条件   D. 无关条件

(4) 设积分区域 D 为：$|x|\leqslant 2$，$|y|\leqslant 1$，则 $\iint\limits_{D}\dfrac{1}{2}\mathrm{d}x\mathrm{d}y=$（ ）。

    A. 1   B. 2   C. 3   D. 4

2. 填空题。

(1) 函数 $f(x,y)=\dfrac{\ln(x^2+y^2-1)}{\sqrt{4-x^2-y^2}}$ 的定义域是_____。（用集合表示）

(2) 设 $z=\dfrac{x^2y^2}{x-y}$，则 $\left.\dfrac{\partial z}{\partial x}\right|_{(2,1)}=$_____。

(3) 设 $z=2+\sqrt{x^2+y^2}$，则 $\left.\mathrm{d}z\right|_{\substack{x=3\\y=4}}=$_____。

(4) 设函数 $f(x, y)$ 的驻点为 (x_0, y_0)，$A = f''_{xx}(x_0, y_0)$，$B = f''_{xy}(x_0, y_0)$，$C = f''_{yy}(x_0, y_0)$，$\Delta = B^2 - AC$，则点 (x_0, y_0) 为极小值点的充分条件为 _____。

3. 求下列函数的偏导数或全导数或全微分。

(1) 已知 $z = x\ln(x^2 + y^2)$，求 $\dfrac{\partial^2 z}{\partial x \partial y}$。

(2) 设 $y = x + \ln y$，求 $y'\big|_{y=e^{-1}}$。

(3) 若 $z = e^{x^2 y^3}$，求 dz。

(4) 求由方程 $x + y + z = e^z$ 所确定的隐函数 $z = f(x, y)$ 的偏导数 $\dfrac{\partial z}{\partial x}$，$\dfrac{\partial z}{\partial y}$。

(5) 设 $z = u\ln v$，其中 $u = xy$，$v = \dfrac{x}{y}$，求 $\dfrac{\partial z}{\partial x}$，$\dfrac{\partial z}{\partial y}$。

(6) 设 $z = \dfrac{y}{x}$，$x = e^t$，$y = 1 - e^{2t}$，求 $\dfrac{dz}{dt}$。

4. 求函数 $u = f(x, xy, xyz)$ 的一阶偏导数，其中 f 具有一阶连续偏导数。

5. 设 $z^3 - 3xyz = 1$，求 dz。

6. 求函数 $f(x, y) = xy(1 - x - y)$ 的极值。

7. 计算二重积分 $\displaystyle\iint\limits_{D} \dfrac{x}{\sqrt{y}}dxdy$，其中 D 是直线 $y = x$，$y = \dfrac{x}{2}$ 与 $y = 2$ 围成的区域。

8. 改变累次积分 $\displaystyle\int_0^1 dx \int_{x-1}^{\sqrt{1-x^2}} f(x, y)dy$ 的次序。

9. 某工厂生产 A，B 两种产品的总成本为 $C = 4.5x^2 + 3y^2$，其中 x，y 分别是 A，B 两种产品的产量。已知两种产品的需求函数分别为 $P_A = 30 - x^2$，$P_B = 45 - y^2$，其中 P_A，P_B 分别是 A，B 两种产品的价格。问两种产品各生产多少时总利润最大？

二、测 试 题 解 答

(一) A 卷 解 答

1. 单项选择题

(1)	(2)	(3)	(4)
D	D	B	C

解 (1) $\begin{cases} \ln(x+y) \neq 0 \\ x+y > 0 \end{cases} \Rightarrow x+y > 0$ 且 $x+y \neq 1$

(2) 因为 $z'_x = y\mathrm{e}^{xy}$, $z'_y = x\mathrm{e}^{xy}$

所以 $\mathrm{d}z = \mathrm{e}^{xy}(y\mathrm{d}x + x\mathrm{d}y)$

(3) 解方程组

$$\begin{cases} f'_x = 2x+y = 0 \\ f'_y = x-4y = 0 \end{cases}$$

得驻点$(0, 0)$。

(4) $\iint\limits_{D} \mathrm{d}x\mathrm{d}y = \pi \cdot 2^2 - \pi \cdot 1^2 = 3\pi$

2. 解 (1) $|M_1M_2| = \sqrt{(2-1)^2 + (1-3)^2 + (2+2)^2} = \sqrt{21}$

(2) 因为 $f'_y(x, y) = \dfrac{1}{x+\dfrac{y}{x}} \cdot \dfrac{1}{x} = \dfrac{1}{x^2+y}$

所以 $f'_y(1, 0) = 1$

(3) 设 $F(x, y) = y - x\mathrm{e}^y$，则

$F'_x = -\mathrm{e}^y$, $F'_y = 1 - x\mathrm{e}^y$

所以 $\dfrac{\mathrm{d}y}{\mathrm{d}x} = -\dfrac{F'_x}{F'_y} = \dfrac{\mathrm{e}^y}{1 - x\mathrm{e}^y}$

(4) 因为偏导存在的极值点一定是驻点，

所以 $f'_x(x_0, y_0) = 0$ 且 $f'_y(x_0, y_0) = 0$

3. 解 (1) $\dfrac{\partial z}{\partial x} = 3x^2y - y$, $\dfrac{\partial z}{\partial y} = x^3 - x$

$\dfrac{\partial^2 z}{\partial x^2} = 6xy$, $\dfrac{\partial^2 z}{\partial x \partial y} = 3x^2 - 1$

(2) 设 $F(x, y) = y - \cos(x+y)$，则

$F'_x = \sin(x+y)$, $F'_y = 1 + \sin(x+y)$

所以 $\dfrac{\mathrm{d}y}{\mathrm{d}x} = -\dfrac{F'_x}{F'_y} = -\dfrac{\sin(x+y)}{1+\sin(x+y)}$

(3) $z'_x = \dfrac{1}{y}\mathrm{e}^{\frac{x}{y}}$, $z'_y = -\dfrac{1}{y^2}\mathrm{e}^{\frac{x}{y}}$

$\mathrm{d}z = \dfrac{1}{y}\mathrm{e}^{\frac{x}{y}}\left(\mathrm{d}x - \dfrac{1}{y}\mathrm{d}y\right)$

(4) 设　$F(x, y, z) = x^2 + y^2 + 2x - 2yz - e^z$

$$F'_x = 2x + 2, \quad F'_y = 2y - 2z, \quad F'_z = -2y - e^z$$

$$\frac{\partial z}{\partial x} = \frac{2x + 2}{2y + e^z}, \quad \frac{\partial z}{\partial y} = \frac{2y - 2z}{2y + e^z}$$

(5) $\dfrac{\partial z}{\partial x} = \dfrac{\partial z}{\partial u} \cdot \dfrac{\partial u}{\partial x} + \dfrac{\partial z}{\partial v} \cdot \dfrac{\partial v}{\partial x}$

$$= (2uv - v^2) \cdot \cos y + (u^2 - 2uv)\sin y$$

$$= 3x^2 \sin y \cos y (\cos y - \sin y)$$

(6) $\dfrac{dz}{dt} = \dfrac{\partial z}{\partial x} \cdot \dfrac{dx}{dt} + \dfrac{\partial z}{\partial y} \cdot \dfrac{dy}{dt}$

$$= 2e^{2x+3y}(-\sin t) + 3e^{2x+3y} \cdot 3t^2$$

$$= e^{2\cos t + 3t^3}(-2\sin t + 9t^2)$$

4. **解**　$\dfrac{\partial u}{\partial x} = f'_1 \cdot \dfrac{\partial\left(\dfrac{x}{y}\right)}{\partial x} = \dfrac{1}{y}f_1$

$$\frac{\partial u}{\partial y} = f'_1 \cdot \frac{\partial\left(\dfrac{x}{y}\right)}{\partial y} + f'_2 \frac{\partial\left(\dfrac{y}{z}\right)}{\partial y} = -\frac{x}{y^2}f'_1 + \frac{1}{z}f'_2$$

$$\frac{\partial u}{\partial z} = f'_2 \frac{\partial\left(\dfrac{y}{z}\right)}{\partial z} = -\frac{y}{z^2}f'_2$$

5. **解**　$d(x^2 + y^2 + z^2) = d(2z)$,

$$2xdx + 2ydy + 2zdz = 2dz$$

所以 $dz = \dfrac{x}{1-z}dx + \dfrac{y}{1-z}dy$

6. **解**　$f'_x = 3x^2 - 8x + 2y, \quad f'_y = 2x - 2y$

解方程组

$$\begin{cases} f'_x = 3x^2 - 8x + 2y = 0 \\ f'_y = 2x - 2y = 0 \end{cases}$$

得驻点 $(0, 0), (2, 2)$

$$f''_{xx} = 6x - 8, \quad f''_{xy} = 2, \quad f''_{yy} = -2$$

列表讨论。见表 6.5。

229

表 6.5 判定极值表

(x_0, y_0)	A	B	C	$B^2 - AC$	判断 $f(x_0, y_0)$
$(0, 0)$	$-8 < 0$	2	-2	$-12 < 0$	$f(0, 0) = 0$ 是极大值
$(2, 2)$	$4 > 0$	2	-2	$12 > 0$	$f(2, 2)$ 是非极值

函数的极大值为 $f(0, 0) = 0$。

7. 解 画出区域 D,如图 6.24 所示。先对 y 后对 x 积分,则

$$\iint\limits_{D} (1 - x - y)\mathrm{d}x\mathrm{d}y = \int_0^1 \mathrm{d}x \int_0^{-x+1} (1 - x - y)\mathrm{d}y = \int_0^1 \left[y - xy - \frac{1}{2}y^2 \right]_0^{-x+1} \mathrm{d}x$$

$$= \int_0^1 \frac{1}{2}(x^2 - 2x + 1)\mathrm{d}x = \frac{1}{6}$$

8. 解 积分区域 D 如图 6.25 所示。$D = D_1 + D_2$,得

$$\int_{-2}^1 \mathrm{d}y \int_{y^2}^{2-y} f(x, y)\mathrm{d}x = \int_0^1 \mathrm{d}x \int_{-\sqrt{x}}^{\sqrt{x}} f(x, y)\mathrm{d}y + \int_1^4 \mathrm{d}x \int_{-\sqrt{x}}^{2-x} f(x, y)\mathrm{d}y$$

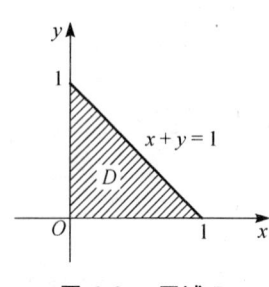

图 6.24 区域 D

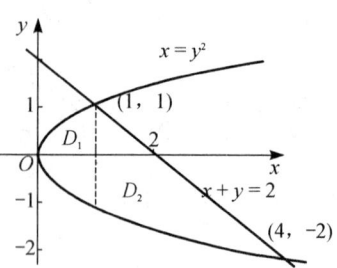

图 6.25 $D = D_1 + D_2$

9. 解 生产 x 单位甲产品与生产 y 单位乙产品的收入是

$$R(x, y) = 94x + 89y$$

利润是

$$L(x, y) = 94x + 89y - \left[45\,000 + 28(x + y) + \frac{2x^2 + 2xy + y^2}{250} \right]$$

$$L'_x = -\frac{2x + y}{125} + 66, \quad L'_y = -\frac{x + y}{125} + 61$$

$$L''_{xx} = -\frac{2}{125}, \quad L''_{yy} = -\frac{1}{125}, \quad L''_{xy} = -\frac{1}{125}$$

解方程组 $\begin{cases} L'_x = 0 \\ L'_y = 0 \end{cases}$

得唯一驻点$(625，7\,000)$

列表讨论。见表 6.6。

表 6.6 判定极值表

$(x_0，y_0)$	A	B	C	B^2-AC	判断 $f(x_0，y_0)$
$(625，7\,000)$	$-\dfrac{2}{125}<0$	$-\dfrac{1}{125}$	$-\dfrac{1}{125}$	$-\dfrac{1}{125^2}<0$	极大值

据表 6.6 可知,极大值点是唯一的,所以当甲、乙两种产品的产量分别是 625 与 7 000 时,可取得最大利润。

(二) B 卷 解 答

1. 单项选择题

(1)	(2)	(3)	(4)
D	B	B	D

解 (1) 因为关于 xOy 坐标面对称的两点,它们的 x 坐标与 y 坐标相同,而 z 坐标为相反数,所以,$M(2，3，-4)$ 关于 xOy 坐标面对称点的坐标为 $M'(2，3，4)$。

(2) 因为

$$\frac{\partial z}{\partial y}=\frac{1}{x+\ln y}\cdot\frac{1}{y}$$

所以

$$\left.\frac{\partial z}{\partial y}\right|_{\substack{x=1\\y=e}}=\frac{1}{2e}$$

(3) 由定理可知,函数在点 $(x_0，y_0)$ 处存在偏导数,不一定在该点处存在全微分;但是,函数在点 $(x_0，y_0)$ 存在全微分,一定在该点 $(x_0，y_0)$ 处存在偏导数。所以答案是 B。

(4) 区域 D 的面积 $=4\times2=8$

$$\iint\limits_{D}\frac{1}{2}\mathrm{d}x\mathrm{d}y=\frac{1}{2}\iint\limits_{D}\mathrm{d}x\mathrm{d}y=\frac{1}{2}D\text{ 的面积}=\frac{1}{2}\times8=4$$

2. 解 (1) 因为必须满足 $\begin{cases}x^2+y^2-1>0\\4-x^2-y^2>0\end{cases}$

所以定义域为 $\{(x，y)\mid 1<x^2+y^2<4\}$。

(2) 因为

$$\frac{\partial z}{\partial x}=y^2\cdot\frac{2x(x-y)-x^2\cdot1}{(x-y)^2}=\frac{x(x-2y)\cdot y^2}{(x-y)^2}$$

所以

$$\left.\frac{\partial z}{\partial x}\right|_{(2，1)}=0$$

231

(3) $z'_x = \dfrac{x}{\sqrt{x^2+y^2}}$，$z'_y = \dfrac{y}{\sqrt{x^2+y^2}}$

$$z'_x \Big|_{\substack{x=3\\y=4}} = \frac{3}{\sqrt{3^2+4^2}} = \frac{3}{5}，\quad z'_y \Big|_{\substack{x=3\\y=4}} = \frac{4}{5}$$

$$\mathrm{d}z \Big|_{\substack{x=3\\y=4}} = z'_x \Big|_{\substack{x=3\\y=4}} \cdot \mathrm{d}x + z'_y \Big|_{\substack{x=3\\y=4}} \cdot \mathrm{d}y = \frac{3}{5}\mathrm{d}x + \frac{4}{5}\mathrm{d}y$$

(4) 当 $\Delta = B^2 - AC < 0$ 且 $A > 0$ 时，点 (x_0, y_0) 为极小值点。

3. **解** (1) $\dfrac{\partial z}{\partial x} = 1 \cdot \ln(x^2+y^2) + x \cdot \dfrac{2x}{x^2+y^2}$，

$$\frac{\partial^2 z}{\partial x \partial y} = \frac{2y}{x^2+y^2} - \frac{4x^2 y}{(x^2+y^2)^2} = \frac{2y(y^2-x^2)}{(x^2+y^2)^2}$$

(2) 设 $F(x, y) = x + \ln y - y$

$$F'_x = 1，\ F'_y = \frac{1}{y} - 1，\ y' = -\frac{F'_x}{F'_y} = \frac{y}{y-1}$$

$$y' \Big|_{y=e-1} = \frac{e-1}{e-2}$$

(3) $z'_x = 2xy^3 e^{x^2 y^3}$，$z'_y = 3x^2 y^2 e^{x^2 y^3}$

$$\mathrm{d}z = z'_x \mathrm{d}x + z'_y \mathrm{d}y = 2xy^3 e^{x^2 y^3} \mathrm{d}x + 3x^2 y^2 e^{x^2 y^3} \mathrm{d}y$$
$$= xy^2 e^{x^2 y^3} [2y\mathrm{d}x + 3x\mathrm{d}y]$$

(4) $F(x, y, z) = x + y + z - e^z$

$$F'_x = 1，\ F'_y = 1，\ F'_z = 1 - e^z$$

$$\frac{\partial z}{\partial x} = -\frac{F'_x}{F'_z} = \frac{1}{e^z - 1}，\quad \frac{\partial z}{\partial y} = -\frac{F'_y}{F'_z} = \frac{1}{e^z - 1}$$

(5) $\dfrac{\partial z}{\partial x} = \dfrac{\partial z}{\partial u} \cdot \dfrac{\partial u}{\partial x} + \dfrac{\partial z}{\partial v} \cdot \dfrac{\partial v}{\partial x} = \ln v \cdot y + \dfrac{u}{v} \cdot \dfrac{1}{y} = y\left(1 + \ln \dfrac{x}{y}\right)$

$\dfrac{\partial z}{\partial y} = \dfrac{\partial z}{\partial u} \cdot \dfrac{\partial u}{\partial y} + \dfrac{\partial z}{\partial v} \cdot \dfrac{\partial v}{\partial y} = \ln v \cdot x + \dfrac{u}{v} \cdot \left(-\dfrac{x}{y^2}\right) = x\left(\ln \dfrac{x}{y} - 1\right)$

(6) $\dfrac{\mathrm{d}z}{\mathrm{d}t} = \dfrac{\partial z}{\partial x} \cdot \dfrac{\mathrm{d}x}{\mathrm{d}t} + \dfrac{\partial z}{\partial y} \cdot \dfrac{\mathrm{d}y}{\mathrm{d}t} = -\dfrac{y}{x^2} \cdot e^t + \dfrac{1}{x} \cdot (-2e^{2t}) = -\dfrac{1+e^{2t}}{e^t}$

4. **解** $\dfrac{\partial y}{\partial x} = f'_1 + f'_2 \cdot \dfrac{\partial(xy)}{\partial x} + f'_3 \cdot \dfrac{\partial(xyz)}{\partial x} = f'_1 + yy'_2 + yzf'_3$

$$\frac{\partial u}{\partial y} = f'_2 \cdot \frac{\partial(xy)}{\partial y} + f'_3 \cdot \frac{\partial(xyz)}{\partial z} = yf'_2 + xzf'_3$$

$$\frac{\partial u}{\partial z} = f'_3 \cdot \frac{\partial(xyz)}{\partial z} = xy f'_3$$

5. 解 $d(z^3 - 3xyz) = d1$

所以 $3z^2 dz - 3yz dx - 3xz dy - 3xy dz = 0$

得 $dz = \frac{yz}{z^2 - xy} dx + \frac{xz}{z^2 - xy} dy$

6. 解   解方程组

$$\begin{cases} f'_x = y(1-x-y) - xy = 0 \\ f'_y = x(1-x-y) - xy = 0 \end{cases}$$

得驻点为 $(0, 0), (0, 1), (1, 0), \left(\dfrac{1}{3}, \dfrac{1}{3}\right)$

$$f''_{xx} = -2y, \quad f''_{xy} = 1 - 2x - 2y, \quad f''_{yy} = -2x$$

列表讨论。见表 6.7。

表 6.7   判定极值表

(x_0, y_0)	A	B	C	$B^2 - AC$	判断 $f(x_0, y_0)$
$(0, 0)$	0	1	0	$1 > 0$	$f(0, 0)$ 不是极值
$(0, 1)$	-2	-1	0	$1 > 0$	$f(0, 1)$ 不是极值
$(1, 0)$	0	-1	-2	$1 > 0$	$f(1, 0)$ 不是极值
$\left(\dfrac{1}{3}, \dfrac{1}{3}\right)$	$-\dfrac{2}{3} < 0$	$-\dfrac{1}{3}$	$-\dfrac{2}{3}$	$-\dfrac{1}{3} < 0$	$f\left(\dfrac{1}{3}, \dfrac{1}{3}\right)$ 是极大值

据表 6.7 可知，极大值 $f\left(\dfrac{1}{3}, \dfrac{1}{3}\right) = \dfrac{1}{27}$。

7. 解   画出区域 D 的图形，如图 6.26 所示。先对 x 后对 y 积分，则

$$\iint\limits_D \frac{x}{\sqrt{y}} dx dy = \int_0^2 dy \int_y^{2y} \frac{x}{\sqrt{y}} dx = \int_0^2 \frac{1}{2\sqrt{y}} \cdot x^2 \Big|_y^{2y} dy = \frac{3}{2} \int_0^2 y^{\frac{3}{2}} dy = \frac{12}{5}\sqrt{2}$$

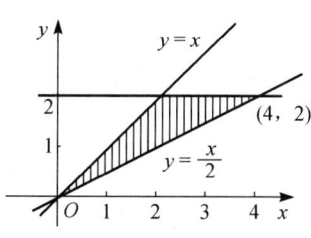

图 6.26   区域 D

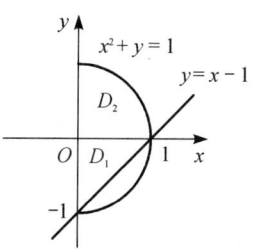

图 6.27 $D = D_1 + D_2$

8. 解 由累次积分作出积分区域 D，如图 6.27 所示。$D = D_1 + D_2$，得

$$\int_0^1 dx \int_{x-1}^{\sqrt{1-x^2}} f(x, y) dy = \int_{-1}^0 dy \int_0^{y+1} f(x, y) dx + \int_0^1 dy \int_0^{\sqrt{1-y^2}} f(x, y) dx$$

9. 解 利润＝收入－成本

设两种产品各生产 x，y 时的总利润为 $L(x, y)$，则

$$L(x, y) = x(30 - x^2) + y(45 - y^2) - (4.5x^2 + 3y^2)$$
$$= 30x - 4.5x^2 - x^3 + 45y - 3y^2 - y^3$$

其中，$x > 0$，$y > 0$。

解方程组

$$\begin{cases} L'_x = 30 - 9x - 3x^2 = 0 \\ L'_y = 45 - 6y - 3y^2 = 0 \end{cases}$$

$$L''_{xx} = -9 - 6x, \quad L''_{xy} = 0, \quad L''_{yy} = -6 - 6y$$

得唯一驻点 $(2, 3)$。

列表讨论。见表 6.8。

表 6.8　判定极值表

(x_0, y_0)	A	B	C	$B^2 - AC$	判断 $f(x_0, y_0)$
$(2, 1)$	$-21 < 0$	0	-24	$-504 < 0$	$f(2, 3)$ 是极大值

据表 6.8 可知，极大值点是唯一的，所以当两种产品各生产 2 与 3 个单位时，总利润最大。

第七章　微分方程及其应用

第一节　内　容　提　要

1. 微分方程

含有自变量、自变量的未知函数及未知函数的导数或微分的方程,称为微分方程。

微分方程中出现的各阶导数的最高阶数,称为微分方程的阶。

如果一个函数代入微分方程后,方程两端恒等,则称该函数为微分方程的解。

如果微分方程的解中所含独立的任意常数的个数等于微分方程的阶数,则称此解为微分方程的通解。

确定微分方程通解中任意常数值的条件称为初始条件。利用初始条件确定通解中任意常数后,得到的解称为微分方程的特解。

2. 可分离变量的一阶微分方程

如果一阶微分方程可化为

$$g(y)\mathrm{d}y = f(x)\mathrm{d}x$$

的形式,则称原方程为可分离变量的微分方程。其通解为

$$\int g(y)\mathrm{d}y = \int f(x)\mathrm{d}x + C \quad (C \text{ 为任意常数})$$

3. 齐次微分方程

如果一阶微分方程可写成

$$y' = f\left(\frac{y}{x}\right)$$

的形式,则称该方程为齐次微分方程。

对齐次微分方程可作变量替换 $u = \dfrac{y}{x}$，将原方程化为可分离变量的微分方程

$$\frac{\mathrm{d}u}{f(u) - u} = \frac{\mathrm{d}x}{x}$$

其通解为

$$x = C\mathrm{e}^{\int \frac{\mathrm{d}u}{f(u)-u}}$$

将 $u = \dfrac{y}{x}$ 回代，便得齐次微分方程的通解。

4. 一阶线性微分方程

形如 $y' + p(x)y = q(x)$ 的微分方程，称为一阶线性非齐次微分方程。当 $q(x) = 0$ 时，称为一阶线性齐次微分方程。

线性微分方程的通解为

$$y = \mathrm{e}^{-\int p(x)\mathrm{d}x}\left(\int q(x)\mathrm{e}^{\int p(x)\mathrm{d}x}\mathrm{d}x + C\right)$$

或可用"常数变易法"求解。

5. 可降阶的二阶微分方程

(1) 形如 $y'' = f(x)$，称为最简单的二阶微分方程，积分两次就可得方程的通解。

(2) 形如 $y'' = f(x, y')$，称为不显含未知函数 y 的二阶微分方程。

令 $y' = p$，则 $y'' = p'$，原方程化为一阶微分方程

$$p' = f(x, p)$$

(3) 形如 $y'' = f(y, y')$，称为不显含自变量 x 的二阶微分方程。

令 $y' = p(y)$，则 $y'' = p\dfrac{\mathrm{d}p}{\mathrm{d}y}$。于是，原方程可化为一阶微分方程

$$p\frac{\mathrm{d}p}{\mathrm{d}y} = f(y, p)$$

6. 二阶常系数齐次线性微分方程

形如 $y'' + py' + qy = 0$ 的微分方程称为二阶常系数线性齐次微分方程。

(1) 如果函数 y_1，y_2 是微分方程 $y'' + py' + qy = 0$ 的两个线性无关的特解，则函数 $y = c_1y_1 + c_2y_2$（c_1，c_2 是任意常数）是 $y'' + py' + qy = 0$ 的通解。

(2) 方程 $r^2 + pr + q = 0$ 称为微分方程 $y'' + py' + qy = 0$ 的特征方程,特征方程的根称为特征根。

(3) 微分方程 $y'' + py' + qy = 0$ 的通解步骤如下所述。

第一步,写出微分方程所对应的特征方程 $r^2 + pr + q = 0$。

第二步,求出特征方程的两个特征根 r_1、r_2。

第三步,特征根的不同情况,按下表写出通解

表 7.1　通解形式

特征方程的两个根 r_1、r_2	方程 $y'' + py' + qy = 0$ 的通解
两个不相等的实根 r_1、r_2	$y = C_1 e^{r_1 x} + C_2 e^{r_2 x}$
两个相等的实根 $r_1 = r_2$	$y = (C_1 + C_2 x)e^{rx}$
一对共轭复根 $r_{1,2} = \alpha \pm i\beta$	$y = e^{\alpha x}(C_1 \cos \beta x + C_2 \sin \beta x)$

7. 二阶常系数线性非齐次微分方程 $y'' + py' + qy = f(x)$

形如 $y'' + py' + qy = f(x)$ 的微分方程称为二阶常系数线性非齐次微分方程。

(1) 如果函数 y^* 是微分方程 $y'' + py' + qy = f(x)$ 的一个特解,Y 是对应的二阶常系数线性齐次微分方程 $y'' + py' + qy = 0$ 的通解,则 $Y + y^*$ 是 $y'' + py' + qy = f(x)$ 的通解。

(2) $f(x) = P_m(x)e^{\alpha x}$,$y'' + py' + qy = f(x)$ 的一个特解形式为

$$y^* = x^k Q_m(x) e^{\alpha x}$$

其中

$$k = \begin{cases} 0, & \text{如果 } \alpha \text{ 不是特征方程 } r^2 + pr + q = 0 \text{ 的根} \\ 1, & \text{如果 } \alpha \text{ 是特征方程 } r^2 + pr + q = 0 \text{ 的单根} \\ 2, & \text{如果 } \alpha \text{ 是特征方程 } r^2 + pr + q = 0 \text{ 的重根} \end{cases}$$

(3) $f(x) = P_m(x)\cos \beta x$ 或 $P_m(x)\sin \beta x$,$y'' + py' + qy = f(x)$ 的一个特解形式为

$$y^* = x^k [Q_m(x)\cos \beta x + R_m(x)\sin \beta x]$$

其中

$$k = \begin{cases} 0, & \text{如果 } \beta i \text{ 不是特征方程 } r^2 + pr + q = 0 \text{ 的根} \\ 1, & \text{如果 } \beta i \text{ 是特征方程 } r^2 + pr + q = 0 \text{ 的根} \end{cases}$$

这里 $P_m(x)$，$Q_m(x)$，$R_m(x)$ 均为 m 次多项式。

将给定形式的特解 y^* 代入方程 $y'' + py' + qy = f(x)$，确定相应的 $Q_m(x)$，$R_m(x)$。

8. 微分方程在经济上应用

微分方程可用来求经济学中的许多函数，常见的利用微分方程求函数关系问题的有下列几个方面：

（1）商品的市场价格与需求量（供给量）间的关系。

（2）产量、收入、成本及利润间的函数关系。

第二节 例 题 分 析

【例1】 已知微分方程 $xy'' = y'$，试判断下列函数是否为方程的解、通解。

(1) $y = x^2$ (2) $y = x^2 + C$

(3) $y = C_1 x^2 + C_2$ (4) $y = C_1 x^3 + C_2$

解 （1）$y' = 2x$，$y'' = 2$ 代入微分方程

左式 $xy'' = x \cdot 2$，右式 $y' = 2x$，左式 = 右式。所以，$y = x^2$ 是微分方程的解。但 $y = x^2$ 不含任意常数，故它不是通解。

（2）用类似方程可判断 $y = x^2 + C$ 是方程的解。但 $y = x^2 + C$ 只含一个任意常数，所以它不是通解。

（3）$y' = 2C_1 x$，$y'' = 2C_1$ 代入方程使方程两端恒等。所以，$y = C_1 x^2 + C_2$ 是方程的解，且它含两个独立的任意常数。因此，它是方程的通解。

（4）$y' = 3C_1 x^2$，$y'' = 6C_1$，代入方程，不能使方程两端恒等。所以，它不是方程的解。

【例2】 判断微分方程 $y' - \dfrac{2y}{x} = 0$ 是哪种类型的微分方程。

解 $y' - \dfrac{2y}{x} = 0$ 显然是一阶微分方程。它可化为 $\dfrac{dy}{2y} = \dfrac{dx}{x}$，所以，这是可分离变量的一阶微分方程。

原方程又可写成 $y' = 2\dfrac{y}{x} = f\left(\dfrac{y}{x}\right)$ 的形式，故它也是一阶齐次微分方程。

原方程又具有 $y' + p(x)y = 0$ 的形式，其中 $p(x) = \dfrac{-2}{x}$，因此，它也是一阶线性

齐次微分方程。

可见,一个微分方程可能具备多种属性。微分方程的各种类型不一定是相互排斥的。

【例 3】 求下列各微分方程的通解或在初始条件下的特解。

(1) $\dfrac{\mathrm{d}y}{\mathrm{d}x} = \dfrac{1+y^2}{xy + x^3 y}$

(2) $y' = 2x(y+3), y\big|_{x=0} = 2$

分析 这两个方程均为可变量微分方程

解 (1) 分离变量

$$\frac{y}{1+y^2}\mathrm{d}y = \frac{1}{x(x^2+1)}\mathrm{d}x$$

两端积分,得

$$\frac{1}{2}\int \frac{\mathrm{d}(1+y^2)}{1+y^2} = \int \left(\frac{1}{x} - \frac{x}{1+x^2}\right)\mathrm{d}x = \int \frac{\mathrm{d}x}{x} - \frac{1}{2}\int \frac{\mathrm{d}(1+x^2)}{1+x^2}$$

$$\frac{1}{2}\ln(1+y^2) = \ln x - \frac{1}{2}\ln(1+x^2) + \ln C$$

则通解为 $(1+x^2)(1+y^2) = Cx^2$

(2) 分离变量

$$\frac{\mathrm{d}y}{y+3} = 2x\mathrm{d}x$$

两端积分,得通解

$$\ln(y+3) = x^2 + C$$

由初始条件 $y\big|_{x=0} = 2$ 得 $C = \ln 5$

则特解为

$$y = 5\mathrm{e}^{x^2} - 3$$

【例 4】 求微分方程 $x^2 y' = xy - y^2$ 的通解。

解 将方程化为

$$\frac{\mathrm{d}y}{\mathrm{d}x} = \frac{y}{x} - \left(\frac{y}{x}\right)^2 = f\left(\frac{y}{x}\right)$$

这是齐次微分方程,令 $u = \dfrac{y}{x}$,则 $y = xu$

$\dfrac{\mathrm{d}y}{\mathrm{d}x} = u + x\dfrac{\mathrm{d}u}{\mathrm{d}x}$,代入原方程得

$$u + x\frac{\mathrm{d}u}{\mathrm{d}x} = u - u^2$$

再分离变量

$$-\frac{\mathrm{d}u}{u^2} = \frac{\mathrm{d}x}{x}$$

两端积分得
$$\frac{1}{u} = \ln x + C$$

通解为
$$y = \frac{x}{\ln x + C}$$

【例 5】 求微分方程 $\mathrm{d}y + (y\cot x - x^2\csc x)\mathrm{d}x = 0$ 的通解。

分析 这方程是一阶线性方程

解 将方程化为

$$\frac{\mathrm{d}y}{\mathrm{d}x} + y\cot x = x^2\csc x$$

这是 $p(x) = \cot x$,$q(x) = x^2\csc x$ 的一阶线性微分方程。于是通解为

$$y = \mathrm{e}^{-\int \cot x\mathrm{d}x}\left(\int x^2\csc x\mathrm{e}^{\int \cot x\mathrm{d}x}\mathrm{d}x + C\right)$$

$$= \mathrm{e}^{-\ln\sin x}\left(\int x^2\csc x\mathrm{e}^{-\ln\sin x}\mathrm{d}x + C\right)$$

$$= \csc x\left(\frac{x^3}{3} + C\right)$$

【例 6】 解微分方程 $(y^2 - 6x)y' + 2y = 0$。

分析 本例的方程是不可分离变量方程,也不是齐次微分方程。如将 y 视作自变量 x 的函数,它也不是一阶线性微分方程。但是,若把 x 看作 y 的函数,y 作为自变量,则原方程就变为一阶线性微分方程。

解 将方程化为

$$\frac{\mathrm{d}x}{\mathrm{d}y} - \frac{3}{y}x = -\frac{1}{2}y$$

是一阶线性方程。此时 $p(y)=-\dfrac{3}{y}$，$q(y)=-\dfrac{1}{2}y$，则通解

$$x=\mathrm{e}^{-\int-\frac{3}{y}\mathrm{d}y}\left(\int-\frac{1}{2}y\mathrm{e}^{\int-\frac{3}{y}\mathrm{d}y}\mathrm{d}y+C_1\right)=y^3\left(\int-\frac{1}{2y^2}\mathrm{d}y+C_1\right)$$

$$=\frac{1}{2}y^2+C_1y^3$$

即通解为 $\qquad y^2-2x=Cy^3 \qquad (C=-2C_1)$

【例 7】 解微分方程 $y''=2x\ln x$。

解 这是最简单的二阶微分方程，其通解可经过两次积分求得。积分一次有

$$y'=\int 2x\ln x\mathrm{d}x=x^2\ln x-\frac{1}{2}x^2+C_1$$

再积分一次得通解

$$y=\int\left(x^2\ln x-\frac{1}{2}x^2+C_1\right)\mathrm{d}x=\frac{1}{3}x^3\ln x-\frac{5}{18}x^3+C_1x+C_2$$

上述在求积分时，都利用了分部积分法。

【例 8】 解下列二阶微分方程

(1) $xy''-2y'=x^3+x$ $\qquad\qquad$ (2) $yy''+(y')^2=y'$

分析 第(1)题是不显含 y 的二阶微分方程，第(2)题是不显含 x 的二阶微分方程。

解 (1) 令 $y'=p(x)$，则 $y''=p'$，代入原方程得

$$\frac{\mathrm{d}p}{\mathrm{d}x}-\frac{2}{x}p=x^2+1$$

这是一阶线性方程，

$p(x)=-\dfrac{2}{x}$，$q(x)=x^2+1$，则

$$y'=p=\mathrm{e}^{-\int-\frac{2}{x}\mathrm{d}x}\left[\int(x^2+1)\mathrm{e}^{\int-\frac{2}{x}\mathrm{d}x}\mathrm{d}x+C_0\right]$$

$$=x^2\left[\int\frac{x^2+1}{x^2}\mathrm{d}x+C_0\right]=x^3-x+C_0x^2$$

再积分得通解

$$y = \frac{x^4}{4} - \frac{x^2}{2} + C_1 x^3 + C_2 \qquad \left(C_1 = \frac{1}{3} C_0\right)$$

(2) 令 $y' = p(y)$，则 $y'' = p \dfrac{\mathrm{d}p}{\mathrm{d}y}$，代入原方程得

$$yp \frac{\mathrm{d}p}{\mathrm{d}y} + p^2 = p$$

分离变量

$$\frac{\mathrm{d}p}{p-1} = -\frac{\mathrm{d}y}{y}$$

两端积分，得

$$\ln(p-1) = -\ln y + \ln C_1$$

则

$$y' = p = \frac{C_1 + y}{y}$$

分离变量

$$\frac{y}{C_1 + y} \mathrm{d}y = \mathrm{d}x$$

两端积分，得 $\qquad y - C_1 \ln(C_1 + y) = x + C_2$

所以，通解为 $y - x - C_1 \ln(C_1 + y) = C_2$。

【例 9】 解微分方程 $y'' - 2y' = x^2 + 1$。

解 先求对应的方程 $y'' - 2y' = 0$ 的通解 Y。

特征方程为 $r^2 - 2r = 0$，得特征根 $r_1 = 0$，$r_2 = 1$，则

$$Y = C_1 + C_2 \mathrm{e}^{2x}$$

又 $r = 0$ 是单根，可设特解

$$y^* = x(ax^2 + bx + c)$$

则 $y^{*\prime} = 3ax^2 + 2bx + c$，$y^{*\prime\prime} = 6ax + 2b$

代入方程得

$$-6ax^2 + (6a - 4b)x + 2b - 2c = x^2 + 1$$

比较两边同次幂系数，得

$$\begin{cases} -6a = 1 \\ 6a - 4b = 0 \\ 2b - 2c = 1 \end{cases}$$

解方程组,得

$$a = -\frac{1}{6}, \ b = -\frac{1}{4}, \ c = -\frac{3}{4}$$

于是

$$y^* = x\left(-\frac{1}{6}x^2 - \frac{1}{4}x - \frac{3}{4}\right)$$

通解为

$$y = C_1 + C_2 e^{2x} - \frac{x}{12}(2x^2 + 3x + 9)$$

【例10】 在某商品销售预测中,时刻 t 的销售量为 $x = x(t)$。如果商品销售的增长速度 $\dfrac{\mathrm{d}x}{\mathrm{d}t}$ 正比于销售量 $x(t)$ 及与销售接近饱和水平的程度 $a - x(t)$ 之乘积(a 为饱和水平),求销售量函数 $x(t)$。

解 根据题意,建立微分方程

$$\frac{\mathrm{d}x}{\mathrm{d}t} = kx(a - x)$$

这里 k 为比例因子。

分离变量

$$\frac{\mathrm{d}x}{x(a - x)} = ak\,\mathrm{d}t$$

两端积分,得

$$\ln\frac{x}{a - x} = akt + C_1$$

因此,通解为

$$x(t) = \frac{aC_2 e^{akt}}{1 + C_2 e^{akt}} = \frac{a}{1 + Ce^{-akt}} \quad \left(C_2 = e^{C_1}, \ C = \frac{1}{C_2}\right)$$

【例11】 设在冷库中存贮的某水果有 A 吨,已发现其中有些开始腐烂,其腐烂

243

率为未腐烂的 λ 倍($0<\lambda<1$)。设腐烂的数量为 x 吨,它是时间 t 的函数,试求此函数关系。

解　由题意得

$$\frac{\mathrm{d}x}{\mathrm{d}t} = \lambda(A-x):$$

分离变量

$$\frac{\mathrm{d}x}{A-x} = \lambda\mathrm{d}t$$

两端积分,得

$$A-x = Ce^{-\lambda t}$$

显然,$t=0$ 时,$x=0$,得 $C=A$。

因此,腐烂数量与时间的函数关系为

$$x = A(1-e^{-\lambda t})$$

由此可见,存储时间越长,腐烂的水果越趋于现有的总量。有了这个函数关系,我们可随时估算出经过某一段时间已腐败水果的数量,从而作出相应的决策。

第三节　习　题　选　解

习　题　7-1

验证下列给定函数是其对应微分方程的解。

(5) $xyy'' + x(y')^2 - yy' = 0$,　　$\dfrac{x^2}{C_1} + \dfrac{y^2}{C_2} = 1$

解　由 $\dfrac{x^2}{C_1} + \dfrac{y^2}{C_2} = 1$ 求一阶导数得

$$\frac{2x}{C_1} + \frac{2yy'}{C_2} = 0$$

即

$$yy' = -\frac{C_2}{C_1}x$$

再求导得

$$(y')^2 + yy'' = -\frac{C_2}{C_1}$$

两边同乘 x 得

$$x(y')^2 + xyy'' = -\frac{C_2}{C_1}x = yy'$$

即

$$xyy'' + x(y')^2 - yy' = 0$$

因此，$\dfrac{x^2}{C_1^2} + \dfrac{y^2}{C_2^2} = 1$ 是方程的解。也可以求出 y'、y'' 代入微分方程来验证。

习　题　7－2

2. 解下列齐次微分方程。

(2) $(x+y)\mathrm{d}x + x\mathrm{d}y = 0$，$y(1) = \dfrac{1}{2}$　　(4) $\dfrac{\mathrm{d}y}{\mathrm{d}x} = \dfrac{y}{y-x}$

解　(2) $\dfrac{\mathrm{d}y}{\mathrm{d}x} = -1 - \dfrac{y}{x}$

设 $u = \dfrac{y}{x}$，则 $y = xu$，$\dfrac{\mathrm{d}y}{\mathrm{d}x} = u + x\dfrac{\mathrm{d}u}{\mathrm{d}x}$，代入方程得

$$\frac{1}{2u+1}\mathrm{d}u = -\frac{1}{x}\mathrm{d}x$$

两边积分，得通解为 $x^2(2u+1) = C$，即

$$x^2 + 2xy = C$$

因为 $y(1) = \dfrac{1}{2}$，得 $C = 2$，故特解为

$$x^2 + 2xy = 2$$

(4) $\dfrac{\mathrm{d}y}{\mathrm{d}x} = \dfrac{\dfrac{y}{x}}{\dfrac{y}{x} - 1}$

设 $u = \dfrac{y}{x}$，则 $y = xu$，$\dfrac{\mathrm{d}y}{\mathrm{d}x} = u + x\dfrac{\mathrm{d}u}{\mathrm{d}x}$，代入方程得

$$\frac{u-1}{2u-u^2}du = \frac{1}{x}dx$$

两边积分,得通解为

$$x = Ce^{\int \frac{du}{f(u)-u}} = Ce^{\int \frac{u-1}{u(2-u)}du}$$

$$= Ce^{\frac{1}{2}\int \left(\frac{1}{2-u}-\frac{1}{u}\right)du} = Ce^{\frac{1}{2}[\ln(2-u)^{-1}-\ln u]} = C[u(2-u)]^{-\frac{1}{2}}$$

回代得原方程通解

$$2xy - y^2 = C$$

3. 解下列一阶线性微分方程。

(4) $y' - \dfrac{2xy}{1+x^2} = 1+x^2$,$y(1) = 4$

解　这是 $p(x) = -\dfrac{2x}{1+x^2}$,$q(x) = 1+x^2$ 的线性非齐次微分方程。通解为

$$y = e^{-\int -\frac{2x}{1+x^2}dx}\left[\int (1+x^2)e^{\int -\frac{2x}{1+x^2}dx}dx + C\right]$$

$$= e^{\ln(1+x^2)}\left[\int (1+x^2)e^{-\ln(1+x^2)}dx + C\right]$$

$$= (1+x^2)(x+C)$$

因为 $y(1) = 4$,所以 $C = 1$,得特解为

$$y = (1+x^2)(x+1)$$

习 题 7-3

2. 解下列微分方程。

(3) $(1-x^2)y'' - xy' = 0$,$y(0) = 0$,$y'(0) = 1$

(4) $y'' - 2(y')^2 = 0$

解　(3) 设 $y' = p$,则 $y'' = \dfrac{dp}{dx}$,原方程化为

$$(1-x^2)p' - xp = 0$$

分离变量

$$\frac{1}{p}\mathrm{d}p = \frac{x}{1-x^2}\mathrm{d}x$$

两边积分得

$$p\sqrt{1-x^2} = C_1$$

因为 $y'(0)=1$，得 $C_1=1$，于是

$$p = \frac{1}{\sqrt{1-x^2}}，即\ y' = \frac{1}{\sqrt{1-x^2}}$$

积分得

$$y = \arcsin x + C_2$$

因为 $y(0)=0$，得 $C_2=0$，于是特解为

$$y = \arcsin x$$

（4）微分方程 $y''-2(y')^2=0$ 是既不显含 y 的方程，也不显含 x 的方程。所以，可有两种解法。

解法一　视其为不显含 y 的方程求解。

令 $y'=p(x)$，则 $y''=p'(x)$，原方程化为

$$p' - 2p^2 = 0$$

分离变量

$$\frac{\mathrm{d}p}{p^2} = 2\mathrm{d}x$$

两边积分得

$$-\frac{1}{p} = 2x + C_1$$

则

$$y' = p = -\frac{1}{2x+C_1}$$

再积分一次得原方程通解为

$$y = \int -\frac{1}{2x+C_1}\mathrm{d}x = -\frac{1}{2}\ln(2x+C_1) + C_2$$

解法二 视其为不显含 x 的方程求解。

令 $y' = p(y)$，则 $y'' = p\dfrac{\mathrm{d}p}{\mathrm{d}y}$，代入原方程得

$$p\frac{\mathrm{d}p}{\mathrm{d}y} = 2p^2$$

分离变量后积分得

$$\ln p = 2y + C$$

则

$$y' = p = \mathrm{e}^{2y+C}$$

再分离变量后积分得

$$\mathrm{e}^{-(2y+C)} = -2x + C_2$$

则通解为
$$y = -\frac{1}{2}\ln(-2x + C_2) + C_1 \quad \left(C_1 = -\frac{C}{2}\right)$$

习　题　7-4

1. 解下列微分方程。

（7） $y'' - 4y' + 3y = 0$，$y(0) = 6$，$y'(0) = 10$

解　特征方程为 $r^2 - 4r + 3 = 0$，得特征根 $r_1 = 1$，$r_2 = 3$，所以方程的通解为 $y = C_1\mathrm{e}^x + C_2\mathrm{e}^{3x}$。

$$y' = C_1\mathrm{e}^x + 3C_2\mathrm{e}^{3x}$$

因为 $y(0) = 6$，$y'(0) = 10$，得方程组

$$\begin{cases} C_1 + C_2 = 6 \\ C_1 + 3C_2 = 10 \end{cases}$$

解方程，得 $C_1 = 4$，$C_2 = 2$，故特解为

$$y = 4\mathrm{e}^x + 2\mathrm{e}^{3x}$$

3. 解下列微分方程。

（1） $y'' - y' - 2y = 4\mathrm{e}^x$

（4） $y'' + 4y = \sin x \cos x$，$y(0) = 0$，$y'(0) = 0$

解 （1）$y'' - y' - 2y = 0$ 的特征方程为 $r^2 - r - 2 = 0$，其特征根为 $r_1 = 2$，$r_2 = -1$，其通解为 $y = C_1 e^{-x} + C_2 e^{2x}$。

$a = 1$，不是特征根。可设特解 $y^* = ae^x$，代入方程得 $a = -2$，所以一个特解为

$$y^* = -2e^x$$

通解为

$$y = C_1 e^{-x} + C_2 e^{2x} - 2e^x$$

（4）$y'' + 4y = 0$ 的特征方程为 $r^2 + 4 = 0$，其特征根为 $r_{1,2} = \pm 2i$，所以对应的二阶常系数线性齐次微分方程的通解为

$$y = C_1 \cos 2x + C_2 \sin 2x$$

又，方程可化为 $y'' + 4y = \frac{1}{2}\sin 2x$，$2i$ 是特征根，所以其一个特解可设为 $y^* = x(a\cos 2x + b\sin 2x)$。

$$y^{*\prime} = a\cos 2x + b\sin 2x + x(-2a\sin 2x + 2b\cos 2x)$$
$$y^{*\prime\prime} = -4a\sin 2x + 4b\cos 2x + x(-4a\cos 2x - 4b\sin 2x)$$

代入方程得 $\quad -4a\sin 2x + 4b\cos 2x = \frac{1}{2}\sin 2x$

得方程 $\quad -4a = \frac{1}{2}$，$4b = 0$，故

$$a = -\frac{1}{8}, \; b = 0$$

$$y^* = -\frac{1}{8}x\cos 2x$$

原方程通解为

$$y = C_1 \cos 2x + C_2 \sin 2x - \frac{1}{8}x\cos 2x$$

又 $y' = -2C_1 \sin 2x + 2C_2 \cos 2x - \frac{1}{8}\cos 2x + \frac{1}{4}x\sin 2x$

由 $y(0) = 0$，$y'(0) = 0$，得

$$C_1 = 0, \; C_2 = \frac{1}{16}$$

249

故所求特解为

$$y = \frac{1}{16}\sin 2x - \frac{1}{8}x\cos 2x$$

习 题 7-5

2. 某商品需求量 Q 对价格 P 的弹性为 $-\dfrac{P}{5}$，若该商品的最大需求量为 100（即当 $P=0$ 时，$Q=100$），求需求量 Q 对价格 P 的函数关系。

解 设需求函数 $Q = f(P)$，则

$$\frac{P}{Q} \cdot \frac{\mathrm{d}Q}{\mathrm{d}P} = -\frac{P}{5}, \text{且 } Q(0) = 100$$

方程化为

$$\frac{1}{Q}\mathrm{d}Q = -\frac{1}{5}\mathrm{d}P$$

两边积分，得

$$\ln Q = \ln \mathrm{e}^{-\frac{1}{5}P} + \ln C$$

即

$$Q = C\mathrm{e}^{-\frac{1}{5}P}$$

由 $Q(0) = 100$，得 $C = 100$，故所求的需求函数为

$$Q = 100\mathrm{e}^{-\frac{1}{5}P}$$

4. 某商品的价格由供求关系决定，供给量 S 与需求量 D 均是价格 P 的函数，$S = -1 + 3P$，$D = 4 - P$。若价格 P 是时间 t 的函数，且已知在时刻 t 时，价格 P 的变化率与过剩需求 $D-S$ 成正比，比例系数为 2，试求价格 P 与时间 t 的函数关系（设初始价格 $P_0 = 2$）。

解 $\dfrac{\mathrm{d}P}{\mathrm{d}t} = 2(D-S) = 10 - 8P$，$P(0) = 2$

$$\frac{1}{10-8P}\mathrm{d}P = \mathrm{d}t$$

两边积分，得 $\quad 10 - 8P = C\mathrm{e}^{-8t}$

即　$P = \dfrac{1}{8}(10 - Ce^{-8t})$

由 $P(0) = 2$，得 $C = -6$，故 P 与 t 的关系为

$$P = \frac{5}{4} + \frac{3}{4}e^{-8t}$$

复 习 题 七

3. 解下列微分方程。

(1) $\mathrm{d}y = x(2y\mathrm{d}x - x\mathrm{d}y)$，$y(1) = 4$　　(3) $x^2 y\mathrm{d}x - (x^3 + y^3)\mathrm{d}y = 0$

(5) $(x^2 + 1)\dfrac{\mathrm{d}y}{\mathrm{d}x} + 2xy = 4x^2$　　(8) $y'' - y' = x$，$y'(0) = 3$，$y(0) = 1$

(10) $y'' - 3y' + 2y = xe^{2x}$

解　(1) 分离变量

$$\frac{\mathrm{d}y}{y} = \frac{2x}{1 + x^2}\mathrm{d}x$$

两端积分，得

$$\ln y = \ln(1 + x^2) + \ln C$$

则通解为

$$y = C(1 + x^2)$$

由 $y(1) = 4$，得 $C = 2$，特解为

$$y = 2(1 + x^2)$$

(3) 将方程改写为

$$\frac{\mathrm{d}y}{\mathrm{d}x} = \frac{x^2 y}{x^3 + y^3} = \frac{\dfrac{y}{x}}{1 + \left(\dfrac{y}{x}\right)^3}$$

设 $u = \dfrac{y}{x}$，则 $y = xu$，$\dfrac{\mathrm{d}y}{\mathrm{d}x} = u + x\dfrac{\mathrm{d}u}{\mathrm{d}x}$，代入方程，得

$$-\frac{1+u^3}{u^4}\mathrm{d}u = \frac{1}{x}\mathrm{d}x$$

两边积分,得

$$\frac{1}{3u^3} - \ln u = \ln x + C_1$$

即 $x = \dfrac{C}{u}\mathrm{e}^{\frac{1}{3u^3}}$

通解为 $\quad x = \dfrac{Cx}{y}\mathrm{e}^{\frac{x^3}{3y^3}}$。

(5) 将方程改写为

$$\frac{\mathrm{d}y}{\mathrm{d}x} + \frac{2x}{1+x^2}y = \frac{4x^2}{1+x^2}$$

这是一阶线性微分方程,

$$p(x) = \frac{2x}{1+x^2}, \ q(x) = \frac{4x^2}{1+x^2}$$

通解为

$$
\begin{aligned}
y &= \mathrm{e}^{-\int \frac{2x}{1+x^2}\mathrm{d}x}\left(\int \frac{4x^2}{1+x^2}\mathrm{e}^{\int \frac{2x}{1+x^2}\mathrm{d}x}\mathrm{d}x + C \right) \\
&= \mathrm{e}^{-\ln(1+x^2)}\left(\int 4x^2\,\mathrm{d}x + C \right) \\
&= \frac{1}{x^2+1}\left(\frac{4}{3}x^3 + C \right)
\end{aligned}
$$

(8) 这是不显含 y 的二阶微分方程,令
$y' = p(x)$,则 $y'' = p'(x)$,代入原方程得

$$\frac{\mathrm{d}p}{\mathrm{d}x} + p = x$$

这是一阶线性非齐次微分方程,通解为

$$
\begin{aligned}
y' = p &= \mathrm{e}^{-\int \mathrm{d}x}\left(\int x\mathrm{e}^{\int \mathrm{d}x}\mathrm{d}x + C_1 \right) \\
&= \mathrm{e}^{-x}\left(\int x\mathrm{e}^x\,\mathrm{d}x + C_1 \right)
\end{aligned}
$$

$$= e^{-x}(xe^x - e^x + C_1)$$

$$= C_1 e^{-x} + x - 1$$

由 $y'(0) = 3$,得 $C_1 = 4$, 于是

$$y' = 4e^{-x} + x - 1$$

所以

$$y = -4e^{-x} + \frac{1}{2}x^2 - x + C_2$$

由 $y(0) = 1$,得 $C_2 = 5$,故特解为

$$y = -4e^{-x} + \frac{1}{2}x^2 - x + 5$$

(10) 方程 $y'' - 3y' + 2y = 0$ 的特征方程为 $r^2 - 3r + 2 = 0$,其特征根为 $r_1 = 2$, $r_2 = -1$,其通解为

$$y = C_1 e^x + C_2 e^{2x}$$

因为 $\lambda = 2$ 是特征方程的单根,可设特解形式为

$$y^* = x(ax + b)e^{2x}$$

代入方程,得 $a = \frac{1}{2}$, $b = -1$, 于是一个特解为

$$y^* = x\left(\frac{1}{2}x - 1\right)e^{2x}$$

方程的通解为

$$y = C_1 e^x + C_2 e^{2x} + x\left(\frac{1}{2}x - 1\right)e^{2x}$$

4. 设某商品的需求对价格的弹性 $\dfrac{EQ}{EP} = -k(k$ 为常数$)$,且 $Q\big|_{p=1} = 10$。求该商品的需求函数 $Q = f(P)$。

解 由题意得

$$\frac{P}{Q} \cdot \frac{\mathrm{d}Q}{\mathrm{d}P} = -k, \text{且} \ Q\big|_{P=1} = 10$$

方程化为

$$\frac{\mathrm{d}Q}{Q} = -k\frac{\mathrm{d}P}{P}$$

得通解 $QP^k = C$，即 $Q = CP^{-k}$

由 $Q\mid_{P=1} = 10$，得 $C = 10$，于是特解为 $Q = \dfrac{10}{P^k}$

第四节 测试题及其解答

一、测 试 题

（一）A 卷

1. 单项选择题。

(1) 微分方程 $x\ln x \cdot y'' = y'$ 的通解是（ ）。

A. $y = C_1 x\ln x + C_2$ B. $y = C_1 x(\ln x - 1)$

C. $y = x\ln x$ D. $y = C_1 x(\ln x - 1) + C_2$

(2) 微分方程 $y\ln x\mathrm{d}x + x\ln y\mathrm{d}y = 0$ 满足初始条件 $y\mid_{x=e} = e$ 的特解是（ ）。

A. $\ln x^2 + \ln y^2 = 0$ B. $\ln x^2 + \ln y^2 = 2$

C. $\ln^2 x - \ln^2 y = 0$ D. $\ln^2 x + \ln^2 y = 2$

2. 填充题。

(1) 微分方程 $y'' + x + 1 = 0$ 的通解是_____。

(2) 微分方程 $4y'' + 4y' + y = 0$ 的通解是_____。

3. 解下列微分方程。

(1) $1 + y' = e^y$ (2) $y' = \dfrac{y}{x} + e^{\frac{x}{y}}$

(3) $y' = \dfrac{\cos y}{\sin y\cos y - x\sin y}$ (4) $xy'\ln x + y = \ln x + 1$

(5) $y'' = x + \sin x$ (6) $(1 + x^2)y'' = 2xy'$

(7) $y'' + \dfrac{2}{1-y}(y')^2 = 0$ (8) $y'' - 2y' - 3y = 3x + 1$

4. 某商品的需求量 Q 对价格 P 的弹性为 $-\dfrac{(5P+2P^2)}{Q}$。当 $P=0$ 时，$Q=500$。求需求量 Q 与价格 P 的函数关系。

5. 某产品的利润 L 是广告支出 x 的函数，且满足 $L'=b-a(L+x)$（$a>0$，$b>0$ 为常数）。如果 $x=0$ 时，$L=L_0$。求函数 $L(x)$。

（二）B　卷

1. 单项选择题。

(1) 微分方程 $3(y''')^2-x^8=0$ 的通解中含有（　　）个独立任意常数。

A. 1　　　　　　　　　　　　　B. 2

C. 3　　　　　　　　　　　　　D. 4

(2) 微分方程 $y''-5y'+6y=xe^{2x}$ 的特解形式是（　　）。

A. $ae^{2x}+(bx-c)$　　　　　　　B. $(ax+b)e^{2x}$

C. $x^2(ax+b)e^{2x}$　　　　　　　D. $x(ax+b)e^{2x}$

2. 填充题。

(1) 微分方程 $(e^{x+y}-e^x)dx+(e^{x+y}+e^y)dy=0$ 的通解是_____。

(2) 微分方程 $xy'+2y=0$ 在 $y|_{x=1}=1$ 下的特解为_____。

3. 解下列微分方程。

(1) $(y+3)dx+\cot xdy=0$　　　　(2) $xy'-x\tan\dfrac{y}{x}-y=0$

(3) $(x^2+1)dy+2x(y-2x)dx=0$　(4) $y'=\dfrac{1}{x-y}$

(5) $y''=x\sin x$　　　　　　　　(6) $(x+1)y''+y'=\ln(x+1)$

(7) $y''=e^y$　　　　　　　　　　(8) $y''+2y+2y=xe^{-x}$

4. 某商场的经营成本 C 随销售量 Q 增加的变化率等于销售量 Q 与成本 C 的差再加上常数 3。且当销量为 0 时，固定成本为 5（百元）。试求成本函数。

5. 在某池塘内养鱼，由于条件限制，最多能养鱼 100 条。在时刻 t 的鱼数量 y 是时间 t 的函数，其变化率为 $ky(1\,000-y)$。若池塘内放养鱼 100 条，3 个月后池塘内有鱼 250 条，求 t 月后池塘内鱼数量 y 与时间 t 的函数关系式。并问 6 个月后池塘中有多少鱼？

二、测 试 题 解 答

(一) A 卷 解 答

1. 单项选择题

(1)	(2)
D	D

解 (1) 略

(2) 由初始条件 $y\big|_{x=e}=e$ 可知 A,B 不满足此条件,应排除。故只考虑 C 和 D。

对于 C, $\ln^2 x - \ln^2 y = 0$,两边求导得

$$\frac{2}{x}\ln x\,\mathrm{d}x - \frac{2}{y}\ln y\,\mathrm{d}y = 0$$

所以,C 不是方程的解。

对于 D, $\ln^2 x + \ln^2 y = 2$,两边求导得

$$\frac{2}{x}\ln x\,\mathrm{d}x + \frac{2}{y}\ln y\,\mathrm{d}y = 0$$

即

$$y\ln x\,\mathrm{d}x + x\ln y\,\mathrm{d}y = 0$$

且满足初始条件,故 D 是方程的特解。

因此,应选 D。

2. 解 (1) 通解是 $y = -\dfrac{1}{6}(x+1)^3 + C_1 x + C_2$

(2) 方程化为 $y'' + y' + \dfrac{1}{4}y = 0$,特征方程为 $r^2 + r + \dfrac{1}{4} = 0$,特征根为 $r_1 = r_2$

$= -\dfrac{1}{2}$,所以通解为

$$y = (C_1 + C_2 x)\mathrm{e}^{-\frac{1}{2}x}$$

3. 解 (1) 分离变量

$$\frac{\mathrm{d}y}{\mathrm{e}^y - 1} = \mathrm{d}x$$

积分左端 $\displaystyle\int \frac{\mathrm{d}y}{\mathrm{e}^y - 1} \xlongequal{\mathrm{e}^y = t} \int \frac{1}{t-1}\,\frac{\mathrm{d}t}{t} = \int \left(\frac{1}{t-1} - \frac{1}{t}\right)\mathrm{d}t$

$$= \ln \left| \frac{t-1}{t} \right| + \ln C = \ln |1 - e^{-y}| + \ln C$$

因此,方程通解为

$$e^x = C(1 - e^{-y})$$

(2) 这是齐次方程,令 $u = \dfrac{y}{x}$,则 $f(u) = u + \dfrac{1}{u}$

$$x = Ce^{\int \frac{du}{f(u)-u}} = Ce^{\int u du} = Ce^{\frac{1}{2}u^2}$$

回代得通解

$$x = Ce^{\frac{y^2}{2x^2}}$$

(3) 将方程改写为

$$\frac{dx}{dy} + \tan y \cdot x = \sin y$$

则通解为

$$x = e^{-\int \tan y dy} \left(\int \sin y \cdot e^{\int \tan y dy} dy + C \right) = e^{\ln \cos y} \left(\int \sin y \cdot e^{-\ln \cos y} dy + C \right)$$

$$= \cos y(-\ln \cos y + C)$$

(4) 将方程改写为

$$y' + \frac{1}{x \ln x} y = \frac{\ln x + 1}{x \ln x}$$

则通解为

$$y = e^{-\int \frac{1}{x \ln x} dx} \left(\int \frac{\ln x + 1}{x \ln x} \cdot e^{\int \frac{dx}{x \ln x}} dx + C \right)$$

$$= \frac{1}{\ln x} \left(\int \frac{\ln x + 1}{x} dx + C \right) = \frac{1}{\ln x} \left[\frac{1}{2}(\ln x + 1)^2 + C \right]$$

(5) 积分一次得

$$y' = \frac{x^2}{2} - \cos x + C_1$$

再积分一次得通解

$$y = \frac{x^3}{6} - \sin x + C_1 x + C_2$$

(6) 令 $y' = p(x)$，则 $y'' = \dfrac{\mathrm{d}p}{\mathrm{d}x}$，代入方程得

$$(1 + x^2) \frac{\mathrm{d}p}{\mathrm{d}x} = 2xp$$

分离变量

$$\frac{\mathrm{d}p}{p} = \frac{2x}{1 + x^2} \mathrm{d}x$$

两边积分得

$$\ln p = -\int \ln(1 + x^2) + \ln C_1$$

即
$$p = C_1(1 + x^2)$$
$$y' = C_1(1 + x^2)$$

通解为

$$y = \int C_1(1 + x^2)\mathrm{d}x = C_1\left(x + \frac{1}{2}x^2\right) + C_2$$

(7) 令 $y' = p(y)$，则 $y'' = p\dfrac{\mathrm{d}p}{\mathrm{d}y}$，代入原方程得

$$p\frac{\mathrm{d}p}{\mathrm{d}y} + \frac{2}{1 - y}p^2 = 0$$

分离变量

$$\frac{\mathrm{d}p}{p} = \frac{2}{y - 1}\mathrm{d}y$$

两端积分，得 $\qquad \ln p = 2\ln(y - 1) + \ln C_1$

即 $\qquad p = C_1(y - 1)^2$，即 $y' = C_1(y - 1)^2$

分离变量再积分得

$$-\frac{1}{y - 1} = C_1 x + C_2$$

通解为

$$y = 1 - \frac{1}{C_1 x + C_2}$$

(8) 方程 $y'' - 2y' - 3y = 0$ 的特征方程为 $r^2 - 2r - 3 = 0$,其特征根为 $r_1 = 3$, $r_2 = -1$,其通解为 $y = C_1 \mathrm{e}^{-x} + C_2 \mathrm{e}^{3x}$。

$\lambda = 0$,不是特征根,可设特解形式为 $y^* = ax + b$,代入方程,得 $a = -1$, $b = \frac{1}{3}$,所以一个特解为

$$y^* = -x + \frac{1}{3}$$

于是通解为

$$y = C_1 \mathrm{e}^{-x} + C_2 \mathrm{e}^{3x} - x + \frac{1}{3}$$

4. **解**   据题意有

$$\frac{P}{Q} \frac{\mathrm{d}Q}{\mathrm{d}P} = -\frac{5P + 2P^2}{Q},\text{且满足 } Q(0) = 500$$

分离变量

$$\mathrm{d}Q = -(5 + 2P)\mathrm{d}P$$

积分得通解

$$Q = -5P - P^2 + C$$

由初始条件 $Q(0) = 500$,确定 $C = 500$,则需求对价格的函数关系为

$$Q = 500 - 5P - P^2$$

5. **解**   方程可改写为

$$\frac{\mathrm{d}L}{\mathrm{d}x} + aL = b - ax$$

通解为 $L = \mathrm{e}^{-\int a\mathrm{d}x}\left[\int (b - ax)\mathrm{e}^{\int a\mathrm{d}x}\mathrm{d}x + C \right]$

$$= \mathrm{e}^{-ax}\left[\int (b - ax)\mathrm{e}^{ax}\mathrm{d}x + C \right]$$

$$= \mathrm{e}^{-ax}\left(\frac{b}{a}\mathrm{e}^{ax} - x\mathrm{e}^{ax} + \frac{\mathrm{e}^{ax}}{a} + C\right)$$

$$= \frac{b+1}{a} - x + C\mathrm{e}^{-ax}$$

由初始条件 $L(0) = L_0$,确定 $C = L_0 - \dfrac{b+1}{a}$,则利润对广告支出的函数关系是

$$L = \frac{b+1}{a} - x + \left(L_0 - \frac{b+1}{a}\right)\mathrm{e}^{-ax}$$

(二) B 卷 解 答

1. 单项选择题

(1)	(2)
C	D

解 (1) 略。

(2) $y'' - 5y' + 6y = 0$ 的特征方程为 $r^2 - 5r + 6 = 0$,其特征根为 $r_1 = 2$, $r_2 = 3$,$\lambda = 2$ 是特征根,且是单根,所以可设一个特解为 $y^* = x(ax + b)\mathrm{e}^{2x}$,故选 D。

2. **解** (1) 将方程改写为 $\dfrac{\mathrm{e}^y}{\mathrm{e}^y - 1}\mathrm{d}y = -\dfrac{\mathrm{e}^x}{\mathrm{e}^x + 1}\mathrm{d}x$,积分后得通解为 $(\mathrm{e}^y - x)(\mathrm{e}^x - 1) = C$

(2) 分离变量得

$$\frac{\mathrm{d}y}{y} = -\frac{2\mathrm{d}x}{x}$$

积分得通解 $y = \dfrac{C}{x^2}$。由初始条件 $y\,|_{x=1} = 1$,确定 $C = 1$,因此,特解是 $y = \dfrac{1}{x^2}$。

3. **解** (1) 分离变量得

$$\frac{\mathrm{d}y}{y+3} = -\tan x\mathrm{d}x$$

积分得

$$\ln(y+3) = \ln\cos x + \ln C$$

于是通解为

$$y = C\cos x - 3$$

(2) 将方程改写为

$$y' = \tan \frac{y}{x} + \frac{y}{x}$$

令 $u = \dfrac{y}{x}$，则 $y' = u + x\dfrac{\mathrm{d}u}{\mathrm{d}x}$，代入方程得

$$u + x\frac{\mathrm{d}u}{\mathrm{d}x} = \tan u + u$$

分离变量
$$\cot u \ \mathrm{d}u = \frac{\mathrm{d}x}{x}$$

积分得
$$\ln \sin u = \ln x + \ln C$$

将 $u = \dfrac{y}{x}$ 回代，得通解为

$$y = x\arcsin Cx$$

（3）方程化为 $\quad y' + \dfrac{2xy}{x^2+1} = \dfrac{4x^2}{x^2+1}$，通解为

$$y = \mathrm{e}^{-\int \frac{2x}{x^2+1}\mathrm{d}x}\left(\int \frac{4x^2}{x^2+1} \cdot \mathrm{e}^{\int \frac{2x}{x^2+1}\mathrm{d}x}\mathrm{d}x + C \right)$$

$$= \frac{1}{x^2+1}\left(\int 4x^2\,\mathrm{d}x + C \right) = \frac{1}{x^2+1}\left(\frac{4}{3}x^3 + C \right)$$

（4）将方程改写为

$$\frac{\mathrm{d}x}{\mathrm{d}y} - x = -y$$

这是一阶线性非齐次微分方程，通解为

$$x = \mathrm{e}^{-\int(-1)\mathrm{d}y}\left(\int -y\mathrm{e}^{\int(-1)\mathrm{d}y}\mathrm{d}y + C \right)$$

$$= \mathrm{e}^{y}\left(\int -y\mathrm{e}^{-y}\mathrm{d}y + C \right)$$

$$= \mathrm{e}^{y}(y\mathrm{e}^{-y} + \mathrm{e}^{-y} + C) = C\mathrm{e}^{y} + y + 1$$

（5）这是简单的二阶微分方程，连续两次积分可得通解。积分一次得

$$y' = \int x\sin x\mathrm{d}x = -x\cos x + \sin x + C_1$$

261

再积分得通解

$$y = \int (-x\cos x + \sin x + C_1)\mathrm{d}x$$
$$= -x\sin x - 2\cos x + C_1 x + C_2$$

(6) 令 $y' = p(x)$，则 $y'' = p'$，代入原方程得

$$\frac{\mathrm{d}p}{\mathrm{d}x} + \frac{1}{x+1}p = \frac{1}{x+1}\ln(x+1)$$

这是一阶线性非齐次微分方程，可求得

$$y' = p = \mathrm{e}^{-\int\frac{1}{x+1}\mathrm{d}x}\left[\int\frac{\ln(x+1)}{x+1}\mathrm{e}^{\int\frac{1}{x+1}\mathrm{d}x}\mathrm{d}x + C_1\right]$$
$$= \mathrm{e}^{-\ln(x+1)}\left[\int\ln(x+1)\mathrm{d}x + C_1\right]$$
$$= \frac{1}{x+1}\left[(x+1)\ln(x+1) - (x+1) + C_1\right]$$
$$= \ln(x+1) - 1 + \frac{C_1}{x+1}$$

积分得通解

$$y = \int\ln(x+1)\mathrm{d}x - \int\mathrm{d}x + \int\frac{C_1}{x+1}\mathrm{d}x$$
$$= (x+1+C_1)\ln(x+1) - 2x + C_2$$

(7) 令 $y' = p(y)$，则 $y'' = p\dfrac{\mathrm{d}p}{\mathrm{d}y}$，代入原方程得

$$p\frac{\mathrm{d}p}{\mathrm{d}y} = \mathrm{e}^y$$

分离变量

$$p\mathrm{d}p = \mathrm{e}^y\mathrm{d}y$$

积分得　$\dfrac{p^2}{2} = \mathrm{e}^y + \dfrac{C_1^2}{2}$　即 $p^2 = 2\mathrm{e}^y + C_1^2$，于是

$$y' = p = \pm\sqrt{2\mathrm{e}^y + C_1^2}$$

分离变量得

$$\frac{dy}{\sqrt{2e^y + C_1^2}} = \pm \, dx$$

积分得

$$\pm \, x + C_2 = \int \frac{dy}{\sqrt{2e^y + C_1^2}} \xlongequal{\sqrt{2e^y + C_1^2} = t} \int \frac{1}{t} \frac{2t}{t^2 - C_1^2} dt$$

$$= \frac{1}{C_1} \ln \frac{t - C_1}{t + C_1} = \frac{1}{C_1} \ln \frac{\sqrt{2e^y + C_1^2} - C_1}{\sqrt{2e^y + C_1^2} + C_1}$$

整理得通解

$$\pm \, x = -\frac{2}{C_1} \ln (C_1 + \sqrt{C_1^2 + 2e^y}) + \frac{y}{C_1} + C_2$$

(8) 方程 $y'' + 2y' + 2y = 0$ 的特征方程为 $r^2 + 2r + 2 = 0$，其特征根为 $r_{1,2} = -1 \pm i$，其通解为 $y = (C_1 \cos x + C_2 \sin y) e^{-x}$。

$\lambda = -1$ 不是特征根，可设特解形式为 $y^* = (ax + b) e^{-x}$，代入方程，得 $a = 1$，$b = 0$，所以一个特解为

$$y^* = x e^{-x}$$

于是，通解为

$$y = (C_1 \cos x + C_2 \sin x) e^{-x} + x e^{-x}$$

4. **解**　由题意知 $\dfrac{dC}{dQ} = Q - C + 3$ 即

$$\frac{dC}{dQ} + C = Q + 3$$

通解为

$$C = e^{-\int dQ} \left[\int (Q + 3) e^{\int dQ} dQ + C_0 \right]$$

$$= e^{-Q} \left[\int (Q + 3) e^Q dQ + C_0 \right]$$

$$= e^{-Q} (Q e^Q + 2 e^Q + C_0)$$

$$= Q + 2 + C_0 e^{-Q}$$

263

由初始条件 $C(0) = 5$，确定 $C_0 = 3$，则所求成本函数为

$$C(Q) = Q + 2 + 3e^{-Q}$$

5. **解**　对 $\dfrac{\mathrm{d}y}{\mathrm{d}t} = ky(1\,000 - y)$ 分离变量得

$$\frac{\mathrm{d}y}{y(1\,000 - y)} = k\mathrm{d}t$$

积分得通解

$$\frac{y}{1\,000 - y} = Ce^{1\,000kt}$$

由初始条件 $y\,|_{t=0} = 100$，$y\,|_{t=3} = 250$ 代入上式得 $C = \dfrac{1}{9}$，$k = \dfrac{\ln 3}{3\,000}$。那么，$t$ 月后鱼数量与时间的函数关系为

$$y = \frac{1\,000 \cdot 3^{\frac{t}{3}}}{9 + 3^{\frac{t}{3}}}$$

当放养 6 个月后，池塘中的鱼数

$$y = \frac{1\,000 \times 3^2}{9 + 3^2} = 500(条)$$

第八章 无穷级数

第一节 内容提要

1. 无穷级数的概念与基本性质

给定数列 u_1，u_2，$\cdots$，u_n，$\cdots$，则称 $\displaystyle\sum_{n=1}^{\infty} u_n$ 为无穷级数，简称级数。并称 u_n 为级数 $\displaystyle\sum_{n=1}^{\infty} u_n$ 的一般项。

$S_n = \displaystyle\sum_{k=1}^{n} u_k$ 称为级数的前 n 项部分和，简称部分和。由 S_n 组成的数列称为级数部分和数列，若 $\displaystyle\lim_{n\to\infty} S_n = S$，则称级数 $\displaystyle\sum_{n=1}^{\infty} u_n$ 收敛，S 为它的和，即 $\displaystyle\sum_{n=1}^{\infty} u_n = S$。若 $\displaystyle\lim_{n\to\infty} S_n$ 不存在，则称级数 $\displaystyle\sum_{n=1}^{\infty} u_n$ 发散，发散的级数没有和。

级数有下列性质：

（1）如果级数 $\displaystyle\sum_{n=1}^{\infty} u_n$ 与级数 $\displaystyle\sum_{n=1}^{\infty} v_n$ 都收敛，则级数 $\displaystyle\sum_{n=1}^{\infty} (u_n \pm v_n)$ 也收敛，且

$$\sum_{n=1}^{\infty} (u_n \pm v_n) = \sum_{n=1}^{\infty} u_n \pm \sum_{n=1}^{\infty} v_n$$

（2）如果级数 $\displaystyle\sum_{n=1}^{\infty} u_n$ 收敛（发散），k 为常数，则级数 $\displaystyle\sum_{n=1}^{\infty} k u_n$ 收敛（发散），且收敛时

$$\sum_{n=1}^{\infty} k u_n = k \sum_{n=1}^{\infty} u_n$$

（3）对一个级数加上或去掉有限项，得到的新级数与原级数具有相同的敛散性。

(4) 在级数 $\sum\limits_{n=1}^{\infty} u_n$ 中加括号,即将有限项用括号括起来作为一项,得到新的级数。若原级数收敛,则新级数也收敛;若新级数发散,则原级数也发散。

(5)(级数收敛的必要条件)如果级数 $\sum\limits_{n=1}^{\infty} u_n$ 收敛,则 $\lim\limits_{n \to \infty} u_n = 0$。

$\lim\limits_{n \to \infty} u_n = 0$ 是级数收敛的必要条件,但不是充分条件,即一般趋于零的级数不一定收敛。如级数 $\sum\limits_{n=1}^{\infty} \dfrac{1}{n}$,它的一般项趋于零,但该级数是调和级数,它是发散的。

性质(5)的重要用途之一在于它的逆命题:即如果 $\lim\limits_{n \to \infty} u_n \neq 0$,则级数 $\sum\limits_{n=1}^{\infty} u_n$ 发散。

常用此法判断某些级数的发散性。

2. 正项级数的概念及其收敛的基本定理

如果级数 $\sum\limits_{n=1}^{\infty} u_n$ 满足 $u_n \geqslant 0 (n=1, 2, \cdots)$,称为正项级数。

正项级数收敛的基本定理是:正项级数收敛的充要条件是它的部分和数列有界。

3. 正项级数的比较审敛法

设级数 $\sum\limits_{n=1}^{\infty} u_n$ 与 $\sum\limits_{n=1}^{\infty} v_n$ 都是正项级数,且 $u_n \leqslant v_n (n=1, 2, \cdots)$。如果级数 $\sum\limits_{n=1}^{\infty} v_n$ 收敛,则级数 $\sum\limits_{n=1}^{\infty} u_n$ 也收敛;级数 $\sum\limits_{n=1}^{\infty} u_n$ 发散,则级数 $\sum\limits_{n=1}^{\infty} v_n$ 也发散。

常用的两个比较级数为:

几何级数(等比级数) $\sum\limits_{n=1}^{\infty} aq^{n-1}$ 。当 $|q| < 1$ 时,则级数收敛;当 $|q| \geqslant 1$ 时,则级数发散。

p 级数(广义调和级数) $\sum\limits_{n=1}^{\infty} \dfrac{1}{n^p}$ 。当 $p > 1$ 时,收敛;当 $p \leqslant 1$ 时,发散。

利用比较判别法的难点是如何将所求级数 $\sum\limits_{n=1}^{\infty} u_n$ 的一般项放大或缩小,使它满足与已知级数 $\sum\limits_{n=1}^{\infty} v_n$ 的一般项有不等式 $u_n \leqslant v_n$,或 $u_n \geqslant v_n$。

若判断级数 $\sum\limits_{n=1}^{\infty} u_n$ 收敛,则要把它的一般项 u_n 放大,找出收敛级数 $\sum\limits_{n=1}^{\infty} v_n$。

当判断级数 $\sum\limits_{n=1}^{\infty} u_n$ 发散,则把它的一般项 u_n 缩小,找出发散的级数 $\sum\limits_{n=1}^{\infty} v_n$。

比较审敛法的极限形式:设 $\sum\limits_{n=1}^{\infty} u_n$ 和 $\sum\limits_{n=1}^{\infty} v_n$ 都是正项级数,如果

$$\lim_{n \to \infty} \frac{u_n}{v_n} = l \quad (0 < l < +\infty)$$

则级数 $\sum\limits_{n=1}^{\infty} u_n$ 和 $\sum\limits_{n=1}^{\infty} v_n$ 同时收敛或同时发散。

4. 正项级数的比值审敛法

设 $\sum\limits_{n=1}^{\infty} u_n$ 是正项级数,且 $\lim\limits_{n \to \infty} \frac{u_{n+1}}{u_n} = l$。

当 $l < 1$ 时,则级数收敛;当 $l > 1$ 时,则级数发散;当 $l = 1$ 时,级数可能收敛也可能发散。

5. 正项级数的根值审敛法

设 $\sum\limits_{n=1}^{\infty} u_n$ 是正项级数,且 $\lim\limits_{n \to \infty} \sqrt[n]{u_n} = \rho$。当 $\rho < 1$ 时,则级数收敛;当 $\rho > 1$ 时,则级数发散;当 $\rho = 1$ 时,级数可能收敛也可能发散。

6. 交错级数及其审敛法

各项正负相间的级数称为交错级数。

$$\sum_{n=1}^{\infty} (-1)^{n-1} u_n = u_1 - u_2 + u_3 - u_4 + \cdots + u_{n-1} - u_n + \cdots$$

其中 $u_n > 0 \quad (n = 1, 2, \cdots)$。

判定交错级数敛散性,可用莱布尼兹判别法,其方法为:

如果交错级数 $\sum\limits_{n=1}^{\infty} (-1)^{n-1} u_n$ 满足:

(1) $u_{n+1} \leqslant u_n \quad (n = 1, 2, \cdots)$。

(2) $\lim\limits_{n \to \infty} u_n = 0$。

则交错级数 $\sum\limits_{n=1}^{\infty} (-1)^{n-1} u_n$ 收敛,且其和 $S \leqslant u_1$。

如果一个交错级数 $\sum\limits_{n=1}^{\infty} (-1)^{n-1} u_n$,有 $\lim\limits_{n \to \infty} u_n \neq 0$ 或不存在,则该级数发散。

7. 任意项级数,绝对收敛与条件收敛

正负项可以任意出现的级数,称为任意项级数。

级数 $\sum\limits_{n=1}^{\infty}|u_n|$ 称为级数 $\sum\limits_{n=1}^{\infty}u_n$ 的绝对值级数。若 $\sum\limits_{n=1}^{\infty}|u_n|$ 收敛,则称级数 $\sum\limits_{n=1}^{\infty}u_n$ 绝对收敛;若 $\sum\limits_{n=1}^{\infty}u_n$ 收敛,但 $\sum\limits_{n=1}^{\infty}|u_n|$ 发散,则称级数 $\sum\limits_{n=1}^{\infty}u_n$ 条件收敛。

对任意项级数 $\sum\limits_{n=1}^{\infty}u_n$,如果它绝对收敛,则级数 $\sum\limits_{n=1}^{\infty}u_n$ 必收敛。

由于任意项级数的绝对值级数是正项级数。因此,一切正项级数判敛法都可用来判别它是否为绝对收敛。通常有如下结论:

设 $\sum\limits_{n=1}^{\infty}u_n$ 为任意项级数,且 $\lim\limits_{n\to\infty}\left|\dfrac{u_{n+1}}{u_n}\right|=\rho$。

如果 $\rho<1$,则级数绝对收敛;如果 $\rho>1$,则级数发散。

当任意项级数为非绝对收敛时,不能判断级数必发散,此时级数可能收敛(条件收敛),也可能发散。因此,需进一步判别它的敛散性。

8. 幂级数与收敛半径

若 $a_n(n=0,1,2,\cdots)$ 为常数,则称级数

$$a_0+a_1(x-x_0)+a_2(x-a_0)^2+\cdots+a_n(x-x_0)^n+\cdots$$

为 $(x-x_0)$ 的幂级数,简记为 $\sum\limits_{n=0}^{\infty}a_n(x-x_0)^n$。

当 $x_0=0$ 时,上幂级数变为

$$a_0+a_1x+a_2x^2+\cdots+a_nx^n+\cdots$$

称为 x 的幂级数。$a_0,a_1,\cdots,a_n,\cdots$ 称为幂级数的系数。

对每一确定的 x 值,幂级数 $\sum\limits_{n=0}^{\infty}a_nx^n$ 就是一个数项级数。使它收敛的 x 值取值的集合称为收敛域。

幂级数的收敛半径 R 的求法为:

如果幂级数 $\sum\limits_{n=0}^{\infty}a_nx^n$ 的系数满足

$$\lim\limits_{n\to\infty}\left|\dfrac{a_{n+1}}{a_n}\right|=l$$

则

(1) 当 $0<l<+\infty$ 时,$R=\dfrac{1}{l}$。

(2) 当 $l=0$ 时，$R=+\infty$。

(3) 当 $l=+\infty$ 时，$R=0$。

如果 $R=+\infty$，则收敛域为 $(-\infty,+\infty)$；如果 $R=0$，则收敛域为 $x=0$；如果 $0<R<+\infty$ 时，须对两端点 $x=\pm R$ 判别幂级数的敛散性，然后得到幂级数的收敛域。

9. 幂级数的性质

幂级数有下列性质：

(1) 设幂级数 $\sum\limits_{n=0}^{\infty}a_nx^n$，$\sum\limits_{n=0}^{\infty}b_nx^n$ 的收敛半径分别为 R_1，R_2，和函数分别为 $S(x)$，$T(x)$，则

$$\sum_{n=0}^{\infty}a_nx^n\pm\sum_{n=0}^{\infty}b_nx^n=\sum_{n=0}^{\infty}(a_n\pm b_n)x^n=S(x)\pm T(x)$$

其收敛半径 $R=\min\{R_1,R_2\}$。

(2) 设幂级数 $\sum\limits_{n=0}^{\infty}a_nx^n$ 的收敛半径为 $R(R>0)$，和函数为 $S(x)$，则 $S(x)$ 在 $(-R,R)$ 内连续，在 $(-R,R)$ 内可导，且有逐项求导公式

$$S'(x)=\Big(\sum_{n=0}^{\infty}a_nx^n\Big)'=\sum_{n=0}^{\infty}(a_nx^n)'=\sum_{n=1}^{\infty}na_nx^{n-1}$$

$S(x)$ 在 $(-R,R)$ 内可积，且有逐项积分公式

$$\int_0^xS(x)\mathrm{d}x=\int_0^x\Big(\sum_{n=0}^{\infty}a_nx^n\Big)\mathrm{d}x=\sum_{n=0}^{\infty}\int_0^xa_nx^n\mathrm{d}x=\sum_{n=0}^{\infty}\frac{a_n}{n+1}a^{n+1}$$

逐项求导、逐项积分所得的幂级数与原级数有相同的收敛半径。

10. 泰勒级数

如果函数 $f(x)$ 在 $x=x_0$ 的某一邻域内有任意阶导数，则称级数

$$f(x_0)+f'(x_0)(x-x_0)+\frac{f''(x_0)}{2!}(x-x_0)^2+\cdots+\frac{f^{(n)}(x_0)}{n!}(x-x_0)^n+\cdots$$

为函数 $f(x)$ 在 $x=x_0$ 处的泰勒级数。当 $x_0=0$ 时，上式成为

$$f(0)+f'(0)x+\frac{f''(0)}{2!}x^2+\cdots+\frac{f^{(n)}(0)}{n!}x^n+\cdots$$

称为 $f(x)$ 的马克劳林级数。

$f(x)$ 在 $x=x_0$ 处的泰勒级数的和函数为 $f(x)$ 的充要条件为：$n\to\infty$ 时余项

269

$R_n = f(x) - P_n(x) \to 0$，其中 $P_n(x)$ 为泰勒级数的部分和。

拉格朗日余项 $R_n = \dfrac{f^{(n+1)}(\xi)}{(n+1)!}(x-x_0)^{n+1}$，$\xi$ 在 x 与 x_0 之间。

11. 函数展开成幂级数

(1) 用直接展开法将函数 $f(x)$ 展开成幂级数的步骤：

第一步：求 $f(x)$ 的各阶导数 $f'(x), f''(x), \cdots, f^{(n)}(x), \cdots$

第二步：求各阶导数在 $x = x_0$ 处的值。

第三步：写出幂级数 $\displaystyle\sum_{n=0}^{\infty} \dfrac{f^{(n)}(x_0)}{n!}(x-x_0)^n$ 并求出其收敛半径 R。

第四步：讨论在 $(x_0 - R, x_0 + R)$ 内余项 R_n 的极限

$$\lim_{n\to\infty} R_n(x) = \lim_{n\to\infty} \frac{f^{n+1}(\xi)}{(n+1)!}(x-x_0)^{n+1}$$

如果极限为 0，则 $f(x)$ 展开成 $\displaystyle\sum_{n=0}^{\infty} \dfrac{f^{(n)}(x_0)}{n!}(x-x_0)^n$；否则 $f(x)$ 不是 $\displaystyle\sum_{n=0}^{\infty} \dfrac{f^n(x_0)}{n!}(x-x_0)^n$ 的和函数，即 $f(x)$ 不能展开成幂级数。

(2) 用间接展开法将函数展开成幂级数。间接展开法是应用已知的函数的展开式及幂级数的性质，将所给函数 $f(x)$ 展开成幂级数。

下面是几个重要初等函数的幂级数展开式：

$$\frac{1}{1-x} = \sum_{n=0}^{\infty} x^n \qquad (-1, 1)$$

$$\frac{1}{1+x} = \sum_{n=0}^{\infty} (-1)^n x^n \qquad (-1, 1)$$

$$\ln(1+x) = \sum_{n=0}^{\infty} (-1)^{n-1} \frac{x^{n+1}}{n+1} \qquad (-1, 1]$$

$$e^x = \sum_{n=0}^{\infty} \frac{x^n}{n!} \qquad (-\infty, +\infty)$$

$$\sin x = \sum_{n=0}^{\infty} (-1)^n \frac{x^{2n+1}}{(2n+1)!} \qquad (-\infty, +\infty)$$

$$\cos x = \sum_{n=0}^{\infty} (-1)^n \frac{x^{2n}}{(2n)!} \qquad (-\infty, +\infty)$$

第二节　例　题　分　析

【例1】 利用级数收敛的定义或性质,判定下列级数的敛散性。

(1) $\displaystyle\sum_{n=1}^{\infty} \frac{n+1}{(n+2)!}$
　　　　　　(2) $\displaystyle\sum_{n=1}^{\infty} \left(\frac{1}{n^2}+\frac{1}{n}\right)$

分析：在用级数收敛的定义或性质判定级数的敛散性时,首先考虑利用性质。

对于第(2)题,由于 $\dfrac{1}{n} = \left(\dfrac{1}{n^2}+\dfrac{1}{n}\right)-\dfrac{1}{n^2}$,可以利用性质来判定它的敛散性;对于第

(1)题只能考虑它的部分和的极限来判定它的敛散性。

解　(1) 级数一般项可改写为

$$u_n = \frac{n+1}{(n+2)!} = \frac{1}{(n+1)!} - \frac{1}{(n+2)!}$$

则级数的部分和为

$$S_n = \left(\frac{1}{2!}-\frac{1}{3!}\right)+\left(\frac{1}{3!}-\frac{1}{4!}\right)+\cdots+\left[\frac{1}{(n+1)!}-\frac{1}{(n+2)!}\right]$$

$$= \frac{1}{2} - \frac{1}{(n+2)!}$$

于是　　$\displaystyle\lim_{n\to\infty} S_n = \lim_{n\to\infty}\left[\frac{1}{2}-\frac{1}{(n+2)!}\right] = \frac{1}{2}$

根据级数的收敛定义,原级数收敛。

(2) 设级数 $\displaystyle\sum_{n=1}^{\infty}\left(\frac{1}{n^2}+\frac{1}{n}\right)$ 收敛,由性质知,$\displaystyle\sum_{n=1}^{\infty}\left[\left(\frac{1}{n^2}+\frac{1}{n}\right)-\frac{1}{n^2}\right] = \sum_{n=1}^{\infty}\frac{1}{n}$ 应当

收敛。但是,调和级数 $\displaystyle\sum_{n=1}^{\infty}\frac{1}{n}$ 却是发散的,这就得级数 $\displaystyle\sum_{n=1}^{\infty}\left(\frac{1}{n^2}+\frac{1}{n}\right)$ 是发散的。

【例2】 判断下列级数的敛散性。

(1) $\displaystyle\sum_{n=1}^{\infty} n\sqrt{1-\cos\frac{\pi}{n}}$
　　　　　(2) $\displaystyle\sum_{n=1}^{\infty} \frac{3^n}{n\,2^n}$

(3) $\displaystyle\sum_{n=1}^{\infty} \frac{1}{\sqrt{4n^2+n}}$
　　　　　(4) $\displaystyle\sum_{n=1}^{\infty} \frac{1}{1+a^n}$ 　$(a>0)$

(5) $\displaystyle\sum_{n=1}^{\infty} \frac{8^n}{9^n - 7^n}$ (6) $\displaystyle\sum_{n=1}^{\infty} \frac{2^n}{\sqrt{n^n}}$

分析：在判别正项级数敛散性时，一般的解题思路，可依据以下框图（见图 8.1）。

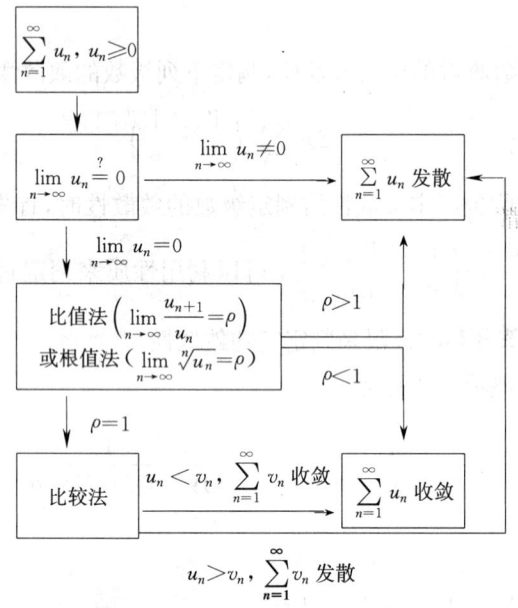

图 8.1 判定正项级数敛散性的思路

解 （1）因为 $\displaystyle\lim_{n\to\infty} u_n = \lim_{n\to\infty} n\sqrt{1 - \cos\frac{\pi}{n}} = \lim_{n\to\infty} \sqrt{2}\,n\sin\frac{\pi}{2n}$

$$= \lim_{n\to\infty} \sqrt{2}\,n \cdot \frac{\pi}{2n} = \frac{\sqrt{2}}{2}\pi \neq 0$$

所以，级数发散。

（2）**解法一** $\displaystyle\lim_{n\to\infty} \frac{u_{n+1}}{u_n} = \lim_{n\to\infty} \frac{3^{n+1}}{(n+1)2^{n+1}} \cdot \frac{n2^n}{3^n} = \frac{3}{2} > 1$

由比值法得级数发散。

解法二 $\displaystyle u_n = \frac{3^n}{n2^n} = \frac{1}{n}\left(\frac{3}{2}\right)^n > \frac{1}{n} = v_n$

级数 $\displaystyle\sum_{n=1}^{\infty} v_n = \sum_{n=1}^{\infty} \frac{1}{n}$ 发散，由比较法得级数发散。

解法三 $\displaystyle\lim_{n\to\infty} \sqrt[n]{n} = \lim_{n\to\infty} n^{\frac{1}{n}} = \lim_{n\to\infty} e^{\frac{\ln n}{n}} = 1$

$$\lim_{n \to \infty} \sqrt[n]{u_n} = \lim_{n \to \infty} \frac{3}{2\sqrt[n]{n}} = \frac{3}{2} > 1$$

由根值法得级数发散。

显然,用比值法较容易解题。

(3) 由于 $\dfrac{1}{\sqrt{4n^2+n}} > \dfrac{1}{\sqrt{4n^2+4n+1}} = \dfrac{1}{2n+1} \geqslant \dfrac{1}{3n}$

而级数 $\displaystyle\sum_{n=1}^{\infty} \frac{1}{3n}$ 是发散的,由比较法得级数发散。

(4) 由于 $u_n = \dfrac{1}{1+a^n}$ $(a > 0)$

当 $0 < a \leqslant 1$ 时,$\lim\limits_{n \to \infty} u_n \neq 0$,故级数发散。

当 $a > 1$ 时,$\lim\limits_{n \to \infty} u_n = 0$,考虑用比值法。

因为 $\lim\limits_{n \to \infty} \dfrac{u_{n+1}}{u_n} = \lim\limits_{n \to \infty} \dfrac{1+a^n}{1+a^{n+1}} = \lim\limits_{n \to \infty} \dfrac{a^n \ln a}{a^{n+1} \ln a} = \dfrac{1}{a} < 1$,所以,级数收敛。

综上所述,当 $0 < a \leqslant 1$ 时级数发散;当 $a > 1$ 时级数收敛。

(5) **解法一** $\lim\limits_{n \to \infty} \dfrac{u_{n+1}}{u_n} = \lim\limits_{n \to \infty} \dfrac{8^{n+1}}{9^{n+1} - 7^{n+1}} \cdot \dfrac{9^n - 7^n}{8^n}$

$$= \lim_{n \to \infty} \frac{8}{9 - 7\left(\frac{7}{9}\right)^n} \cdot \left[1 - \left(\frac{7}{9}\right)^n\right] = \frac{8}{9} < 1$$

由比值法得级数收敛。

解法二 由于 $\dfrac{8^n}{9^n - 7^n} = \dfrac{8^n}{9^n\left(1 - \frac{7^n}{9^n}\right)} \leqslant \dfrac{8^n}{9^n\left(1 - \frac{7}{9}\right)} = \dfrac{9}{2}\left(\dfrac{8}{9}\right)^n$

而级数 $\displaystyle\sum_{n=1}^{\infty} \frac{9}{2}\left(\frac{8}{9}\right)^n$ 是收敛的等比级数,由比较法得级数收敛。

(6) $\lim\limits_{n \to \infty} \dfrac{u_{n+1}}{u_n} = \lim\limits_{n \to \infty} \dfrac{2^{n+1}}{\sqrt{(n+1)^{n+1}}} \cdot \dfrac{\sqrt{n^n}}{2^n} = \lim\limits_{n \to \infty} \dfrac{2}{\sqrt{n+1}} \sqrt{\left(\dfrac{n}{1+n}\right)^n}$

$$= \lim_{n \to \infty} \frac{2}{\sqrt{n+1}} \cdot \lim_{n \to \infty} \frac{1}{\sqrt{\left(1+\frac{1}{n}\right)^n}} = 0 \cdot e = 0 < 1$$

由比值法得级数收敛。

或　$\displaystyle \lim_{n \to \infty} \sqrt[n]{u_n} = \lim_{n \to \infty} \frac{\sqrt[n]{2^n}}{\sqrt{n^n}} = \lim_{n \to \infty} \frac{2}{\sqrt{n}} = 0 < 1$

由根值法得级数收敛。

【例3】　下列级数是否收敛？如果收敛，问是条件收敛还是绝对收敛？

(1) $\displaystyle \sum_{n=1}^{\infty} (-1)^{n-1} \frac{n^n}{n!}$　　　　　　(2) $\displaystyle \sum_{n=1}^{\infty} (-1)^{n-1} \frac{n^n}{(n!)^2}$

(3) $\displaystyle \sum_{n=2}^{\infty} (-1)^{n-1} \frac{n}{n^2-1}$　　　　　(4) $\displaystyle \sum_{n=1}^{\infty} (-1)^{n-1} \frac{1}{\sqrt{n^2+2}}$

解　(1) 因为 $u_n = \dfrac{n^n}{n!} \geqslant 1$，则 $\displaystyle \lim_{n \to \infty} u_n \neq 0$，所以级数发散。

(2) $\displaystyle \lim_{n \to \infty} \frac{u_{n+1}}{u_n} = \lim_{n \to \infty} \frac{(n+1)^{n+1}}{[(n+1)!]^2} \cdot \frac{(n!)^2}{n^n}$

$$= \lim_{n \to \infty} \left(\frac{n+1}{n}\right)^n \cdot \frac{n!}{(n+1)!}$$

$$= \lim_{n \to \infty} \left(1+\frac{1}{n}\right)^n \cdot \frac{1}{n+1} = 0 < 1$$

由比值法得，交错级数 $\displaystyle \sum_{n=1}^{\infty} (-1)^{n-1} \frac{n^n}{(n!)^2}$ 绝对收敛。

(3) $u_n = \dfrac{n}{n^2-1} > \dfrac{n}{n^2} = \dfrac{1}{n}$，由 $\displaystyle \sum_{n=1}^{\infty} \frac{1}{n}$ 发散得 $\displaystyle \sum_{n=1}^{\infty} \frac{n}{n^2-1}$ 发散。

所以，交错级数非绝对收敛。

用莱布尼兹审敛法来判定该交错级数是否收敛。为判定是否满足 $u_{n+1} \leqslant u_n$，可由一般项导数 $u_n' < 0$ 来确定。

由于 $\left(\dfrac{n}{n^2-1}\right)' = -\dfrac{1+n^2}{(n^2-1)^2} < 0$，得 $u_{n+1} \leqslant u_n$。又 $\displaystyle \lim_{n \to \infty} \frac{n}{n^2-1} = 0$。所以满足

274

莱布尼兹审敛法的条件,则交错级数收敛。

因此,交错级数 $\sum\limits_{n=1}^{\infty}(-1)^{n-1}\dfrac{n}{n^2-1}$ 条件收敛。

(4) $u_n=\dfrac{1}{\sqrt{n^2+2}}>\dfrac{1}{\sqrt{n^2+4n+4}}=\dfrac{1}{n+2}$,由级数 $\sum\limits_{n=1}^{\infty}\dfrac{1}{n+2}$ 发散,得级数

$\sum\limits_{n=1}^{\infty}(-1)^{n-1}\dfrac{1}{\sqrt{n^2+2}}$ 非绝对收敛。

而 $\dfrac{u_{n+1}}{u_n}=\sqrt{\dfrac{n^2+2}{(n+1)^2+2}}<1$,即 $u_{n+1}<u_n$

且 $\lim\limits_{n\to\infty}u_n=\lim\limits_{n\to\infty}\dfrac{1}{\sqrt{n^2+2}}=0$

由莱布尼兹法,得交错级数收敛。 因此,交错级数为条件收敛。

【例4】 求下列幂级数的收敛域。

(1) $\sum\limits_{n=0}^{\infty}(-1)^{n-1}\dfrac{x^n}{5^n\sqrt{n+1}}$ (2) $\sum\limits_{n=1}^{\infty}\dfrac{n}{(n+1)2^n}x^n$

(3) $\sum\limits_{n=1}^{\infty}(\sqrt{n+1}-\sqrt{n})2^nx^{2n}$

解 (1) $l=\lim\limits_{n\to\infty}\left|\dfrac{a_{n+1}}{a_n}\right|=\lim\limits_{n\to\infty}\dfrac{5^n\sqrt{n+1}}{5^{n+1}\sqrt{n+2}}=\dfrac{1}{5}$,则 $R=5$。

当 $x=5$ 时,级数 $\sum\limits_{n=0}^{\infty}(-1)^{n-1}\dfrac{x^n}{5^n\sqrt{n+1}}=\sum\limits_{n=0}^{\infty}(-1)^{n-1}\dfrac{1}{\sqrt{n+1}}$

由于 $\dfrac{u_{n+1}}{u_n}=\sqrt{\dfrac{n+1}{n+2}}<1$,即 $u_{n+1}<u_n$,且 $\lim\limits_{n\to\infty}u_n=\lim\limits_{n\to\infty}\dfrac{1}{\sqrt{n+1}}=0$,则交错级数

$\sum\limits_{n=0}^{\infty}(-1)^{n-1}\dfrac{1}{\sqrt{n+1}}$ 收敛。

当 $x=-5$ 时,级数 $\sum\limits_{n=0}^{\infty}(-1)^{n-1}\dfrac{x^n}{5^n\sqrt{n+1}}=\sum\limits_{n=0}^{\infty}\dfrac{-1}{\sqrt{n+1}}$ 发散。

因此,幂级数 $\sum\limits_{n=0}^{\infty}(-1)^{n-1}\dfrac{x^n}{5^n\sqrt{n+1}}$ 的收敛域为 $(-5,5]$。

(2) $l = \lim\limits_{n \to \infty} \left| \dfrac{a_{n+1}}{a_n} \right| = \lim\limits_{n \to \infty} \dfrac{n+1}{(n+2)2^{n+1}} \cdot \dfrac{(n+1)2^n}{n} = \dfrac{1}{2}$，则 $R = 2$。

当 $x = 2$ 时，级数 $\sum\limits_{n=1}^{\infty} \dfrac{n}{(n+1)2^n} x^n = \sum\limits_{n=1}^{\infty} \dfrac{n}{n+1}$

由 $\lim\limits_{n \to \infty} \dfrac{n}{n+1} = 1 \neq 0$，得级数发散。

当 $x = -2$ 时，级数 $\sum\limits_{n=1}^{\infty} \dfrac{n}{(n+1)2^n} x^n = \sum\limits_{n=1}^{\infty} (-1)^n \dfrac{n}{n+1}$

由 $\lim\limits_{n \to \infty} \dfrac{n}{n+1} = 1 \neq 0$，得交错级数 $\sum\limits_{n=1}^{\infty} (-1)^n \dfrac{n}{n+1}$ 发散。

因此，幂级数 $\sum\limits_{n=1}^{\infty} \dfrac{n}{(n+1)2^n} x^n$ 的收敛域为 $(-2, 2)$。

(3) 级数缺少奇次项，应用比值审敛法求收敛半径。

$$\lim\limits_{n \to \infty} \left| \dfrac{(\sqrt{n+2} - \sqrt{n+1})2^{n+1} x^{2n+2}}{(\sqrt{n+1} - \sqrt{n})2^n x^{2n}} \right| = \lim\limits_{n \to \infty} \dfrac{\sqrt{n+1} + \sqrt{n}}{\sqrt{n+2} + \sqrt{n+1}} \cdot 2x^2 = 2x^2$$

当 $2x^2 < 1$，即 $|x| < \dfrac{\sqrt{2}}{2}$ 时级数收敛；当 $|x| > \dfrac{\sqrt{2}}{2}$ 时级数发散。所以收敛半径为 $R = \dfrac{\sqrt{2}}{2}$。

当 $x = \pm \dfrac{\sqrt{2}}{2}$ 时，级数化为 $\sum\limits_{n=1}^{\infty} (\sqrt{n+1} - \sqrt{n})$，其前 n 项部分和 $S_n = \sqrt{n+1} - 1$，因为 $\lim\limits_{n \to \infty} S_n = \infty$，所以级数 $\sum\limits_{n=1}^{\infty} (\sqrt{n+1} - \sqrt{n})$ 发散。

得幂级数 $\sum\limits_{n=1}^{\infty} (\sqrt{n+1} - \sqrt{n})2^n \cdot x^{2n+2}$ 的收敛域为 $\left(-\dfrac{\sqrt{2}}{2}, \dfrac{\sqrt{2}}{2} \right)$。

【例 5】 求幂级数 $\sum\limits_{n=0}^{\infty} \dfrac{x^n}{n!}$ 的和函数，$x \in (-\infty, +\infty)$。

解 设 $f(x) = \sum\limits_{n=0}^{\infty} \dfrac{x^n}{n!}$，据幂级数性质得

$$f'(x) = \Big(\sum_{n=0}^{\infty} \frac{x^n}{n!}\Big)' = \sum_{n=1}^{\infty} \frac{x^{n-1}}{(n-1)!} = \sum_{n=0}^{\infty} \frac{x^n}{n!} = f(x)$$

即 $\dfrac{f'(x)}{f(x)} = 1$，两边积分得

$$\int_0^x \frac{f'(x)}{f(x)} \mathrm{d}x = \int_0^x \mathrm{d}x = x$$

左式 $\displaystyle\int_0^x \frac{f'(x)}{f(x)} \mathrm{d}x = \ln f(x)\Big|_0^x = \ln f(x) - \ln f(0)$

$$= \ln f(x) - \ln 1 = \ln f(x)$$

则 $\ln f(x) = x$，即 $\mathrm{e}^x = f(x)$

因此，$\mathrm{e}^x = \displaystyle\sum_{n=0}^{\infty} \frac{x^n}{n!}$ $(-\infty, +\infty)$

【例 6】 把函数 $a^x(a>0, a\neq1)$ 展开为幂级数。

解 由于 $\mathrm{e}^x = \displaystyle\sum_{n=0}^{\infty} \frac{x^n}{n!}$

而 $a^x = \mathrm{e}^{x\ln a}$，所以将 $x\ln a$ 代入上式中的 x，得 a^x 的幂级数展开式为

$$a^x = \sum_{n=0}^{\infty} \frac{(x\ln a)^n}{n!}   (-\infty, +\infty)$$

【例 7】 试用幂级数表示 $f(x) = \dfrac{\sin x}{x}$ 的原函数。

解 由于 $\sin x = \displaystyle\sum_{n=0}^{\infty} (-1)^n \frac{x^{2n+1}}{(2n+1)!}$

所以，$\displaystyle\int \frac{\sin x}{x}\mathrm{d}x = \int \Big[\sum_{n=0}^{\infty} (-1)^n \frac{x^{2n}}{(2n+1)!}\Big]\mathrm{d}x = \sum_{n=0}^{\infty} (-1)^n \int \frac{x^{2n}}{(2n+1)!}\mathrm{d}x$

$$= \sum_{n=0}^{\infty} (-1)^n \frac{x^{2n+1}}{(2n+1)^2(2n)!} + C$$

【例 8】 将函数 $f(x) = \dfrac{1}{x^2+4x+3}$ 展开成 $(x-1)$ 的幂级数。

277

解 $f(x) = \dfrac{1}{(x+1)(x+3)} = \dfrac{1}{2(x+1)} - \dfrac{1}{2(x+3)}$

$$= \frac{1}{4\left[1 - \left(-\dfrac{x-1}{2}\right)\right]} - \frac{1}{8\left[1 - \left(-\dfrac{x-1}{4}\right)\right]}$$

而 $\dfrac{1}{4\left[1 - \left(-\dfrac{x-1}{2}\right)\right]} = \dfrac{1}{4}\displaystyle\sum_{n=0}^{\infty}\left(-\dfrac{x-1}{2}\right)^n$

$$= \frac{1}{4}\sum_{n=0}^{\infty}\frac{(-1)^n}{2^n}(x-1)^n, \quad -1 < x < 3$$

$$\frac{1}{8\left[1 - \left(-\dfrac{x-1}{4}\right)\right]} = \frac{1}{8}\sum_{n=0}^{\infty}\left(-\frac{x-1}{4}\right)^n$$

$$= \frac{1}{8}\sum_{n=0}^{\infty}\frac{(-1)^n}{4^n}(x-1)^n, \quad -3 < x < 5$$

所以 $\dfrac{1}{x^2+4x+3} = \displaystyle\sum_{n=0}^{\infty}(-1)^n\left(\dfrac{1}{2^{n+2}} - \dfrac{1}{2^{2n+3}}\right)(x-1)^n, \quad -1 < x < 3$

第三节 习 题 选 解

习 题 8-1

1. 写出下列级数的一般项。

(4) $\dfrac{1}{1\times 4} + \dfrac{1}{4\times 7} + \dfrac{1}{7\times 10} + \dfrac{1}{10\times 13} + \cdots$

解 一般项 $u_n = \dfrac{1}{(3n-2)(3n+1)} \quad (n = 1, 2, \cdots)$

2. 根据级数收敛与发散的定义判定下列级数的敛散性。

(2) $\sum\limits_{n=1}^{\infty} (\sqrt{n+1} - \sqrt{n})$ 　　　　(4) $\sum\limits_{n=1}^{\infty} \ln\dfrac{2n+3}{2n+1}$

解　(2) 前 n 项部分和 $S_n = \sqrt{n+1} - 1$，$\lim\limits_{n\to\infty} S_n = \infty$，所以级数发散。

(4) $\ln\dfrac{2n+3}{2n-1} = \ln(2n+3) - \ln(2n-1)$，所以前 n 项部分和 S_n 为

$$S_n = \ln(2n+3) + \ln(2n+1) - \ln 3, \quad \lim_{n\to\infty} S_n = \infty$$

所以级数发散。

3. 判定下列级数的敛散性。

(2) $\sum\limits_{n=1}^{\infty} \dfrac{2^{n+1}}{3^n}$ 　　　　(3) $\sum\limits_{n=1}^{\infty} \dfrac{(2n)^n}{(2n+1)^n}$

解　(2) 原级数可写为 $\sum\limits_{n=1}^{\infty} \dfrac{2^{n+1}}{3^n} = \sum\limits_{n=1}^{\infty} 2 \cdot \left(\dfrac{2}{3}\right)^n$。

因为级数 $\sum\limits_{n=1}^{\infty} \left(\dfrac{2}{3}\right)^n$ 收敛，由性质得级数 $\sum\limits_{n=1}^{\infty} 2 \cdot \left(\dfrac{2}{3}\right)^n$ 收敛，即原级数收敛。

(3) 因为 $\lim\limits_{n\to\infty} u_n = \lim\limits_{n\to\infty} \dfrac{(2n)^n}{(2n+1)^n} = \lim\limits_{n\to\infty} \dfrac{1}{\left(1+\dfrac{1}{2n}\right)^n}$

$$= \lim_{n\to\infty} \left[\dfrac{1}{\left(1+\dfrac{1}{2n}\right)^{2n}}\right]^{\frac{1}{2}} = \dfrac{1}{\sqrt{e}} \neq 0$$

所以级数发散。

习 题 8-2

1. 用比较审敛法判定下列级数的敛散性。

(4) $\sum\limits_{n=1}^{\infty} \dfrac{1}{\ln(n+1)}$ 　　　　(6) $\sum\limits_{n=1}^{\infty} \dfrac{1}{(n+1)(n+8)}$

(8) $\displaystyle\sum_{n=1}^{\infty} \sin \dfrac{\pi}{2^n}$

解 (4) 由于 $\dfrac{1}{\ln(n+1)} > \dfrac{1}{n}$，调和级数 $\displaystyle\sum_{n=1}^{\infty} \dfrac{1}{n}$ 发散，由比较审敛法得原级数发散。

(6) 由于 $\dfrac{1}{(n+1)(n+8)} < \dfrac{1}{n^2}$，级数 $\displaystyle\sum_{n=1}^{\infty} \dfrac{1}{n^2}$ 是 $p=2$ 的收敛 p-级数，由比较审敛法得级数收敛。

(8) $\sin \dfrac{\pi}{2^n} < \dfrac{\pi}{2^n}$，级数 $\displaystyle\sum_{n=1}^{\infty} \dfrac{\pi}{2^n}$ 是 $q = \dfrac{1}{2}$ 的几何级数，由比较审敛法得级数收敛。

2. 用比值审敛法判定下列级数的敛散性。

(3) $\displaystyle\sum_{n=1}^{\infty} \dfrac{2^n}{100n}$ 　　　　　　(4) $\displaystyle\sum_{n=1}^{\infty} 2^n \sin \dfrac{\pi}{3^n}$

(7) $\displaystyle\sum_{n=1}^{\infty} \dfrac{1}{2^{2n-1}(2n-1)}$ 　　　　(8) $\displaystyle\sum_{n=1}^{\infty} n\left(\dfrac{3}{5}\right)^n$

解 (3) $\displaystyle\lim_{n\to\infty} \dfrac{u_{n+1}}{u_n} = \lim_{n\to\infty} \dfrac{\dfrac{2^{n+1}}{100(n+1)}}{\dfrac{2^n}{100n}} = \lim_{n\to\infty} \dfrac{2n}{n+1} = 2 > 1$

所以，由比值审敛法知原级数发散。

(4) $n\to\infty$ 时，$\sin \dfrac{\pi}{3^{n+1}} \sim \dfrac{\pi}{3^{n+1}}$，$\sin \dfrac{\pi}{3^n} \sim \dfrac{\pi}{3^n}$。利用无穷小量等量代换后，得

$$\lim_{n\to\infty} \dfrac{u_{n+1}}{u_n} = \lim_{n\to\infty} \dfrac{2^{n+1}\sin\dfrac{\pi}{3^{n+1}}}{2^n \sin\dfrac{\pi}{3^n}} = \lim_{n\to\infty} 2\,\dfrac{\sin\dfrac{\pi}{3^{n+1}}}{\sin\dfrac{\pi}{3^n}}$$

$$= \lim_{n\to\infty} 2\,\dfrac{\dfrac{\pi}{3^{n+1}}}{\dfrac{\pi}{3^n}} = \dfrac{2}{3} < 1$$

因此,原级数收敛。

(7) $\lim\limits_{n\to\infty} \dfrac{u_{n+1}}{u_n} = \lim\limits_{n\to\infty} \dfrac{2^{2n-1}(2n-1)}{2^{2n+1}(2n+1)} = \dfrac{1}{4} < 1$

所以,由比值审敛法知原级数收敛。

(8) $\lim\limits_{n\to\infty} \dfrac{u_{n+1}}{u_n} = \lim\limits_{n\to\infty} \dfrac{(n+1)\left(\dfrac{3}{5}\right)^{n+1}}{n\left(\dfrac{3}{5}\right)^{n}} = \dfrac{3}{5} < 1$

所以,由比值审敛法知原级数收敛。

3. 用根值审敛法判定下列级数的敛散性。

(2) $\sum\limits_{n=1}^{\infty} \dfrac{1}{\left[\ln(n+1)\right]^n}$ (4) $\sum\limits_{n=1}^{\infty} \left(\dfrac{3n^2}{n^2+1}\right)^n$

解 (2) $\lim\limits_{n\to\infty} \sqrt[n]{u_n} = \lim\limits_{n\to\infty} \dfrac{1}{\ln(n+1)} = 0 < 1$

所以,由根值审敛法知原级数收敛。

(4) $\lim\limits_{n\to\infty} \sqrt[n]{u_n} = \lim\limits_{n\to\infty} \left(\dfrac{3n^2}{n^2+1}\right) = 3 > 1$

所以,由根值审敛法知原级数发散。

习 题 8-3

1. 判定下列交错级数的敛散性。

(3) $\sum\limits_{n=1}^{\infty} (-1)^{n-1} \dfrac{2n+1}{2n-1}$ (4) $\sum\limits_{n=0}^{\infty} (-1)^{n-1} \dfrac{1}{(n+1)(n+4)}$

解 (3) 因为 $\lim\limits_{n\to\infty} u_n = \lim\limits_{n\to\infty} \dfrac{2n+1}{2n-1} = 1 \neq 0$,故交错级数发散。

(4) $\dfrac{u_{n+1}}{u_n} = \dfrac{(n+1)(n+4)}{(n+2)(n+5)} < 1$,即 $u_{n+1} < u_n$

且 $\lim\limits_{n\to\infty}u_n=\lim\limits_{n\to\infty}\dfrac{1}{(n+1)(n+4)}=0$

由莱布尼兹法则,得交错级数收敛。

2. 判定下列级数哪些是绝对收敛,哪些是条件收敛。

(1) $\sum\limits_{n=0}^{\infty}(-1)^{n-1}(\sqrt{n+1}-\sqrt{n})$ (4) $\sum\limits_{n=0}^{\infty}(-1)^{n-1}\dfrac{1}{(n+1)^2}$

(6) $\sum\limits_{n=1}^{\infty}(-1)^n\dfrac{1}{n\cdot 2^n}$

解 (1) 交错级数的绝对值级数的部分和

$$S_n=(\sqrt{1}-0)+(\sqrt{2}-1)+(\sqrt{3}-\sqrt{2})+\cdots+(\sqrt{n}-\sqrt{n-1})=\sqrt{n}$$

$$\lim\limits_{n\to\infty}S_n=\lim\limits_{n\to\infty}\sqrt{n}=\infty$$

因此,交错级数非绝对收敛。

由于 $\dfrac{u_{n+1}}{u_n}=\dfrac{\sqrt{n+2}-\sqrt{n+1}}{\sqrt{n+1}-\sqrt{n}}=\dfrac{\sqrt{n+1}+\sqrt{n}}{\sqrt{n+2}+\sqrt{n+1}}<1$,即 $u_{n+1}<u_n$

且 $\lim\limits_{n\to\infty}u_n=\lim\limits_{n\to\infty}(\sqrt{n+1}-\sqrt{n})=\lim\limits_{n\to\infty}\dfrac{1}{\sqrt{n+1}+\sqrt{n}}=0$

因此,交错级数条件收敛。

(4) $\sum\limits_{n=1}^{\infty}\left|(-1)^{n-1}\dfrac{1}{(n+1)^2}\right|=\sum\limits_{n=1}^{\infty}\dfrac{1}{(n+1)^2}$,而 $\dfrac{1}{(n+1)^2}<\dfrac{1}{n^2}$,$\sum\limits_{n=1}^{\infty}\dfrac{1}{n^2}$ 是 $p=2$

的 p-级数,收敛。

由比较审敛法知 $\sum\limits_{n=1}^{\infty}\dfrac{1}{(n+1)^2}$ 收敛,因此原级数绝对收敛。

(6) $\sum\limits^{\infty}\left|(-1)^n\dfrac{1}{n\cdot 2^n}\right|=\sum\limits_{n=1}^{\infty}\dfrac{1}{n\cdot 2^n}$

而 $\lim\limits_{n\to\infty}\dfrac{u_{n+1}}{u_n}=\lim\limits_{n\to\infty}\dfrac{n\cdot 2^n}{(n+1)2^{n+1}}=\dfrac{1}{2}<1$

由比值审敛法知 $\sum\limits_{n=1}^{\infty}\dfrac{1}{n\cdot 2^n}$ 收敛,因此原级数绝对收敛。

习 题 8-4

1. 求下列幂级数的收敛半径 R。

$$(3) \sum_{n=0}^{\infty} (-1)^{n-1} \frac{1}{2^n n!} x^n \qquad\qquad (4) \sum_{n=1}^{\infty} \frac{4^n}{n(n+1)} x^n$$

解 (3) $\rho = \lim_{n \to \infty} \left| \frac{a_{n+1}}{a_n} \right| = \lim_{n \to \infty} \frac{2^n \cdot n!}{2^{n+1}(n+1)!} = \lim_{n \to \infty} \frac{1}{2(n+1)} = 0$, 得 $R = \infty$

(4) $\rho = \lim_{n \to \infty} \left| \frac{a_{n+1}}{a_n} \right| = \lim_{n \to \infty} \frac{4^{n+1}}{(n+1)(n+2)} \cdot \frac{n(n+1)}{4^n} = 4$, 得 $R = \frac{1}{4}$

2. 求下列幂级数的收敛域。

$$(1) \sum_{n=1}^{\infty} (-1)^{n-1} \frac{x^n}{n} \qquad\qquad (3) \sum_{n=0}^{\infty} \frac{1}{2^n} x^n$$

$$(5) \sum_{n=0}^{\infty} (-1)^n \frac{x^{2n+1}}{2n+1} \qquad\qquad (6) \sum_{n=1}^{\infty} \frac{(x-5)^n}{\sqrt{n}}$$

解 (1) $\rho = \lim_{n \to \infty} \left| \frac{a_{n+1}}{a_n} \right| = \lim_{n \to \infty} \frac{n}{n+1} = 1$, 则 $R = 1$。

当 $x = 1$ 时, 级数 $\sum_{n=1}^{\infty} (-1)^{n-1} \frac{x^n}{n} = \sum_{n=1}^{\infty} (-1)^{n-1} \frac{1}{n}$ 收敛。

当 $x = -1$ 时, 级数 $\sum_{n=1}^{\infty} (-1)^{n-1} \frac{x^n}{n} = \sum_{n=1}^{\infty} \frac{-1}{n}$ 发散。

因此, 幂级数的收敛域为 $(-1, 1]$。

(3) $\rho = \lim_{n \to \infty} \left| \frac{a_{n+1}}{a_n} \right| = \lim_{n \to \infty} \frac{2^n}{2^{n+1}} = \frac{1}{2}$, 则 $R = 2$。

当 $x = 2$ 时, 级数 $\sum_{n=0}^{\infty} \frac{1}{2^n} x^n = \sum_{n=0}^{\infty} 1$ 发散。

当 $x = -2$ 时, 级数 $\sum_{n=0}^{\infty} \frac{1}{2^n} x^n = \sum_{n=0}^{\infty} (-1)^n$ 发散。

283

因此，幂级数收敛域为$(-2, 2)$。

(5) 级数缺少偶次项，应用比值审敛法求收敛半径。

$$\lim_{n \to \infty} \left| \frac{(-1)^{n+1} x^{2n+3}}{2n+3} \cdot \frac{2n+1}{(-1)^n x^{2n+1}} \right| = x^2$$

当$x^2 < 1$，即$|x| < 1$时级数收敛；当$x^2 > 1$时级数发散，所以收敛半径为1。

当$x = -1$时，级数化为$\sum_{n=0}^{\infty} (-1)^{n+1} \frac{1}{2n+1}$，由于$u_{n+1} < u_n$，$\lim_{n \to \infty} \frac{1}{2n+1} = 0$，则

交错级数收敛；当$x = 1$时，级数化为$\sum_{n=0}^{\infty} (-1)^n \cdot \frac{1}{2n+1}$，也收敛。因此，收敛域为

$[-1, 1]$。

(6) 令$t = x - 5$，则级数化为$\sum_{n=1}^{\infty} \frac{t^n}{\sqrt{n}}$。

$$\rho = \lim_{n \to \infty} \left| \frac{a_{n+1}}{a_n} \right| = \lim_{n \to \infty} \frac{\sqrt{n}}{\sqrt{n+1}} = 1$$

所以，收敛半径$R = 1$。

当$t = -1$时，级数化为$\sum_{n=1}^{\infty} \frac{(-1)^n}{\sqrt{n}}$，收敛；当$t = 1$时，级数化为$\sum_{n=1}^{\infty} \frac{1}{\sqrt{n}}$，发散。所

以$\sum_{n=1}^{\infty} \frac{t^n}{\sqrt{n}}$的收敛域为$[-1, 1)$。

由$-1 \leqslant x - 5 < 1$得$4 \leqslant x < 6$，即$\sum_{n=1}^{\infty} \frac{(x-5)^n}{\sqrt{n}}$的收敛域为$[4, 6)$。

3. 求下列幂级数的和函数。

(1) $\sum_{n=1}^{\infty} (-1)^{n-1} \frac{x^n}{n}$

解 $\lim_{n \to \infty} \left| \frac{a_{n+1}}{a_n} \right| = \lim_{n \to \infty} \frac{n}{n+1} = 1$，所以$R = 1$。

当$x = -1$时，级数化为$\sum_{n=1}^{\infty} -\frac{1}{n}$，发散；当$x = 1$时，级数化为$\sum_{n=1}^{\infty} \frac{(-1)^{n-1}}{n}$，收

敛。所以收敛域为$(-1, 1]$。

设级数的和函数为$S(x)$，$-1 < x \leqslant 1$，则

$$S'(x) = \left(\sum_{n=1}^{\infty} (-1)^{n-1} \frac{x^n}{n} \right)' = \sum_{n=1}^{\infty} (-1)^{n-1} x^{n-1} = \sum_{n=0}^{\infty} (-x)^n = \frac{1}{1+x}$$

从而　　$S(x) = \int_0^x S'(x) \mathrm{d}x = \int_0^x \frac{1}{1+x} \mathrm{d}x = \ln(1+x)$，$(-1, 1]$

复 习 题 八

1. 单项选择题。

(1) 当(　　)时，$\displaystyle\sum_{n=0}^{\infty} \frac{a}{q^n} (a \neq 0)$ 收敛。

　　a. $q \neq 0$　　　　　b. $q \neq 1$　　　　　c. $|q| < 1$　　　　　d. $|q| > 1$

(3) 当(　　)时，$\displaystyle\sum_{n=1}^{\infty} n^p$ 收敛。

　　a. $p < -1$　　　　　b. $p > -1$　　　　　c. $p < 1$　　　　　d. $p > 1$

解　(1) 级数 $\displaystyle\sum_{n=0}^{\infty} \frac{a}{q^n} = \sum_{n=0}^{\infty} a \left(\frac{1}{q} \right)^n$，这是等比级数。因此，当 $\left| \dfrac{1}{q} \right| < 1$，即 $|q| >$ 1 时，原级数收敛，故应选 d。

(3) 级数 $\displaystyle\sum_{n=1}^{\infty} n^p = \sum_{n=1}^{\infty} \frac{1}{n^{-p}}$，这是 p 级数。因此，当 $-p > 1$，即 $p < -1$ 时，原级数收敛。故应选 a。

2. 填充题。

(1) 级数 $\displaystyle\sum_{n=1}^{\infty} u_n$ 与级数 $\displaystyle\sum_{n=1}^{\infty} v_n$ 满足 $u_n < v_n (n = 1, 2, \cdots)$，则当 $\displaystyle\sum_{n=1}^{\infty} v_n$ 收敛时，

$\displaystyle\sum_{n=1}^{\infty} u_n$ ＿＿＿＿＿。

285

解 当级数 $\sum\limits_{n=1}^{\infty} u_n$ 与 $\sum\limits_{n=1}^{\infty} v_n$ 均为正项级数时,由比较法得级数 $\sum\limits_{n=1}^{\infty} u_n$ 必收敛。

但级数 $\sum\limits_{n=1}^{\infty} u_n$ 与 $\sum\limits_{n=1}^{\infty} v_n$ 为任意项级数时, $\sum\limits_{n=1}^{\infty} u_n$ 未必收敛,例如, $\sum\limits_{n=1}^{\infty} u_n = \sum\limits_{n=1}^{\infty} -1$, $\sum\limits_{n=1}^{\infty} v_n = \sum\limits_{n=1}^{\infty} \dfrac{1}{n^2}$,显然满足 $u_n < v_n$,且 $\sum\limits_{n=1}^{\infty} v_n$ 收敛,但 $\sum\limits_{n=1}^{\infty} -1$ 却是发散的,因此,应填未必收敛。

3. 判定下列级数的敛散性。

(2) $\sum\limits_{n=1}^{\infty} \dfrac{n-4}{(n+1)(n+2)(n+3)}$ (3) $\sum\limits_{n=1}^{\infty} \dfrac{1+n}{1+n^2}$

(6) $\sum\limits_{n=1}^{\infty} (-1)^{n-1} \dfrac{(n!)^2}{2^{n^2}}$ (8) $\sum\limits_{n=1}^{\infty} \left(\dfrac{n}{3n+1} \right)^n$

解 (2) $\dfrac{n-4}{(n+1)(n+2)(n+3)} < \dfrac{n-4}{n^3} = \dfrac{1}{n^2} - \dfrac{4}{n^3}$

由于级数 $\sum\limits_{n=1}^{\infty} \dfrac{1}{n^2}$, $\sum\limits_{n=1}^{\infty} \dfrac{4}{n^3}$ 均收敛。因此,级数 $\sum\limits_{n=1}^{\infty} \left(\dfrac{1}{n^2} - \dfrac{4}{n^3} \right)$ 也收敛,故原级数收敛。

(3) $\dfrac{1+n}{1+n^2} > \dfrac{1+n}{1+2n+n^2} = \dfrac{1}{1+n} > \dfrac{1}{2n}$

因为级数 $\sum\limits_{n=1}^{\infty} \dfrac{1}{2n}$ 发散,故原级数发散。

(6) $\lim\limits_{n \to \infty} \dfrac{u_{n+1}}{u_n} = \lim\limits_{n \to \infty} \dfrac{[(n+1)!]^2}{2^{(n+1)^2}} \cdot \dfrac{2^{n^2}}{(n!)^2} = \lim\limits_{n \to \infty} \dfrac{(n+1)^2}{2^{2n+1}} = \lim\limits_{n \to \infty} \dfrac{n+1}{2^{2n+1} \ln 2}$

$= \lim\limits_{n \to \infty} \dfrac{1}{2^{2n+2} \ln^2 2} = 0 < 1$

由比值审敛法得级数收敛。

(8) $\lim\limits_{n \to \infty} \sqrt[n]{u_n} = \lim\limits_{n \to \infty} \dfrac{n}{3n+1} = \dfrac{1}{3} < 1$

由根值审敛法得,级数收敛。

4. 下列交错级数哪些是绝对收敛,哪些是条件收敛?

(2) $\displaystyle\sum_{n=1}^{\infty} \frac{(-1)^{n-1}}{\sqrt{n}}$ (3) $\displaystyle\sum_{n=1}^{\infty} (-1)^{n-1} \frac{\cos n^2}{3^n}$

解 (2) $\displaystyle\sum_{n=1}^{\infty} \frac{1}{\sqrt{n}}$ 是 $p = \dfrac{1}{2}$ 的 p - 级数,发散。

又 $$u_{n+1} < u_n, \quad \lim_{n \to \infty} \frac{1}{\sqrt{n}} = 0$$

所以 $\displaystyle\sum_{n=1}^{\infty} \frac{(-1)^{n-1}}{\sqrt{n}}$ 收敛,且是条件收敛。

(3) $u_n = \dfrac{\cos n^2}{3^n} \leqslant \dfrac{1}{3^n}$,级数 $\displaystyle\sum_{n=1}^{\infty} \frac{1}{3^n}$ 收敛,因此,交错级数绝对收敛。

5. 求下列幂级数的收敛半径及收敛域。

(4) $\displaystyle\sum_{n=1}^{\infty} \frac{2^n x^n}{\sqrt{(4n+1)5^n}}$

解 $\rho = \lim\limits_{n \to \infty} \left| \dfrac{a_{n+1}}{a_n} \right| = \lim\limits_{n \to \infty} \dfrac{2^{n+1}}{\sqrt{(4n+5)5^{n+1}}} \cdot \dfrac{\sqrt{(4n+1)5^n}}{2^n}$

$$= \lim_{n \to \infty} \frac{2}{\sqrt{5}} \sqrt{\frac{4n+1}{4n+5}} = \frac{2}{\sqrt{5}}$$

则 $R = \dfrac{\sqrt{5}}{2}$。

当 $x = \dfrac{\sqrt{5}}{2}$ 时,级数 $\displaystyle\sum_{n=1}^{\infty} \frac{2^n x^n}{\sqrt{(4n+1)5^n}} = \sum_{n=1}^{\infty} \frac{1}{\sqrt{4n+1}}$,此时

$$\frac{1}{\sqrt{4n+1}} > \frac{1}{\sqrt{n^2+4n+1}} = \frac{1}{n+2}$$

由级数 $\displaystyle\sum_{n=1}^{\infty} \frac{1}{n+2}$ 发散得,级数 $\displaystyle\sum_{n=1}^{\infty} \frac{1}{\sqrt{4n+1}}$ 发散。

287

当 $x = -\dfrac{\sqrt{5}}{2}$ 时, 级数 $\displaystyle\sum_{n=1}^{\infty} \dfrac{2^n x^n}{\sqrt{(4n+1)5^n}} = \sum_{n=1}^{\infty} (-1)^n \dfrac{1}{\sqrt{4n+1}}$

由于 $\dfrac{u_{n+1}}{u_n} = \sqrt{\dfrac{4n+1}{4n+5}} < 1$, 即 $u_{n+1} < u_n$。且 $\displaystyle\lim_{n \to \infty} \dfrac{1}{\sqrt{4n+1}} = 0$, 则交错级数

$\displaystyle\sum_{n=1}^{\infty} (-1)^n \dfrac{1}{\sqrt{4n+1}}$ 收敛。

因此, 幂级数的收敛域为 $\left[-\dfrac{\sqrt{5}}{2}, \dfrac{\sqrt{5}}{2} \right)$。

6. 求幂级数 $\displaystyle\sum_{n=1}^{\infty} n x^n$ 的和函数。

解
$$\lim_{n \to \infty} \left| \frac{a_{n+1}}{a_n} \right| = \lim_{n \to \infty} \frac{n+1}{n} = 1$$

所以收敛半径 $R = 1$。

当 $x = -1$ 时, 级数成为 $\displaystyle\sum_{n=1}^{\infty} (-1)^n n$; 当 $x = 1$ 时, 级数成为 $\displaystyle\sum_{n=1}^{\infty} n$, 这两数项级数的通项不趋于 0, 于是都发散。所以, 收敛域为 $(-1, 1)$。

设和函数为 $S(x)$, 则

$$S(x) = \sum_{n=1}^{\infty} n x^n = x \sum_{n=1}^{\infty} n x^{n-1} = x T(x)$$

$$\int_0^x T(x) \mathrm{d}x = \int_0^x \left(\sum_{n=1}^{\infty} n x^{n-1} \right) \mathrm{d}x = \sum_{n=1}^{\infty} \int_0^x n x^{n-1} \mathrm{d}x = \sum_{n=1}^{\infty} x^n$$

$$= x(1 + x + x^2 + \cdots + x^n + \cdots) = \frac{x}{1-x}$$

两边对 x 求导, 得

$$T(x) = \left(\frac{x}{1-x} \right)' = \frac{1}{(1-x)^2}$$

所以
$$S(x) = \frac{x}{(1-x)^2}, \quad -1 < x < 1$$

8. 将函数 $f(x) = \ln x$ 展开成 $x-2$ 的幂级数。

解 $\ln(1+x) = \sum_{n=1}^{\infty} (-1)^{n-1} \dfrac{x^n}{n}, \ -1 < x \leqslant 1$

$$\ln x = \ln[2+(x-2)] = \ln\left[2\left(1+\frac{x-2}{2}\right)\right]$$

$$= \ln 2 + \ln\left(1+\frac{x-2}{2}\right)$$

$$= \ln 2 + \sum_{n=1}^{\infty} (-1)^{n-1} \frac{(x-2)^n}{2^n n}$$

由 $-1 < \dfrac{x-2}{2} \leqslant 1$，得收敛域为 $(0, 4]$。

第四节　测试题及其解答

一、测　试　题

（一）A　　卷

1. 单项选择题。

(1) 正项级数 $\sum\limits_{n=1}^{\infty} u_n$ 收敛,则(　　)一定收敛。

A. $\sum\limits_{n=1}^{\infty} \sqrt{u_n}$　　　　B. $\sum\limits_{n=1}^{\infty} (-1)^n u_n$　　　　C. $\sum\limits_{n=1}^{\infty} \dfrac{1}{u_n}$　　　　D. $\sum\limits_{n=1}^{\infty} \dfrac{1}{\sqrt{u_n}}$

(2) 幂级数 $\sum\limits_{n=1}^{\infty} \dfrac{x^n}{n}$ 的收敛区间为(　　)。

A. $(-1,1)$　　　　B. $(-1,1]$　　　　C. $[-1,1)$　　　　D. $[-1,1]$

2. 填充题。

(1) 级数 $1+\dfrac{1}{2}+\dfrac{1}{3}+\dfrac{1}{3^2}+\cdots+\dfrac{1}{3^n}+\cdots$ 的和为_____。

(2) 如果交错级数 $\displaystyle\sum_{n=1}^{\infty}(-1)^{n-1}u_n$ 条件收敛,则正项级数 $\displaystyle\sum_{n=1}^{\infty}u_n$ _____。

3. 用级数收敛定义判定 $\displaystyle\sum_{n=0}^{\infty}\dfrac{1}{n^2+4n+3}$ 的敛散性。

4. 判定下列级数的敛散性。

(1) $\displaystyle\sum_{n=1}^{\infty}(\sqrt{n+2}-2\sqrt{n+1}+\sqrt{n})$ (2) $\displaystyle\sum_{n=1}^{\infty}\dfrac{1}{\sqrt{(2n+1)(2n-1)}}$

(3) $\displaystyle\sum_{n=1}^{\infty}\dfrac{2^n}{1+3^n}$ (4) $\displaystyle\sum_{n=1}^{\infty}\sin^2\dfrac{\pi}{n}$

(5) $\displaystyle\sum_{n=1}^{\infty}\left(\dfrac{n}{2n+1}\right)^n$

5. 判定下列级数是否收敛,如果收敛,是绝对收敛还是条件收敛。

(1) $\displaystyle\sum_{n=0}^{\infty}(-1)^{n-1}\dfrac{3^n-1}{2^n}$ (2) $\displaystyle\sum_{n=1}^{\infty}(-1)^{n-1}\dfrac{n}{3^{n-1}}$

6. 求下列幂级数的收敛域。

(1) $\displaystyle\sum_{n=1}^{\infty}(-1)^n\dfrac{1}{n2^n}x^n$ (2) $\displaystyle\sum_{n=1}^{\infty}\dfrac{2^n}{n^2+1}x^n$

7. 将函数 $f(x)=\dfrac{1}{x}$ 展开成 $x-2$ 的幂级数。

(二) B 卷

1. 单项选择题。

(1) 设 C 为常数,则级数 $\displaystyle\sum_{n=1}^{\infty}(-1)^n\left(C+\dfrac{1}{n}\right)$ 为( )。

A. 收敛 B. 发散

C. 条件收敛 D. 可能收敛,也可能发散

(2) 如果正项级数 $\sum\limits_{n=1}^{\infty} u_n$ 收敛,下面不成立的是(   )。

A. $\sum\limits_{n=1}^{\infty} (-1)^n u_n$ 绝对收敛

B. 部分和数列 $\{S_n\}$ 有界

C. $\lim\limits_{n \to \infty} S_n$ 存在

D. $\lim\limits_{n \to \infty} (u_n + u_1) = 2u_1, (u_1 \neq 0)$

2. 填空题。

(1) 级数 $\sum\limits_{n=1}^{\infty} u_n$ 与 $\sum\limits_{n=1}^{\infty} v_n$ 满足 $u_n < v_n$,如果级数 $\sum\limits_{n=1}^{\infty} u_n$ 发散,级数 $\sum\limits_{n=1}^{\infty} v_n$ _____。

(2) $f(x) = e^{-x}$ 的幂级数展开式为 _____。

3. 判定级数 $\sum\limits_{n=1}^{\infty} \dfrac{1}{\sqrt{n+1} + \sqrt{n}}$ 的敛散性。

4. 判定下列级数的敛散性。

(1) $\sum\limits_{n=1}^{\infty} \left(\dfrac{1}{2n} + \dfrac{1}{10^n} \right)$

(2) $\sum\limits_{n=1}^{\infty} \dfrac{2^n - 1}{2^n}$

(3) $\sum\limits_{n=1}^{\infty} \dfrac{2n-1}{2^n}$

(4) $\sum\limits_{n=1}^{\infty} \dfrac{2}{(n+1)(n+3)}$

(5) $\sum\limits_{n=1}^{\infty} \left(\dfrac{n}{3n-1} \right)^{2n}$

5. 判定下列级数是否收敛,如果收敛,是绝对收敛还是条件收敛。

(1) $\sum\limits_{n=2}^{\infty} \dfrac{(-1)^n}{\ln n}$

(2) $\sum\limits_{n=1}^{\infty} (-1)^{n-1} \dfrac{n}{4^{n-1}}$

6. 求下列幂级数的收敛域。

(1) $\sum\limits_{n=1}^{\infty} (-1)^{n-1} \dfrac{1}{3^n n} x^n$

(2) $\sum\limits_{n=1}^{\infty} n(n+1) x^n$

7. 将函数 $f(x) = \dfrac{1}{x^2 + 3x + 2}$ 展开成 $(x-1)$ 的幂级数。

二、测 试 题 解 答

(二) A 卷 解 答

1. 单项选择题。

(1)	(2)
B	C

解 (1) 对于 A 来说,不一定收敛,例如 $\sum\limits_{n=1}^{\infty} u_n = \sum\limits_{n=1}^{\infty} \dfrac{1}{n^2}$ 收敛,但 $\sum\limits_{n=1}^{\infty} \sqrt{u_n} = \sum\limits_{n=1}^{\infty} \dfrac{1}{n}$ 发散。

对于 B 来说,由条件得交错级数绝对收敛,故它是收敛的。

对于 C 来说,不一定收敛,例如 $\sum\limits_{n=1}^{\infty} u_n = \sum\limits_{n=1}^{\infty} \dfrac{1}{n^2}$ 收敛,但 $\sum\limits_{n=1}^{\infty} \dfrac{1}{u_n} = \sum\limits_{n=1}^{\infty} n^2$ 发散。

对于 D 来说,不一定收敛,例如 $\sum\limits_{n=1}^{\infty} u_n = \sum\limits_{n=1}^{\infty} \dfrac{1}{n^2}$ 收敛,但 $\sum\limits_{n=1}^{\infty} \dfrac{1}{\sqrt{u_n}} = \sum\limits_{n=1}^{\infty} n$ 发散。

(2) $l = \lim\limits_{n\to\infty} \left| \dfrac{a_{n+1}}{a_n} \right| = \lim\limits_{n\to\infty} \dfrac{n}{n+1} = 1$,则 $R = 1$。

当 $x=1$ 时,级数 $\sum\limits_{n=1}^{\infty} \dfrac{x^n}{n} = \sum\limits_{n=1}^{\infty} \dfrac{1}{n}$ 发散。

当 $x=-1$ 时,级数 $\sum\limits_{n=1}^{\infty} \dfrac{x^n}{n} = \sum\limits_{n=1}^{\infty} (-1)^n \dfrac{1}{n}$ 收敛。

因此,幂级数收敛区间为 $[-1,1)$。

2. **解** (1) $1 + \dfrac{1}{2} + \dfrac{1}{3} + \dfrac{1}{3^2} + \cdots + \dfrac{1}{3^n} + \cdots = 1 + \dfrac{1}{2} + \sum\limits_{n=1}^{\infty} \dfrac{1}{3^n}$,级数 $\sum\limits_{n=1}^{\infty} \dfrac{1}{3^n}$ 的

部分和 $S_n = \dfrac{1}{3} \dfrac{1 - \dfrac{1}{3^n}}{1 - \dfrac{1}{3}} = \dfrac{1}{2}\left(1 - \dfrac{1}{3^n}\right)$。$\lim\limits_{n\to\infty} S_n = \dfrac{1}{2}$,则 $\sum\limits_{n=1}^{\infty} \dfrac{1}{3^n} = \dfrac{1}{2}$,因此,原级数和

为 $1 + \dfrac{1}{2} + \dfrac{1}{2} = 2$。

（2）由条件收敛定义可得，正项级数是发散的。

3. 解 $\dfrac{1}{n^2 + 4n + 3} = \dfrac{1}{(n+1)(n+3)} = \dfrac{1}{2}\left(\dfrac{1}{n+1} - \dfrac{1}{n+3}\right)$

$$S_n = \dfrac{1}{2}\left[\left(\dfrac{1}{1} - \dfrac{1}{3}\right) + \left(\dfrac{1}{2} - \dfrac{1}{4}\right) + \left(\dfrac{1}{3} - \dfrac{1}{5}\right)\right.$$

$$\left. + \cdots + \left(\dfrac{1}{n+1} - \dfrac{1}{n+3}\right)\right]$$

$$= \dfrac{1}{2}\left(1 + \dfrac{1}{2} - \dfrac{1}{n+3}\right) = \dfrac{3}{4} - \dfrac{1}{2(n+3)}$$

$$\lim_{n\to\infty} S_n = \lim_{n\to\infty}\left(\dfrac{3}{4} - \dfrac{1}{2(n+3)}\right) = \dfrac{3}{4}$$

因此，级数收敛。

4. 解 （1） $S_n = (\sqrt{3} - 2\sqrt{2} + \sqrt{1}) + (\sqrt{4} - 2\sqrt{3} + \sqrt{2}) + (\sqrt{5} - 2\sqrt{4} + \sqrt{3}) + \cdots$

$$+ (\sqrt{n+2} - 2\sqrt{n+1} + \sqrt{n})$$

$$= 1 - \sqrt{2} + \sqrt{n+2} - \sqrt{n+1})$$

$$\lim_{n\to\infty} S_n = \lim_{n\to\infty}(1 - \sqrt{2} + \sqrt{n+2} - \sqrt{n+1})$$

$$= \lim_{n\to\infty}\dfrac{1}{\sqrt{n+2} + \sqrt{n+1}} + 1 - \sqrt{2} = 1 - \sqrt{2}$$

因此，级数收敛。

（2） $\dfrac{1}{\sqrt{(2n+1)(2n-1)}} > \dfrac{1}{2n+1} \geqslant \dfrac{1}{3n}$，由 $\displaystyle\sum_{n=1}^{\infty}\dfrac{1}{3n}$ 发散得，原级数发散。

（3） $\displaystyle\lim_{n\to\infty}\dfrac{u_{n+1}}{u_n} = \lim_{n\to\infty}\dfrac{2^{n+1}}{1 + 3^{n+1}} \cdot \dfrac{1 + 3^n}{2^n} = 2\lim_{n\to\infty}\dfrac{1 + 3^n}{1 + 3^{n+1}}$

$$= 2\lim_{n\to\infty}\dfrac{\dfrac{1}{3^n} + 1}{\dfrac{1}{3^n} + 3} = \dfrac{2}{3} < 1$$

因此,级数收敛。

(4) $\sin^2 \dfrac{\pi}{n} < \dfrac{\pi^2}{n^2}$,由 $\displaystyle\sum_{n=1}^{\infty} \dfrac{\pi^2}{n^2}$ 收敛得,原级数收敛。

(5) $\displaystyle\lim_{n\to\infty} \sqrt[n]{u_n} = \lim_{n\to\infty} \dfrac{n}{2n+1} = \dfrac{1}{2} < 1$,因此级数收敛。

5. **解** (1) $\displaystyle\lim_{n\to\infty} \dfrac{3^n - 1}{2^n} = \lim_{n\to\infty} \left[\left(\dfrac{3}{2}\right)^n - \left(\dfrac{1}{2}\right)^n \right] = \infty$,所以交错级数发散。

(2) $\displaystyle\lim_{n\to\infty} \dfrac{u_{n+1}}{u_n} = \lim_{n\to\infty} \dfrac{n+1}{3^n} \dfrac{3^{n-1}}{n} = \lim_{n\to\infty} \dfrac{1}{3} \dfrac{n+1}{n} = \dfrac{1}{3} < 1$

因此,级数 $\displaystyle\sum_{n=1}^{\infty} \dfrac{n}{3^{n-1}}$ 收敛,故交错级数绝对收敛。

6. **解** (1) $R = \displaystyle\lim_{n\to\infty} \left| \dfrac{a_n}{a_{n+1}} \right| = \lim_{n\to\infty} \dfrac{2^{n+1}(n+1)}{2^n n} = 2$

当 $x = 2$ 时,级数 $\displaystyle\sum_{n=1}^{\infty} (-1)^n \dfrac{1}{2^n n} x^n = \sum_{n=1}^{\infty} (-1)^n \dfrac{1}{n}$ 收敛。

当 $x = -2$ 时,级数 $\displaystyle\sum_{n=1}^{\infty} (-1)^n \dfrac{1}{2^n n} x^n = \sum_{n=1}^{\infty} \dfrac{1}{n}$ 发散。

因此,幂级数收敛域为 $(-2, 2]$。

(2) $R = \displaystyle\lim_{n\to\infty} \left| \dfrac{a_n}{a_{n+1}} \right| = \lim_{n\to\infty} \dfrac{2^n}{n^2 + 1} \cdot \dfrac{(n+1)^2 + 1}{2^{n+1}} = \dfrac{1}{2}$

当 $x = \dfrac{1}{2}$ 时,级数 $\displaystyle\sum_{n=1}^{\infty} \dfrac{2^n}{1+n^2} x^n = \sum_{n=1}^{\infty} \dfrac{1}{1+n^2}$ 收敛。

当 $x = -\dfrac{1}{2}$ 时,级数 $\displaystyle\sum_{n=1}^{\infty} \dfrac{2^n}{1+n^2} x^n = \sum_{n=1}^{\infty} (-1) \dfrac{1}{1+n^2}$ 收敛。

因此,幂级数收敛域为 $\left[-\dfrac{1}{2}, \dfrac{1}{2} \right]$。

7. **解** $f(x) = \dfrac{1}{x} = \dfrac{1}{2} \cdot \dfrac{1}{1 - \left(-\dfrac{x-2}{2} \right)} = \dfrac{1}{2} \displaystyle\sum_{n=0}^{\infty} \left(-\dfrac{x-2}{2} \right)^n$

$$= \sum_{n=0}^{\infty} (-1)^n \frac{(x-2)^n}{2^{n+1}}, \text{由} -1 < \frac{x-2}{2} < 1, \text{得收敛域为} (0, 4) \text{。}$$

(二) B 卷 解 答

1. 单项选择题。

(1)	(2)
D	D

解 (1) 如果 $C=0$，则 $\sum\limits_{n=1}^{\infty} (-1)^n \left(C + \frac{1}{n} \right) = \sum\limits_{n=1}^{\infty} (-1)^n \frac{1}{n}$ 条件收敛。

如果 $C \neq 0$，则 $\lim\limits_{n\to\infty} (-1)^n \left(C + \frac{1}{n} \right) \neq 0$，从而级数发散。

因此，应选择 D。

(2) 因为 $\sum\limits_{n=1}^{\infty} u_n$ 收敛，所以交错级数 $\sum\limits_{n=1}^{\infty} (-1)^n u_n$ 绝对收敛，所以 A 成立。 又由于 $\sum\limits_{n=1}^{\infty} u_n$ 收敛的充要条件是部分和数列有界，因此 B 成立。据级数收敛的定义，所以 C 也成立。对于 D，由于 $\sum\limits_{n=1}^{\infty} u_n$ 收敛，所以

$$\lim_{n\to\infty} u_n = 0$$

而

$$\lim_{n\to\infty} (u_n + u_1) = \lim_{n\to\infty} u_n + \lim_{n\to\infty} u_1 = u_1$$

又

$$\lim_{n\to\infty} (u_n + u_1) = 2u_1, \text{得}$$

$$2u_1 = u_1 \qquad 矛盾$$

所以 D 不成立。

2. **解** (1) 如 $u_n = \frac{1}{n}$，$v_n = \frac{1}{\sqrt{n}}$，满足 $u_n < v_n$。 显然，$\sum\limits_{n=1}^{\infty} u_n$、$\sum\limits_{n=1}^{\infty} v_n$ 都发散。

又如 $u_n = -\frac{1}{n}$，$v_n = \frac{1}{n^2}$，满足 $u_n < v_n$。$\sum\limits_{n=1}^{\infty} u_n$ 发散，但 $\sum\limits_{n=1}^{\infty} v_n$ 却收敛。

因此,满足条件时,$\sum\limits_{n=1}^{\infty} v_n$ 未必收敛。

(2) 由 $e^x = \sum\limits_{n=0}^{\infty} \dfrac{x^n}{n!}$,把 x 换为 $-x$,得

$$e^{-x} = \sum_{n=0}^{\infty} \dfrac{(-x)^n}{n!} = \sum_{n=0}^{\infty} (-1)^n \dfrac{x^n}{n!}$$

3. **解** 因为 $\dfrac{1}{\sqrt{n+1} + \sqrt{n}} = \sqrt{n+1} - \sqrt{n}$,所以前 n 项部分和

$$S_n = \sqrt{n+1} - 1, \quad \lim_{n \to \infty} S_n = \infty$$

所以级数发散。

4. **解** (1) 设原级数收敛。由性质知,$\sum\limits_{n=1}^{\infty} \left[\left(\dfrac{1}{2n} + \dfrac{1}{10^n} \right) - \dfrac{1}{10^n} \right] = \sum\limits_{n=1}^{\infty} \dfrac{1}{2n}$

为收敛,但 $\sum\limits_{n=1}^{\infty} \dfrac{1}{2n}$ 是发散的,这就得到原级数是发散的。

(2) $\lim\limits_{n \to \infty} u_n = \lim\limits_{n \to \infty} \dfrac{2^n - 1}{2^n} = \lim\limits_{n \to \infty} \left(1 - \dfrac{1}{2^n} \right) = 1 \neq 0$,则原级数发散。

(3) 因 $\lim\limits_{n \to \infty} \dfrac{u_{n+1}}{u_n} = \lim\limits_{n \to \infty} \dfrac{2n+1}{2^{n+1}} \cdot \dfrac{2^n}{2n-1} = \dfrac{1}{2} < 1$,则级数收敛。

(4) $u_n = \dfrac{2}{(n+1)(n+3)} < \dfrac{2}{n^2}$,则 $\sum\limits_{n=1}^{\infty} \dfrac{2}{n^2}$ 收敛,得原级数收敛。

(5) $\lim\limits_{n \to \infty} \sqrt[n]{u_n} = \lim\limits_{n \to \infty} \left(\dfrac{n}{3n-1} \right)^2 = \dfrac{1}{9} < 1$,则级数收敛。

5. **解** (1) 级数 $\sum\limits_{n=2}^{\infty} \dfrac{1}{\ln n}$ 发散,则交错级数非绝对收敛。

而 $\dfrac{u_{n+1}}{u_n} = \dfrac{\ln n}{\ln(n+1)} < 1$,即 $u_{n+1} < u_n$,且 $\lim\limits_{n \to \infty} \dfrac{1}{\ln n} = 0$,故交错级数条件收敛。

(2) $\lim\limits_{n \to \infty} \dfrac{u_{n+1}}{u_n} = \lim\limits_{n \to \infty} \dfrac{n+1}{4^n} \cdot \dfrac{4^{n-1}}{n} = \dfrac{1}{4} < 1$,因此,级数 $\sum\limits_{n=1}^{\infty} \dfrac{n}{4^{n-1}}$ 收敛,故交错级数

绝对收敛。

6. **解** (1) $R = \lim\limits_{n \to \infty} \left| \dfrac{a_n}{a_{n+1}} \right| = \lim\limits_{n \to \infty} \dfrac{3^{n+1}(n+1)}{3^n n} = 3$

当 $x = 3$ 时,级数 $\sum\limits_{n=1}^{\infty} (-1)^{n-1} \dfrac{1}{3^n n} x^n = \sum\limits_{n=1}^{\infty} (-1)^{n-1} \dfrac{1}{n}$ 收敛。

当 $x = -3$ 时,级数 $\sum\limits_{n=1}^{\infty} (-1)^{n-1} \dfrac{1}{3^n n} x^n = -\sum\limits_{n=1}^{\infty} \dfrac{1}{n}$ 发散。

因此,幂级数的收敛域为 $(-3, 3]$。

(2) $R = \lim\limits_{n \to \infty} \left| \dfrac{a_n}{a_{n+1}} \right| = \lim\limits_{n \to \infty} \dfrac{n(n+1)}{(n+1)(n+2)} = 1$

当 $x = 1$ 时,级数 $\sum\limits_{n=1}^{\infty} n(n+1)x^n = \sum\limits_{n=1}^{\infty} n(n+1)$ 发散。

当 $x = -1$ 时,级数 $\sum\limits_{n=1}^{\infty} n(n+1)x^n = \sum\limits_{n=1}^{\infty} (-1)^n n(n+1)$ 发散。

因此,幂级数收敛域为 $(-1, 1)$。

7. **解** $\dfrac{1}{1-x} = \sum\limits_{n=0}^{\infty} x^n, \ -1 < x < 1$

$$\dfrac{1}{x^2 + 3x + 2} = \dfrac{1}{x+1} - \dfrac{1}{x+2} = \dfrac{1}{2 + (x-1)} - \dfrac{1}{3 + (x-1)}$$

$$= \dfrac{1}{2} \times \dfrac{1}{1 - \left(-\dfrac{x-1}{2} \right)} - \dfrac{1}{3} \times \dfrac{1}{1 - \left(-\dfrac{x-1}{3} \right)}$$

$$= \dfrac{1}{2} \sum\limits_{n=0}^{\infty} \left(-\dfrac{x-1}{2} \right)^n - \dfrac{1}{3} \sum\limits_{n=0}^{\infty} \left(-\dfrac{x-1}{3} \right)^n$$

$$= \sum\limits_{n=0}^{\infty} (-1)^n \left(\dfrac{1}{2^{n+1}} - \dfrac{1}{3^{n+1}} \right)(x-1)^n$$

由 $-1 < \dfrac{x-1}{2} < 1$ 得 $-1 < x < 3$;由 $-1 < \dfrac{x-1}{3} < 1$ 得 $-2 < x < 4$,所以收敛

域为 $(-1, 3)$。

第九章　微积分模拟试题及其参考解答

　　本章提供两套微积分模拟试题,并给出参考解答,这两套试题几乎覆盖了微积分的所有知识点。 我们希望读者在自己复习的基础上使用这两套试题,这样才能达到检查知识掌握的程度的目的,才能更好地发挥试题的自我检测手段的作用,其效果也就更好。

第一节　微积分模拟试题

一、A　卷

1. 单项选择题。

(1) 若 $f(\sin x) = 3 - \cos 2x$,则 $f(\cos x) = ($ 　　)。

A. $3 - \sin 2x$ 　　　　B. $3 + \sin 2x$ 　　　　C. $3 - \cos 2x$ 　　　　D. $3 + \cos 2x$

(2) 函数 $f(x)$ 在点 x_0 处有定义是 $x \to x_0$ 时 $f(x)$ 有极限的(　　)。

A. 必要条件 　　　　B. 充分条件 　　　　C. 充要条件 　　　　D. 无关条件

(3) 下列解题正确的是(　　)。

A. $\lim\limits_{x \to 2} \dfrac{x^2 - 2}{x - 2} = \dfrac{\lim\limits_{x \to 2}(x^2 - 2)}{\lim\limits_{x \to 2}(x - 2)} = \infty$

B. $\lim\limits_{x \to 0} x\cos \dfrac{1}{x} = 0$

C. $\lim\limits_{x \to \infty} \dfrac{\sin x}{x} = \dfrac{\lim\limits_{x \to \infty} \sin x}{\lim\limits_{x \to \infty} x} = 0$

D. $\lim\limits_{x \to 3} \left(\dfrac{1}{x - 3} - \dfrac{2}{x^2 - 9} \right) = \lim\limits_{x \to 3} \dfrac{1}{x - 3} - \lim\limits_{x \to 3} \dfrac{2}{x^2 - 9} = 0$

(4) 曲线 $f(x) = (x-2)^{\frac{1}{3}}$ （　　）。

A. 没有拐点　　　B. 有一个拐点　　　C. 有两个拐点　　　D. 有三个拐点

(5) 函数 $f(x)$ 在 $[a,b]$ 上连续是定积分 $\int_b^a f(x)\mathrm{d}x$ 存在的（　　）。

A. 必要条件　　　B. 充分条件　　　C. 充要条件　　　D. 无关条件

(6) $x \to 0$ 时，$\mathrm{e}^{2x} - 1$ 与(是比)$\sin x$ 是（　　）。

A. 等价无穷小量　　B. 同阶无穷小量　　C. 低阶无穷小量　　D. 高阶无穷小量

(7) 微分方程 $y'' - 5y' + 6y = x\mathrm{e}^{2x}$ 的特解形式是（　　）。

A. $a\mathrm{e}^{2x} + (b_1 x + b_0)$ 　　　　　　　　B. $(b_1 x + b_0)\mathrm{e}^{2x}$

C. $x^2(b_1 x + b_0)\mathrm{e}^{2x}$ 　　　　　　　　D. $x(b_1 x + b_0)\mathrm{e}^{2x}$

(8) 正项级数 $\sum\limits_{n=1}^{\infty} u_n$ 收敛的（　　）是前 n 项部分和数列 $\{S_n\}$ 有界。

A. 必要条件　　　B. 充分条件　　　C. 充要条件　　　D. 无关条件

2. 填空题。

(1) 设 $f(x, y) = y^2 - x$，则 $f(xy, x+y) = $ _____。

(2) $\lim\limits_{n \to \infty} \dfrac{4n^3 - n + 1}{5n^3 + n^2 + 6} = $ _____。

(3) $f(x)$ 在 $[a, b]$ 上连续，在 (a, b) 内可导，则存在 $\xi \in (a, b)$，使 $f'(\xi) = $ _____。

(4) 函数 $y = 2x^3 - 3x^2$ 在 $x = $ _____取得极小值。

(5) 交换累次积分次序有 $\int_0^1 \mathrm{d}y \int_y^{\sqrt{y}} f(x, y)\mathrm{d}x = $ _____.

(6) $\int_0^1 \ln x\mathrm{d}x = $ _____。

(7) 曲线 $y = f(x)$ 在 $x = 2$ 处的切线平行于直线 $y = -2x + 4$，则 $f'(2) = $ _____。

(8) 设某产品在 200 元的价格水平下的需求价格弹性 $y = -0.12$，它说明价格在 200 元的基础上上涨 1% 时，需求量将下降_____。

3. 求下列极限。

(1) $\lim\limits_{x \to 0} \sin x \sin \dfrac{1}{x}$

(2) $\lim\limits_{x \to \infty} x \sin \dfrac{1}{x}$

(3) $\lim\limits_{x \to 1} \dfrac{x^2 - 5x + 4}{x^2 + 3x - 4}$

(4) $\lim\limits_{x \to 0} \dfrac{\mathrm{e}^x - \mathrm{e}^{-x} - 2x}{x - \sin x}$

299

(5) $\lim\limits_{x \to 0} \left(\dfrac{2-x}{2}\right)^{\frac{2}{x}}$ 　　　　　　　　(6) $\lim\limits_{x \to \frac{\pi}{2}}(1+\cos x)^{\tan x}$

4. 求函数 $f(x) = \begin{cases} x-2, & x \leqslant 0 \\ x^2, & x > 0 \end{cases}$ 的间断点,并指出其类型。

5. 求下列函数的导数。

(1) 设 $y = \sin^2 \sqrt{x}$,求 $\dfrac{dy}{dx}$。

(2) 设 $y = 1 + xe^y$,确定 $y = y(x)$,求 $\dfrac{dy}{dx}\Big|_{x=0}$。

(3) $y = \ln(x + \sqrt{1+x^2})$,求 $\dfrac{d^2 y}{dx^2}$。

(4) 设 $f(x) = \ln(x+1)$,$y = f[f(x)]$,求 $\dfrac{dy}{dx}$。

(5) 设 $z = \arctan \dfrac{y}{x}$,求 $\dfrac{\partial z}{\partial x}$。

6. 计算下列积分。

(1) $\displaystyle\int \left(2x - \dfrac{1}{\sqrt{x}} + \dfrac{1}{x} + \sin x\right) dx$ 　　　(2) $\displaystyle\int \dfrac{\sin x}{1+\cos^2 x} dx$

(3) $\displaystyle\int_1^e x\ln x \, dx$ 　　　　　　(4) $\displaystyle\int \dfrac{1}{x\sqrt{1+x^2}} dx$

(5) $\displaystyle\iint\limits_D xy\,dx\,dy$,其中 D 是由 $y^2 = x, y = x-2$ 所围成的区域。

7. 判定级数 $\displaystyle\sum_{n=1}^{\infty} \dfrac{1}{n\sqrt{n+1}}$ 的敛散性。

8. 求幂级数 $\displaystyle\sum_{n=1}^{\infty} \dfrac{x^n}{2^n \cdot n}$ 的收敛半径及收敛域。

9. 求幂级数 $\displaystyle\sum_{n=1}^{\infty} \dfrac{1}{2^n n} x^{n-1}$ 的和函数。

10. 求下列各微分方程的通解或在给定初始条件下的特解。

(1) $xy' + 2y = x$, $y\big|_{x=1} = 0$ 　　　(2) $y'' = e^{-x}$

11. 求微分方程 $y'' - 4y' + 3y = 0$ 满 $y(0) = 6$, $y'(0) = 10$ 的特解。

12. 设某工厂生产一种产品的固定成本为 200(百元),每生产一个产品的商品,成本增加 5(百元),且已知其需求函数为 $Q=100-2P$,其中 P 为价格,Q 为产量,又知这种商品在市场上是畅销的。

(1) 试分别列出商品的成本函数 $C(P)$ 和收益函数 $R(P)$。

(2) 求出使该商品获得最大利润的产量及最大利润。

13. 设函数 $z=f(\sqrt{x^2+y^2},\ xy)$,且 f 可导,求 $\dfrac{\partial z}{\partial x}$。

14. 用极限的定量描述定义证明 $\lim\limits_{n\to\infty}\dfrac{2n}{1+3n}=\dfrac{2}{3}$。

二、B 卷

1. 单项选择题。

(1) 已知函数 $f(x)$ 的定义域为 $[0,1]$,则 $f(x+a)$ 的定义域为(　　)。

A. $[0,a]$　　　　B. $[-a,0]$　　　　C. $[a,1+a]$　　　　D. $[-a,1-a]$

(2) $\lim\limits_{x\to x_0^-}f(x)=\lim\limits_{x\to x_0^+}f(x)=f(x_0)$ 是 $f(x)$ 在 x_0 处连续的(　　)。

A. 必要条件　　　　　　　　B. 充分条件

C. 充要条件　　　　　　　　D. 无关条件

(3) 函数 $f(x)$ 在点 x_0 处连续是 $f(x)$ 在 x_0 处可微的(　　)。

A. 必要条件　　　　　　　　B. 充分条件

C. 充要条件　　　　　　　　D. 无关条件

(4) 已知空间中有两点 $A(-1,-3,5)$,$B(1,-2,3)$,则 A、B 两点间的距离是(　　)。

A. 9　　　　　　B. 2　　　　　　C. 4　　　　　　D. 3

(5) $f(x)$ 在 x_0 的某邻域内存在二阶导数,且 $f'(x_0)=0$,$f''(x_0)>0$ 是 $f(x)$ 在 x_0 处有极值的一个(　　)。

A. 必要条件　　　　　　　　B. 充分条件

C. 充要条件　　　　　　　　D. 无关条件

(6) 设 $f(x)$ 是 $[-a,a]$ 上的连续奇函数,则 $\displaystyle\int_{-a}^{a}f(x)\mathrm{d}x=$(　　)。

A. 0　　　　　　B. 1　　　　　　C. 2　　　　　　D. 3

(7) 下列广义积分中收敛的是(　　)。

A. $\displaystyle\int_{1}^{+\infty}\dfrac{\mathrm{d}x}{x^4}$　　　B. $\displaystyle\int_{1}^{+\infty}\dfrac{\mathrm{d}x}{\sqrt[3]{x}}$　　　C. $\displaystyle\int_{0}^{1}\dfrac{1}{x^4}\mathrm{d}x$　　　D. $\displaystyle\int_{0}^{3}\dfrac{\mathrm{d}x}{\sqrt{x^3}}$

(8) $\lim\limits_{n\to\infty}u_n=0$ 是级数 $\sum\limits_{n=1}^{\infty}u_n$ 收敛的(　　)。

A. 必要条件

B. 充分条件

C. 充要条件

D. 无关条件

2. 填空题。

(1) $z=\dfrac{\ln(y-x)}{\sqrt{4-x^2-y^2}}$ 的定义域是_____。

(2) $\lim\limits_{x\to 0^-}\arctan\dfrac{1}{x}=$ _____。

(3) $x=\dfrac{\pi}{3}$ 是 $f(x)=a\sin x+\dfrac{1}{3}\sin 3x$ 的极值点,则 $a=(\quad)$,$f\left(\dfrac{\pi}{3}\right)$ 是极

_____值。

(4) $\displaystyle\int f(x)\mathrm{d}x=3\mathrm{e}^{\frac{x}{3}}+C$,则 $f(x)=$ _____。

(5) $z=\mathrm{e}^{xy}$,则 $\mathrm{d}z=$ _____。

(6) $\lim\limits_{x\to 0}\dfrac{\displaystyle\int_0^x\sin t^2\mathrm{d}t}{x^3}=$ _____。

(7) $y=x^2$ 与直线 $x=1$,$y=0$ 所围曲边梯形面积 $S=$ _____。

(8) 设一部门对市场上商品 G 的需求量 Q 与其价格 P 的函数关系是 $Q=100-3P$,则需求弹性为_____。

3. 求下列极限。

(1) $\lim\limits_{x\to\infty}\left(1+\dfrac{a}{x}\right)^{bx}$

(2) $\lim\limits_{x\to\frac{\pi}{2}}\dfrac{\tan x}{\tan 3x}$

(3) $\lim\limits_{x\to 1}(1-x)\tan\dfrac{\pi x}{2}$

(4) $\lim\limits_{x\to 0}\left(\dfrac{1}{x}-\dfrac{1}{\mathrm{e}^x-1}\right)$

(5) $\lim\limits_{x\to 0}\dfrac{\sin 2x-2\sin x}{x^3}$

(6) $\lim\limits_{x\to 0^+}(\cos\sqrt{x})^{\frac{1}{x}}$

4. 求函数 $f(x)=\dfrac{1}{1-\mathrm{e}^{\frac{x}{1-x}}}$ 的间断点,并指出其类型。

5. 求下列函数的导数或微分。

(1) 设 $y=\ln\dfrac{x^3}{\sqrt{1-x}}$,求 $\mathrm{d}y$ 。

(2) 设 $y=(\sin x)^x$,求 $\dfrac{\mathrm{d}y}{\mathrm{d}x}$ 。

(3) 设 $y = x\mathrm{e}^x$，求 $y^{(n)}$。

(4) 设 $z = (x^2 + y^2)^{x^2 y^2}$，求 $\dfrac{\partial z}{\partial x}$。

(5) $xy = z\ln\dfrac{z}{y}$，求 $\mathrm{d}z$。

6. 计算下列积分。

(1) $\displaystyle\int\left(\tan^2 x + 2^x + \dfrac{2}{\sqrt{1-x^2}}\right)\mathrm{d}x$

(2) $\displaystyle\int_0^3 \dfrac{x-1}{\sqrt{x+1}}\mathrm{d}x$

(3) $\displaystyle\int \dfrac{\sqrt{2\ln x + 1}}{x}\mathrm{d}x$

(4) $\displaystyle\int \dfrac{x\arcsin x}{\sqrt{1-x^2}}\mathrm{d}x$

(5) $\displaystyle\iint\limits_{D}\sqrt{R^2 - x^2 - y^2}\,\mathrm{d}x\mathrm{d}y$

其中 D 是圆 $x^2 + y^2 = R^2$ 围成的区域。

7. 判定级数 $\displaystyle\sum_{n=1}^{\infty}\dfrac{2n+1}{2^n}$ 的敛散性。

8. 级数 $\displaystyle\sum_{n=1}^{\infty}(-1)^n\dfrac{1}{\sqrt{n}}$ 是绝对收敛,还是条件收敛?

9. 将函数 $f(x) = \dfrac{x}{9+x^2}$ 展开成 x 的幂级数。

10. 求下列各微分方程的通解或在给定初始条件下的特解。

(1) $\dfrac{\mathrm{d}y}{\mathrm{d}x} = 2xy^2$，$y\big|_{x=1} = 2$

(2) $xy'' + y' = 0$

11. 求微分方程 $y'' - 2y' = \cos 2x$ 的通解。

12. 某种商品的需求函数为 $Q = 75 - P^2$,其中 P 为价格,Q 为需求量(单位分别为元、件)。

(1) 若销售此种商品,问当 P 为多少时收益最大? 最大收益是多少?

(2) 求当 $P=4$ 时的需求弹性和收益弹性(计算到小数点后第二位)。

13. 设函数 $z = f(2x - y, y\sin x)$,且 f 具有二阶连续偏导数,求 $\dfrac{\partial^2 z}{\partial x \partial y}$。

14. 用极限的定量描述定义,证明 $\displaystyle\lim_{x\to 1}\dfrac{x+1}{\partial x + 1} = \dfrac{2}{3}$。

15. 求由直线 $y=0$,$x=\mathrm{e}$ 及曲线 $y = \ln x$ 所围平面图形的面积及该平面图形绕 x 轴旋转一周所成的旋转体的体积。

第二节　微积分模拟试题解答

一、A 卷 解 答

1. 单项选择题。

(1)	(2)	(3)	(4)	(5)	(6)	(7)	(8)
D	D	B	B	B	B	D	C

(1) $f(\sin x) = 3 - (1 - 2\sin^2 x) = 2 + 2\sin^2 x$

　　所以 $f(x) = 2 + 2x^2$

　　所以 $f(\cos x) = 2 + 2\cos^2 x = 2 + (2\cos^2 x - 1) + 1 = 3 + \cos 2x$

(2) 略。

(3) 略。

(4) $f'(x) = \dfrac{1}{3(x-2)^{\frac{2}{3}}}$，$f''(x) = -\dfrac{2}{9(x-2)^{\frac{5}{3}}}$

　　$x = 2$ 时，$f''(x)$ 不存在。

　　列表讨论。如表 9.1 所示。

表 9.1　判定曲线凹向

X	$(-\infty, 2)$	2	$(2, +\infty)$
y''	+	不存在	−
y	∪		∩

所以 $(2, 0)$ 是拐点。

(5) 略。

(6) $\lim\limits_{x \to 0} \dfrac{e^{2x} - 1}{\sin x} \overset{\frac{0}{0}}{=\!=} \lim\limits_{x \to 0} \dfrac{2e^{2x}}{\cos x} = 2$

　　所以 $x \to 0$ 时，$e^{2x} - 1$ 与 $\sin x$ 是同阶无穷小。

(7) 特征方程为 $r^2 - 5r + 6 = 0$，特征根为 $r_1 = 2$，$r_2 = 3$，$\lambda = 2$ 是单根，所以可取特解形式为 $x(b_1 x + b_0)e^{2x}$。

(8) 略。

2. 填空题。

(1) $f(xy, x+y) = (x+y)^2 - xy = x^2 + xy + y^2$

(2) $\lim\limits_{n \to \infty} \dfrac{4n^3 - n + 1}{5n^3 + n^2 + 6} = \dfrac{4}{5}$

(3) 根据拉格朗日中值定理，$f'(\xi) = \dfrac{f(b) - f(a)}{b - a}$

(4) 函数的定义域为 $(-\infty, +\infty)$，$y' = 6x^2 - 6x = 6x(x-1)$，$y'' = 12x - 6$，令 $y' = 0$，得驻点

$x_1 = 0$，$x_2 = 1$，$y''(0) = -6$，$y''(1) = 6$

所以 $x = 0$ 是极大值点，$x = 1$ 是极小值点。

(5) 由先 x 后 y 的累次积分作出积分区域图，如图 9.1 所示，则

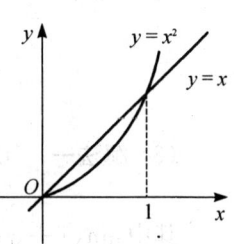

图 9.1　积分区域

$$\int_0^1 \mathrm{d}y \int_y^{\sqrt{y}} f(x, y)\mathrm{d}x = \int_0^1 \mathrm{d}x \int_{x^2}^x f(x, y)\mathrm{d}y$$

(6) $\displaystyle\int_0^1 \ln x\,\mathrm{d}x = \lim_{\varepsilon \to 0^+} \int_\varepsilon^1 \ln x\,\mathrm{d}x = \lim_{\varepsilon \to 0^+}(x\ln x - x)\big|_\varepsilon^1$

$\displaystyle = \lim_{\varepsilon \to 0^+}(\varepsilon - \varepsilon\ln\varepsilon - 1) = \lim_{\varepsilon \to 0^+}(\varepsilon - 1) - \lim_{\varepsilon \to 0^+} \dfrac{\ln\varepsilon}{\dfrac{1}{\varepsilon}}$

$\displaystyle = -1 - \lim_{\varepsilon \to 0^+} \dfrac{\dfrac{1}{\varepsilon}}{-\dfrac{1}{\varepsilon^2}} = -1$

(7) $f'(2) = -2$

(8) 0.12%

3. 求下列极限。

解　(1) $\lim\limits_{x \to 0} \sin x \sin \dfrac{1}{x} = 0$　　　(2) $\lim\limits_{x \to \infty} x\sin\dfrac{1}{x} = \lim\limits_{x \to \infty} \dfrac{\sin\dfrac{1}{x}}{\dfrac{1}{x}} = 1$

(3) $\lim\limits_{x \to 1} \dfrac{x^2 - 5x + 4}{x^2 + 3x - 4} \xlongequal{\frac{0}{0}} \lim\limits_{x \to 1} \dfrac{x - 4}{x + 4} = -\dfrac{3}{5}$

也可用洛必达法则解。

(4) $\lim\limits_{x\to 0}\dfrac{e^x-e^{-x}-2x}{x-\sin x}\overset{\frac{0}{0}}{=\!=}\lim\limits_{x\to 0}\dfrac{e^x+e^{-x}-2}{1-\cos x}$

$\overset{\frac{0}{0}}{=\!=}\lim\limits_{x\to 0}\dfrac{e^x-e^{-x}}{\sin x}\overset{\frac{0}{0}}{=\!=}\lim\limits_{x\to 0}\dfrac{e^x+e^{-x}}{\cos x}=2$

(5) $\lim\limits_{x\to 0}\left(\dfrac{2-x}{2}\right)^{\frac{2}{x}}=\lim\limits_{x\to 0}\left[\left(1-\dfrac{x}{2}\right)^{-\frac{2}{x}}\right]^{-1}$

$=\lim\limits_{x\to 0}\left\{\left[1+\left(-\dfrac{x}{2}\right)\right]^{-\frac{2}{x}}\right\}^{-1}=e^{-1}$

(6) **解法一**　$\lim\limits_{x\to\frac{\pi}{2}}(1+\cos x)^{\tan x}=\lim\limits_{x\to\frac{\pi}{2}}\left[(1+\cos x)^{\frac{1}{\cos x}}\right]^{\sin x}=e$

其中 $\lim\limits_{x\to\frac{\pi}{2}}(1+\cos x)^{\frac{1}{\cos x}}=e$，$\lim\limits_{x\to\frac{\pi}{2}}\sin x=1$

解法二　$(1+\cos x)^{\tan x}=e^{\tan x\ln(1+\cos x)}$

$$\lim\limits_{x\to\frac{\pi}{2}}\tan x\ln(1+\cos x)=\lim\limits_{x\to\frac{\pi}{2}}\dfrac{\ln(1+\cos x)}{\cot x}\overset{\frac{0}{0}}{=\!=}\lim\limits_{x\to\frac{\pi}{2}}\dfrac{-\dfrac{\sin x}{1+\cos x}}{-\csc^2 x}=1$$

从而　$\lim\limits_{x\to\frac{\pi}{2}}(1+\cos x)^{\tan x}=e$

4. 解　$\lim\limits_{x\to 0^-}f(x)=\lim\limits_{x\to 0^-}(x-2)=-2$

$\lim\limits_{x\to 0^+}f(x)=\lim\limits_{x\to 0^+}x^2=0$

所以 $x=0$ 是间断点，且是跳跃间断点。

5. 求下列函数的导数。

解　(1) 因为 $y=u^2$，$u=\sin v$，$v=\sqrt{x}$

所以 $\dfrac{dy}{dx}=2u\cdot\cos v\cdot\dfrac{1}{2\sqrt{x}}=\dfrac{1}{\sqrt{x}}\sin\sqrt{x}\cos\sqrt{x}=\dfrac{1}{2\sqrt{x}}\sin 2\sqrt{x}$

(2) 因为 $\dfrac{dy}{dx}=e^y+xe^y\cdot\dfrac{dy}{dx}$

所以 $\dfrac{dy}{dx}=\dfrac{e^y}{1-xe^y}$

又因为 $x=0$ 时，$y=1$

所以 $\dfrac{dy}{dx}\Big|_{x=0}=e$

(3) $\dfrac{dy}{dx} = \dfrac{1}{x+\sqrt{1+x^2}}(x+\sqrt{1+x^2})' = \dfrac{1+\dfrac{x}{\sqrt{1+x^2}}}{x+\sqrt{1+x^2}} = \dfrac{1}{\sqrt{1+x^2}}$

$\dfrac{d^2 y}{dx^2} = \left(\dfrac{1}{\sqrt{1+x^2}}\right)' = -\dfrac{x}{(1+x^2)^{\frac{3}{2}}}$

(4) 设 $u = f(x)$，则 $y = f(u)$，$f'(x) = \dfrac{1}{x+1}$。

$\dfrac{dy}{dx} = f'(u) \cdot u' = f'(u) \cdot f'(x) = \dfrac{1}{u+1} \cdot \dfrac{1}{x+1} = \dfrac{1}{(x+1)[\ln(x+1)+1]}$

(5) $\dfrac{\partial z}{\partial x} = \dfrac{1}{1+\left(\dfrac{y}{x}\right)^2} \cdot \left(-\dfrac{y}{x^2}\right) = -\dfrac{y}{x^2+y^2}$

6. 计算下列积分。

解 (1) $\displaystyle\int\left(2x - \dfrac{1}{\sqrt{x}} + \dfrac{1}{x} + \sin x\right)dx = \int 2x\,dx - \int\dfrac{1}{\sqrt{x}}dx + \int\dfrac{1}{x}dx + \int\sin x\,dx$

$= x^2 - 2\sqrt{x} + \ln|x| - \cos x + C$

(2) $\displaystyle\int\dfrac{\sin x}{1+\cos^2 x}dx = -\int\dfrac{1}{1+\cos^2 x}d(\cos x) = -\arctan\cos x + C$

(3) $\displaystyle\int_1^e x\ln x\,dx = \dfrac{1}{2}\int_1^e \ln x\,d(x^2) = \dfrac{1}{2}\left[(x^2\ln x)\Big|_1^e - \int_1^e x\,dx\right] = \dfrac{1}{4}(e^2+1)$

(4) 设 $u = \dfrac{1}{x}$，则 $x = \dfrac{1}{u}$，$dx = -\dfrac{1}{u^2}du$。

$\displaystyle\int\dfrac{1}{x\sqrt{1+x^2}}dx = \int -\dfrac{1}{\sqrt{1+u^2}}du = -\ln|u+\sqrt{u^2+1}| + C$

$= -\ln\left|\dfrac{1}{x} + \dfrac{1}{x}\sqrt{1+x^2}\right| + C$

(5) **解** 画出积分区域 D（见图 9.2），为 Y - 型区域。

由 $\begin{cases} y^2 = x \\ y = x - 2 \end{cases}$ 得交点为 $(4,2)$，$(1,-1)$。

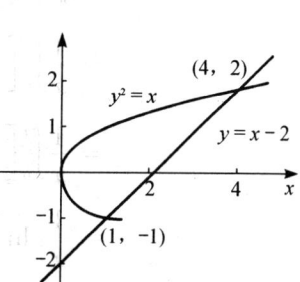

图 9.2 积分区域

307

$$\iint\limits_{D} xy\,\mathrm{d}x\mathrm{d}y = \int_{-1}^{2}\mathrm{d}y\int_{y^2}^{y+2} xy\,\mathrm{d}x = \int_{-1}^{2} y\left(\frac{x^2}{2}\Big|_{y^2}^{y+2}\right)\mathrm{d}y$$

$$= \frac{1}{2}\int_{-1}^{2} y\left[(y+2)^2 - y^4\right]\mathrm{d}y = \frac{45}{8}$$

7. 解 $u_n = \dfrac{1}{n\sqrt{n+1}} < \dfrac{1}{n\sqrt{n}} = \dfrac{1}{n^{\frac{3}{2}}}$，$\displaystyle\sum_{n=1}^{\infty} \dfrac{1}{n^{\frac{3}{2}}}$ 是收敛的。

由比较审敛法，得 $\displaystyle\sum_{n=1}^{\infty} \dfrac{1}{n\sqrt{n+1}}$ 收敛。

8. 解 因为 $a_n = \dfrac{1}{2^n \cdot n}$，$\displaystyle\lim_{n\to\infty} \dfrac{a_{n+1}}{a_n} = \lim_{x\to\infty} \dfrac{\dfrac{1}{2^{n+1}(n+1)}}{\dfrac{1}{2^n \cdot n}} = \dfrac{1}{2}$

所以 $R=2$。

当 $x=2$ 时，级数为 $\displaystyle\sum_{n=1}^{\infty} \dfrac{1}{n}$，发散；当 $x=-2$ 时，级数为 $\displaystyle\sum_{n=1}^{\infty} \dfrac{(-1)^n}{n}$，满足莱布尼兹定理的条件，级数收敛。 所以 $\displaystyle\sum_{n=1}^{\infty} \dfrac{x^n}{2^n \cdot n}$ 的收敛区间为 $[-2,2)$。

9. 解 $\displaystyle\lim_{n\to\infty} \left|\dfrac{a_{n+1}}{a_n}\right| = \dfrac{1}{2}$，所以 $R=2$。

当 $x=-2$ 时，级数化为 $\displaystyle\sum_{n=1}^{\infty} (-1)^{n-1}\dfrac{1}{2n}$，收敛；当 $x=2$ 时，级数化为 $\displaystyle\sum_{n=1}^{\infty} \dfrac{1}{2n}$，发散。所以收敛域为 $[-2,2)$。

设级数的和函数为 $S(x)$ 则

$$S(x) = \sum_{n=1}^{\infty} \frac{1}{2^n n}x^{n-1} = \frac{1}{x}\sum_{n=1}^{\infty} \frac{1}{2^n n}x^n = \frac{1}{x}\int_0^x \left(\sum_{n=1}^{\infty} \frac{1}{2^n n}x^n\right)'\mathrm{d}x$$

$$= \frac{1}{x}\int_0^x \left[\sum_{n=1}^{\infty} \left(\frac{1}{2^n n}x^n\right)'\right]\mathrm{d}x = \frac{1}{x}\int_0^x \left(\sum_{n=1}^{\infty} \frac{1}{2^n}x^{n-1}\right)\mathrm{d}x$$

$$= \frac{1}{x}\int_0^x \left[\frac{1}{x}\sum_{n=1}^{\infty} \left(\frac{x}{2}\right)^n\right]\mathrm{d}x = \frac{1}{x}\int_0^x \frac{1}{2-x}\mathrm{d}x$$

$$= \frac{1}{x}\left[\ln 2 - \ln(2-x)\right] \quad (x \neq 0)$$

因为和函数 $S(x)$ 在收敛域内连续，所以

$$S(0) = \lim_{x \to 0} S(x) = \lim_{x \to 0} \frac{\ln 2 - \ln(2-x)}{x} \xlongequal{\frac{0}{0}} \lim_{x \to 0} \frac{1}{2-x} = \frac{1}{2}$$

故 $\quad S(x) = \begin{cases} \dfrac{\ln 2 - \ln(2-x)}{x}, & x[-2, 0) \bigcup (0, 2) \\ \dfrac{1}{2}, & x = 0 \end{cases}$

10. 解 （1）原方程化为 $y' - 2 \cdot \dfrac{y}{x} = 1$，是齐次方程。

设 $u = \dfrac{y}{x}$，则 $y = xu$，$\dfrac{dy}{dx} = u + x \dfrac{du}{dx}$，代入方程，得

$$u + x \frac{du}{dx} - 2u = 1$$

所以 $\qquad\qquad \dfrac{du}{1+u} = \dfrac{dx}{x}$

两边积分，得

$$\ln|1+u| = \ln|x| + \ln|C|$$

所以 $\qquad\qquad\qquad 1 + u = Cx$

以 $u = \dfrac{y}{x}$ 代入，得通解 $y = Cx^2 - x$

因为 $x = 1$ 时 $y = 0$，所以 $C = 1$

得特解为 $\qquad\qquad\qquad y = x^2 - x$

我们也可以将方程 $y' + \dfrac{2y}{x} = 1$ 看作一阶线性方程来解。

（2）$y' = \displaystyle\int e^{-x} dx = -e^{-x} + C_1$

$y = \displaystyle\int (-e^{-x} + C_1) dx = e^{-x} + C_1 x + C_2$

11. 解 特征方程为 $r^2 - 4r + 3 = 0$，特征根为 $r_1 = 1$，$r_2 = 3$，通解为 $y = C_1 e^x + C_2 e^{3x}$。

又 $\quad y' = C_1 e^x + 3C_2 e^{3x}$

由 $y(0) = 6$，$y'(0) = 10$，得方程组

$$\begin{cases} C_1 + C_2 = 6 \\ C_1 + 3C_2 = 10 \end{cases}$$

解方程组,得 $C_1 = 4$,$C_2 = 2$,特解为 $y = 4\mathrm{e}^x + 2\mathrm{e}^{3x}$。

12. 解 $C(P) = 200 + 5Q = 200 + 5(100 - 2P) = 700 - 10P$

$\qquad R(P) = PQ = 100P - 2P^2$

$\qquad L(P) = R(P) - C(P) = -2P^2 + 110P - 700$

$\qquad L'(P) = -4P + 110$

令 $L'(P) = 0$,得 $P = 27.5$,从而 $Q = 45$

$$L''(27.5) = -4 < 0$$

所以 $\max L = L(27.5) = 812.5$

13. 解 $\dfrac{\partial z}{\partial x} = f_1' \dfrac{\partial \sqrt{x^2 + y^2}}{\partial x} + f_2' \cdot \dfrac{\partial (xy)}{\partial x} = \dfrac{x}{\sqrt{x^2 + y^2}} f_1' + y f_2'$

14. 解 设 $f(n) = \dfrac{2n}{1 + 3n}$,$\varepsilon$ 是任意给定的正数,要使

$$\left| f(n) - \frac{2}{3} \right| = \left| \frac{2n}{1 + 3n} - \frac{2}{3} \right| = \frac{2}{3(1 + 3n)} < \frac{2}{9n} < \varepsilon$$

只要取 $n > \dfrac{2}{9\varepsilon}$。

从而,对于任意给定的正数 ε,总存在正整数 $N = \left[\dfrac{2}{9\varepsilon} \right]$。当 $n > N$ 时一切的 n 所

对应的值 $f(n)$ 恒有 $\left| f(n) - \dfrac{2}{3} \right| < \varepsilon$ 成立,得 $\lim\limits_{n \to \infty} \dfrac{2n}{1 + 3n} = \dfrac{2}{3}$。

15. 证明 设 $f(x) = x \ln x$,$x > 1$,则 $f(x)$ 在区间 $[x, 1 + x]$ 上满足拉格朗日中值定理的条件,于是存在 $\xi \in (x, 1 + x)$,使得

$$\frac{f(1 + x) - f(x)}{(1 + x) - x} = f'(\xi), \quad f'(x) = \ln x + 1$$

即 $\quad (1 + x) \ln (1 + x) - x \ln x = \ln \xi + 1 > 0$

由于 $x > 1$,所以 $\ln x$,$\ln(x + 1)$,$\ln \xi$,$1 + x$ 均为正数,所以

$$\frac{\ln (1 + x)}{\ln x} > \frac{x}{1 + x} \quad (x > 1)$$

本题也可应用函数的单调性证明。略。

二、B 卷 解 答

1. 单项选择题。

(1)	(2)	(3)	(4)	(5)	(6)	(7)	(8)
D	C	A	D	B	A	A	A

解 (1)略。

(2)略。

(3)略。

(4)略。

(5)略。

(6)略。

(7) A. $\int_1^{+\infty} \dfrac{\mathrm{d}x}{x^4} = \lim_{b\to+\infty} \int_1^b \dfrac{\mathrm{d}x}{x^4} = \lim_{b\to+\infty} -\dfrac{1}{3x^3}\bigg|_1^b$

$\qquad\qquad = \lim_{b\to+\infty} \left(-\dfrac{1}{3b^3} + \dfrac{1}{3}\right) = \dfrac{1}{3}$

$\quad$ B. $\int_1^{+\infty} \dfrac{\mathrm{d}x}{\sqrt[3]{x}} = \lim_{b\to+\infty} \int_1^b \dfrac{\mathrm{d}x}{\sqrt[3]{x}} = \lim_{b\to+\infty} \dfrac{3}{2}x^{\frac{2}{3}}\bigg|_1^b$

$\qquad\qquad = \lim_{b\to+\infty} \left(\dfrac{3}{2}b^{\frac{2}{3}} - \dfrac{3}{2}\right) = +\infty$

$\quad$ C. $\int_0^1 \dfrac{1}{x^4}\mathrm{d}x = \lim_{\varepsilon\to0^+} \int_\varepsilon^1 \dfrac{1}{x^4}\mathrm{d}x = \lim_{\varepsilon\to0^+} -\dfrac{1}{3x^3}\bigg|_\varepsilon^1$

$\qquad\qquad = \lim_{\varepsilon\to0^+} \left(-\dfrac{1}{3} + \dfrac{1}{3\varepsilon^3}\right) = \infty$

$\quad$ D. $\int_0^3 \dfrac{\mathrm{d}x}{\sqrt{x^3}} = \lim_{\varepsilon\to0^+} \int_\varepsilon^3 \dfrac{\mathrm{d}x}{\sqrt{x^3}} = \lim_{\varepsilon\to0^+} -\dfrac{2}{\sqrt{x}}\bigg|_\varepsilon^3 = \infty$

故选 A。

(8)略。

2. 填空题。

解 (1)对于分子,要求 $y - x > 0$,对于分母,要求 $4 - x^2 - y^2 > 0$ 所以定义域 $D = \{(x,y) \mid y - x > 0, x^2 + y^2 < 4\}$。

(2) $\lim\limits_{x\to 0^-}\dfrac{1}{x}=-\infty$，所以 $\lim\limits_{x\to 0^-}\arctan\dfrac{1}{x}=-\dfrac{\pi}{2}$

(3) $f'(x)=a\cos x+\cos 3x$，$x=\dfrac{\pi}{3}$ 是 $f(x)$ 的极值点，所以

$f'\left(\dfrac{\pi}{3}\right)=0$，从而 $a\cos\dfrac{\pi}{3}+\cos\pi=0$，于是

$a=2$

又 $f''(x)=-2\sin x-3\sin 3x$，$f''\left(\dfrac{\pi}{3}\right)=-\sqrt{3}$

所以 $f\left(\dfrac{\pi}{3}\right)=\sqrt{3}$ 为极大值。

(4) $f(x)=\left(\displaystyle\int f(x)\mathrm{d}x\right)'=\left(3\mathrm{e}^{\frac{x}{3}}+C\right)'=\mathrm{e}^{\frac{x}{3}}$

(5) $\mathrm{d}z=\mathrm{e}^{xy}(y\mathrm{d}x+x\mathrm{d}y)$

(6) $\lim\limits_{x\to 0}\dfrac{\displaystyle\int_0^x\sin t^2\mathrm{d}t}{x^3}\xlongequal{\frac{0}{0}}\lim\limits_{x\to 0}\dfrac{\sin x^2}{3x^2}=\dfrac{1}{3}$

(7) $S=\displaystyle\int_0^1 x^2\mathrm{d}x=\dfrac{1}{3}x^3\bigg|_0^1=\dfrac{1}{3}$

(8) $\dfrac{EQ}{EP}=-Q'(P)\cdot\dfrac{P}{Q(P)}=3\cdot\dfrac{P}{100-3P}=\dfrac{3P}{100-3P}$

3. 求下列极限。

解 (1) $\lim\limits_{x\to\infty}\left(1+\dfrac{a}{x}\right)^{bx}=\lim\limits_{x\to\infty}\left[\left(1+\dfrac{1}{\frac{x}{a}}\right)^{\frac{x}{a}}\right]^{ab}=\mathrm{e}^{ab}$

(2) $\lim\limits_{x\to\frac{\pi}{2}}\dfrac{\tan x}{\tan 3x}\xlongequal{\frac{\infty}{\infty}}\lim\limits_{x\to\frac{\pi}{2}}\dfrac{\sec^2 x}{3\sec^2 3x}=\lim\limits_{x\to\frac{\pi}{2}}\dfrac{\cos^2 3x}{3\cos^2 x}$

$\xlongequal{\frac{0}{0}}\lim\limits_{x\to\frac{\pi}{2}}\dfrac{-6\cos 3x\sin 3x}{-6\cos x\sin x}=\lim\limits_{x\to\frac{\pi}{2}}\dfrac{\cos 3x}{\cos x}\cdot\lim\limits_{x\to\frac{\pi}{2}}\dfrac{\sin 3x}{\sin x}$

$=-\lim\limits_{x\to\frac{\pi}{2}}\dfrac{\cos 3x}{\cos x}\xlongequal{\frac{0}{0}}-\lim\limits_{x\to\frac{\pi}{2}}\dfrac{3\sin 3x}{\sin x}=3$

或 $\lim\limits_{x\to\frac{\pi}{2}}\dfrac{\tan x}{\tan 3x}=\lim\limits_{x\to\frac{\pi}{2}}\dfrac{\sin x}{\sin 3x}\cdot\lim\limits_{x\to\frac{\pi}{2}}\dfrac{\cos 3x}{\cos x}=3$

(3) $\lim\limits_{x\to 1}(1-x)\tan\dfrac{\pi x}{2}=\lim\limits_{x\to 1}\dfrac{\tan\dfrac{\pi x}{2}}{\dfrac{1}{1-x}}\overset{\frac{\infty}{\infty}}{=\!=\!=}\lim\limits_{x\to 1}\dfrac{\dfrac{\pi}{2}\sec^{2}\dfrac{\pi}{2}x}{\dfrac{1}{(1-x)^{2}}}$

$\qquad =\dfrac{\pi}{2}\lim\limits_{x\to 1}\dfrac{(1-x)^{2}}{\cos^{2}\dfrac{\pi}{2}x}\overset{\frac{0}{0}}{=\!=\!=}\dfrac{\pi}{2}\lim\limits_{x\to 1}\dfrac{-2(1-x)}{-\pi\cos\dfrac{\pi}{2}x\sin\dfrac{\pi}{2}x}$

$\qquad =\lim\limits_{x\to 1}\dfrac{1-x}{\cos\dfrac{\pi}{2}x}\cdot\lim\limits_{x\to 1}\dfrac{1}{\sin\dfrac{\pi}{2}x}\overset{\frac{0}{0}}{=\!=\!=}\lim\limits_{x\to 1}\dfrac{-1}{-\dfrac{\pi}{2}\sin\dfrac{\pi}{2}x}$

$\qquad =\dfrac{2}{\pi}$

(4) $\lim\limits_{x\to 0}\left(\dfrac{1}{x}-\dfrac{1}{e^{x}-1}\right)=\lim\limits_{x\to 0}\dfrac{e^{x}-1-x}{x(e^{x}-1)}=\lim\limits_{x\to 0}\dfrac{e^{x}-1-x}{x^{2}}$

$\qquad \overset{\frac{0}{0}}{=\!=\!=}\lim\limits_{x\to 0}\dfrac{e^{x}-1}{2x}\overset{\frac{0}{0}}{=\!=\!=}\lim\limits_{x\to 0}\dfrac{e^{x}}{2}=\dfrac{1}{2}$

(5) $\lim\limits_{x\to 0}\dfrac{\sin 2x-2\sin x}{x^{3}}=\lim\limits_{x\to 0}\dfrac{2\sin x(\cos x-1)}{x^{3}}$

$\qquad =\lim\limits_{x\to 0}\dfrac{2x\cdot\left(-\dfrac{1}{2}x^{2}\right)}{x^{3}}=-1$

(6) $(\cos\sqrt{x})^{\frac{1}{x}}=e^{\frac{1}{x}\ln\cos\sqrt{x}}$

$\qquad \lim\limits_{x\to 0^{+}}\dfrac{1}{x}\ln\cos\sqrt{x}\overset{\frac{0}{0}}{=\!=\!=}\lim\limits_{x\to 0^{+}}-\dfrac{\sin\sqrt{x}}{2\cos\sqrt{x}\cdot\sqrt{x}}$

$\qquad\qquad =\lim\limits_{x\to 0^{+}}-\dfrac{1}{2\cos\sqrt{x}}\cdot\dfrac{\sin\sqrt{x}}{\sqrt{x}}=-\dfrac{1}{2}$

得 $\lim\limits_{x\to 0^{+}}(\cos\sqrt{x})^{\frac{1}{x}}=e^{-\frac{1}{2}}$

4. 解 函数 $f(x)$ 为初等函数,在定义域 D 上连续,$x=0$,$x=1$ 是间断点,

$\lim\limits_{x\to 0}(1-e^{\frac{x}{1-x}})=0$,所以 $\lim\limits_{x\to 0}f(x)=\infty$,于是 $x=0$ 是第二类间断点。

又 $\lim\limits_{x\to 1^{-}}\dfrac{1}{1-x}=+\infty$,$\lim\limits_{x\to 1^{+}}\dfrac{1}{1-x}=-\infty$,所以 $\lim\limits_{x\to 1^{-}}f(x)=0$,$\lim\limits_{x\to 1^{+}}f(x)=1$

所以 $x=1$ 是跳跃间断点。

5. 求下列函数的导数。

解 (1) $y = \ln \dfrac{x^3}{\sqrt{1-x}} = 3\ln x - \dfrac{1}{2}\ln(1-x)$

$$dy = \left(\dfrac{3}{x} + \dfrac{1}{2(1-x)}\right)dx = \dfrac{6-5x}{2x(1-x)}dx$$

(2) $\ln y = x\ln \sin x$

两边求导,得

$$\dfrac{1}{y} \cdot y' = \ln \sin x + x \cdot \dfrac{1}{\sin x} \cdot \cos x$$

所以 $y' = y(\ln \sin x + x\cot x) = (\sin x)^x(\ln \sin x + x\cot x)$

(3) $y' = e^x + xe^x = (1+x)e^x,\ y'' = e^x + (1+x)e^x = (2+x)e^x$

$y''' = e^x + (2+x)e^x = (3+x)e^x$,所以

$y^{(n)} = (n+x)e^x$

(4) $u = x^2 + y^2, v = x^2 y^2, z = u^v$,由复合函数求导

法则得

$$\dfrac{\partial z}{\partial x} = \dfrac{\partial z}{\partial u} \cdot \dfrac{\partial u}{\partial x} + \dfrac{\partial z}{\partial v} \cdot \dfrac{\partial v}{\partial x}$$

$$= v \cdot u^{v-1} \cdot 2x + u^v \ln u \cdot 2xy^2$$

$$= 2x^3 y^2 (x^2+y^2)^{x^2 y^2 - 1} + 2xy^2 (x^2+y^2)^{x^2 y^2}\ln(x^2+y^2)$$

(5) 等式化为 $xy = z(\ln z - \ln y)$,两边取微分,得

$$y\,dx + x\,dy = (\ln z - \ln y)dz + z\left(\dfrac{1}{z}dz - \dfrac{1}{y}dy\right)$$

从而 $dz = \dfrac{y}{\ln z - \ln y + 1}dx + \dfrac{xy + z}{y(\ln z - \ln y + 1)}dy$

6. 计算下列积分。

解 (1) $\displaystyle\int \left(\tan^2 x + a^x + \dfrac{2}{\sqrt{1-x^2}}\right)dx = \int \tan^2 x\,dx + \int a^x\,dx + 2\int \dfrac{1}{\sqrt{1-x^2}}dx$

$$= \int (\sec^2 x - 1)dx + \dfrac{a^x}{\ln a} + 2\arcsin x + C$$

$$= \tan x - x + \dfrac{a^x}{\ln a} + 2\arcsin x + C$$

(2) $\displaystyle\int_0^3 \dfrac{x-1}{\sqrt{x+1}}dx \xlongequal{u=\sqrt{x+1}} 2\int_1^2 (u^2 - 2)du = \left(\dfrac{2}{3}u^3 - 4u\right)\Bigg|_1^2 = \dfrac{2}{3}$

314

另一种解法为

$$\int_0^3 \frac{x-1}{\sqrt{x+1}}dx = \int_0^3 \frac{x+1-2}{\sqrt{x+1}}dx$$

$$= \int_0^3 \left[(x+1)^{\frac{1}{2}} - 2(x+1)^{-\frac{1}{2}}\right]d(x+1)$$

$$= \left[\frac{2}{3}(x+1)^{\frac{3}{2}} - 4(x+1)^{\frac{1}{2}}\right]_0^3 = \frac{2}{3}$$

(3) $\int \dfrac{\sqrt{2\ln x+1}}{x}dx = \dfrac{1}{2}\int \sqrt{2\ln x+1}d(2\ln x+1)$

$$= \frac{1}{3}(2\ln x+1)^{\frac{3}{2}} + C$$

(4) $\int \dfrac{x\arcsin x}{\sqrt{1-x^2}}dx = -\int \arcsin x d(\sqrt{1-x^2})$

$$= -\left(\sqrt{1-x^2}\arcsin x - \int dx\right) = -\sqrt{1-x^2}\arcsin x + x + C$$

(5) 圆 $x^2+y^2=R^2$ 的极坐标方程是 $r=R, \theta$ 由 0 变到 2π,所以

$$\iint\limits_D \sqrt{R^2-x^2-y^2}dxdy = \iint\limits_D r\sqrt{R^2-r^2}drd\theta$$

$$= \int_0^{2\pi}d\theta \int_0^R r\sqrt{R^2-r^2}dr$$

$$= 2\pi \cdot \left[-\frac{1}{2}\int_0^R \sqrt{R^2-r^2}d(R^2-r^2)\right]$$

$$= -\pi \cdot \frac{2}{3}(R^2-r^2)^{\frac{3}{2}}\bigg|_0^R = \frac{2}{3}\pi R^3$$

7. **解** $u_n = \dfrac{2n+1}{2^n}$

$$\lim_{n\to\infty}\frac{u_{n+1}}{u_n} = \lim_{n\to\infty}\frac{2(n+1)+1}{2^{n+1}} \cdot \frac{2^n}{2n+1} = \lim_{n\to\infty}\frac{2n+3}{2(2n+1)} = \frac{1}{2} < 1$$

由比值审敛法,得级数 $\displaystyle\sum_{n=1}^{\infty}\frac{2n+1}{2^n}$ 收敛。

8. **解** 因为级数 $\displaystyle\sum_{n=1}^{\infty}\left|(-1)^n\frac{1}{\sqrt{n}}\right| = \sum_{n=1}^{\infty}\frac{1}{\sqrt{n}}$ 为 $p=\dfrac{1}{2}$ 的 p 级数,它是发散的,

所以级数不是绝对收敛的。 又因为

$$u_n = \frac{1}{\sqrt{n}}, \ u_n > u_{n+1}$$

$$\lim_{n \to \infty} u_n = 0$$

$\displaystyle\sum_{n=1}^{\infty}(-1)\frac{1}{\sqrt{n}}$ 满足莱布尼兹定理的条件,所以 $\displaystyle\sum_{n=1}^{\infty}(-1)^n\frac{1}{\sqrt{n}}$ 收敛,故级数条件收敛。

9. **解** $\quad\dfrac{1}{1-x} = \displaystyle\sum_{n=0}^{\infty}x^n , \ -1 < x < 1$

$$\frac{x}{9+x^2} = \frac{x}{9} \cdot \frac{1}{1-\left(-\dfrac{x^2}{9}\right)} = \frac{x}{9}\sum_{n=0}^{\infty}\left(-\frac{x^2}{9}\right)^n$$

$$= \sum_{n=0}^{\infty}(-1)^n\frac{x^{2n+1}}{3^{2(n+1)}}$$

由 $-1 < -\dfrac{x^2}{9} < 1$ 得 $-3 < x < 3$,所以收敛域为 $(-3,3)$。

10. **解** （1）分离变量得 $\quad\dfrac{\mathrm{d}y}{y^2} = 2x\mathrm{d}x$

两端积分,得 $\quad -\dfrac{1}{y} = x^2 + C$

因为 $x = 1$ 时,$y = 2$,所以 $C = -\dfrac{3}{2}$

特解为 $\quad y = \dfrac{2}{3 - 2x^2}$

（2）设 $y' = p$,则 $y'' = p'$,代入方程得

$$xp' + p = 0$$

分离变量,得

$$\frac{\mathrm{d}p}{p} = -\frac{\mathrm{d}x}{x}$$

两端积分,得 $\quad \ln|p| = -\ln|x| + \ln C_1$,即

$$p = \frac{C_1}{x}$$

所以
$$\frac{dy}{dx} = \frac{C_1}{x}$$

两端积分,得 $y = C_1 \ln|x| + C_2$ (C_1, C_2 为任意实数)。

11. **解** 特征方程为 $r^2 - 2r = 0$,得 $r_1 = 0$,$r_2 = 2$。此方程所对应的齐次方程的通解为 $Y = C_1 + C_2 e^{2x}$。

方程 $y'' - 2y' = \cos 2x$ 的一个特解为

$$y^* = a_0 \cos 2x + b_0 \sin 2x$$
$$y^{*\prime} = -2a_0 \sin 2x + 2b_0 \cos 2x$$
$$y^{*\prime\prime} = -4a_0 \cos 2x - 4b_0 \sin 2x$$

代入方程得

$$-4a_0 \cos 2x - 4b_0 \sin 2x - 2(-2a_0 \sin 2x + 2b_0 \cos 2x) = \cos 2x$$

得 $-4a_0 - 4b_0 = 1$,$-4b_0 + 4a_0 = 0$

于是 $a_0 = b_0 = -\frac{1}{8}$

通解为

$$y = C_1 + C_2 e^{2x} - \frac{1}{8}\cos 2x - \frac{1}{8}\sin 2x$$

12. **解** 收益函数 $R(P) = PQ = 75P - P^3$

$$R'(P) = 75 - 3P^2$$

令 $R'(P) = 0$,得 $P = \pm 5$(负号舍去)

$$R''(P) = -6P,\ R''(5) = -30 < 0$$

所以 $P = 5$ 时 $R(P)$ 取得最大值,$R_{max} = R(5) = 250$

需求弹性

$$\frac{EQ}{EP} = -\frac{dQ}{dP} \cdot \frac{P}{Q} = \frac{2P^2}{75 - P^2}$$

所以 $\left.\frac{EQ}{EP}\right|_{p=4} = \frac{2 \times 16}{75 - 16} = \frac{32}{59} \approx 0.54$

收益弹性

$$\frac{ER}{EP} = \frac{dR}{dP} \cdot \frac{P}{R} = (75 - 3P^2) \cdot \frac{P}{75P - P^3} = \frac{75 - 3P^2}{75 - P^2}$$

所以 $\quad \left.\frac{ER}{EP}\right|_{p=4} = \frac{75 - 48}{75 - 16} = \frac{27}{59} \approx 0.46$

13. $\dfrac{\partial z}{\partial x} = f'_1 \cdot \dfrac{\partial(2x - y)}{\partial x} + f'_2 \cdot \dfrac{\partial(y\sin x)}{\partial x} = 2f'_1 + y\cos x f'_2$

$\dfrac{\partial^2 z}{\partial x^2 y} = 2\left[f''_{11} \cdot \dfrac{\partial(\partial x - y)}{\partial y} + f''_{12} \cdot \dfrac{\partial(y\sin x)}{\partial y} \right] + \cos x f'_2$

$\qquad + y\cos x \left[f''_{21} \cdot \dfrac{\partial(2x - y)}{\partial y} + f''_{22} \cdot \dfrac{\partial(y\sin x)}{\partial y} \right]$

$\qquad = -2f''_{11} + 2\sin x \cdot f''_{12} + \cos x f'_2 - y\cos x f''_{21} + \dfrac{1}{2} y\sin 2x \cdot f''_{22}$

14. **证明** 设 $f(x) = \dfrac{x+1}{2x+1}$，ε 是任意给定的正数。因为 $x \to 1$，可设 $x > 0$，要使

$$\left| f(x) - \frac{2}{3} \right| = \left| \frac{x+1}{2x+1} - \frac{2}{3} \right| = \left| \frac{1-x}{3(2x+1)} \right| < \frac{|x-1|}{3} < \varepsilon$$

只要 $|x-1| < 3\varepsilon$。

从而，对于任意给定的正数 ε，取 $\delta = 3\varepsilon$。当 $0 < |x-1| < \delta$ 时，一切 x 所对应的函数值 $f(x)$，恒有 $\left| f(x) - \dfrac{2}{3} \right| < \varepsilon$ 成立，得 $\lim\limits_{x \to 1} \dfrac{x+1}{2x+1} = \dfrac{2}{3}$。

15. **解** 积分区域如图 9.3 所示。

$$A = \int_1^e \ln x dx = x\ln x \Big|_1^e - \int_1^e dx = 1$$

$$V = \pi \int_1^e \ln^2 x dx$$

$$= \pi \cdot \left(x\ln^2 x \Big|_1^e - 2\int_1^e \ln x dx \right)$$

$$= \pi e - 2\pi$$

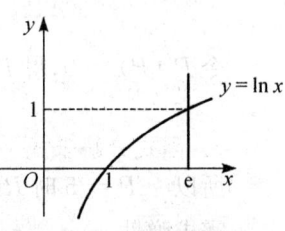

图 9.3 积分区域

附录 常用数学公式

一、代数

1. 指数和对数运算

$$a^m a^n = a^{m+n} \qquad \frac{a^m}{a^n} = a^{m-n}$$

$$(a^m)^n = a^{mn} \qquad \sqrt[n]{a^m} = a^{\frac{m}{n}}$$

$$\log_a 1 = 0 \qquad \log_a a = 1$$

$$\log_a(N_1 \cdot N_2) = \log_a N_1 + \log_a N_2$$

$$\log_a \frac{N_1}{N_2} = \log_a N_1 - \log_a N_2$$

$$\log_a(N^n) = n\log_a N \qquad \log_b N = \frac{\log_a N}{\log_a b}$$

2. 有限项和

$$a + (a+d) + (a+2d) + \cdots + [a+(n-1)d] = n\left(a + \frac{n-1}{2}d\right)$$

$$a + aq + aq^2 + \cdots + aq^{n-1} = \frac{a(1-q^n)}{1-q} \quad (q \neq 1)$$

3. 因式分解公式

$$(a \pm b)^2 = a^2 \pm 2ab + b^2 \qquad (a \pm b)^3 = a^3 \pm 3a^2 b + 3ab^2 \pm b^3$$

$$(a+b)(a-b) = a^2 - b^2 \qquad (a \pm b)(a^2 \mp ab + b^2) = a^3 \pm b^3$$

4. 一元二次方程

(1) 一般式　$ax^2 + bx + c = 0(a \neq 0)$。

(2) 求根公式　$x_{1,2} = \dfrac{-b \pm \sqrt{b^2 - 4ac}}{2a}$。

(3) 根的判别式　$\Delta = b^2 - 4ac$。

当 $\Delta > 0$ 时,方程有两个不相等的实数根。

当 $\Delta = 0$ 时,方程有两个相等的实数根。

当 $\Delta < 0$ 时,方程没有实数根,有两个共轭复数根。

(4) 根与系数的关系:

$$x_1 + x_2 = -\frac{b}{a}, \ x_1 \cdot x_2 = \frac{c}{a}$$

二、三角

$$\sin^2\alpha + \cos^2\alpha = 1 \qquad\qquad \frac{\sin\alpha}{\cos\alpha} = \tan\alpha$$

$$\frac{\cos\alpha}{\sin\alpha} = \cot\alpha \qquad\qquad \sec\alpha = \frac{1}{\cos x}$$

$$\csc\alpha = \frac{1}{\sin\alpha} \qquad\qquad 1 + \tan^2\alpha = \sec^2\alpha$$

$$1 + \cot^2\alpha = \csc^2\alpha \qquad\qquad \cot\alpha = \frac{1}{\tan\alpha}$$

$$\sin 2\alpha = 2\sin\alpha\cos\alpha$$
$$\cos 2\alpha = \cos^2\alpha - \sin^2\alpha = 2\cos^2\alpha - 1 = 1 - 2\sin^2\alpha$$

三、初等几何

在下列公式中,字母 R、r 表示半径,h 表示高,l 表示斜高。

1. 圆;圆扇形

圆:周长 $= 2\pi r$；面积 $= \pi r^2$。

圆扇形:面积 $= \frac{1}{2}r^2\alpha$（α 为扇形的圆心角,以弧度计）。

2. 正圆锥

体积 $= \frac{1}{3}\pi r^2 h$；侧面积 $= \pi r l$；全面积 $= \pi r(r+l)$。

3. 球

体积 $= \frac{4}{3}\pi r^3$；表面积 $= 4\pi r^2$。

四、基本初等函数的求导公式

$(C)' = 0$ $(x^\alpha)' = \alpha x^{\alpha-1}$

$(a^x)' = a^x \ln a$ $(e^x)' = e^x$

$(\log_a x)' = \dfrac{1}{x \ln a}$ $(\ln x)' = \dfrac{1}{x}$

$(\sin x)' = \cos x$ $(\cos x)' = -\sin x$

$(\tan x)' = \sec^2 x$ $(\cot x)' = -\csc^2 x$

$(\sec x)' = \sec x \tan x$ $(\csc x)' = -\csc x \cot x$

$(\arcsin x)' = \dfrac{1}{\sqrt{1-x^2}}$ $(\arccos x)' = -\dfrac{1}{\sqrt{1-x^2}}$

$(\arctan x)' = \dfrac{1}{1+x^2}$ $(\text{arccot } x)' = -\dfrac{1}{1+x^2}$

五、基本积分表

$\displaystyle\int k\,\mathrm{d}x = kx + C$ $\displaystyle\int x^a\,\mathrm{d}x = \dfrac{1}{\alpha+1}x^{\alpha+1} + C\,(\alpha \neq -1)$

$\displaystyle\int \dfrac{1}{x}\,\mathrm{d}x = \ln|x| + C$ $\displaystyle\int a^x\,\mathrm{d}x = \dfrac{a^x}{\ln a} + C$

$\displaystyle\int e^x\,\mathrm{d}x = e^x + C$ $\displaystyle\int \sin x\,\mathrm{d}x = -\cos x + C$

$\displaystyle\int \cos x\,\mathrm{d}x = \sin x + C$ $\displaystyle\int \tan x\,\mathrm{d}x = -\ln|\cos x + C|$

$\displaystyle\int \cot x\,\mathrm{d}x = \ln|\sin x| + C$ $\displaystyle\int \sec x \tan x\,\mathrm{d}x = \sec x + C$

$\displaystyle\int \csc x \cot x\,\mathrm{d}x = -\csc x + C$ $\displaystyle\int \sec^2 x\,\mathrm{d}x = \tan x + C$

$\displaystyle\int \csc^2 x\,\mathrm{d}x = -\cot x + C$ $\displaystyle\int \dfrac{1}{\sqrt{1-x^2}}\,\mathrm{d}x = \arcsin x + C$

$\displaystyle\int \dfrac{1}{1+x^2}\,\mathrm{d}x = \arctan x + C$ $\displaystyle\int \dfrac{1}{a^2+x^2}\,\mathrm{d}x = \dfrac{1}{a}\arctan\dfrac{x}{a} + C$

$\displaystyle\int \dfrac{1}{a^2-x^2}\,\mathrm{d}x = \dfrac{1}{2a}\ln\left|\dfrac{a+x}{a-x}\right| + C$ $\displaystyle\int \dfrac{1}{\sqrt{a^2-x^2}}\,\mathrm{d}x = \arcsin\dfrac{x}{a} + C$